# 도로공학원론

PRINCIPLES OF HIGHWAY ENGINEERING

공학박사 민 원 저

도서출판 구미서관

# 머리말

1993년 1월에 저자가 출간한 "도로공학(구미서관 발행)"이 판을 거듭할 수 있도록 해주신 독자 여러분께 감사드립니다. 그러나 이 책은 실무에 필요한 전문적인 내용이 많아 학교 교재로는 적합하지 않다는 지적을 받아왔습니다. 이에 "도로공학(구미서관)"의 내용에서 원론적인 내용만을 추리고 이것을 쉽게 풀이하여 "도로공학원론"이라는 서명으로 교재용 책을 출간하게 되었습니다.

본서는 전문대학 및 대학교의 교재용과 도로공학을 처음 공부하는 독자용에 적합하도록 총 14장으로 구성하였습니다. 또, 학교에서 기본적인 이론을 공부하기 위해서는 1학기 동안 최소한 12장까지는 학습해야 하므로 평면교차와 입체 교차의 계획과 설계는 13장과 14장에 편집하였습니다. 따라서 1학기 동안에 14장까지 모두 학습하면 좋을 것이나 시간이 부족할 경우는 12장까지라도 학습할 것을 권장합니다.

본서의 구성은 각 장의 개설에서 각 장에서 공부해야 할 항목을 기술하였고 각 장의 본문 내용은 원론적인 요점만을 기술하였습니다. 연습문제는 실무에 적용할 수 있는 것과 본서에서 다루지 못한 부분을 연습할 수 있도록 하였습니다. 따라서 본문을 이해하고 연습문제를 소화하면 각 장의 이론적인 내용과 실무적인 사항 그리고 본서에서 다루지 못한 추가적인 내용까지도 공부할 수 있을 것입니다.

본서는 원론적인 내용을 쉽게 쓰도록 노력하였으나 저자의 노력이 부족하여 이해가 더딘 부분도 있을 것입니다. 이런 부분은 계속 개정, 증보하여 이해가 쉬운 서적이 되도록 노력할 것을 약속합니다. 또, 본서의 발간에 노력해준 여러분과 출판에 협조해준 구미서관의 임정대 부장님과 편집부 여러분께 감사드립니다.

2011년 1월

저자 민 원

# 목 차

## 제1장 도로의 현황과 구분

1.1 개 설 ········· 1
1.2 도로의 역할 ········· 1
1.3 도로의 역사 ········· 2
1.3.1 세계의 도로사 ········· 2
1.3.2 우리나라의 도로사 ········· 3
1.4 우리나라의 도로 현황 ········· 4
1.4.1 도로 건설현황 ········· 4
1.4.2 도로 건설 계획 ········· 6
1.5 미래의 도로 기술 ········· 7
1.5.1 지능형 교통관리체계(ITS) ········· 7
1.5.2 스마트 하이웨이(Smart Highway) ········· 9
1.6 도로의 분류 ········· 9
1.6.1 도로법에 의한 분류 ········· 9
1.6.2 포장재료에 의한 분류 ········· 10
1.6.3 도시계획도로 기준에 의한 분류 ········· 10
1.7 도로의 기능과 기능별 분류 ········· 11
1.7.1 도로의 기능 ········· 11
1.7.2 출입제한과 접근관리 ········· 12
1.7.3 도로의 기능별 분류 ········· 13

## 제2장 도로조사

2.1 개설 ········· 17
2.2 도로현황 조사 ········· 17
2.3 도로교통에 관한 조사 ········· 18
2.3.1 일반 교통량 조사 ········· 19
2.3.2 기종점(起終点) 조사 ········· 20
2.3.3 그 외의 교통관련 특수조사 ········· 22

2.4 노선조사 ···· 23
2.4.1 측량조사 ···· 24
2.4.2 토질조사 ···· 24
2.5 경제조사 ···· 26
2.6 환경조사 ···· 26
2.7 기타의 조사 ···· 27
2.7.1 관련계획조사 ···· 27
2.7.2 용지 및 보상조사 ···· 28
2.7.3 물가조사 ···· 28
2.7.4 기상조사 ···· 28
2.7.5 배수구조물조사 ···· 28

## 제3장 도로교통

3.1 개설 ···· 31
3.2 도로와 교통의 상관관계 ···· 31
3.3 속도 ···· 32
3.3.1 속도의 정의 ···· 32
3.3.2 설계속도와 설계구간 ···· 32
3.4 설계기준 차량 ···· 34
3.4.1 설계기준 자동차 ···· 34
3.4.2 설계기준 자전거 ···· 35
3.5 교통량과 교통밀도 ···· 36
3.5.1 교통량과 교통밀도의 정의 ···· 36
3.5.2 도로의 계획 및 설계에 필요한 교통량 ···· 37
3.6 교통량 변동 특성 ···· 39
3.6.1 교통량의 시간적 변동특성 ···· 39
3.6.2 교통량의 공간적 변동 특성 ···· 42
3.7 장래교통량의 추정 ···· 42
3.7.1 개요 ···· 42
3.7.2 장래교통량 추정 순서 및 방법 ···· 43
3.8 교통용량 ···· 47
3.8.1 교통량, 교통밀도 및 속도와의 관계 ···· 47
3.8.2 교통용량 산정방법 ···· 48
3.8.3 고속도로 기본구간의 용량산정방법의 예 ···· 50

3.9 차로수 결정 ···· 54
3.9.1 설계 서비스 교통량 ···· 54
3.9.2 차로수 결정 ···· 54

## 제4장 도로계획 및 평가

4.1 개설 ···· 59
4.2 도로계획, 설계과정 ···· 59
4.3 노선계획 ···· 60
4.3.1 개설 ···· 60
4.3.2 노선계획과정 ···· 61
4.3.3 최적노선의 선정 ···· 63
4.4 도로건설의 경제성 평가 ···· 63
4.4.1 도로건설의 경제적 효과 ···· 63
4.4.2 경제성 평가 시 고려사항 ···· 64
4.4.3 경제성 분석 방법 ···· 66
4.4.4 민감도 분석과 위험도 분석 ···· 67
4.5 환경영향평가 ···· 68
4.5.1 환경영향평가의 개념과 평가순서 ···· 68
4.5.2 도로 건설 사업의 환경영향과 대책 ···· 69

## 제5장 도로의 횡단구성

5.1 개설 ···· 71
5.2 횡단구성 요소와 그 조합 ···· 71
5.2.1 횡단구성 방법 ···· 71
5.2.2 도로 표준폭 ···· 71
5.2.3 도로의 횡단경사 ···· 72
5.3 횡단구성 요소의 기능과 설계방법 ···· 73
5.3.1 차도 및 차로 ···· 73
5.3.2 중앙분리대 ···· 74
5.3.3 길어깨 ···· 76
5.3.4 주정차대 ···· 79
5.3.5 자전거도로, 자전거 보행자도로 ···· 79

5.3.6 보도 ... 81
5.3.7 환경시설대 ... 82
5.3.8 식수대 ... 82
5.3.9 측도(Frontage Road) ... 83
5.3.10 시설한계 ... 83

## 제6장 도로의 평면선형 계획 및 설계

6.1 개설 ... 87
6.2 평면선형 계획 및 설계방법 ... 87
6.2.1 평면선형의 종류 ... 87
6.2.2 평면선형 계산 ... 88
6.2.3 평면선형의 계획 ... 90
6.3 평면선형 설계요소 ... 91
6.3.1 평면곡선 반경 ... 91
6.3.2 평면곡선의 길이 ... 93
6.3.3 곡선부의 확폭 ... 94
6.3.4 완화구간 및 완화곡선길이 ... 96
6.3.5 곡선부의 편경사 ... 97

## 제7장 도로의 종단선형 계획 및 설계

7.1 개설 ... 105
7.2 종단선형의 계획 및 설계 ... 105
7.2.1 종단선형의 계획 ... 105
7.2.2 종단곡선의 계산 ... 106
7.3 종단선형 설계 요소 ... 107
7.3.1 종단경사 ... 107
7.3.2 종단경사 구간의 제한 길이 ... 107
7.3.3 오르막차로(등반차로) ... 109
7.3.4 종단곡선 ... 110
7.4 시거 ... 111
7.4.1 정지시거 ... 111
7.4.2 앞지르기 시거(추월시거) ... 112
7.5 평면선형과 종단선형의 조합 ... 113

# 제8장 도로토공

8.1 개설 ········· 117
8.2 도로토공부의 명칭 ········· 117
8.3 절토 ········· 118
8.3.1 절토 비탈면 경사 ········· 118
8.3.2 절토 비탈면의 배수설계 ········· 119
8.4 성토 ········· 120
8.4.1 기초지반 ········· 120
8.4.2 성토 재료 ········· 121
8.4.3 성토의 다짐 ········· 121
8.4.4 성토 비탈면 구배 ········· 122
8.5 노체(路體)와 노상(路床) ········· 123
8.5.1 노체의 품질과 다짐 ········· 123
8.5.2 노상의 품질과 다짐 ········· 123
8.5.3 노상의 지지력 ········· 124
8.6 비탈면 보호공 ········· 128
8.6.1 개설 ········· 128
8.6.2 비탈면 보호공법 ········· 129
8.7 토량 배분 ········· 129
8.7.1 토량변화율 ········· 129
8.7.2 토량 배분 ········· 130
8.8 시공기계 ········· 133

# 제9장 도로배수와 동상

9.1 개설 ········· 137
9.2 배수의 종류 ········· 137
9.3 표면배수 설계 ········· 138
9.3.1 표면배수 설계 절차 ········· 138
9.3.2 우수유출량 ········· 138
9.3.3 배수시설의 단면 결정 ········· 142
9.3.4 표면배수시설 ········· 143
9.4 지하배수설계 ········· 144
9.4.1 지하배수시설 설계절차 ········· 144

9.4.2 지하배수량 ······ 145
9.4.3 지하배수관의 통수단면과 필터 ······ 146
9.5 동상 ······ 147
9.5.1 동상발생 조건 ······ 147
9.5.2 동결심도 ······ 148
9.5.3 동상 대책공법 ······ 151
9.5.4 동상 방지층 두께 설계 ······ 152

## 제10장 도로포장공법

10.1 개설 ······ 155
10.2 도로포장공법의 종류와 선정 ······ 155
10.2.1 도로포장공법의 종류 ······ 155
10.2.2 도로포장의 구조 ······ 155
10.2.3 포장공법의 선정 ······ 157
10.3 기층 및 보조기층 ······ 159
10.3.1 보조기층 ······ 159
10.3.2 기층 ······ 159
10.3.3 기층 및 보조기층의 안정처리 공법 ······ 160
10.4 아스팔트포장의 시공 ······ 166
10.4.1 아스팔트혼합물의 제조 ······ 166
10.4.2 시공 ······ 167
10.5 콘크리트포장의 시공 ······ 168
10.5.1 콘크리트포장 시공법 ······ 168
10.5.2 사이드폼(Side Form) 공법 ······ 168
10.5.3 슬립폼(Slip Form) 공법 ······ 171

## 제11장 아스팔트포장설계

11.1 개설 ······ 177
11.2 설계법의 종류 ······ 177
11.2.1 설계법의 발달 ······ 177
11.2.2 AASHTO Road Test ······ 177

11.3 아스팔트포장설계 ........ 180
11.3.1 ASSHTO86 설계법 ........ 180
11.3.2 AASHTO72 설계법 ........ 191
11.3.3 $T_A$설계법 ........ 194

## 제12장 콘크리트포장설계

12.1 개설 ........ 199
12.2 콘크리트포장의 종류 ........ 199
12.3 콘크리트포장의 설계 ........ 202
12.3.1 ASSHTO86 설계법 ........ 202
12.3.2 AASHTO81 설계법 ........ 214
12.4 줄눈의 설계와 시공 ........ 218
12.4.1 가로 수축줄눈 ........ 218
12.4.2 가로 팽창줄눈 ........ 218
12.4.3 세로줄눈 ........ 219
12.4.4 시공줄눈 ........ 220

## 제13장 평면교차시설의 계획 및 설계

13.1 개설 ........ 223
13.2 교차시설의 종류 ........ 223
13.2.1 교차시설의 분류 ........ 223
13.2.2 평면교차로의 종류 ........ 224
13.3 평면교차로의 도류화 ........ 225
13.4 평면교차로의 계획 ........ 226
13.4.1 교통관제 ........ 226
13.4.2 평면교차로간의 설치간격 ........ 226
13.4.3 교차로 설치위치 결정 ........ 227
13.4.4 차로 계획 ........ 228
13.4.5 평면교차로의 형상 ........ 228
13.5 평면교차로의 설계 ........ 229
13.5.1 평면교차로의 기하구조 ........ 229
13.5.2 교통섬 설계 ........ 231

13.5.3 도류로 설계 ···· 233
13.5.4 보도 및 횡단보도 ···· 237
13.5.5 신호등 운영 ···· 238

## 제14장 입체교차시설의 계획 및 설계

14.1 개설 ···· 241
14.2 입체교차의 종류 ···· 241
14.3 단순 입체교차의 계획과 설계 ···· 241
14.3.1 단순 입체교차의 종류 ···· 241
14.3.2 단순 입체교차의 설계 ···· 242
14.4 인터체인지의 계획 ···· 243
14.4.1 인터체인지의 배치계획 ···· 243
14.4.2 인터체인지의 위치선정 ···· 244
14.5 인터체인지의 형식과 이의 선정 ···· 245
14.5.1 인터체인지 형식의 분류 ···· 245
14.5.2 인터체인지 형식의 구성방법 ···· 245
14.5.3 완전 입체교차의 종류와 특징 ···· 247
14.5.4 불완전 입체교차의 종류와 특징 ···· 250
14.6 인터체인지의 설계 ···· 252
14.6.1 인터체인지의 본선선형 ···· 252
14.6.2 연결로의 설계속도 ···· 253
14.6.3 연결로의 횡단구성 ···· 253
14.6.4 연결로 곡선부의 확폭 ···· 254
14.6.5 차로수의 균형 ···· 256
14.6.6 변속차로 ···· 256
14.6.7 연결로 접속부 ···· 258

부　　록 • 261
참고문헌 • 319
찾아보기 • 321

# 제1장 도로의 현황과 구분

## 1.1 개 설

이 장에서는 도로공학의 개론과 도로의 구분에 대해 알아본다. 도로공학의 개론에서는 도로의 역사와 국내 도로 건설현황 그리고 도로관련 기술의 개발 방향에 대해 기술한다. 또 도로의 구분에서는 도로의 명칭과 도로의 기능별 분류에 대해 기술한다.

이 장에서는 i) 도로의 현황 분석을 통한 미래 도로의 발전 방향과 ii) 도로의 계획과 설계에 필요한 도로의 기능별 분류에 유념하여 공부하기 바란다.

## 1.2 도로의 역할

교통은 교통수단과 교통시설로 이루어진다. 도로교통은 자동차, 사람과 자전거와 같은 교통수단과 이의 교통시설인 도로로 구성된다. 여기서, 도로는 일상생활이나 생산 활동에 있어 필요한 가장 보편적이고 기초적인 교통시설이다.

도로는 크게 2가지의 기능을 갖는다. 첫째 기능은 사람이나 물자를 이동시키는 교통기능이고, 둘째 기능은 가로형성, 방재(防災), 채광, 공급처리 시설 등의 설치공간을 제공하는 공간기능이다.

즉, 도로는 철도, 항만, 공항과 같은 교통시설 중의 하나이지만 사람과 물자의 교류를 원활하게 할뿐만 아니라 환경, 방재 등을 위한 공공 공간을 형성하여 양호한 주거환경을 조성시킨다는 점에서 다른 교통수단과는 다른 기능과 역할을 갖는다.

도로는 이와 같은 기능을 갖으면서 국토의 구조골격 형성, 국토 전체의 경제, 사회적 기반형성 및 각 지역의 역사, 풍토, 지리적 특색에 맞는 도시구조를 형성하게 하여 국가의 경제활동과 산업활동을 지원한다. 지역경제, 사회활동의 지원, 교육과 문화 활동과 같은 사회적 서비스 수준 향상, 주민의 주거환경개선에 의해 지역 사회를 발전시킨다. 또, 통근과 통학 같은 주민의 일상생활을 지원하는 생활기반시설이다. 이와 같이 도로는 인간생활에서 없어서는 안 될 사회간접자본이다.

## 1.3 도로의 역사

### 1.3.1 세계의 도로사

#### (1) B.C. 3000~B.C. 2000년경

도로의 역사는 B.C. 3000년경으로 거슬러 올라간다. 이 시대, 이집트에서는 피라미드 건설에 필요한 재료를 운반하기 위해 도로를 축조했다는 기록이 있다.

B.C. 2000년경에는 바빌론 시에 포장도로가 있었다는 기록이 있다. 유럽을 남북으로 연결한 도로(B.C. 1900~B.C. 300년 경)와 동양과 서양을 남북으로 연결한 Silk Road 등과 같은 상업적 목적을 갖는 통상로(通商路)도 있었다.

#### (2) 고대의 도로

고대의 도로 중에서 가장 유명한 것은 로마의 도로이다. 광대한 영토의 통치와 치안을 목적으로 축조된 일종의 군용도로로서 로마의 중심에서 포장된 방사상의 도로망이 형성되었다. 이 도로는 간선도로가 90,000km, 하급도로를 합하면 300,000km에 달했을 뿐만 아니라 도로를 국도, 지방도, 리도(里道)로 분류하였다. 그러나 서로마제국이 멸망한 후 서구의 도로사는 별로 볼 것이 없어 이때부터 마차교통시대까지는 암흑시대에 들어갔다.

#### (3) 포장공법 탄생

그 후 마차시대가 되자 기존의 노면은 손상되기 시작하여 마차교통에 적합한 새로운 도로 축조기술이 개발되었다. 프랑스에서는 1775년 Trésaguet 공법, 영국에서는 1805년 Telford 공법, 1815년 McAcadam 공법 같은 쇄석을 사용한 포장공법이 개발되었는데 이것이 근대 도로포장의 시초라 할 수 있다. 쇄석도로는 크러셔(1856)나 스팀롤러(1859) 등이 발명되자 연와(煉瓦)포장(1871) 같은 블록 포장도 나타났다. 그러나 철도의 출현과 더불어 도로는 쇠퇴하고 20세기의 자동차시대를 맞을 때까지 도로축조공법은 큰 발전을 보지 못했다.

#### (4) 현대의 도로 출현

1769년 증기기관이 발명된 후, 이것을 동력으로 하는 증기 자동차가 개발되었으나 도로에서의 주행에는 적합하지 않았다. 본격적인 자동차 시대는 1884년 독일에서 가솔린 자동차가 발명되고, 이어 1892년 프랑스에서 실용적인 가솔린 자동차가 완성된 이후이다. 미국에서 쇄석도로는 자동차의 주행에 적합하지 않았으므로 포장기술, 그리고 횡단구성 및 선형 등과 같은 기하구조 설계 측면에서 많은 연구와 개선이 있었다. 이때부터 현대의 자동차 교통에 적합한 도로를 건설하게 되었으며 1930년대부터는 각국에서 고속도로의 건설이 활발하게 추진되었다.

### 1.3.2 우리나라의 도로사

#### (1) 도로의 탄생

우리나라의 고대 시대에는 도로에 관한 문헌이나 기록을 찾기가 어렵다. 그러나 당시에도 도로가 있었고 우리 민족도 길을 따라 생활해왔다. 또한 문화도 이를 따라 이동, 전파되었음은 틀림이 없다.

#### (2) 삼국시대 - 조선시대

삼국시대에는 정치적, 군사적 목적을 위해 소로(小路) 등이 있었다고 추정된다. 고려시대에는 정치, 군사, 경제상으로 중요한 지점을 연결한 역로(驛路)가 있었다. 이 역로는 대로, 중로, 소로의 3등급으로 분류하여 도로망을 형성한 점이 특기할 만하다. 이 역로는 조선시대까지 있었으며 중요지점에는 30리마다 역을 설치하고 그 사이를 도로로 연결하였다. 이때의 도로는 좁고 불규칙한 산로(山路)였다. 선조 30년(1597년)부터 파발제도가 생겨나 서발(서울~의주 간), 북발(서울~경원 간), 남발(서울~동래 간) 등과 같은 3가지의 연락로가 있었다. 이때의 도로는 사람과 우마차의 통행이 가능한 자연로(自然路)였다.

#### (3) 도로망 형성

그 후 일제의 침략 중, 군사적 목적과 통치 수단으로 신작로 등이 건설되었고 도로 등급을 1등, 2등, 3등 및 등외 도로로 구분하였다. 1920년경에는 경자동차가 보급되고 일본은 식량 약탈과 원료 공급을 위해 군용 도로망을 확충하였다. 따라서 서울-부산을 중심축으로 하는 도로망이 형성되었으며 자동차의 주행에 필요한 도로의 개수(改修)도 불가피하였다. 그러나 이러한 도로 사업은 1940년대의 태평양전쟁의 확전(擴戰)으로 제대로 도로를 정비하지 못한 채 해방을 맞이하게 되었다.

(4) 도로망 확충

1945년, 8·15해방에서 1950년 6·25동란까지는 정치적 불안, 경제적 빈곤과 기술 빈약 때문에 도로 사업에 이렇다 할 진전이 없었을 뿐만 아니라 동란 중에는 도로가 모두 파괴되어 정비된 도로마저 자갈도 및 토사도로 변하였다. 그 후 전후 복구사업과 국토개발계획에 따라 도로의 신설 및 개수정책이 꾸준히 진행되어 왔다. 특히 경제의 지속적인 성장에 따른 폭발적인 수송수요를 해결하는 것이 중점시책이 되었으며 전국을 1일 생활권으로 하기 위한 고속도로 및 간선도로의 확충에 역점을 두었다.

즉, 우리나라의 도로사는 고대시대로 거슬러 올라가지만 현대와 같은 도로망 및 도로의 확충은 전후(戰後)의 경제개발 5개년 계획의 지속적인 성공 때문이라고 할 수 있다.

## 1.4 우리나라의 도로 현황

### 1.4.1 도로 건설현황

우리나라에서 도로망이 본격적으로 이루어지게 된 것은 경제사회발전 5개년 계획의 지속적인 추진에 의한 것임을 전술하였다. 제1차 경제사회발전 기간(1962~1966) 동안 도로건설은 주로 교량건설이었다. 도로포장 및 신설은 대도시 내 정비 사업에 치우치고 지역간 도로에는 도로의 확폭과 선형개량(線形改良) 등만 시행되었다. 이때의 포장률은 5.6% 정도로써 매우 부진한 상태였다.

제2차 경제사회발전 기간(1967~1971)에는 교통체계의 획기적인 전환기, 즉 철도중심 교통정책에서 도로중심 교통정책으로 전환되었다. 우리나라의 대동맥이라 할 수 있는 경인, 경부고속도로망이 건설되었다. 도로 총 연장도 3배가 길어졌고 포장률도 34.2%로 늘어났다.

제3차 경제사회발전 기간(1972~1976) 동안 도로건설은 항만 및 철도부분에 비해 활발하지 못했다. 이 기간 동안에는 기존의 남북축 중심 도로망에서 동서축을 보완하기 위해 영동고속도로가 건설되었다.

제4차 경제사회발전 기간(1977~1981)과 제5차 경제개발계획 기간((1982~1986) 동안, 교통정책은 기존 도로망에 대한 서비스 수준을 향상시키는 것이었다. 이를 위해 고속도로건설과 국도포장 등에 대한 투자가 있었다.

제6차 경제사회발전 기간(1987~1991) 동안에는 수송력의 확충과 질적 향상을 위해 도로망의 종합적·체계적 확충, 각급 도로등급의 재조정, 수송형태의 변화에 따른 지역 간 교통망의 정비 사업이 이루어졌다. 이 기간 동안 건설된 고속도로에는 중부고속도로와 남해고속도로의 확장 등이 있다.

제7차 경제사회발전 기간(1992~1996) 동안에는 산업의 경쟁력 강화, 사회적 형평성 향상과 균형발전, 국제화, 자율화의 추진 및 통일기반 조성, 9×7 격자형 간선도로망 계획과 건설이 이루어졌다. 이 기간 동안 9×7 격자망 도로의 계획에 의해 우리나라의 도로망은 선진국 수준에 근접하게 되었다.

이상에서 볼 수 있는 바와 같이 우리나라의 도로는 제2차 경제개발계획 기간인 1966년 이후부터 도로망의 확충에 박차를 가하기 시작했으며 도로부분에 가장 많은 투자를 해왔다. 도로부문의 투자비중이 높아진 이유는 도로부문의 수송 분담이 다른 교통시설에 비해 절대적인 우위를 차지하여 도로망의 확충이 필요하였으며 도로가 지역 간의 접근성을 평균화하는데 가장 크게 기여할 수 있기 때문이다.

표 1.1에 우리나라의 도로현황을 나타냈다. 표 1.1에서와 같이 2008년 말 현재, 우리나라 도로의 총연장은 104,236km이고, 이 중 81,830km가 포장되어 포장률은 78.5%를 나타내고 있다. 포장도로의 26.2%인 21,474km가 4차로 이상, 73.8%인 60,356km가 2차로 이하이며 국토의 $km^2$당 도로연장은 1.05km이다.

**표 1.1 우리나라 도로현황(2008.12.31 현재)** (단위 km, %)

| 구 분 | | | 계 | 포장 | 미포장 | 미개통 |
|---|---|---|---|---|---|---|
| 총 계 | | 연장<br>비율 | 104,236<br>100.0 | 81,830<br>78.5 | 10,914<br>10.5 | 11,492<br>11.0 |
| 고속도로 | | 연장<br>비율 | 3,447<br>100.0 | 3,447<br>100.0 | 0 | 0 |
| 일반국도 | | 연장<br>비율 | 13,905<br>100.0 | 13,550<br>97.5 | 60<br>0.4 | 295<br>2.1 |
| 특별·광역시도 | | 연장<br>비율 | 18,517<br>100.0 | 18,404<br>99.4 | 96<br>0.5 | 17<br>0.1 |
| 지방도 | 지방도계 | 연장<br>비율 | 18,192<br>100.0 | 14,753<br>81.1 | 2,072<br>11.4 | 1,367<br>7.5 |
| | 국가지원<br>지방도 | 연장<br>비율 | 3,921<br>100.0 | 3,270<br>83.4 | 276<br>7.0 | 375<br>9.6 |

| 구 분 | | | 계 | 포장 | 미포장 | 미개통 |
|---|---|---|---|---|---|---|
| 지방도 | 일반지방도 | 연장<br>비율 | 14,272<br>100.0 | 11,484<br>80.4 | 1,796<br>12.6 | 992<br>7.0 |
| 시 도 | | 연장<br>비율 | 26,203<br>100.0 | 17,565<br>67.0 | 1,048<br>4.0 | 7,590<br>29.0 |
| 군 도 | | 연장<br>비율 | 23,972<br>100.0 | 14,111<br>58.8 | 7,638<br>31.9 | 2,223<br>9.3 |

### 1.4.2 도로 건설 계획

우리나라에서는 2020년까지 전국 어디서나 30분 내에 접근할 수 있는 교통망이 구축된다. 이 계획은 남북축으로 7개축, 동서축으로 9개축을 건설하는 것으로서 국토간선도로망 7×9 계획이라 부른다. 이 계획이 완성되면 지방도로를 포함한 전체 도로연장은 현재(2008년 말)의 104,236km에서 약 200,000km(2020년)로 크게 확충되어 선진국 규모의 도로를 갖추게 된다.

2020년까지 구축할 이 계획의 내용은 표 1.2, 그림 1.1과 같다.

**표 1.2 국토간선도로망 계획(7×9 격자형 간선도로망)**

| 구 분 | | 주요 경유지 |
|---|---|---|
| 남북축 | 제1축 | 강화~인천~군산~목포(서해안) |
| | 제2축 | 문산~서울~천안~광주~완도(경부, 천안~논산, 호남) |
| | 제3축 | 동두천~서울~대전~진주~충무(중부, 대전~진주) |
| | 제4축 | 포천~여주~구미~마산(중부내륙, 구미) |
| | 제5축 | 철원~춘천~원주~대구~김해(중앙, 대구~부산) |
| | 제6축 | 양구~봉화~영천~부산(경부와 영천~부산) |
| | 제7축 | 간성~강릉~울진~부산 |
| 동서축 | 제1축 | 인천~서울~춘천~간성 |
| | 제2축 | 인천~서울~홍천~속초 |
| | 제3축 | 시흥~여주~원주~강릉(영동) |
| | 제4축 | 안중~음성~제천~삼척 |
| | 제5축 | 당진~천안~영주~울진 |
| | 제6축 | 서천~공주~상주~안동~영덕 |
| | 제7축 | 군산~함양~대구~영천~포항 |
| | 제8축 | 무안~광주~남원~고령~대구(88고속도로)~울산 |
| | 제9축 | 목포~순천~마산~부산(남해) |
| 대도시권 순환고속도로 | | 수도권, 부산, 대구, 광주, 대전, 울산 |

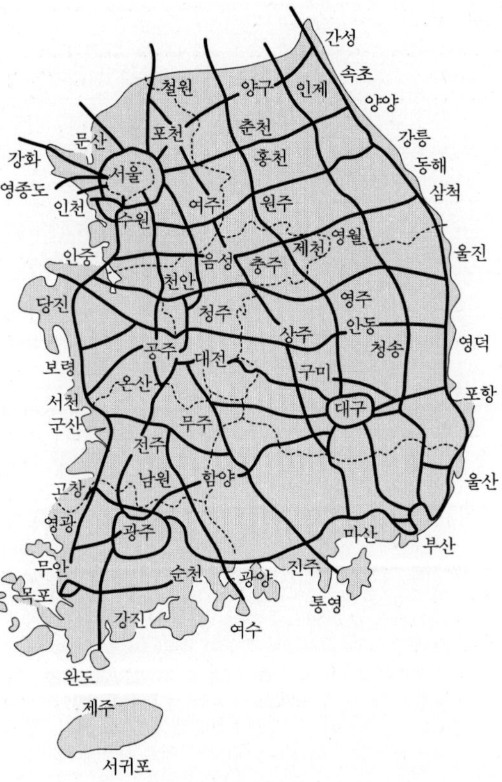


그림 1.1 국토간선도로망 7×9 계획

## 1.5 미래의 도로 기술

### 1.5.1 지능형 교통관리체계(ITS)

지능형 교통관리체계(ITS : Intelligent Traffic System)란 교통 · 전자 · 통신 · 제어 등 첨단기술을 도로 · 차량 · 화물 등에 적용하여 실시간 교통정보를 수집 · 관리 · 제공하는 시스템을 말한다.

**표 1.3 지능형 교통관리체계(ITS)**

| 구 분 | 지능형 교통관리체계(ITS)의 적용 |
|---|---|
| 첨단 교통관리 체계<br>(ATMS : Advanced Traffic Management System) | 도로구간의 교통여건, 신호체계, 고속도로 진입통제 등 모든 교통상황을 통합관리 하는 시스템으로 실시간으로 수집된 정보를 바탕으로 도로구간의 교통 혼잡을 예측하고 각 차량에게 대체도로 및 우회도로에 대한 정보를 전달해 준다.<br>① 도시교통관리시스템(UTMS : Urban Traffic Management System)<br>② 고속도로 교통관리 시스템(FTMS : Freeway Transportation Management System)<br>③ 교통수요관리(TDM : Traffic Demand Management)<br>④ 자동통행료징수 시스템(ATCS : Automated Toll Collection System)<br>⑤ 교통자동단속 시스템(TAES : Traffic Automatic Enforcement System) |
| 첨단 여행자정보 체계<br>(ATIS : Advanced Traveller Information System) | 통행자가 승용차 또는 대중교통수단을 이용하여 최종 목적지까지 도달하는데 필요한 정보, 즉 교통여건에 대한 정보, 새로운 교통경로에 대한 정보 및 기타 유용한 정보를 적시에 공급하는 것을 목표로 한다<br>① 여행자정보 시스템(TIS : Traveller Information System)<br>② 주차정보 시스템(PIS : Parking Information System)<br>③ 동적경로 안내시스템(DRGS : Dynamic Route Guidance System) |
| 첨단 대중교통 체계<br>(APTS : Advanced Public Transportation System) | 첨단 대중교통시스템은 전술한 첨단 교통관리시스템(ATMS), 첨단 여행자정보시스템(ATIS), 후술할 첨단 차량제어시스템(AVCS) 기술을 이용하여 대중교통수단의 운영을 개선하도록 하는 시스템을 말한다. 이는 대중교통수단 이용자에게 대중교통의 통행스케줄 및 비용, 환승정보 등을 제공하고, 대중교통수단 운전자에게는 도로상황정보 등을 제공하여 운행효율을 극대화 시킨다. 이에 따라 대중교통수단의 배차관리, 운행시간단축에 기여할 수 있으며, 버스노선의 관리가 보다 용이해진다. |
| 상용차량 운영 체계<br>(CVO : Commercial Vehicle Operation) | 화물차, 버스, 택시, 긴급차량 등의 생산성을 높이며 이들 차량이 안전하고 효율적으로 운영될 수 있도록 한다. 차량위치를 자동으로 지능형 교통체계의 운영자가 알 수 있도록 하는 자동 차량 위치 시스템(Automated Vehicle Location), 통행료를 자동으로 부가하는 자동 차량 인식 시스템(Automated Vehicle Identification) 등을 통하여 교통흐름의 개선을 통한 상용 차량의 효율적인 운영을 가능하게 한다. |
| 첨단 차량제어 체계<br>(AVCS : Advanced Vehicle Control System) | 운전자가 효율적으로 운행할 수 있도록 차량에 내장된 장치가 운전자를 제어하는 것으로, 충돌우려가 있을 때 주의경보를 제공하고 차량의 속도를 조절함으로써 사고방지 및 사고로 인한 지체를 감소시킬 수 있다. 첨단 차량제어시스템은 기술향상 정도에 따라 더욱 확대될 수 있으며 장기적으로는 모든 차량이 자동으로 제어되어 운행하는 자동제어도로(Automated Roadway)로 확장될 수 있다. |

즉, 도로 교통은 도로, 자동차, 운전자로 구성되는데 이 체계는 교통시설에 첨단기술을 접목시킴으로써 도로와 자동차, 그리고 운전자가 일체화되어 도로교통에서 안전성, 효율성, 쾌적성을 향상시킨다. 또, 교통 혼잡을 완화시키고 환경을 보전하는 효과를 가져 온다.

지능형 교통관리체계는 ATMS, ATIS, APTS, CVO, AVCS의 5가지 하위체계로 구성되며 이의 내용은 표 1.3과 같다.

### 1.5.2 스마트 하이웨이(Smart Highway)

스마트 하이웨이란 우리나라에서 연구되고 있는 프로젝트 명칭이다. 이것은 미래사회에서 요구하는 안전하고 쾌적한 교통 욕구에 맞춰 고속주행이 가능한 지능형 첨단 고속도로시스템을 개발하는 것이다. 이 기술은 우리나라의 IT, BT, 차세대 자동차 기술, 첨단 토목기술을 융합하여 최첨단기능을 갖는 도로를 건설하기 위한 것이다.

스마트 하이웨이는 달리는 차량에 각종 도로교통정보, 위험경보신호 등을 실시간으로 자동 무선 전달하여 각종 사고를 줄이고, 소통을 원활케 하는 지능형교통서비스(ITS)기술과 도로상에 정보발신 장치를 일정하게 설치한 뒤 움직이는 차량에게 앞차와의 차간거리, 교차로에 진입하는 다른 차량 등과 같은 각종 교통정보를 무선 통신망을 통해 전달하는 기술, 사고 위험시 자동적으로 운전자에게 경보를 줌으로써 운전자는 운전에만 집중할 수 있게 하는 기술을 갖는 최첨단 도로이다.

이 연구 사업이 완성되어 실용화될 경우, 스마트 하이웨이는 세계적인 첨단 도로기술로 인정받게 될 것이다.

## 1.6 도로의 분류

### 1.6.1 도로법에 의한 분류

우리나라의 도로법에서의 분류로서 도로를 관리하는 주체가 어느 기관에 있는가에 따라 다음과 같이 분류한다.

- **고속국도** : 중앙분리대에 의하여 양방향이 분리되고 입체교차를 원칙으로 하며 설계속도로가 80km/h 이상인 출입이 제한된 도로로서 한국도로공사가 관리한다.
- **일반국도** : 고속도로를 제외한 도로로서 그 기능에 따라 주간선도로, 보조간선도로, 집산도로 및 국지도로로 구분되는 도로로서 국토교통부가 관리한다.
- **특별시도**(광역시도) : 고속국도와 함께 국가기간 도로망을 이루는 도로로서 국토교통부가 노선을 인정하고 관리한다.
- **지방도** : 지방의 간선도로망을 이루는 도로로서 관할도지사가 그 노선을 인정하고 관리한다.
- **시도** : 시내의 도로로서 관할시장이 그 노선을 인정하고 관리한다.
- **군도** : 군내의 도로로서 관할군수가 그 노선을 인정하고 관리한다.

### 1.6.2 포장재료에 의한 분류

도로의 표층(表層) 재료에 따라 다음과 같이 분류한다.

- **토사도**(Earthen Road) : 포장이 없고 표면이 토사인 도로
- **자갈도**(Gravel Road) : 분진 발생을 방지하고 지지력을 보강하기 위하여 토사 노체 위에 설치한 표층에 자갈이 부설된 도로
- **쇄석도**(Macadam Road) : 분진 발생을 예방하고 지지력을 보강하기 위하여 토사 노체 위에 설치한 표층에 쇄석을 부설하고 장비를 이용하여 다진 도로
- **역청포장도**(Bituminous Concrete Pavement) : 표층 포장재료에 아스팔트 콘크리트를 사용한 도로
- **시멘트 콘크리트 포장도**(Cement Concrete Pavement) : 표층 포장재료에 시멘트 콘크리트를 사용한 도로
- **블록 포장도**(Block Pavement) : 돌 또는 시멘트 블록을 사용하여 표층을 포장한 도로

### 1.6.3 도시계획도로 기준에 의한 분류

「도시계획시설 기준에 관한 규칙」에서 구분하는 것으로서 도시부 도로를 폭원(幅員)에 따라 다음과 같이 분류한다. 이 분류에서 말하는 도로의 분류와 도로의 기능과의 관계는 표 1.5를 참조하기 바란다.

- **광로**(廣路) : 도시 내 주요지역간 대량 통과교통을 처리하고 도시의 골격을 형성하는 도로로서 광로 1류는 폭 70m 이상, 광로 2류는 폭 50m 이상, 70m 미만의 도로 폭을 갖는다.
- **대로**(大路) : 광로와 중로 또는 주요 교통발생원을 연결하는 도로로서 인근주거생활권의 외곽을 형성한다.

  대로 1류는 폭 35m 이상 50m 미만, 대로 2류는 폭 30m 이상 35m 미만, 대로 3류는 폭 25m 이상 30m 미만의 폭원을 갖는다.
- **중로**(中路) : 근린주거 생활권의 교통을 대로에 연결하는 도로로서 중로 1류는 폭 20m 이상 25m 미만, 중로 2류는 폭 15m 이상 20m 미만, 중로3류는 폭 12m 이상 15m 미만의 폭원을 갖는다.
- **소로**(小路) : 가구를 확정하고, 택지와의 접근을 목적으로 하는 도로로서 소로 1류는 폭 10m 이상 12m 미만, 소로 2류는 폭 8m 이상 10m 미만, 소로 3류는 폭 6m 이상 8m 미만의 폭원을 갖는다.

# 1.7 도로의 기능과 기능별 분류

## 1.7.1 도로의 기능

도로의 기능을 크게 분류하면 표 1.4와 같이 교통기능과 공간기능이 있으며 교통기능에는 이동기능과 접근기능이 있다. 교통기능에서 이동기능이란 도로의 시점과 종점을 얼마나 빨리 연계시킬 수 있느냐 하는 것으로서 속도가 중요한 요소가 된다. 접근기능은 토지 이용 시설물까지 얼마나 가깝게 접근시킬 수 있느냐 하는 것으로서 도로 간의 간격이 중요한 요소가 된다.

그러나 이들의 기능은 서로 상충되는 것으로서 이들의 상관성은 그림 1.2와 같이 이동기능이 높을 경우 접근기능이 낮게 되며 이동기능이 낮을 경우 접근기능은 높게 된다. 또, 이동기능과 접근 기능의 높고 낮음에 따라 도로 교통의 특성이 달라지는데 이의 상관관계는 그림 1.3과 같다.

공간 기능은 도로에 보행환경 개선을 위한 공간, 문화 교류공간, 대중교통 수요공간, 환경친화적인 녹지 공간 등을 확보하여 주민의 삶의 질을 향상시키는 것이다. 따라서 도로의 횡단 구성 시는 이의 종류와 규모를 계획하여야 한다.

**표 1.4 도로의 기능**

| 도로기능 | | | 효 과 |
|---|---|---|---|
| 교통기능 | 이동기능 | • 자동차, 자전거, 보행자 등의 운행 서비스 | • 도로교통의 안전 확보<br>• 시간과 거리의 단축<br>• 교통 혼잡의 완화, 운행비의 절감<br>• 교통공해의 경감 |
| | 접근기능(토지이용 유도기능) | • 연도의 토지, 건물, 시설에 대한 출입 서비스 | • 지역개발의 기반정비<br>• 생활기반의 확충<br>• 토지이용의 보전 |
| 공간기능 | | • 공익시설의 수용<br>• 양호한 주거환경의 형성<br>• 방재기능의 강화 | • 전기, 전화, 가스, 상하수도, 지하철 등의 수용<br>• 가변로, 소방 활동(화재연속 방지) |

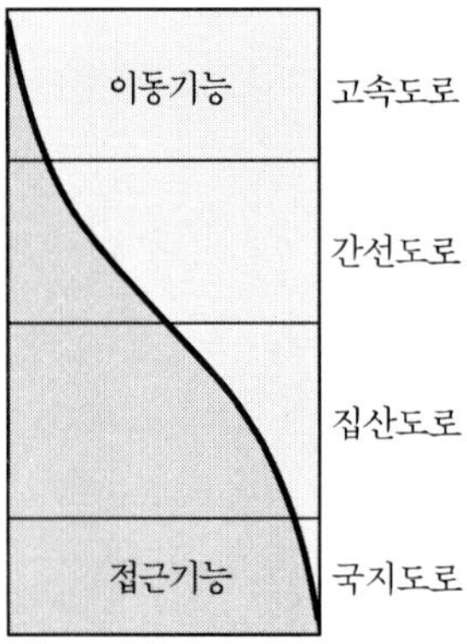


그림 1.2 도로의 기능과 이동성 및 접근성과의 관계

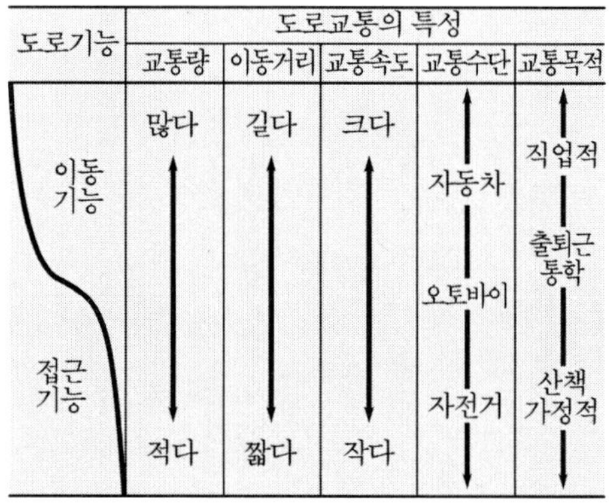


그림 1.3 도로기능과 도로교통 특성과의 관계

### 1.7.2 출입제한과 접근관리

도로의 기능 중 교통 기능은 이동기능(Mobility)과 접근기능(Accessibility)이다. 도로를 계획할 경우, 이동기능을 향상시키기 위해서는 자전거, 우마차, 보행자 등의 진입을 억제하고 교차시설은 입체교차로 처리하여 이들의 출입을 제한시킨다. 반대로 접근기능을 향상시키기 위해서는 이들의 진입을 해제하고 교차로에서의 출입을 자유롭게 한다.

이와 같이 교통수단의 진입 허용여부와 출입제한을 어느 정도 허용하는가를 정의하기 위해 출입제한이 이용된다. 이의 제한에는 완전 출입제한(Full Control of Access), 불완전 출입제한(Partial Control of Access), 출입 자유(No Control of Access)가 있다. 완전 출입제한이란 다른 모든 접속도로를 입체교차로 처리하여 본선에의 출입을 한정된 출입로로만, 자동차만 통행하도록 한 것이다. 불완전 출입제한은 부분적으로 평면교차를 허용하고 자전거, 보행자 등의 출입을 일부 허용하는 것이다. 출입 자유란 인접도로와 평면접속을 무제한 허용하고 자전거, 보행자와 같은 다른 교통류도 혼합하여 허용한 것이다. 따라서 도로계획 시는 도로의 기능에 따라 출입제한의 정도를 결정해야 한다.

도로의 접근관리는 주변 개발 사업에 의해 새로운 도로를 접속하려 할 때 도로 간의 접속을 잘 관리하여 주행 차량과 보행자를 안전하게 하고 차량 흐름이 효율적으로 되게 하기 위한 것이다. 주변의 개발에 의해 도로를 신설하거나 이 도로를 기존의 도로에 접속할 때는 도로의 기능인 이동기능과 접근기능을 어느 정도 허용할 것인가를 정해야 한다. 즉, 이동기능이 높은 고속도로에는 다른 도로의 접속을 억제하고 완전 출입제한을 해야 하며 접근기능이 높은 국지도로에서는 다른 도로의 접속을 가급적 허용하고 출입 자유시킨다.

### 1.7.3 도로의 기능별 분류

도로의 기능별 분류는 지방지역과 도시지역으로 나누어 규정한다. 지방지역은 「도로의 구조·시설기준에 관한 규칙」, 도시지역은 「도시계획 시설 기준에 관한 규칙」을 준용하여 표 1.5와 같이 분류한다. 도로를 소재 지역에 따라 구분하는 이유는 그림 1.3에 전술한 바와 같이 이들의 토지 이용형태와 밀도, 도로망과 밀도, 평균 통행거리, 평균 주행속도 등과 같은 교통특성이 다르기 때문이다.

**표 1.5 도로의 기능별 분류**

| 구 분 | | 지방부 | 도시부 |
|---|---|---|---|
| 자동차전용도로 | | 고속도로 | 도시고속도로 |
| 일반도로 | 주간선도로 | 일반국도, 특별시도, 광역시도 | 광로, 대로 |
| | 보조간선도로 | 일반국도, 특별시도, 광역시도<br>지방도, 시도 | 대로, 중로 |
| | 집산도로 | 지방도, 시도, 군도, 구도, | 중로 |
| | 국지도로 | 군도, 구도 | 소로 |

도시지역이란 현재 시가지를 형성하고 있는 지역 또는 지역발전추세로 보아 계획목표년도에 시가지로 형성될 가능성이 있는 지역을 말한다. 도시지역 도로의 기능별 개략적인 시설기준은 표 1.6과 같다. 또, 가로망의 기능별 구성 예는 그림 1.4와 같다.

지방지역이란 전술한 도시지역 이외의 지역을 말하며 지방지역도로의 기능별 특성을 나타내면 표 1.7과 같다. 또, 지방지역도로의 기능별 구성 개념은 그림 1.5와 같다.

표 1.6과 그림 1.4의 도시지역과, 표 1.7과 그림 1.5의 지방지역 도로의 구성을 보면, 고속도로는 전체 연장은 짧게 계획하지만 설계속도를 높이고 출입제한을 시켜 이동기능을 높이고, 국지도로는 전체 연장은 길게 계획하지만 설계속도를 낮추고 출입을 자유시켜 접근기능을 향상시킨다. 또 주간선도로, 보조간선도로, 집산도로 등은 상위 순서대로 이동기능은 높이고 접근기능은 낮게 하여 전체 도로망에서 균형을 이루도록 한다. 따라서 도로 노선계획 시는 도로의 기능이 원활하게 수행되도록 이동기능과 접근기능을 어느 정도로 확보해야 할 것인지를 결정해야 한다. 전체도로망에서 이의 기능과 위계가 적정하도록 도로망을 계획하는 것이 가장 중요하다.

**표 1.6 도시지역 도로의 개략적인 시설기준**

| 구분 \ 분류 | 도시고속도로 | 주 간선도로 | 보조 간선도로 | 집산도로 | 국지도로 |
|---|---|---|---|---|---|
| 주기능 | 우리나라간선 도로망 연결 | 해당도시의 간선도로망구축 | 주간선도로를 보완함 | 도시안 생활권 주요도로망구축 | 시점과 종점 |
| 도로 전체 길이에 대한 백분율(%) | 5~10 | | 10~15 | 5~10 | 60~80 |
| 도시 전체 교통량에 대한 백분율(%) | 0~40 | 40~60 | | 5~10 | 10~30 |
| 배치간격(km) | 3~6 | 1.5~3 | 0.75~1.5 | 0.75 이하 | NA |
| 최소교차로 간격(km) | 1.0 | 0.5~1.0 | 0.25~0.5 | 0.1~0.25 | 0.03~0.1 |
| 설계속도(km/시) | 100~80 | 80~60 | 60~50 | 50~40 | 40~30 |
| 노상주차여부 | 불허 | 원칙적 불허 | 제한적 허용 | 허용 | 허용 |
| 접근관리수준 | 출입제한 | 강함 | 보통 | 약함 | 적용안함 |
| 도로 최소폭(m) | | 35m 이상 | 25m 이상 | 15m 이상 | 8m 이상 |
| 중앙분리대 유형 | 분리 | 분리 | 분리 또는 비분리 | 비분리 | 비분리 |
| 보도설치여부 | × | ○ | ○ | ○ | ○ |
| 최소 차로폭(m) | 3.5 | 3.5~3.25 | 3.25~3.0 | 3.0 | 3.0~2.75 |

주) 도시지역의 설계속도가 40km/h 미만의 국지도로는 최소 차로폭을 2.75m까지 적용가능

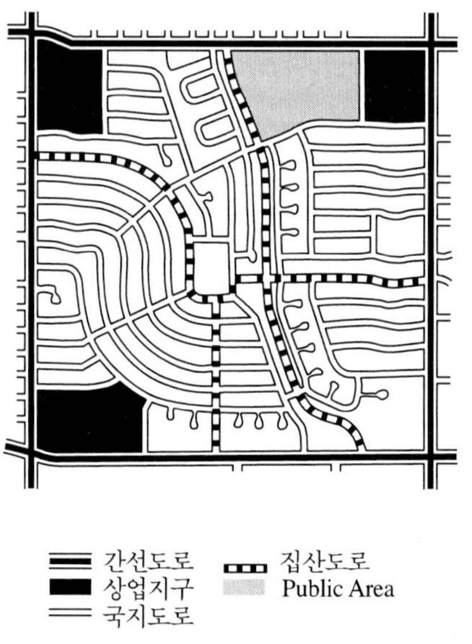


**그림 1.4 도시지역 도로의 기능별 구성 예**

**표 1.7 지방지역 도로의 기능별 특성**

| 구 분 | 주 간선도로 | 보조 간선도로 | 집산도로 | 국지도로 |
|---|---|---|---|---|
| 도로의 종류 및 등급 | 일반국도 | 일반국도의 일부와 지방도 대부분 | 지방도의 일부 | 군도 대부분과 농어촌 도로 |
| 평균통행거리 | 5km 이상 | 5km 미만 | 3km 미만 | 1km 미만 |
| 설계속도(km/시) | 80~60 | 70~50 | 60~40 | 50~40 |
| 유·출입지점 간 평균 간격(m) | 700 | 500 | 300 | 100 |
| 동일기능 도로 간의 간격(km) | 3 | 1.5 | 0.5 | 0.1 |
| 계획교통량(대/일) | 10,000 이상 | 2,000~10,000 | 500~2,000 | 500 미만 |

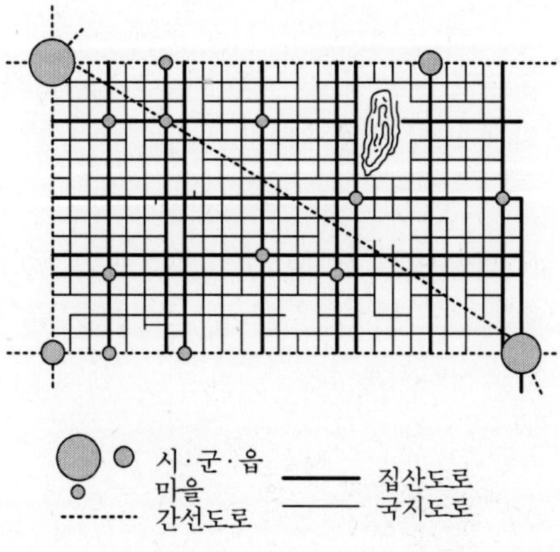


**그림 1.5 지방지역 도로의 기능별 구성 개념도**

## 연습문제

**1.1** 국토교통부 홈페이지(www.molit.go.kr)에서 우리나라 도로현황 그리고 선진국과의 도로현황비교 자료를 수집하여 우리나라 도로의 발전 방향을 제시하시오.

**1.2** 국토교통부 홈페이지(www.molit.go.kr)에서 우리나라 도로정책 추진방향을 이해하고 귀하의 의견을 제시하시오.

**1.3** 스마트하이웨이 사업단 홈페이지(www.smarthighway.or.kr)에서 사업의 개요와 연구과제에 대해 조사하시오.

**1.4** 도로의 기능별 분류 방법에 대해 기술하고 이의 기능별 위계가 맞지 않았을 때 일어나는 문제점에 대한 귀하의 의견을 제시하시오.

**1.5** 한국도로공사 홈페이지(www.ex.co.kr)에서 경부고속도로의 인터체인지 간격을 조사하고 각 인터체인지와 연결되는 도시의 규모와 연결도로의 종류 그리고 이 연결도로의 출입제한 여부를 조사하시오.

# 제2장 도로조사

## 2.1 개설

이 장에서는 도로의 계획과 설계에 필요한 조사에 대해 기술한다. 도로조사는 도로의 계획과 설계, 도로건설, 도로개량 등과 같은 목적에 따라 그 항목, 방법, 빈도 및 정밀도 등이 달라진다.

따라서 이 장에는 도로의 계획과 설계에 필요한 조사를 중점적으로 기술하였으므로 조사의 종류, 목적, 방법, 조사내용, 조사 결과의 정리와 활용을 중점적으로 공부하기 바란다. 도로건설, 도로개량 등과 같은 다른 목적의 조사에 대해서는 여기에 기술된 조사항목을 참조하여 목적에 맞도록 조사계획을 수립하는 연습을 하기 바란다.

## 2.2 도로현황 조사

도로현황 조사(Inventory Survey)는 계획 구간 주변이나 계획지점의 기존 도로상태를 조사하는 것이다. 이 조사는 도로망 계획, 신설 도로 계획, 사업의 우선순위나 도로개량의 필요성 판단, 교통 규제와 같은 도로의 계획과 운용을 검토하기 위한 기초자료를 얻기 위해 실시한다. 이 조사는 도로연장, 폭원, 곡선반경, 종단경사, 횡단구성, 교차로, 구조물 등을 조사하며 조사결과는 표 2.1과 같은 도로현황 조사표에 기록한다.

**표 2.1 도로현황 조사표**

조사자 :

| 측점 Sta. ~ Sta. | 조사일 | | | | | 시점 | | | | 종점 | | | | | 도로구분 | | | | 조사구간번호 | | | | | 조사구간연장 | | |
|---|---|---|---|---|---|---|---|---|---|---|---|---|---|---|---|---|---|---|---|---|---|---|---|---|---|---|
| | 설계속도 | 배수상태 | 종단경사 | | 평면곡선 길이 | | | 지형 | 거리 | 추월시거 | 건축한계 | 비탈편상태 | (L)횡 단(R) | | | | | 교차로 | | 구 조 물 | | | | | 노면상태 | 개선대안 |
| | | | % | 연장 | 50 이하 | 50~120 | 120~230 | | | | | | 길어깨 | 차로 | 중분대 | 차로 | 길어깨 | 형태 | 위치 | 명칭 | 형태 | 유효폭 | 길이 | 위치 | | |
| | | | | | | | | | | | | | | | | | | | | | | | | | | |
| | | | | | | | | | | | | | | | | | | | | | | | | | | |
| | | | | | | | | | | | | | | | | | | | | | | | | | | |
| | | | | | | | | | | | | | | | | | | | | | | | | | | |

## 2.3 도로교통에 관한 조사

도로교통에 관한 조사는 계획 지역에 대한 교통의 양(Quantity)과 품질(Quality)을 조사하는 것이다. 이 조사는 도로망 계획, 기하구조 기준 결정, 포장구조 설계, 교통규제 계획, 도로의 경제성 평가 및 유지관리를 위해 필요한 교통에 관한 기초 자료를 수집하기 위한 것이다. 우리나라에서는 일반 교통량 조사를 실시하여 교통량 통계연보를 매년 발간하고 있어 이것을 이용하여 도로 계획을 수립할 수 있으나 그 밖의 계획을 하기 위해서는 별도의 교통량 조사를 실시해야 한다.

도로계획을 위해서는 도로교통의 양(量)적 특성을 파악하기 위한 일반 교통량 조사와 품질 특성을 파악하기 위한 기종점 조사를 비롯한 다음의 특수교통조사를 실시한다.

- 일반 교통량 조사
  - 상시 조사(常時調査)
  - 보정 조사(補正調査)
  - 전역 조사(全域調査)
- 특수 교통조사
  - 기종점 조사(起終点調査)
  - 분류 조사
  - 중량 또는 축하중 조사
  - 속도 조사
  - 교통사고 조사

### 2.3.1 일반 교통량 조사

일반 교통량 조사란 주요도로 또는 주요 교차점을 통과하는 교통량을 방향별, 차종별로 직접 조사하는 것으로 도로의 교통 상황을 직접 수치로 나타낼 수 있다. 교통의 종류는 보행자, 우마차류, 자전거, 이륜차 및 자동차로 분류하며 이 중 자동차는 승용차, 소형버스(9~16인승), 보통버스(17인승 이상), 소형화물차(2.5통 이하), 보통화물차(2.5~8톤), 대형화물차(8톤 이상) 및 특수 화물차로 구분한다.

#### (1) 상시조사

상시조사란 어떤 지점의 교통량을 튜브식이나 루프식과 같은 조사기기를 이용하여 연속적으로 장기간 조사하는 것이다. 이 조사에 의해 어떤 지점의 교통현황과 연평균일교통량(AADT)을 결정할 수 있으며 교통량의 계절별, 요일별, 시간별 변화 특성을 파악하여 후술할 보정조사와 단기조사에서 얻어진 교통량을 보정하는데 이용된다.

즉, 기기에 의해 1년간 조사된 교통량이 10,000대였다면 조사지점의 연평균일교통량은 10,000/365= 274대/일이 된다. 이와 같이 상시조사에 의해서는 개략적인 교통량 정보는 얻을 수 있으나 조사 값이 차종별로 분류되지 않고 여행목적, 탑승인원, 도착지 등도 알 수 없다.

#### (2) 보정조사

보정조사란 교통량을 조사기기 등을 이용하여 월별로 2~7일간씩 조사하는 것이다. 이를 통해 월별(계절별) 교통량의 변화를 파악하여 단기조사에서 얻어진 교통량을 보정하여 연평균일교통량(AADT)을 환산하는 데 이용된다.

#### (3) 전역조사(단기조사)

전역조사란 가장 일반적으로 실시되는 조사로서 전국의 주요 도로구간에서 구간별 교통량을 관측기기 또는 인력으로 조사하는 것이다. 관측일시는 교통량 변화가 심하지 않는 10월의 화요일부터 금요일 사이로 하고 관측시간은 오전 7시부터 오후 7시까지의 12시간 또는 24시간으로 하며 조사 결과는 각 교통량 조사지점 및 차종별로 기록하여 표 2.2, 그림 2.1과 같은 조사표 및 교통량도(交通量圖)를 작성한다.

**표 2.2 일반교통량 조사표**

조사일시 : 월 일　　조사지점번호 : 번　　조사지점 : 시(군) 동(면) 리　　조사방향 :

| 시간대별 | 승용차 | | 버 스 | | | | | | | 화물차 | | | |
|---|---|---|---|---|---|---|---|---|---|---|---|---|---|
| | 자가용 | 영업용 | 소형<br>(9~16인승<br>이하) | 대형<br>(17인승이상) | 시외완행<br>시내버스 | 시외<br>직행 | 전세<br>관광버스 | 고속 | 기타 | 소형<br>(2.5톤<br>이하) | 보통<br>(2.5~<br>8톤 이상) | 대형<br>(8톤 이상) | 특수 |
| | | | | | | | | | | | | | |

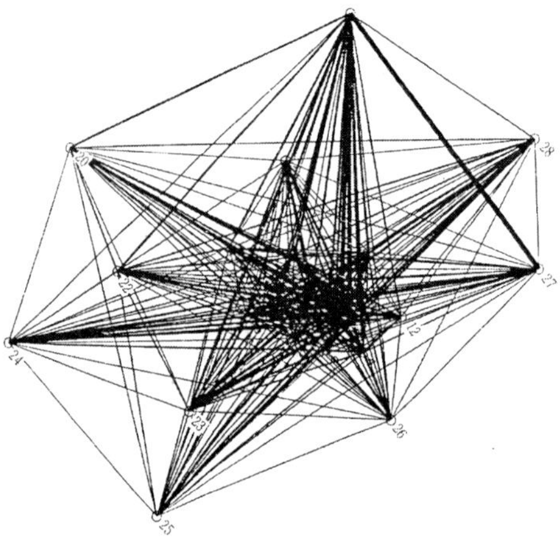

**그림 2.1 교통량도**

## 2.3.2 기종점(起終点) 조사

### (1) 자동차 기종점 조사

일반적으로 OD조사(Origin-Destination Survey)라고 부르는 것으로 자동차 교통의 출발지와 목적지, 자동차의 종류, 여행목적과 경로, 승차 인원수 및 적재 화물 등을 조사하는 것이다. 이 조사는 자동차 교통의 품질적(品質的) 현황을 파악하여 장래 교통수요를 예측하는 기초가 되므로 도로망계획, 노선계획 등의 수립에 없어서는 안 될 중요한 조사이다.

그러나 조사 대상 구간 내를 이동하는 모든 차량에 대해 조사하는 것은 불가능하므로 표본(sampling)조사를 하게 되는데 조사방법에는 다음과 같은 것이 있다.

1) 조사원이 노측에서 자동차를 정지시켜 직접 질문하는 방법

2) 조사원이 자동차 소유자를 방문하여 면접에 의해 조사하는 방법

3) 주차되어있는 차의 등록번호 또는 어느 경계선을 출입하는 차의 등록번호를 조사하는 방법
4) 조사용 엽서를 운전자에게 주고 기입 후 우송하게 하는 방법
5) 운전자에게 조사표를 주고 다른 지점에서 회수하는 방법

이러한 방법 중 1)과 2)는 기종점을 정확하게 조사할 수 있으므로 일반적으로 자주 이용되는 방법이다. 특히 1)은 지방부 간선도로에서 2)는 도시부에서 이용되며 후술할 Person Trip 조사에서도 이용된다.

이렇게 조사한 조사결과는 각각 출발지 Zone과 목적지 Zone의 차종별로 표 2.3과 같은 조사표에 집계, 그림 2.2와 같이 나타내는데 이 그림을 OD표라 한다. 이들의 상세와 장래 교통량추정에 관해서는 제3장에서 상술토록 한다.

**표 2.3 자동차 기종점 조사표**

조사지점번호 : 조사지점명 :

조사방향 : ( ) → ( ) 조 사 일 : . . 요일

| 시간대 | 차 종 | 출발지 | 목적지 | 화물차의 경우 | | 탑승인원 | 비 고 |
|---|---|---|---|---|---|---|---|
| | | | | 품목 | 적재톤수 | | |
| | | | | | | | |
| | | | | | | | |
| | | | | | | | |

| 기점존 \ 종점존 | 1 | … | $i$ | … | $j$ | … | $n$ | O계 |
|---|---|---|---|---|---|---|---|---|
| 1 | $t_{11}$ | … | $t_{1i}$ | … | $t_{1j}$ | … | $t_{1n}$ | $t_1$ |
| ⋮ | ⋮ | | ⋮ | | ⋮ | | ⋮ | ⋮ |
| $i$ | $t_{i1}$ | … | $t_{ii}$ | … | $t_{ij}$ | … | $t_{in}$ | $t_i$ |
| ⋮ | ⋮ | | ⋮ | | ⋮ | | ⋮ | ⋮ |
| $j$ | $t_{j1}$ | … | $t_{ji}$ | … | $t_{jj}$ | … | $t_{jn}$ | $t_j$ |
| ⋮ | ⋮ | | ⋮ | | ⋮ | | ⋮ | ⋮ |
| $n$ | $t_{n1}$ | … | $t_{ni}$ | … | $t_{nj}$ | … | $t_{nn}$ | $t_n$ |
| D계 | $u_1$ | … | $u_i$ | … | $u_j$ | … | $u_n$ | $t$ |

**그림 2.2 OD표**

(2) Person Trip 조사

Person Trip 조사는 사람의 이동 상태를 조사하는 것으로서 이의 유동상황, 교통수단 선택, 소요시간에 따른 교통수요의 변화 등을 파악하기 위해 실시한다. 자동차, 철도, 버스 등의 교통수단을 사람이 어떻게 이용하는 가를 조사, 파악하므로 교통수단별 이용실태 조사라고도 부른다. 이 조사는 종합적인 교통계획 수립 시 필요한 가장 기초적인 조사이다. 조사는 주로 가정방문 조사나 설문조사를 이용한다.

Person Trip의 총량에서 자동차 교통량만을 분리시키면 장래 자동차 교통량이 예측된다. 교통수단 선택 상황을 분석하여 자동차의 이용량을 결정해야 한다. 이의 추정을 제3장의 교통수단 분담분석(Modal Split Analysis)이라고 부른다.

(3) 물자 유동조사

상기한 Person Trip 조사는 가정방문조사나 설문조사가 주체로 되므로 물자의 유동현황을 파악할 수 없다. 물자 유동조사는 물자의 유동 상태를 조사하는 것을 말한다.

물자유동조사는 화물터미널, 사업소, 상점, 창고 등을 방문하여 물품의 품목, 수량, 수송수단, 출발지 및 도착지, 출발 및 도착시각 등을 조사한다. 이를 통해 물자의 유동량과 이용교통수단과의 관계를 파악한다.

물자유동 조사 결과에서 자동차 교통량을 추정하기 위해서는 Person Trip 조사에서와 같이 교통수단 분담분석(Modal Split Analysis)이 필요하게 된다.

### 2.3.3 그 외의 교통관련 특수조사

(1) 분류조사

2.3.1절에서 기술한 일반교통량 조사 중 상시조사(常時調査)와 보정조사는 교통량을 측정기기에 의해 조사하므로 차종별로 조사할 수 없다. 따라서 일정 표본에 대해 차종별 교통량을 조사하여 측정기기에 의해 조사된 교통량을 차종별로 나누기 위한 조사를 분류조사라 한다.

(2) 중량 또는 축하중조사

중량 또는 축하중조사는 도로를 공용하게 될 자동차들의 총중량, 축수(軸數), 축별(軸別) 중량 등을 측정하는 것이다. 이의 조사를 통해 수집된 자료를 통계 분석하여 도로포장 및 교량의 설계하중을 결정한다.

### (3) 속도조사

속도조사에는 크게 지점 속도조사와 구간 속도조사로 대별된다. 지점 속도조사는 도로의 어느 지점을 통과하는 각 자동차의 순간속도를 측정하고 전 차량의 속도분포를 통계 분석함으로서 교통제어의 필요성이나 도로의 계획 및 개량 여부를 판단한다. 측정법에는 Stop Watch에 의한 방법, 사진촬영에 의한 방법, 차량감지기에 의한 방법 및 Radar Speed Meter에 의한 방법 등이 있다.

구간 속도조사는 도로의 어떤 구간을 주행하는데 소요되는 시간을 측정하여 도로의 서비스 수준 파악, 교통규제나 도로의 개선 대책을 수립한다. 측정법에는 시험차의 주행에 의한 방법, 이동 측정법, 차량번호 대조법 및 사진촬영에 의한 방법 등이 있다.

### (4) 교통사고조사

교통사고는 운전자, 차량 및 도로의 각 요인이 복잡하게 혼합되어 일어나므로 교통사고의 원인을 일률적으로 규정하기는 어렵다. 그러나 1년간 또는 수년간에 걸쳐 발생한 사고를 발생지점별로 통계 분석해 보면 도로구조상의 문제 지점을 파악할 수 있다. 따라서 다음과 같은 항목의 교통사고 조사를 통해 도로 개량의 필요성 판단이나 사고 대책 수립에 이용한다.

- **현황** : 사고내용, 발생일시, 발생 장소, 날씨
- **교통류 상황** : 교통량, 자동차와 자전거 및 보행자의 분리 여부 등
- **구조물** : 토공, 교량, 터널 등의 구조
- **기하구조** : 폭원, 시거, 종단경사, 곡선반경, 곡선길이, 도로표지 등
- **노면** : 노면의 종류와 상태, 노면의 밝기 등
- **차량** : 종류, 적재상태 등
- **운전자** : 일반사항 및 운전상황

## 2.4 노선조사

노선조사는 기술적 조사로서 설계 목적과 설계 단계에 따라 조사 항목이 다를 수 있으나 내용적으로는 측량조사와 토질조사가 주된 조사 항목이다.

### 2.4.1 측량조사

타당성조사, 기본설계 및 실시설계의 노선 선정검토단계에서는 항공사진 또는 수치 지형도를 이용한다. 실시설계의 세부검토단계에서는 선정된 계획노선 주변에 대한 지형 측량으로 1/1,200의 지형도를 작성하여 평면 및 종단 선형 계획, 중요구조물의 위치 등을 결정한다. 지형도상에서 결정된 선형에 대해서는 중심선 측량을 실시한다. 중심선 측량은 측점 간격을 20m 정도로 하고, 측량 폭은 중심선에서 좌우로 약 50m 정도로 하여 종 횡단 측량을 실시한다. 측량 결과를 토대로 종단도 및 횡단도를 작성한다.

지형측량 및 노선측량의 상세에 대해서는 측량학 관련도서를 참고하기 바란다.

### 2.4.2 토질조사

토질조사는 구조물의 기초 지반, 도로 포장 재료의 물리적, 역학적 특성을 파악하여 구조물 기초 설계와 포장 설계에 필요한 기초 자료를 얻기 위해 실시한다. 이의 조사순서는 다음과 같다.

- 예비조사
  - 자료조사
  - 답사
- 본조사
  - 1차 조사
  - 2차 조사

자료조사는 현지조사를 하기 전에 지형도, 지질도, 항공사진, 기존의 토질조사 자료, 공사기록, 재해기록 등을 수집하여 현지의 지형적 특성과 지반의 상태를 파악하는 것이다. 이를 통해 본 조사를 간략하게 할 수 있을 뿐만 아니라 조사해야 할 중점 사항을 알 수 있다.

답사는 표면토, 지형, 지하수위, 용수 및 수리상황, 기존도로 현황 등을 현지에서 확인하여 자료조사 결과와 상호 비교 검토하여 본조사의 필요성, 구간, 조사방법, 조사 횟수 등을 결정한다.

1차 조사는 미리 노선 전체에 대해 적당한 간격으로 보링, 사운딩, 시험굴 조사(Test Pit), 표준관입시험, 교란시료와 비교란 시료 채취를 실시하여 노선 전체의 지반 상태를 파악하는 것이다. 채취된 시료에 대해서는 자연함수비, 입도, 밀도, 비중, 액성 및 소성 한계, 점착력과 내부마찰각 등을 구하고 흙 분류에 의해 도로용 재료로서 적합한지를 판단한다.

2차 조사는 설계 시공 시 상세한 검토가 필요한 곳에 대해 실시하는 것으로서 다음과 같은 것이 있다.

(1) 절토구간의 지층 구성조사

탄성파 탐사, 보링 및 표준관입시험을 실시하여, 암 또는 흙의 종류와 층 두께, 성층 상태 등을 파악한다. 이를 통해 장대 절토부위의 시공성, 비탈면 안정 및 보호공법, 절토재료의 유용여부 등에 대한 판단자료를 얻는다. 지층이 흙일 때는 오거보링조사나 시험굴(Test Pit) 조사에 의해 시료를 채취하고 토질정수를 구하여 성토재료로서 적합한지 여부를 판단한다.

(2) 성토 기초에 관한 조사

성토의 기초 부위에서는 오거보링을 실시하여 기초지지력의 확보 여부를 조사한다. 그러나 지지력(支持力)과 침하(沈下)에 대한 검토가 필요한 연약층에서는 다음 항의 연약지반조사를 실시한다.

(3) 연약지반 조사

연약지반의 두께, 성층상태 등을 파악하기 위한 보링과 사운딩을 실시하여 토층단면도를 작성한다. 또 흐트러지지 않는 시료를 채취하여 흙 분류, 전단, 압밀, 투수시험을 실시한다. 이를 통해 연약지반 처리공법을 검토하기 위한 기초 자료를 얻는다.

(4) 토취장 조사

탄성파 탐사와 보링으로 각 토층의 구성 상태와 토량을 파악하고 오거보링 또는 시험굴조사(Test Pit)로 시료를 채취한다. 채취한 시료에 대해서는 성토재료로서의 적합성을 파악하기 위해 함수비, 흙 입자 비중, 액성한계, 소성한계, 입도, 다짐특성, CBR, 콘지수, 전단강도 시험을 실시한다.

(5) 구조물 기초지반조사

구조물의 기초 공법 결정과 설계를 위해 실시하는 조사이다. 교량의 교각 및 교대, 암거 등의 기초지반에 대해서는 보링과 표준관입시험을 실시하고 채취된 시료에 대해서는 함수비, 흙입자 비중, 액성 한계, 소성한계, 입도와 같은 흙 분류시험을 실시한다. 또 터널설계를 위해서는 터널 갱구 및 통과위치에 대한 지질조사를 실시하여 터널공법, 갱구위치 및 지보공법 등을 결정한다.

여기서는 토질조사의 개요에 대해 기술하였다. 각 조사항목별 조사방법과 조사 성과의 활용은 지반공학 관련서적을 참조하기 바란다.

## 2.5 경제조사

도로는 국가의 사회활동, 산업 활동과 지역 경제활동에 미치는 영향이 대단히 크다. 따라서 도로를 계획할 때는 경제조사를 실시, 그 도로가 국가와 지역 경제에 미치는 영향을 검토해야 한다. 이를 위해 도로계획 지역의 경제활동 현황을 조사하여 장래교통수요의 추정에 필요한 기초 자료를 얻는다. 이때 조사 항목은 다음과 같다.

- **인구** : 총인구, 상주인구, 취업인구, 산업별 인구, 세대수, 통학인구 등
- **소득** : GNP, GDP, 산업별 소득, 생산액, 공업출하액 등
- **산업** : 공장 분포와 위치, 시설, 토지이용 상황 등
- **교통** : 자동차 보유대수, 여객 및 화물성격, 교통시설 현황 등
- **자원** : 지하자원, 관광자원 등

## 2.6 환경조사

환경성 검토와 환경영향평가를 위해 환경의 현재 상태를 조사하는 것을 환경조사라 한다. 도로의 계획과 설계 시 일반적으로 검토해야 하는 환경항목에는 다음과 같은 것이 있다.

- **생활환경** : 토지이용, 지반침하, 소음, 진동, 수질, 대기, 폐기물, 일조장애, 전파 수신 장애 등
- **자연환경** : 기상, 생태계, 지형 및 지질, 경관 등
- **경제 · 사회 환경** : 인구, 산업구조, 주거, 교통사고 등

조사는 기존자료를 이용하는 자료조사와 현지조사가 있으며 현지조사는 조사시험에 의한 것과 육안 조사에 의한 것이 있다. 여기서는 도로 환경조사에서 중시되는 몇 가지 항목만 기술한다.

### ■ 대기

이산화황산, 일산화탄소, 부유입자, 이산화질소, 광화학 옥시턴트 등을 조사대상으로 한다. 이 중 일산화탄소와 이산화질소는 자동차에서 배출되는 양이 대기 중에서 차지하는 비율이 높으므로 공용시의 예측을 위해서는 상세한 조사가 필요하다. 또 시간 경과에 따른 농도의 변화와 기상조건과 교통 상황에 따른 각 특성치의 변화 특성을 파악하기 위해 교통량, 속도와 같은 교통관련 데이터와 일기, 풍향, 풍속, 기온 등과 같은 기상관련 데이터도 수집해야 한다.

### ■ 소음

도로에 인접한 건물의 창 앞면 또는 지형이나 도로 구조상 대책 검토가 필요하다고 고려되는 지점에서 소음 측정기로 측정한다. 소음 레벨은 정규 도수 분포상 중앙값($L_{50}$)으로 평가하도록 되어있으나 변동의 크기를 파악하기 위해서는 90% Range의 상・하단($L_5$, $L_{95}$)도 조사해야 한다. 또, 측정 장소 주변의 지형, 지물의 상황도 조사해야 하고 측정지점 부근에 기존 도로가 있을 때는 교통량, 평균주행속도, 도로의 구조 등 도로와 교통조건도 파악해 두어야 한다.

### ■ 진동

도로교통의 진동은 차종, 차의 중량, 주행속도, 노면의 상태에 따라 대단히 불규칙한 특성을 갖는다. 따라서 5초간 연속 측정한 결과의 정규도수 분포의 중앙값 및 90%의 상한값을 이용한다. 이때 지반진동의 복잡성을 감안하여 지반의 탁월진동수도 조사해야 한다.

## 2.7 기타의 조사

### 2.7.1 관련계획조사

도로계획은 인근에 이미 결정된 각종 계획을 반영하여 최적계획이 수립되도록 해야 한다. 또 관련계획이 본 도로계획에 미칠 영향도 검토해야 한다. 따라서 노선계획, 장래교통량추정, 경제성 평가 및 환경영향 평가 등을 위해 도로계획과 관련이 있는 국토종합개발계획, 지역계획, 교통계획, 도로계획, 산업단지계획 및 관광단지개발계획 등을 조사해야 한다. 조사는 관련 관공서를 방문하여 관련도서와 계획 자료를 수집한다.

### 2.7.2 용지 및 보상조사

계획 노선의 용지 내에 있는 토지, 건물, 구조물, 나무 등과 같은 물건, 점포나 공장 등의 영업상황을 조사한다. 토지는 도로용지의 경계를 조사하여 토지의 용도에 따른 보상가격을 평가해야 한다. 물건에 대해서는 평가액을, 영업에 대해서는 영업 손실을 조사한다.

### 2.7.3 물가조사

건설공사비를 산출하기 위한 노무비, 재료비, 수송비 등의 가격 조사와 건설에 소요되는 각종 재료의 종류와 수량, 소요량을 확보하기 위한 방법 등을 조사한다.

### 2.7.4 기상조사

노선 선정, 구조물 설계, 공사계획, 유지관리계획 등을 수립하기 위해서는 각종의 기상데이터가 필요하다. 따라서 기상청의 통계자료를 이용하여 기온, 습도, 풍향, 풍속, 강우량, 집중호우, 일조시간 등을 조사한다.

### 2.7.5 배수구조물조사

도로포장 및 구조물의 파손은 배수불량에 의한 영향이 크다. 또, 농경지의 경우, 배수구조물이 미비할 경우에는 농지의 활용에 문제가 발생한다. 따라서 계획노선을 개통 할 때 문제가 발생하지 않도록 배수구조물 및 배수로 등에 대한 현황을 조사한다. 조사는 현지 조사와 주민의 설문조사를 종합하여 배수구조물의 필요성, 규격, 규모 등에 대해 검토한다.

## 연습문제

**2.1** 국토교통부 홈페이지(www.molit.go.kr)에서 교량 현황조서 또는 터널 현황조서를 검색하여 이의 현황에 대한 집계표를 작성하시오.

**2.2** 국토교통부 홈페이지(www.molit.go.kr)에서 교통량 통계자료를 검색하여 우리나라 차종별 교통량에 대한 집계표를 작성하시오.

**2.3** 국가지리정보유통망(www.ngic.go.kr)에서 도로망도 1개 도면을 출력하여 여기에 귀하가 1개의 도로 노선을 계획, 설계하고자 할 때 필요한 조사계획을 수립하시오.

**2.4** 통계청 홈페이지(www.kostat.go.kr)에서 인구통계와 도로 종류별 사고 통계를 조사하여 이의 상관성을 분석하시오.

# 제3장 도로교통

## 3.1 개설

이 장에서는 도로의 계획과 설계에 필요한 교통량과 교통용량에 대해 알아본다. 교통량은 연평균 일교통량과 설계시간 교통량의 결정과 장래교통량 추정방법에 대해 기술한다. 교통용량은 설계서비스 교통용량을 결정하는 방법과 이 설계서비스 교통용량과 추정된 장래 교통량을 비교하여 차로수를 결정하는 과정에 대해 기술한다.

이 장에서는 장래교통량 추정 방법, 설계서비스 교통용량 결정 방법 그리고 차로수 결정 과정에 유념하여 공부하기 바란다.

## 3.2 도로와 교통의 상관관계

교통은 사람이나 화물을 한 장소에서 다른 장소로 이동시키는 활동과 과정을 말한다. 이러한 교통은 이동기능(Mobility)과 접근기능(Accessibility)의 양대 기능을 갖으며 이들의 기능을 갖는 교통서비스는 결국 교통시설과 교통수단에 의해 이루어진다.

따라서 도로교통이란 도로라는 교통시설을 이용하는 자동차, 자전거, 보행과 같은 교통수단에 대해 검토하는 것이다. 따라서 각 교통수단에 대한 기본적인 특성과 이들의 물리적, 심리적 특성에 맞는 교통시설, 즉 도로의 구조와 규격을 결정하는 것이다. 도로의 계획과 설계는 결국 도로 교통 특성에 맞도록 하는 것이 중요하다.

## 3.3 속도

### 3.3.1 속도의 정의

속도는 교통류를 설명하는 요소 중 가장 중요한 것으로써 시간 평균속도와 공간 평균속도가 있다.

시간평균속도(Time Mean Speed)는 어느 지점을 일정 시간 내에 통과하는 차량들의 지점속도를 산술평균한 것으로 식 (3.1)과 같이 나타낼 수 있다.

$$V_t = \frac{\sum_{i=1}^{n} V_i}{n} \tag{3.1}$$

여기서, $V_t$ : 시간 평균속도(km/시)

$V_i$ : 경로 상 한 지점에서 차량 $i$의 주행속도(km/시)

$n$ : 측정 차량 수

한편 공간평균속도(Space Mean Speed)는 어느 순간에 일정 구간에 있는 각 차량의 속도를 평균한 것으로 식 (3.2)와 같이 나타낼 수 있다.

$$V_m = \frac{\sum_{i=1}^{n} S_i}{\sum_{i=1}^{n} M_i} \tag{3.2}$$

여기서, $V_m$ : 공간평균속도(km/시)

$S_i$ : 주어진 경로에서 차량 $i$의 주행거리(km)

$M_i$ : 주어진 경로에서 차량 $i$의 주행시간(시)

이 밖에 목적에 따라 각기 다른 개념의 속도가 사용된다. 여기에는 지점속도, 구간속도, 주행속도, 자유속도, 임계속도(臨界速度), 백분위속도(百分位速度), 설계속도 등이 있다.

### 3.3.2 설계속도와 설계구간

설계속도는 도로를 계획하고 설계할 때 기준이 되는 속도로서 특히 다음 장에서 기술할 기하구조를 결정하는데 기본이 되는 속도이다. 즉, “도로설계의 기초가 되는 자동차의 속도”로 정의된다. 주행속도는 운전자가 설계속도로 설계된 실제 도로를 실제로 주행하는 속도이므로 설계속도와는 다르다.

우리나라에서는 도로의 구분에 따라 표 3.1과 같이 설계속도를 규정하고 있다. 또, 우리나라 지형의 복잡성을 고려하고 경제성과 토지이용의 효율성을 위해 부득이한 경우에는 표 3.1에서 20km/시를 뺀 속도를 설계속도로 할 수 있다. 그러나 자동차 전용도로의 설계속도는 80km/시 이상으로 하고 도시지역이나 소형차도로에서는 60km/시 이상으로 필히 해야 한다.

**표 3.1 설계속도**

| 도로구분 | | 설계속도(km/시) | | |
|---|---|---|---|---|
| | | 지방지역 | | 도시지역 |
| | | 평지 | 산지 | |
| 고속도로 | | 120 | 100 | 100 |
| 일반도로 | 주 간선도로 | 80 | 60 | 80 |
| | 보조 간선도로 | 70 | 50 | 60 |
| | 집산도로 | 60 | 40 | 50 |
| | 국지도로 | 50 | 40 | 40 |

한 노선에서 설계속도가 자주 변화되면 운전자는 이를 인식하기 어려워 교통사고 발생 위험이 높다. 이것 때문에 설계에서는 설계구간이라는 개념을 도입한다. 설계구간이란 설계속도를 동일하게 하여 동일한 설계기준을 적용하는 구간을 말한다.

운전자가 설계속도의 변화를 인식하지 못해 일어나는 교통사고를 방지하기 위해 설계구간의 길이를 규정하는데 이것에 대한 개략적인 지침은 표 3.2와 같다. 또 다른 설계구간을 접속시킬 때는 설계속도의 차가 20km/시를 넘지 않도록 해야 한다. 설계구간의 변경점은 운전자가 무의식적으로 상황의 변화를 감지할 수 있는 주요 교차로, 인터체인지, 주요시설물 같은 곳으로 하는 것이 바람직하다. 그림 3.1에 설계구간들의 접속 예를 나타냈다.

**표 3.2 설계구간 길이의 개략지침**

| 도로의 구분 | 설계구간의 표준적인 연장 | 부득이한 경우에 설계속도만을 떨어뜨리는 최소구간 길이 |
|---|---|---|
| 고속도로, 지방지역 간선도로 | 30~20km | 5km |
| 지방지역 기타도로 | 15~10km | 2km |
| 도시지역 일반도로 | 주요한 교차점의 간격 | |

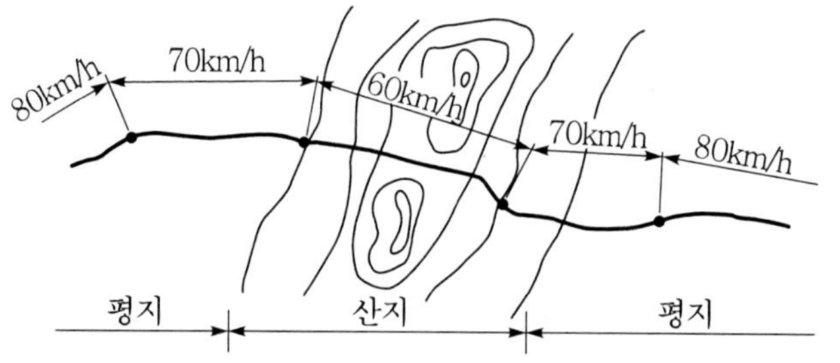


그림 3.1 설계구간 접속의 예

## 3.4 설계기준 차량

### 3.4.1 설계기준 자동차

설계기준 자동차란 도로구조 설계에서 기준으로 하기 위해 제원을 정해놓은 자동차를 말한다. 설계기준 자동차의 치수, 성능 등은 도로의 폭원, 곡선부의 확폭, 교차로설계, 종단경사, 시거 등에 영향을 미친다. 우리나라에서는 설계기준 자동차를 승용자동차, 소형자동차, 대형 자동차, 세미트레일러로 구분한다. 단, 표 3.3 및 그림 3.2와 같이 이들의 제원을 규정하고 있다.

표 3.3 설계기준 자동차 제원

| 제원(m) / 자동차 종류 | 폭 | 높이 | 길이 | 축간거리 | 앞 내민 길이 | 뒤 내민 길이 | 최소 회전 반지름 |
|---|---|---|---|---|---|---|---|
| 승용자동차 | 1.7 | 2.0 | 4.7 | 2.7 | 0.8 | 1.2 | 6.0 |
| 소형자동차 | 2.0 | 2.8 | 6.0 | 3.7 | 1.0 | 1.3 | 7.0 |
| 대형자동차 | 2.5 | 4.0 | 13.0 | 6.5 | 2.5 | 4.0 | 12.0 |
| 세미트레일러 | 2.5 | 4.0 | 16.7 | 앞축간거리 4.2<br>뒤축간거리 9.0 | 1.3 | 2.2 | 12.0 |

*축거 : 앞바퀴 축의 중심으로부터 뒷바퀴 축의 축 중심까지의 거리
*앞 내민 길이 : 차량의 전면으로부터 앞바퀴 축의 중심까지의 거리
*뒤 내민 길이 : 뒷바퀴 축의 중심으로부터 차량의 후면까지의 거리

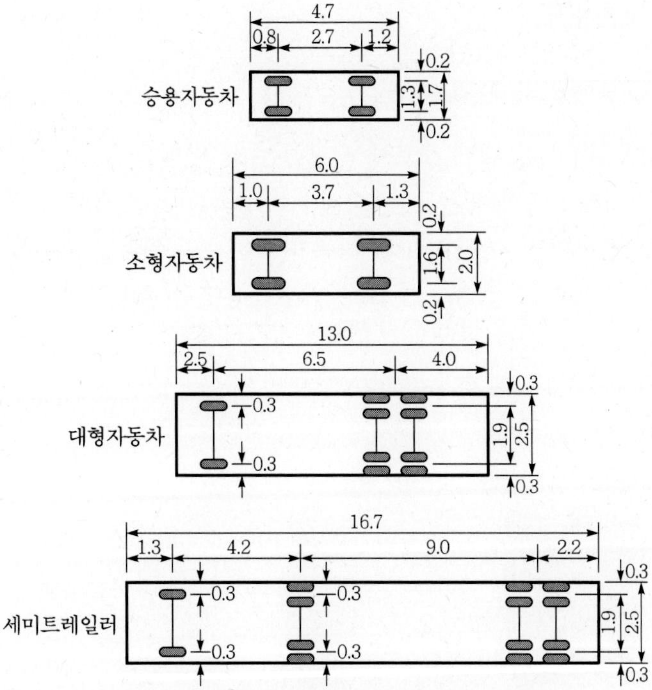


**그림 3.2 설계기준 자동차의 제원(단위 : m)**

## 3.4.2 설계기준 자전거

자전거도로를 설계할 때 기준이 되는 자전거를 설계기준 자전거라 한다. 우리나라에서는 그림 3.3과 같이 자전거 폭 0.7m, 길이 1.9m, 높이 1.2m를 설계기준으로 하고 있다. 또 자전거 탑승 높이는 2.5m, 최소회전반경 3.0m 최소 페달높이는 0.18m로 하고 있다.

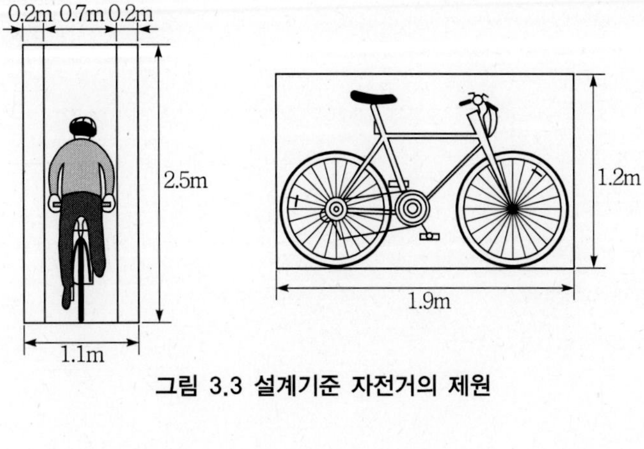


**그림 3.3 설계기준 자전거의 제원**

## 3.5 교통량과 교통밀도

### 3.5.1 교통량과 교통밀도의 정의

교통량이란 어떤 일정시간 내에 도로에 직교하는 한 단면을 통과하는 차량의 대수이다. 교통밀도란 단위길이의 도로에 있는 차량의 대수로 정의된다. 따라서 교통이 정체되어 속도가 0일 때는 교통량은 0이고, 이때 밀도는 최대가 된다. 또, 원활한 교통이 이루어질 때에는 반대로 된다. 이의 특성은 식 (3.3), (3.4)와 같이 나타낼 수 있다.

$$Q = n/T \tag{3.3}$$

$$K = n/L \tag{3.4}$$

여기서, $Q$ : 교통량(대/시)

$n$ : 차량대수(대)

$T$ : 측정시간(시)

$K$ : 교통밀도(대/m)

$L$ : 측정경로 길이(m)

따라서 제2장의 교통량 조사결과를 이용하여 식 (3.3),(3.4)를 이용하여 교통량과 교통밀도를 구할 수 있다.

교통량과 교통밀도를 구하는 다른 방법에는 차두간격을 조사하는 것이 있다. 차두간격이란 어느 차의 선단에서 같은 차선을 앞질러 가는 차의 선단까지의 간격을 말한다. 이의 간격은 식 (3.5),(3.6)과 같이 시간 또는 거리 차원으로 나타낼 수 있다. 속도가 0인 정체 시는 차두간격은 최소가 되고 이때 교통량은 0이고 교통밀도는 최대가 된다.

$$h_t = \frac{1}{Q} \tag{3.5}$$

$$h_d = \frac{1}{K} \tag{3.6}$$

여기서, $h_t$ : 평균 시간 차두간격

$h_d$ : 평균 거리 차두간격

$Q$ : 교통량(대/시)

$K$ : 교통밀도(대/m)

### 3.5.2 도로의 계획 및 설계에 필요한 교통량

식 (3.3)과 같이 교통량은 측정시간과 밀접한 관계가 있다. 따라서 사용코자 하는 목적에 따라 시간의 크기와 측정시간을 결정해야 한다. 도로의 계획과 설계에 이용되는 교통량은 시간의 크기에 따라 다음과 같은 것들이 있다. 이들의 교통량 중 도로의 계획 시는 계획목표년도의 연평균 일교통량(AADT)을, 설계 시는 계획목표년도의 설계시간 교통량(DHV)을 사용한다.

#### (1) 연교통량(Annual Traffic Volume)

1년간 어떤 도로의 한 단면은 통과하는 차량의 총 대수를 말하며 제2장의 상시조사에서 얻을 수 있다.

#### (2) 연평균 일교통량(Annual Average Daily Traffic, AADT)

1일 동안 어떤 도로의 한 단면을 통과하는 차량의 대수를 1년간 측정, 이것을 1년간 평균한 것(즉, 365로 나눈 것)을 말한다. 연평균 일교통량은 제2장에서 기술한 상시조사 결과가 있을 때는 이것을 이용하여 결정하는 것이 정확하지만 보통 단기조사를 실시하고 이의 결과와 후술할 교통량 변동특성을 고려하여 결정한다.

#### (3) 계획교통량

계획목표년도에 통행할 것으로 예상되는 자동차의 연평균 일교통량(AADT, 상기 (2)항)을 계획교통량이라 한다. 도로의 계획과 설계에서는 계획교통량을 이용한다. 여기서 계획목표년도는 도로의 위치나 기능 및 계획방법에 따라 다르나 일반적으로 도로 개통 후 20년을 기준으로 한다. 그러나 도시지역과 같이 교통특성의 변화가 많은 곳에서는 10년으로 할 수도 있다.

#### (4) 시간교통량(Hourly Traffic Volume)과 순간 교통량(Short Term Traffic Volume)

1시간동안 어떤 도로의 한 단면을 통과하는 차량의 대수를 시간교통량이라 한다. 그러나 도로 교통은 Peak 특성이 중요하므로 도시부 도로나 터널 등과 같은 곳에서는 1시간 이하의 단시간 교통량을 조사, 이를 1시간 또는 1일로 환산하여 사용하는데 이와 같이 단시간 측정한 교통량을 순간 교통량이라 한다(순간 교통량(대/시)=15분간 최대 조사교통량×4 또는 5분간 최대 조사교통량×12).

### (5) 설계시간 교통량(Design Hourly Volume : DHV)

계획 교통량(AADT)은 계획목표년도에 예측되는 일교통량이다. 따라서 이 교통량을 도로설계에 이용하면 교통량의 Peak 특성이 반영되지 않는다. 따라서 시간대별 교통량의 변화를 반영하기 위해 발생 예상 교통량을 1시간당 통과대수로 표시한 것이 설계시간 교통량(DHV)이다. 설계시간 교통량은 보통 설계의 기본이 되는 교통량으로서 설계교통량이란 계획목표년도에 발생될 것으로 추정되는 설계시간 교통량을 말한다.

### (6) 설계시간 교통량 결정방법

설계시간 교통량의 결정은 1년간 계측한 시간교통량, 즉 365×24시간=8,760시간에 대한 매 시간당 교통량의 크기 순위를 x축, 연평균 일교통량에 대한 시간 교통량의 비를 K치로 하여 이것을 y축에 그림 3.4와 같이 나타낸다. 그림 3.4에서 곡선이 급변하는 점에 해당하는 y축의 $K$값을 얻어 식 (3.7), (3.8)과 같이 구한다.

$$\mathrm{DHV} = \mathrm{AADT} \times \frac{K}{100} \tag{3.7}$$

$$\mathrm{DDHV} = \mathrm{AADT} \times \frac{K}{100} \times \frac{D}{100} \tag{3.8}$$

여기서, DHV : 설계시간 교통량(양방향 대/시), Design Hourly Volume
AADT : 연평균 일교통량(대/일)
DDHV : 1방향 설계시간 교통량(1방향 대/시), Directional Design Hourly Volume
$D$ : 양방향 교통량에 대한 중방향(교통량이 많은 쪽 방향) 교통량의 비(%)

그림 3.4와 식 (3.7), (3.8)에서와 같이 설계시간 교통량의 결정에 있어서는 $K$값의 결정이 중요한 요소이다. 도로설계에서 $K$값을 크게 취하면 비경제적인 도로가 되고 $K$값을 작게 취하면 교통 혼잡이 가중되기 때문이다. 따라서 상시조사 결과를 이용하여 구하는 것이 원칙이나 이러한 조사가 없을 때는 일반도로 구간에서는 30번째 교통량 때의 $K_{30}$값을, 교통량의 계절적 변화가 심한 관광도로에서는 100번째 교통량인 $K_{100}$값을 이용하여 구한다. 지방지역 도로의 $K_{30}$값은 12~18%, 도시지역 도로의 $K_{30}$값은 8~12%를 나타낸다.

$D$값은 도시지역에서는 55%정도, 지방지역에서는 55~60% 정도를 나타낸다.

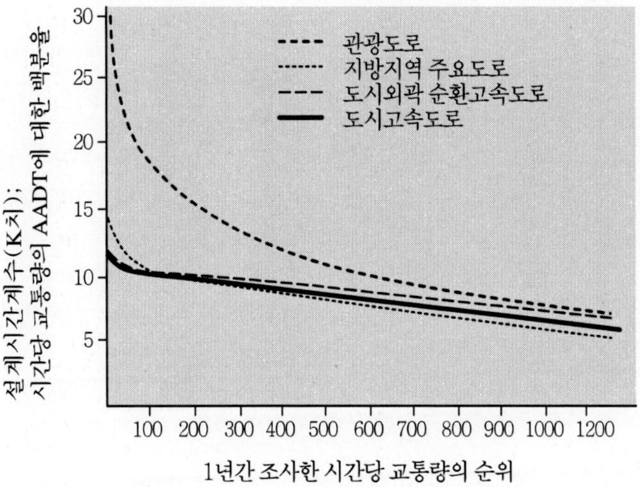


**그림 3.4 설계시간 교통량의 결정방법**

## 3.6 교통량 변동 특성

도로교통은 시간적, 공간적으로 변동하는 특성이 있다. 이러한 교통의 변동 특성을 측정하여 연평균 일교통량(AADT) 결정, 교통 특성 파악, 장래 교통량 추정, 도로의 횡단구성, 포장설계 등에 이용한다.

### 3.6.1 교통량의 시간적 변동특성

(1) 계절변동 · 월 변동

도로는 존재하는 지역에 따라 교통량이 계절별·월별로 동일하지 않으며 같은 노선에서도 도로 구간별로 이의 특성이 변동된다. 연평균 월 교통량에 대한 각월(各月) 교통량의 비를 월계수라고 부르는데 우리나라에서 실측한 예를 들면 그림 3.5와 같다.

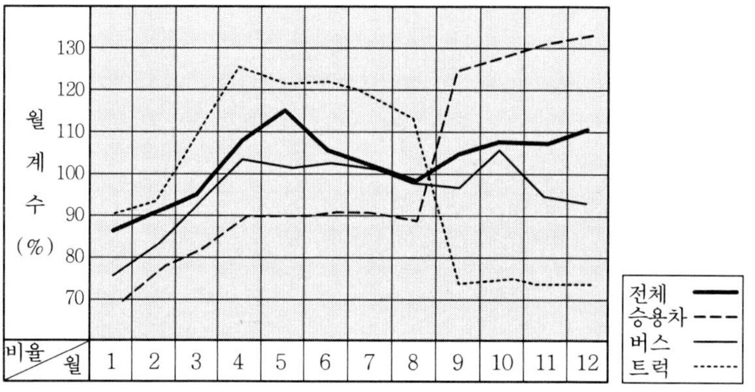


**그림 3.5 우리나라 도시부 도로의 월별 교통량 변화 실측 예**

## (2) 요일변동

도시 내 도로와 지방부 도로의 요일별 교통량 변동 특성은 반대의 경향을 보이는 수가 많다. 주간 평균 일교통량에 대한 각 요일의 교통량의 비를 요일계수라고 부른다. 우리나라에서 조사한 요일변동의 예는 그림 3.6과 같다.

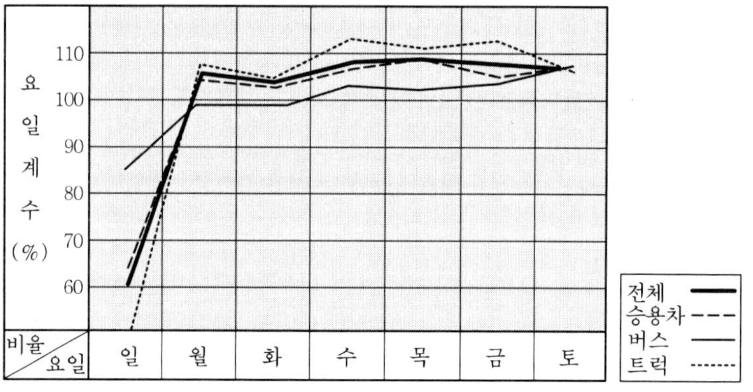


**그림 3.6 우리나라 도시부 도로의 요일별 교통량 변화 실측 예**

## (3) 일 변동

연평균 일교통량에 대한 일교통량의 비를 일계수라 한다. 일반적으로 도시 내에서는 일계수의 값이 약 1.0 되는 일수는 30~45%이나 대도시일수록 이 값이 작아진다. 또, 관광지에서의 일계수의 값은 대단히 크다.

### (4) 24시간 내의 변동

24시간 내 변동 특성을 나타내는 하나의 지표인 주야율은 주간 12시간 교통/일교통량으로 정의된다. 또, 주야율의 역수를 일교통량 환산계수라고 부르는데 이 값은 주간 12시간 동안 측정한 교통량을 이용하여 일교통량을 추정하는데 사용된다.

일반적으로 도시부나 간선도로는 Local 교통이 많은 도로에 비해 야간교통량이 많다. 즉, 이러한 도로는 주야율(주간 12시간 교통량/일교통량)이 작다. 따라서 주야율은 도로의 성격을 판단하는 지침이 된다.

우리나라에서 조사한 24시간 내의 교통량 변동의 일례는 그림 3.7과 같다.

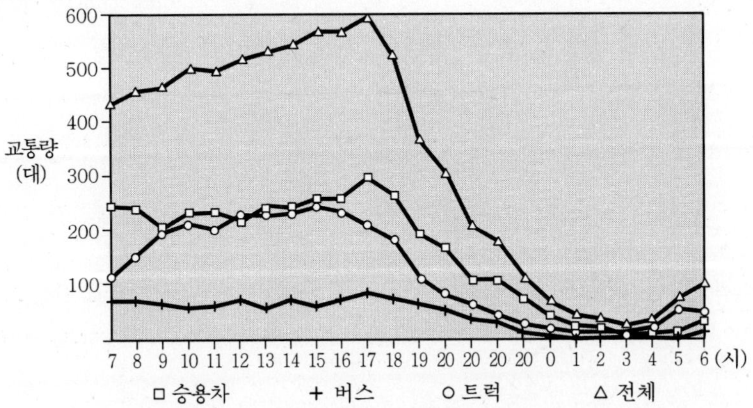


**그림 3.7 우리나라 도시부 도로의 시간대별 교통량 변화 실측 예**

### (5) 1시간 내의 단기간 변동

고속도로의 교통제어나 도시부 도로의 교통신호제어 설계 및 교통용량 평가를 위해서는 5분 또는 10분 단위의 단시간 내의 교통량 변동 특성을 파악해야 한다. 1시간 내의 단시간 변동 특성을 나타내기 위해서는 첨두계수(Peak Hour Factor, PHF)를 이용하는데 이것은 식 (3.9)와 같이 정의된다.

$$\text{첨두계수(PHF)} = \frac{\text{Peak시간 교통량}}{(\frac{60}{\Delta t}) \times (\text{Peak}\Delta t\text{분 간 교통량})} \tag{3.9}$$

#### (6) 연평균 일교통량(AADT)결정

현재의 연평균 일교통량은 1년간 측정한 상시조사 자료가 있을 때는 이것을 365로 나누면 얻어진다. 단기조사 성과를 이용할 때는 교통량 변동 특성을 반영하여 다음과 같이 구할 수 있다.

AADT=(단기조사 교통량을 1일 교통량으로 환산한 값)×일계수×요일계수×월계수

### 3.6.2 교통량의 공간적 변동 특성

2방향 도로의 특정지점을 통과하는 방향별 교통량을 장기간 조사하면 이의 비율은 등분포하나 1시간 또는 그 이하의 단시간 동안을 조사하면 등분포하지 않는다. 이때 교통량이 많은 쪽의 교통량을 중(重)방향 교통량이라고 부른다. 또 Peak시 중방향 교통량/양방향 전체 교통량으로 계산한 값을 중방향 계수($D$계수)라고 하는데 이것은 도로설계 시 전술한 설계시간 교통량의 산정이나 교통용량 평가에 이용한다.

중방향 계수는 일반적으로 지방도 2차로 국도에서는 55~60%, 도시 주변 및 교외부의 간선도로에서는 60~70% 정도이다.

일방향 차로수가 2차로 이상일 때, 각 차로별 교통량은 동일하지 않다. 도로의 차로별 분포 중 가장 교통량이 많은 차로의 교통량과 1방향 모든 차로의 전체 교통량의 비를 차로계수($D$계수 또는 $D_L$계수)라 한다. 교통량의 차로별 분포는 도로포장 설계나 교통운용에 이용된다.

## 3.7 장래교통량의 추정

### 3.7.1 개요

장래 교통량 추정이란 건설 후, 계획도로에 발생할 교통량을 현재의 시점에서 예측하는 작업으로서 도로 계획에서 가장 기본이 되는 작업이다. 이 작업은 계량경제학을 토대로 한 모델을 이용하는 것으로 통행발생, 통행배분, 수송 분담, 노선배정 등 4단계로 나누어 추정되므로 이를 4단계 추정법이라고 부른다. 이의 추정 순서는 다음과 같다.

① 계획목표 년도를 설정한다.

② 조사할 대상 지역을 설정하고 이 지역에 대해 Zoning을 실시한다.

③ O/D조사를 실시하고 O/D표를 작성한다.

④ 경제조사를 통해 현황분석과 경계사회적 장래 지표를 수집한다.

⑤ ③과 ④를 이용하여 통행발생모형을 설정하고 Zone별 통행 발생량을 예측한다.

⑥ 각 Zone 사이의 통행 배분모형을 설정하고 통행 배분량을 예측한다.

⑦ Person에 Trip 조사와 물자유동조사 결과를 토대로 교통수단 선택 모형을 설정하고 교통수단별로 분담시킨다.

⑧ 설정된 계획노선과 기존노선 사이의 노선 배정모형을 설정하고 이들 노선에 도로교통량을 배정시켜 계획노선에 대한 장래교통량을 결정한다.

이와 같은 4단계 추정법에 대한 개념도는 그림 3.8과 같다.

| 단계 | 개념도 | 내 용 |
|---|---|---|
| 통행발생 모형 |  | 각 Zone 내로 유입되는 교통량과 유출되는 교통량을 계산하여 Zone 내에 발생하는 총 통행발생량 예측 |
| 통행배분 모형 | 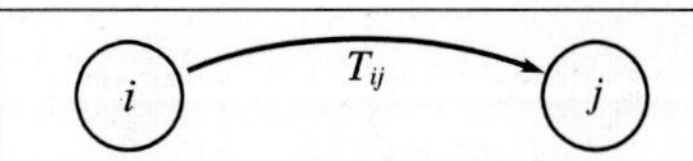 | 각 Zone 내에 발생된 통행량이 각 Zone 사이에 어떻게 배분되는지를 예측하여 Zone별로 배분 |
| 수송분담 (교통수단 선택) 모형 | 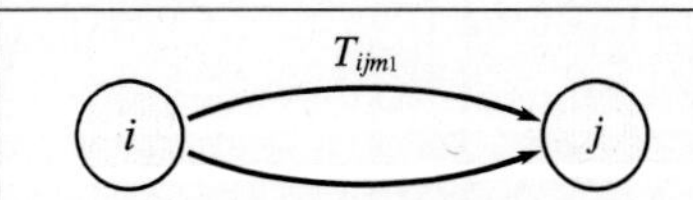 | 통행배분된 Zone간 통행량에서 교통수단별로 분류해 수단별 교통량 예측 |
| 노선배정 모형 | 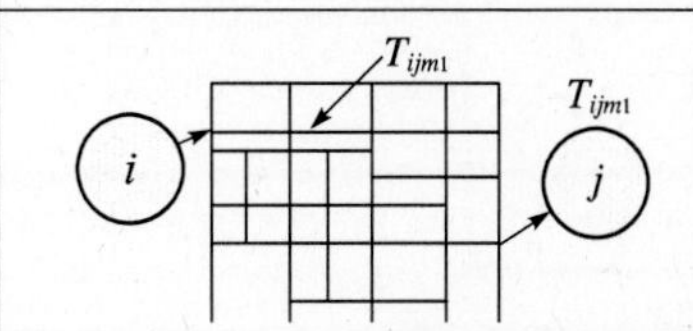 | Zone내의 기존도로와 계획노선을 대상으로 수단별 교통량을 노선에 배정하여 계획노선에 대한 교통량 예측 |

**그림 3.8 4단계 수요 추정법의 개념도**

### 3.7.2 장래교통량 추정 순서 및 방법

#### (1) 계획목표년도의 설정

계획목표년도란 도로의 내구연한 범위 내에서 교통량 예측의 정확성을 신뢰할 수 있는 기간적 범위로서 공용 개시 계획연도를 기준으로 표 3.4와 같은 기준을 적용한다.

**표 3.4 도로의 등급별 목표년도**

| 시설구분 | 목표년도 | |
|---|---|---|
| | 도시지역 | 지방지역 |
| 고속도로 | 15~20년 | 20년 |
| 간선도로 | 10~20년 | 15~20년 |
| 집산도로 | 10~15년 | 10~15년 |
| 국지도로 | 5~10년 | 10~15년 |

### (2) 조사대상 지역 설정 및 Zoning

조사대상 지역은 조사해야 할 공간적 범위로서 조사대상 지역의 외곽선을 폐쇄선(Cordon Line)이라고 부른다. 폐쇄선의 설정은 대상 외 지역으로부터 약 5% 정도의 통행이 일어나는 곳으로 하는 것이 일반적이다.

Zoning은 그림 3.9에서와 같이 O/D조사와 Zone별 교통량을 예측하기 위한 것으로서 행정구역을 경계로 하는 것이 자료 조사상 좋다. 또 Zone 크기는 중심부에서는 조밀하게 하고 멀어질수록 크게 한다.

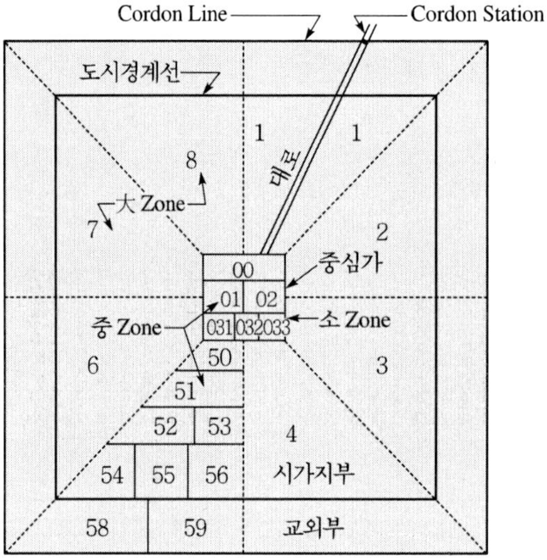


그림 3.9 Zoning 방법(도시부의 예)

### (3) 교통조사 및 경제사회적 특성 조사

장래교통량의 추정을 위해서는 현재의 도로교통 실태를 정확히 파악하기 위해 제2장에서 기술한 교통조사를 실시한다. 또, 계획노선의 영향 범위에 있는 경제 사회적 특성 파악을 위해 제2장의 경제 조사를 실시한다.

### (4) 통행발생 모형(Trip Generation Model)

통행발생이란 각 Zone 내로 유입되는 교통량과 유출되는 교통량을 예측하여 Zone 내에서 발생하는 총 교통량을 추정하는 것으로서 식 (3.10)과 같은 회귀분석에 의해 추정할 수 있다.

과거의 교통현황과 경제사회적 특성치들과의 관계를 이용하여 회귀분석 모델을 설정한 다음, 미래의 교통과 경제사회적 예측치를 입력하여 계획목표 년도까지 각 연도별 발생교통량을 추정한다.

$$Y = b_0 + b_1X_1 + b_2X_2 + \dots + b_nX_n \tag{3.10}$$

여기서, $Y$ : Zone 내의 총 발생 교통량

$b_0,\ b_1,\ b_2, \cdots b_n$ :회귀분석에서 얻어지는 변수

$X_1,\ X_2, \cdots X_n$ : 독립변수(경제, 사회적 특성치)

### (5) 통행배분 모형(Trip Distribution Model)

통행배분이란 예측된 각 Zone별 통행유출과 통행유입에 대해 완전한 통행형태를 갖도록 Zone 사이의 기점과 종점을 연결하여 통행량을 배분하는 것이다. 이의 모형에는 성장인자 모형, Fratar Model, 중력모형 등이 있으나 여기서는 중력모형에 의한 방법을 소개한다.

중력모형이란 두 Zone 사이의 교통량은 양 Zone의 발생 교통량에 비례하고 두 지점의 공간적, 시간적, 경제적 격차에 반비례한다는 가정에 의한 것으로 이의 모형 형태가 식 (3.11)과 같이 Newton의 중력이론과 유사하다 하여 중력모형이라 한다. 즉, 과거의 자료에 의해 모형을 설정하고 여기에 미래의 예측치와 통행배분 모형에서 얻어진 각 Zone의 발생교통량을 입력하면 각 Zone 사이의 배분 교통량이 예측된다.

$$T_{ij} = k_{ij} \frac{t_i \cdot t_j}{(D_{ij})^a} \tag{3.11}$$

여기서, $T_{ij}$ : Zone $i \sim j$ 사이의 배분교통량

$k_{ij}$ : Zone $i \sim j$ 사이의 사회 경제적 조정계수

$D_{ij}$ : Zone $i \sim j$ 사이의 주행저항 지표

$a$ : 추정 상수

$t_i$ : Zone $i$의 발생교통량

$t_j$ : Zone $j$의 발생교통량

### (6) 수송분담 모형(Modal Split Model)

교통은 각기 다른 통행 형태와 수단에 따라 발생하므로 발생된 통행을 이용 가능한 여러 수단으로 배분하는 것을 수송분담이라고 한다. 추정시는 전환곡선법이 많이 적용된다.

전환곡선법이란 이용 가능한 교통수단의 통행 시간이나 비용 차이 등과 같은 상대적 우열에 따라 교통분담률을 예측하는 것이다. 전환곡선의 일례는 그림 3.10과 같다.
그림 3.10에서 각 Zone 사이에 교통량을 교통수단별로 여행시간비(소요시간비)를 구하면 각 수단별 전환율을 구할 수 있다.

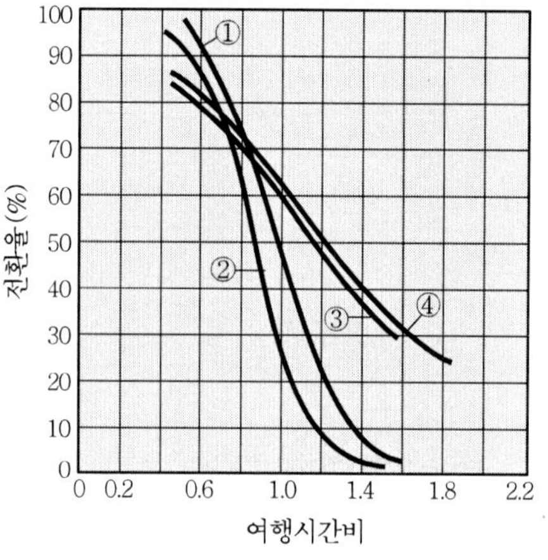


주) ① U.S. Bureau of Public Roads
② American Association of State Highway Officials
③ San Francisco Transportation Committee
④ Chicago Transportation Usage Study

**그림 3.10 미국의 각 기관에서 조사된 여행시간비 전환곡선**

### (7) 노선배정 모형(Trip Assignment Model)

전술한 단계까지는 각 Zone 간의 교통량과 이용 교통수단을 결정하였다. 즉, 전 단계에서 Zone간의 자동차 교통량이 결정되었으므로 이 교통량이 도로망상에서 어떤 노선을 이용할 것인가에 대한 추정이 필요하다. 노선배정이란 Zone 내에 발생한 교통량을 각 노선에 배정시키는 단계로서 이때는 전환곡선법이 많이 적용한다.

전환곡선법이란 계획노선이 있고 없음에 따른 거리, 주행시간 및 주행비용의 차이를 비교하여 계획노선에 전환될 교통량을 추정하는 것으로 전환곡선의 예는 그림 3.11, 3.12와 같다.

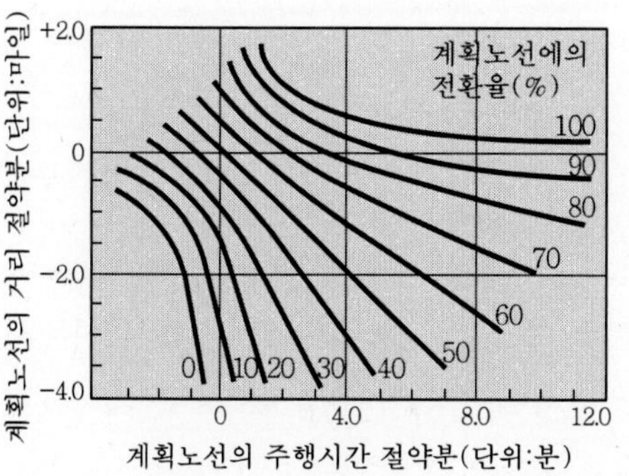


그림 3.11 주행시간과 주행비용의 차에 의한 도로의 전환곡선 예

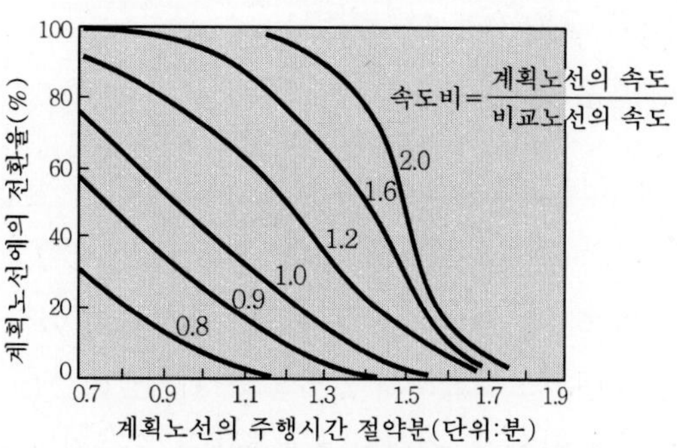


그림 3.12 주행거리와 주행속도의 차에 의한 도로의 전환곡선 예

이와 같은 단계를 거쳐 계획된 노선에 대한 구간별, 차종별 교통량이 구해진다. 이 구해진 장래교통량을 토대로 도로의 계획과 설계가 이루어진다.

## 3.8 교통용량

### 3.8.1 교통량, 교통밀도 및 속도와의 관계

교통량, 교통밀도 및 속도의 정의와 산정 방법에 대해서는 전술하였으며 이의 상관관계를 나타내면 그림 3.13과 같다. 그림 3.13에서와 같이 교통량, 교통밀도, 속도는 서로 상관관계를 갖으며 이의 상관관계에 의해서 교통흐름은 자유주행, 구속상태, 지체 상태를 나타낸다.

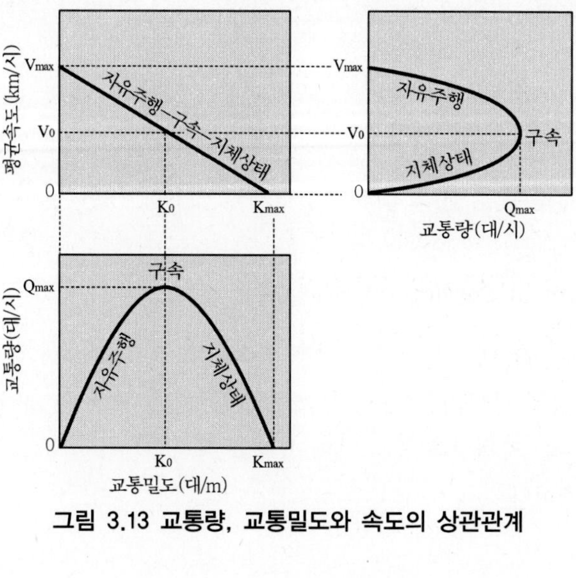


그림 3.13 교통량, 교통밀도와 속도의 상관관계

### 3.8.2 교통용량 산정방법

#### (1) 교통용량의 정의

도로의 교통용량이란 주어진 도로, 교통 및 교통통제 조건하에서 일정시간동안 한 도로구간 또는 한 지점을 무리하지 않고 통과할 것으로 기대되는 최대시간교통량(Maximum Service Flow Rate)을 말한다. 여기서 일정시간이란 동일한 교통류 특성을 유지하는 시간을 의미하는 것으로서 일반도로에서는 15분을 사용하며 도시부의 특정도로 구간에서는 5분을 사용한다. 또 최대시간 교통량은 승용차의 대수로 나타내며 단위는 PCU(Passenger Car Unit)이다.

즉, 도로의 교통용량이란 그림 3.13에서의 최대 교통량($Q_{max}$)을 의미하며 이것은 후술할 서비스 수준 E에서의 교통량이다.

#### (2) 교통용량에 영향을 미치는 요소

교통용량에 영향을 미치는 요소는 크게 도로조건, 교통조건, 교통 통제조건이다. 계획과 설계할 도로의 교통용량을 결정하기 위해서는 이들의 조건이 이상적인 상태일 때의 값을 "도로용량편람"에서 구해 실제 계획도로의 조건을 반영하여 결정한다. 즉, 그 도로의 교통용량은 이상적인 조건인 서비스 수준 E에서의 교통용량×도로조건×교통조건 ×교통통제조건을 반영하여 구한다.

교통용량에 영향을 미치는 세부 요인은 다음과 같다.

① **도로조건** : 차로 폭, 방향별 차로 수, 길어깨 폭, 평면 및 종단선형, 측방 여유, 설계속도 등과 같은 기하구조와 관련된 것

② **교통조건** : 교통량의 차종별 구성, 차로별 분포, 방향별 분포 등과 같은 교통류의 특성에 대한 것

③ **교통통제 조건** : 운용 중인 교통통제의 형태와 법규에 대한 것

#### (3) 서비스 수준(Level of Service, LOS)

서비스 수준이란 교통류 내에서 운행상태를 질적인 정도로 나타내기 위한 것으로 운전자나 승객이 느끼는 정성적 평가기준이다. 즉, 그림 3.13에서 교통량, 교통밀도, 속도의 증감에 의해 자유주행, 구속, 지체상태 등의 운행 상태를 나타내는데 이들의 변화에 의해 일어나는 서비스의 평가기준이다.

서비스 수준은 A~F까지 6개 등급으로 나누며 이의 개념은 그림 3.14와 같다. 또 서비스 수준의 등급별 교통류 상태는 표 3.5와 같다.

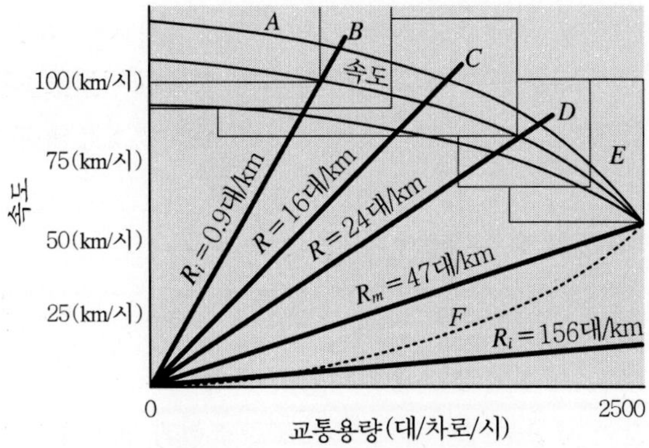


**그림 3.14 서비스 수준(LOS)**

**표 3.5 서비스 수준별 교통류의 상태**

| 서비스 수준 | 교통류 | 교통류의 상태 |
|---|---|---|
| A | 자유교통류 | 운전자는 교통류 내의 다른 운전자 출현에 영향을 받지 않는다. 교통류 내에서 원하는 속도 선택 및 방향조작 자유도는 아주 높고 운전자와 승객이 느끼는 안락감이 매우 우수하다. |
| B | 안정류 | 원하는 속도 선택의 자유도는 비교적 높으나 통행자유도는 서비스 수준 A보다 어느 정도 떨어진다. 이는 교통류 내 다른 운전자의 출현으로 각 개인의 행동이 다소 영향을 받기 때문이다. |
| C | 안정류 | 교통류 내의 다른 차량과의 상호작용으로 인하여 통행에 상당히 영향을 받기 시작한다. 속도의 선택도 다른 차량의 출현에 영향을 받으며 교통류 내의 운전도 운전자가 주의를 기울여야 한다. 이 수준에서 안락감은 상당히 떨어진다. |
| D | 불안정접근 교통류 | 속도 및 방향 조작 자유도는 모두 매우 제한되며 운전자가 느끼는 안락감은 일반적으로 나쁜 수준으로 떨어진다. 이 수준에서는 교통량이 조금만 증가하여도 운행상태에 문제가 발생한다. |
| E | 불안정교통류 | 교통류 내의 방향조작 자유도는 매우 제한되며 방향을 바꾸기 위해서는 차량이 길을 양보하는 강제적인 방법을 필요로 한다. 교통량이 조금 증가하거나 작은 혼란이 발생해도 정체가 발생한다. 이때 교통량은 최대가 된다. |
| F | 강제교통류 | 교통량이 그 지점 또는 구간 용량을 넘어선 상태이다. 이러한 상태에서 차량은 자주 멈추며 도로의 기능은 거의 상실된 상태이다. |

(4) 서비스 용량(Service Flow Rate)

서비스 용량이란 주어진 시간 내에 주어진 도로조건, 교통조건, 교통통제조건 아래에서 각 서비스 수준에서 통과할 수 있는 최대시간 교통량을 말한다. 즉, 서비스 용량은 다음과 같이 구한다.

서비스용량=이상적인 조건에서의 교통용량×서비스 수준×도로조건×교통조건×교통통제조건

### 3.8.3 고속도로 기본구간의 용량산정방법의 예

교통용량의 개념과 이의 구하는 방법에 대해서는 전술하였다. 그러면 가장 기본적인 고속도로 기본구간의 교통용량 산정방법을 예시하여 이해를 돕도록 한다.

고속도로의 기본구간은 교통통제가 없으므로 도로조건과 교통조건만을 고려한다.

고속도로 기본구간의 이상적인 도로조건과 교통조건은 다음과 같다.

도로조건
- 차로폭이 3.5m 이상일 것
- 길어깨 차로의 끝부분에서 측방향 장애물까지의 거리가 1.5m 이상일 것

교통조건
- 교통류는 승용차로만 구성될 것
- 운전자들은 도로 및 주변상황을 숙지하고 있을 것

고속도로 기본구간의 서비스 수준표는 표 3.6, 도로조건을 고려하기 위한 차로폭과 측방여유폭에 대한 보정계수는 표 3.7에, 교통조건을 고려하기 위한 차량별, 구배별 승용차 환산계수는 표 3.8, 3.9, 3.10, 3.11에 각각 나타내었다.

**표 3.6 고속도로의 서비스 수준표**

| LOS | 밀도 (승용차/km/차로) | 설계속도 120km/시 | | | 설계속도 100km/시 | | | 설계속도 80km/시 | | |
|---|---|---|---|---|---|---|---|---|---|---|
| | | 속도 | V/C | 최대서비스교통량 (승용차/시/차로) | 속도 | V/C | 최대서비스교통량 (승용차/시/차로) | 속도 | V/C | 최대서비스교통량 (승용차/시/차로) |
| A | ≤10 | ≥100 | 0.35 | 875 | – | – | – | – | – | – |
| B | ≤15 | ≥90 | 0.54 | 1,350 | ≥80 | 0.49 | 1,225 | – | – | – |
| C | ≤20 | ≥85 | 0.77 | 1,925 | ≥75 | 0.69 | 1,725 | ≥70 | 0.67 | 1,595 |
| D | ≤25 | ≥75 | 0.93 | 2,325 | ≥70 | 0.84 | 2,100 | ≥65 | 0.83 | 1,975 |
| E | ≤40 | ≥50 | 1.00 | 2,500 | ≥40 | 1.00 | 2,500 | ≥45 | 1.00 | 2,380 |
| F | 〉40 | 〉50 | – | – | 〉40 | – | – | 〉45 | – | – |

### (1) 최대 서비스 교통용량

$$MSF_i = C_j \times (v/c)_i \tag{3.12}$$

여기서, $MSF_i$ : 이상적인 도로 조건하에서 서비스 수준 $i$에서의 최대 서비스 교통량 (PCU/시/차로)

$(v/c)_i$ : 각 서비스 수준에서의 $v/c$값

$C_j$ : 설계 수준에 따른 고속도로의 용량으로서 서비스 수준 E에서의 최대 서비스 교통량 (표 3.6에서 설계속도 120km/시, 100km/시 일 때 최대 서비스 교통량은 2,500PCU/시/차로이며 설계속도 80km/시 일 때 2,380PCU/시/차로임.)

식 (3.12)에 의해 구한 값이 표 3.6의 최대 서비스 교통량이다.

### (2) 서비스 교통용량

$$\begin{aligned} SF_i &= MSF_i \times N \times f_w \times f_{HV} \\ &= C_j \times (v/c)_i \times N \times f_w \times f_{HV} \end{aligned} \tag{3.13}$$

여기서, $SF_i$ : 주어진 도로조건하에서 방향당 $N$차로에 대한 서비스 교통량(대/시)

$N$ : 고속도로 한 방향당 차로 수

$f_w$ : 차로폭과 측방향 여유폭에 대한 보정계수(표 3.7)

$f_{HV}$ : 중차량에 대한 보정계수로서 다음 식으로 구한다.

$$f_{HV} = 1/\{1 + P_T(E_T - 1 + P_R(E_R - 1) + P_B(E_B - 1)\} \tag{3.14}$$

여기서, $f_{HV}$ : 트럭, 버스, 관광용 차량을 모두 포함하는 중차량 보정계수

$E_T$, $E_R$, $E_B$ : 트럭, 관광용 차량, 버스에 대한 각 승용차 환산계수 (표 3.8, 3.9, 3.10, 3.11)

$P_T$, $P_R$, $P_B$ : 트럭, 관광용 차량, 버스에 대한 중차량 혼입률(%)

식 (3.13)에 의해 구한 값이 고속도로의 어느 구간에 대한 도로조건과 교통조건을 고려한 서비스 수준 $i$에서의 서비스 교통용량이다.

**표 3.7 고속도로 차로 및 측방여유폭 보정 계수표**

| 장애물까지의 거리(m) | 차로 및 측방 여유폭에 대한 보정계수, $f_w$ | | | | | | | |
|---|---|---|---|---|---|---|---|---|
| | 한 방향에만 장애물이 있을 때 | | | | 양 방향에 장애물이 있을 때 | | | |
| | 차 로 폭(m) | | | | | | | |
| | 3.7 | 3.4 | 3.0 | 2.7 | 3.7 | 3.4 | 3.0 | 2.7 |
| | 4차로(각 방향 2차로) 고속도로 | | | | | | | |
| ≥1.8 | 1.00 | 0.97 | 0.91 | 0.81 | 1.00 | 0.97 | 0.91 | 0.81 |
| 1.5 | 0.99 | 0.96 | 0.90 | 0.80 | 0.99 | 0.96 | 0.90 | 0.80 |
| 1.2 | 0.99 | 0.96 | 0.90 | 0.80 | 0.98 | 0.95 | 0.89 | 0.79 |
| 0.9 | 0.98 | 0.95 | 0.89 | 0.79 | 0.96 | 0.93 | 0.87 | 0.77 |
| 0.6 | 0.97 | 0.94 | 0.88 | 0.79 | 0.94 | 0.91 | 0.86 | 0.76 |
| 0.3 | 0.93 | 0.90 | 0.85 | 0.76 | 0.87 | 0.85 | 0.80 | 0.71 |
| 0 | 0.90 | 0.87 | 0.82 | 0.73 | 0.81 | 0.79 | 0.74 | 0.66 |
| | 6차로(각 방향 3차로) 고속도로 | | | | | | | |
| ≥1.8 | 1.00 | 0.96 | 0.89 | 0.78 | 1.00 | 0.96 | 0.89 | 0.78 |
| 1.5 | 0.99 | 0.95 | 0.88 | 0.77 | 0.99 | 0.95 | 0.88 | 0.77 |
| 1.2 | 0.99 | 0.95 | 0.88 | 0.77 | 0.98 | 0.94 | 0.87 | 0.77 |
| 0.9 | 0.98 | 0.94 | 0.87 | 0.76 | 0.97 | 0.93 | 0.86 | 0.76 |
| 0.6 | 0.97 | 0.93 | 0.87 | 0.76 | 0.96 | 0.92 | 0.85 | 0.75 |
| 0.3 | 0.95 | 0.92 | 0.86 | 0.75 | 0.93 | 0.89 | 0.83 | 0.72 |
| 0 | 0.94 | 0.91 | 0.85 | 0.74 | 0.91 | 0.87 | 0.81 | 0.70 |

* 양 방향에 장애물이 있는 경우 장애물까지의 거리는 양방향 장애물거리의 평균값으로 한다.

**표 3.8 고속도로 일반적인 방법에서의 승용차 환산계수표**

| 차량구분평탄지형 | 지 형 | | |
|---|---|---|---|
| | 평탄지형 | 굴곡지형 | 산악지형 |
| 트럭 | 1.7 | 4.0 | 8.0 |
| 버스 | 1.5 | 3.0 | 5.0 |
| 관광차량 | 1.6 | 3.0 | 4.0 |

**표 3.9 고속도로 특정구배에서 버스의 승용차 환산계수표**

| 종단경사(%) | 버스의 승용차 환산계수, $E_B$ |
|---|---|
| 0~3 | 1.6 |
| 4[(a)] | 1.6 |
| 5[(a)] | 3.0 |
| 6[(a)] | 5.5 |

(a)종단경사의 길이는 0.5km 이상이어야 한다.

**표 3.10 고속도로의 구배를 고려한 트럭의 승용차 환산계수표**

| 종단구배 (%) | 종단경사의 길이(km) | 트럭의 승용차 환산계수, $E_T$ | | | | | | | | | | | | | | | |
|---|---|---|---|---|---|---|---|---|---|---|---|---|---|---|---|---|---|
| | | 4차로 도로 | | | | | | | | 6차로 이상 도로 | | | | | | | |
| 트럭혼입률 | | 2 | 4 | 5 | 6 | 8 | 10 | 15 | 20 | 2 | 4 | 5 | 6 | 8 | 10 | 15 | 20 |
| 〈1 | - | 2 | 2 | 2 | 2 | 2 | 2 | 2 | 2 | 2 | 2 | 2 | 2 | 2 | 2 | 2 | 2 |
| 1 | 0-1 | 2 | 2 | 2 | 2 | 2 | 2 | 2 | 2 | 2 | 2 | 2 | 2 | 2 | 2 | 2 | 2 |
| | 1-2 | 3 | 3 | 3 | 3 | 3 | 3 | 3 | 3 | 3 | 3 | 3 | 3 | 3 | 3 | 3 | 3 |
| | ≥2 | 4 | 3 | 3 | 3 | 3 | 3 | 3 | 3 | 4 | 3 | 3 | 3 | 3 | 3 | 3 | 3 |
| 2 | 0-0.5 | 4 | 4 | 4 | 3 | 3 | 3 | 3 | 3 | 4 | 3 | 3 | 3 | 3 | 3 | 3 | 3 |
| | 0.5-1.0 | 5 | 4 | 4 | 3 | 3 | 3 | 3 | 3 | 5 | 4 | 4 | 3 | 3 | 3 | 3 | 3 |
| | 1.0-1.5 | 6 | 5 | 5 | 4 | 4 | 4 | 4 | 4 | 6 | 5 | 5 | 4 | 4 | 4 | 4 | 4 |
| | 1.5-2.5 | 7 | 6 | 6 | 5 | 4 | 4 | 4 | 4 | 7 | 5 | 5 | 5 | 4 | 4 | 4 | 4 |
| | ≥2.5 | 8 | 6 | 6 | 6 | 5 | 5 | 4 | 4 | 8 | 6 | 6 | 6 | 4 | 4 | 4 | 4 |
| 3 | 0-0.5 | 6 | 5 | 5 | 5 | 4 | 4 | 4 | 3 | 6 | 5 | 5 | 5 | 4 | 4 | 4 | 3 |
| | 0.5-1.0 | 8 | 6 | 6 | 6 | 5 | 5 | 5 | 4 | 7 | 6 | 6 | 6 | 5 | 5 | 5 | 4 |
| | 1.0-1.5 | 9 | 7 | 7 | 6 | 5 | 5 | 5 | 4 | 7 | 6 | 6 | 6 | 5 | 5 | 5 | 4 |
| | 1.5-2.5 | 9 | 7 | 7 | 7 | 6 | 6 | 5 | 5 | 9 | 7 | 7 | 7 | 6 | 6 | 5 | 5 |
| | ≥2.5 | 10 | 7 | 7 | 7 | 6 | 6 | 5 | 5 | 10 | 7 | 7 | 6 | 5 | 5 | 5 | 5 |
| 4 | 0-0.5 | 7 | 6 | 6 | 5 | 4 | 4 | 4 | 4 | 7 | 6 | 6 | 5 | 4 | 4 | 4 | 4 |
| | 0.5-1.0 | 10 | 7 | 7 | 6 | 5 | 5 | 5 | 5 | 9 | 7 | 7 | 6 | 5 | 5 | 5 | 5 |
| | 1.0-1.5 | 12 | 8 | 8 | 7 | 6 | 6 | 6 | 6 | 10 | 8 | 7 | 6 | 5 | 5 | 5 | 5 |
| | ≥1.5 | 13 | 9 | 9 | 9 | 8 | 8 | 7 | 7 | 11 | 9 | 9 | 8 | 7 | 6 | 6 | 6 |
| 5 | 0-0.5 | 8 | 6 | 6 | 6 | 5 | 5 | 5 | 5 | 8 | 6 | 6 | 6 | 5 | 5 | 5 | 5 |
| | 0.5-1.0 | 10 | 8 | 8 | 7 | 6 | 6 | 6 | 6 | 8 | 7 | 7 | 6 | 5 | 5 | 5 | 5 |
| | 1.0-1.5 | 12 | 11 | 11 | 10 | 8 | 8 | 8 | 8 | 12 | 10 | 9 | 8 | 7 | 7 | 7 | 7 |
| | ≥1.5 | 14 | 11 | 11 | 10 | 8 | 8 | 8 | 8 | 12 | 10 | 9 | 8 | 7 | 7 | 7 | 7 |
| 6 | 0-0.5 | 9 | 7 | 7 | 7 | 6 | 6 | 6 | 6 | 9 | 7 | 7 | 6 | 5 | 5 | 5 | 5 |
| | 0.5-1.0 | 13 | 9 | 9 | 8 | 7 | 7 | 7 | 7 | 11 | 8 | 8 | 7 | 6 | 6 | 6 | 6 |
| | 1.0-1.5 | 13 | 9 | 9 | 8 | 7 | 7 | 7 | 7 | 11 | 9 | 9 | 8 | 7 | 6 | 6 | 6 |
| | ≥1.5 | 17 | 12 | 12 | 11 | 9 | 9 | 9 | 9 | 13 | 10 | 10 | 9 | 8 | 8 | 8 | 8 |

**표 3.11 고속도로 특정구배에서 관광용 차량의 승용차 환산계수표**

| 종단경사 (%) | 종단경사의 길이 (km) | 관광용차량 승용차 환산계수, $E_R$ | | | | | | | | | | | | | | | |
|---|---|---|---|---|---|---|---|---|---|---|---|---|---|---|---|---|---|
| | | 4차로 도로 | | | | | | | | 6-8차로 도로 | | | | | | | |
| 트럭혼입률 | | 2 | 4 | 5 | 6 | 8 | 10 | 15 | 20 | 2 | 4 | 5 | 6 | 8 | 10 | 15 | 20 |
| 〈2 | - | 2 | 2 | 2 | 2 | 2 | 2 | 2 | 2 | 2 | 2 | 2 | 2 | 2 | 2 | 2 | 2 |
| 3 | 0-1.0 | 3 | 2 | 2 | 2 | 2 | 2 | 2 | 2 | 2 | 2 | 2 | 2 | 2 | 2 | 2 | 2 |
| | ≥1.0 | 4 | 3 | 3 | 3 | 3 | 3 | 3 | 3 | 4 | 3 | 3 | 3 | 3 | 3 | 3 | 3 |
| 4 | 0-1.0 | 3 | 2 | 2 | 2 | 2 | 2 | 2 | 2 | 2 | 2 | 2 | 2 | 2 | 2 | 2 | 2 |
| | 1.0-1.5 | 2 | 2 | 2 | 2 | 2 | 2 | 2 | 2 | 4 | 3 | 3 | 3 | 3 | 3 | 3 | 3 |
| | ≥1.5 | 2 | 2 | 2 | 2 | 2 | 2 | 2 | 2 | 4 | 4 | 4 | 4 | 3 | 3 | 3 | 3 |
| 5 | 0-1.0 | 4 | 3 | 3 | 3 | 3 | 3 | 3 | 3 | 4 | 3 | 3 | 3 | 2 | 2 | 2 | 2 |
| | 1.0-1.5 | 5 | 4 | 4 | 4 | 4 | 4 | 4 | 4 | 5 | 4 | 4 | 4 | 4 | 4 | 4 | 4 |
| | ≥1.5 | 6 | 5 | 4 | 4 | 4 | 4 | 4 | 4 | 5 | 5 | 4 | 4 | 4 | 4 | 4 | 4 |
| 6 | 0-1.0 | 5 | 4 | 4 | 4 | 3 | 3 | 3 | 3 | 5 | 4 | 4 | 3 | 3 | 3 | 3 | 3 |
| | 1.0-1.5 | 6 | 5 | 5 | 4 | 4 | 4 | 4 | 4 | 6 | 4 | 4 | 4 | 4 | 4 | 4 | 4 |
| | ≥1.5 | 7 | 6 | 6 | 6 | 5 | 5 | 5 | 5 | 6 | 5 | 5 | 5 | 4 | 4 | 4 | 4 |

## 3.9 차로수 결정

### 3.9.1 설계 서비스 교통량

차로수를 결정하기 위해서는 계획목표년도에 대상도로의 혼잡상태를 어느 정도까지 허용할 것인가를 결정해야 한다. 이의 혼잡상태를 허용하는 서비스 수준이 설계 서비스 수준이다. 또, 설계서비스 수준에서의 서비스 교통용량이 설계 서비스 교통량이다.

우리나라에서 일반적으로 사용되는 설계 서비스 수준은 표 3.12와 같다.

**표 3.12 도로형태별 설계서비스 수준**

| 도로구분 \ 지역구분 | 지방지역 | 도시지역 |
|---|---|---|
| 자동차전용도로 | C | D |
| 일반도로 | D | D |

설계 서비스 교통량이란 표 3.12의 도로 구분의 설계 서비스 수준에서의 계획도로의 서비스 교통용량(식 3.13으로 구한 것)을 말한다.

### 3.9.2 차로수 결정

차로수는 추정된 장래 교통량과 계획한 도로의 1차로 교통용량을 비교하여 결정한다. 즉 차로수 = 장래추정교통량/계획된 도로의 1차로 교통용량의 개념이다. 장래 추정교통량은 설계시간교통량과 1시간 내의 Peak 특성을 고려해야 하고 1차로 교통용량은 설계서비스 수준을 고려하여야 하므로 식 (3.15), (3.16), (3.17)과 같이 구한다.

$$\text{차로수 } N = \frac{\text{첨두설계시간교통량}}{\text{설계서비스교통량}} \tag{3.15}$$

$$= \frac{DDHV/PHF}{SF_i} = \frac{(DHV \times D)/PHF}{SF_i} \tag{3.16}$$

$$= \frac{(AADT \times K \times D)/PHF}{SF_i} \tag{3.17}$$

여기서, $N$ : 대상도로가 다차로 도로일 경우는 1방향 차로수(2차로 도로는 양방향 차로수)

$DDHV$ : 중방향 설계시간교통량(대/시/중방향)

$SF_i$ : 설계서비스 수준 $i$ (표 3.12)에서 서비스교통량(대/시/차로)(식 3.13 참조)

$PHF$ : 첨두계수(식 3.9 참조)

$AADT$ : 계획교통량(계획목표년도에서의 연평균 일교통량)(대/일)

$K$ : 설계시간계수(%)(그림 3.4와 설명 참조)

$D$ : 중방향계수(3.6.2항 참조)

## 연습문제

**3.1** 어느 도로의 현재 AADT=20,000대/일, 계획목표년도 20년 후의 계획교통량 AADT = 39,000대/일 일 때 설계시간교통량(DHV)을 결정하라. $K_{30}$=10%, D=60%이다.

**3.2** 도로 2km 구간에서 대향차의 주행시간과 추월차의 대수를 조사하였다. 측정차 B에서 측정한 대향차의 대수는 50대, 반대방향의 측정차 A가 추월한 차의 대수는 3대, A를 추월한 차의 대수는 1대, B의 주행시간은 4분, A의 주행시간 3분이었다. 평균 주행속도와 평균 교통량을 구하시오.

**3.3** 어느 도로에서 6월 15일(수요일), 12~13시까지의 시간교통량을 측정한 결과 445대/시였다. 이 도로의 교통량 변동특성을 상시 조사결과를 통해 분석했더니 12~13시 사이의 교통량은 일교통량의 5.7%, 수요일의 교통량은 주평균일교통량과 같고 또 6월의 월평균 일교통량은 연평균 일교통량의 96%였다. 연평균 일교통량을 추정하시오.

**3.4** 어느 도시 내 도로에서 15분간씩 조사한 교통량이 다음과 같을 때 첨두계수(PHF)는?

| 시간 | 5:00~5:15 | 5:15~5:30 | 5:30~5:45 | 5:45~6:00 |
|---|---|---|---|---|
| 교통량 | 1,000 | 1,100 | 1,200 | 900 |

**3.5** 어느 지구를 조사한 결과 통행배분모형은 중력모형이 적합한 것으로 판단되었다. 이 지구의 승용차의 발생교통량 $t_i$는 인구(100인)를 기준으로 했을 때 $k$=0.72, $n$=2일 때 잘 맞았다. 거리가 50km 떨어진 인구 20만인과 인구 30만인 도시간의 배분교통량은?

**3.6** 계획된 지역(Site)에는 3개의 Zone에서 아침 피크시간에 1,524대의 교통량이 유입된다. 평균 주행시간과 인구가 다음 그림과 같을 때 중력모형을 이용하여 각 Zone에서 계획지역으로 유입되는 유입교통량을 추정하라(여기서 $t_{si}$는 주행저항지표이다).

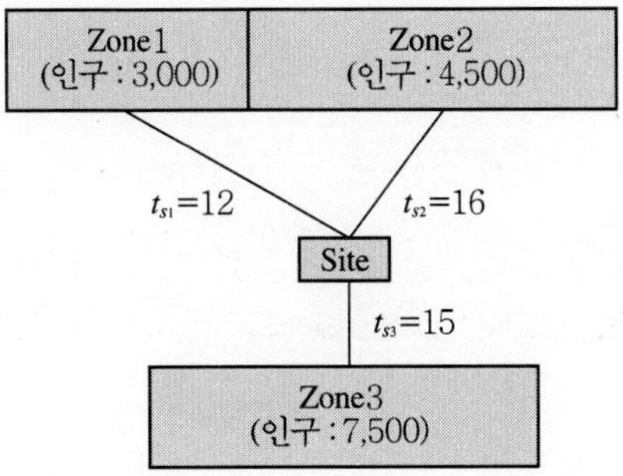


**3.7** 어느 교통 존 $i$에서 $j$까지의 총 교통량은 2,000대/시이다.

$i$에서 $j$까지의 통행시간은 자동차 2시간, 철도 1.5시간이다. US Bureau of Public Works의 전환곡선을 이용하여 수단별 교통량을 구하라.

**3.8** Zone A와 B사이에 1개의 기존노선이 교통 혼잡이 가중되어 1개의 신설노선을 계획코자 교통량 예측을 실시한 결과, 계획목표년도의 Zone A와 B 사이의 자동차 교통량이 5,000대/일로 예측되었다. 다음의 자료를 이용하여 각 노선에 교통량을 배정하라.

| | 거리(km) | 주행속도(km/시) |
|---|---|---|
| 기존노선 | 18 | 50 |
| 신설노선 | 15 | 80 |

**3.9** 6차로 고속도로가 있다. 다음과 같은 도로 및 교통조건에서 평일의 서비스 수준은 얼마인가?

$DDHV$ = 3,500대/시

$PHF$ = 0.85 차로폭 = 3.5m

트럭혼입률 = 10% 종단경사 = 1%, 경사길이 0.5km

버스혼입률 = 2% 설계속도 = 100km/시

관광용차량혼입률 = 2% 측방장애물 = 없음

**3.10** 고속도로 계획을 위해 장래교통량을 추정한 결과가 다음 표와 같다. 이의 차로수를 결정하라.

① 장래교통량추정 결과

| 년 도 | AADT |
|---|---|
| 현재 | 20,000 |
| +5년 | 24,000 |
| +10년 | 29,000 |
| +15년 | 35,000 |
| +20년 | 39,000 |

② $K_{30}$ = 10

③ $D$ = 55%

④ $PHF$ = 0.95

⑤ 설계서비스수준 LOS = $C$

⑥ LOS=$C$에서의 교통용량 = 1,650 PCU

# 제4장 도로계획 및 평가

## 4.1 개설

이 장에서는 도로를 계획하고 설계하는 과정과 노선계획을 수립하는 과정에 대해 기술한다. 따라서 이 장에서는 도로를 계획하고 설계하는 과정에서는 각 과정에서의 검토내용을 이해하여야 하고 노선 계획을 수립하는 과정에서는 대안의 평가 방법에 대해 유념하기 바란다.

이 장에서 기술한 도로 계획 및 평가 내용은 국가 건설사업의 계획과 설계 과정에서 동일하게 적용되므로 이 장의 공부가 완료되면 다른 건설사업의 계획 및 설계에도 동일과정으로 계획하고 평가할 수 있을 것이다.

## 4.2 도로계획, 설계과정

도로계획과 설계는 국가정부 차원에서 시행하는 사업이 대부분이므로 그림 4.1과 같이 예비타당성 조사, 타당성 조사, 기본설계, 실시설계의 과정을 거친다.

1) **예비 타당성 조사** ; 국가예산의 투자여부를 결정하고 이의 우선순위를 결정하기 위해 실시한다. 예비타당성 조사 결과, 도로 사업을 착수 하는 것이 국민경제 차원에서 바람직하다고 판단될 때는 사업 착수를 위해 타당성 조사를 실시한다.
2) **사업타당성 조사** ; 국민경제 차원에서 사업의 우선순위를 결정하고 기술적, 환경적, 경제적 및 재무적으로 우수한 대안과 최적안을 선정한다.
3) **기본설계** ; 사업타당성 조사에서 건의된 최적안에 대해 기술적, 환경적 세부기준과 시공법을 선정하고 이에 대한 설계를 통해 경제적, 재무적 타당성을 보다 정밀하게 파악하는 것이다. 기본설계 단계에서는 도로의 주요 구조 제원, 공법 및 예산 등을 결정한다.

4) **실시설계** : 시공을 할 수 있도록 상세설계를 수행하는 과정이다. 따라서 현장에 대한 정밀한 조사 등을 통해 상세도면, 구조계산서, 내역서, 예산서, 시방서 등을 작성한다.

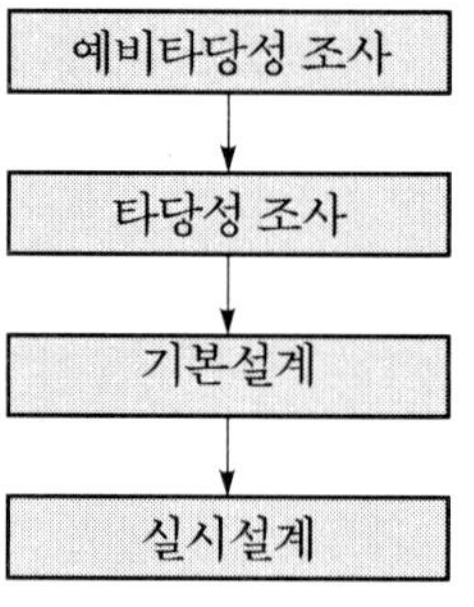


**그림 4.1 도로계획, 설계과정**

## 4.3 노선계획

### 4.3.1 개설

도로의 노선계획은 그림 4.2와 같이 노선이 통과해야 할 주요지점과 구조를 결정하는 과정으로 선형계획과는 구별되는 개념이다. 즉, 선형계획은 후술할 제6장과 7장의 평면선형과 종단선형의 제원을 결정하는 것인데 반해, 노선계획은 주요 통과 지점과 통과 방법을 결정하는 것이다. 노선계획은 그림 4.2에서와 같이 대안을 설정하고 기술적, 경제적, 환경적 평가를 실시하여, 가장 최적인 최적노선을 결정한다.

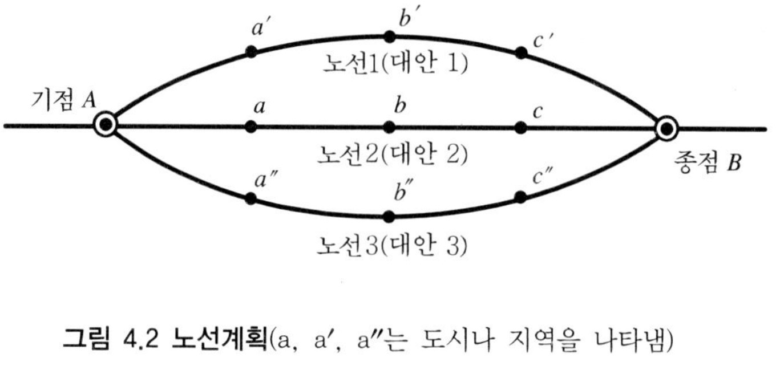


**그림 4.2 노선계획**(a, a′, a″는 도시나 지역을 나타냄)

이와 같은 노선계획의 Flow를 그림으로 나타내면 그림 4.3과 같다.

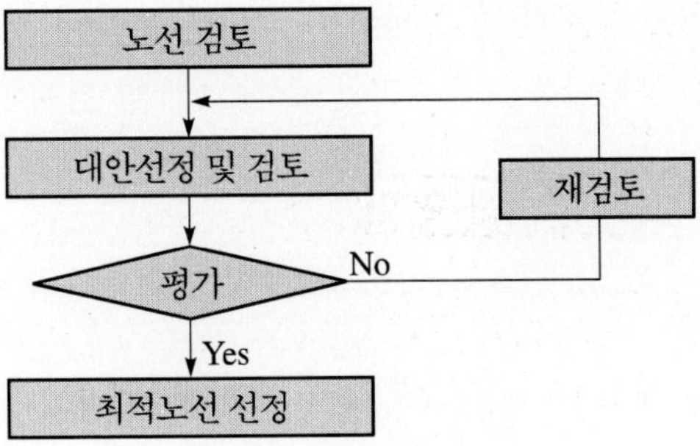


**그림 4.3 노선계획과정**

### 4.3.2 노선계획과정

(1) 노선검토

노선선정을 위한 준비작업으로 1/50,000~1/5,000축척의 지형도를 이용, 가능한 노선을 Free Hand로 스케치하여 우열을 비교하는 단계이다. 이 검토에서 가능한 노선 3~4개를 설정한다.

이때 고려해야 할 사항은 다음과 같다.

- 도시계획상 용도지역의 통과 방법
- 터널, 교량 등의 필요성과 규모
- 주요 도로나 철도와의 교차 및 접속방법
- 국립공원, 사적, 천연기념물 등 피해야 할 지점의 처리방법
- 사면 불안정지대, 단층 지대, 연약지반의 유무
- 대규모 토공구간과 이의 토질 조건

(2) 대안 선정 및 검토

전 단계에서 선정된 노선에 대하여 축척 1/5,000~1/1,200 지형도를 이용하여 보다 구체적인 노선을 선정한다. 노선 검토에서 선정한 3~4개의 노선에 대한 개략설계를 하고 우열을 비교한다.

각 노선에 대해서는 교량, 터널 등 주요 구조물의 규모와 구조형식을 결정한다, 대규모 구조물을 포함한 구간의 선형에 대해서는 구조에 무리가 없는지 검토하고 50~100m 간격으로 종횡단도(縱, 橫斷圖)를 작성하고 개략공사비를 산정한다.

### (3) 평가

전술한 3~4개의 대안노선에 대해 경제적 · 기술적 · 환경적 평가를 실시한다. 여기서는 이들의 일반적인 평가기준에 대해 기술하고 도로의 경제성 평가와 환경영향 평가의 세부방법은 후술토록 한다.

#### ① 경제적 평가

- 직접편익이 큰 것을 우선한다. 직접편익이 큰 것은 주행비용이 적고 주행시간이 짧고 교통량이 많은 것이다.
- 도로의 주행거리가 짧고 공업단지나 관광지역과 같이 교통발생원에 근접한 노선이 우수하다.
- 타 교통기관과의 접속이 가능하고 미개발 지역의 개발촉진과 관광자원의 개발을 유도할 수 있는 노선이 좋다.

#### ② 기술적 평가

- 노선은 주어진 자연의 지형에 맞는 것이 우수하다.
- 지질과 토질이 양호하고 대절토, 연약지반을 통과하지 않는 노선이 좋다. 또 본선에서 절토한 흙과 암을 성토재나 골재로서 유용 가능한 노선이 우수하다.
- 배수가 쉽도록 침수지역, 저지대, 절토 계곡부 등을 통과하지 않는 노선이 좋다.
- 건설 후 유지관리가 쉬운 것이 좋다.
- 재료의 구입과 수송이 쉽고 지하매설물이나 지장물이 적은 노선이 양호하다.

#### ③ 환경적 평가

- 토지이용, 지형 및 지질, 생태계, 경관과 같은 자연환경의 파괴가 최소로 되는 것이 좋다.
- 소음, 진동, 대기오염, 지하수 등과 같은 생활환경의 침해가 적은 노선이 우수하다.
- 안개, 강우, 강설, 동결 등이 적은 노선이 좋다.
- 도시계획이나 토지이용계획과 부합되는 노선이 우수하다.

### 4.3.3 최적노선의 선정

상기의 노선에 관한 평가를 통해 최종의 노선을 1개 선정하고 이 노선을 수정해가면서 경제적, 사회적, 기술적 평가를 재실시하여 최적 노선을 선정한다.

선정된 최적 노선에 대해서는 현장 조사와 측량을 실시하고 도로의 선형, 배수공, 포장공, 토공과 구조물공 등에 대한 실시 설계를 실시한다.

## 4.4 도로건설의 경제성 평가

### 4.4.1 도로건설의 경제적 효과

도로 건설에 따른 경제적 효과는 거시경제학 측면에서 보면 결국 국민소득 증대를 가져오는 것으로서 도로의 기능에 따른 경제적 효과를 나열하면 표 4.1과 같다.

**표 4.1 도로건설에 따른 경제적 효과**

- 교통 기능에 따른 효과
  - 직접효과
    - 주행비 절약
    - 주행시간 단축
    - 교통사고 경감
    - 차량요동 감소
    - 운전자 피로경감
    - 주행 쾌적도 증대
    - 대량 수송 처리
    - 차량통행의 안전성 제고
  - 간접효과
    - 유통경제 합리화
    - 물가절감
    - 공업자원 개발
    - 자산 효과
    - 기존도로 혼잡완화
- 공간 기능에 따른 효과
  - 도시골격 형성
  - 방재공간으로서 도시의 안전성 향상
  - 통풍, 채광, 녹지공간 형성
  - 각종 시설 수용, 도시 활동 기반 확보
  - 관광진흥, 지역개발

표 4.1에서 직접효과란 화폐가치로 환산 가능한 것이며 간접효과란 화폐가치로의 환산은 어려우나 경제적 효과가 있는 것을 말한다. 그러나 도로건설에 의해서는 표 4.1과 같은 (+)적인 효과도 있지만 생활환경 및 자연환경 훼손, 이주, 농경지 감소와 같은 (−)적인 효과도 있으므로 (+)적 효과의 극대화도 중요하지만 (−)적인 효과가 최소가 되도록 계획, 건설해야 한다.

### 4.4.2 경제성 평가 시 고려사항

(1) 경제성 평가의 목적

국가의 사업에는 도로건설뿐만 아니라 댐건설 등과 같은 수많은 사업이 있다. 그러나 국가의 재원은 이의 규모가 제한되어 있으므로 어느 사업에 투자할 것인가가 문제로 된다. 이 것을 국가의 기회비용(Opportunity Cost of Capital)이라고 한다. 따라서 경제성 평가는 투자사업의 우선순위 결정과 여러 도로건설 대안들의 경제적 효율성을 평가하는 것이다.

(2) 할인율

각기 다른 시기에 발생되는 비용과 편익을 현재가치로 환산하여 비교할 수 있도록 하기 위한 비율(rate)을 말한다. 은행의 이자율을 할인율로 이용하거나 국가에서 결정된 할인율을 이용한다. 우리나라의 경우, 국가에서 결정한 최근의 할인율은 8~12%이다.

(3) 비용

비용은 다음과 같은 항목을 계상한다. 비용은 편익에 비해 정확하게 산정할 수 있다.

- 도로건설공사비 : 용지비, 감리비, 설계비, 건설비
- 유지관리비 : 순유지관리비, 일반관리비
- 기타비용 : 사고비, 제경비, 잔존가치 등

(4) 편익

전술한 비용은 계산하기 쉽다. 그러나 도로건설에 따른 편익은 화폐가치로 계산하기가 어려운 항목이 더 많다. 따라서 편익은 계산이 가능한 최소의 항목만을 선정, 평가하는 것이 일반적이다. 왜냐하면 표 4.1과 같이 편익항목은 별개의 것이 아니라 하나의 효과에 의해 파생되는 것이 대부분이므로 모두 별개로 평가할 때는 2중 평가의 위험이 있기 때문이다.

또 편익을 약간 작게 계상하는 것이 안전한 경제성 평가가 되기 때문이다.

일반적으로 고려하는 편익의 항목에는 다음과 같은 것이 있다.

1) **주행 편익** : 차량운행비의 절약을 주행편익이라고 하는데 계산에는 L+ΔL법이 적용된다. 여기서 L이란 이상적인 도로조건에서의 주행거리이며 ΔL이란 추가거리로서 도로개량에 따른 차량운행비의 절약을 L+ΔL의 크기로 비교하는 것이다. 검토순서는 다음과 같다.

(가) 이상적인 도로조건에서의 차종별, 주행속도별 주행비(L)를 산정한다.

주행비는 다음과 같이 구성된다.

주행비
- 고정비 : 차량감가 상각비, 운전수 및 조수임금, 보험료, 차량검사비 등
- 변동비 : 연료비, 엔진오일비, 타이어 마모비, 차량유지보수비 등

(나) 추가비용(ΔL)을 결정한다. 추가비용은 ① 도로의 종류, ② 종단경사, ③ 평면곡선, ④ 도로포장상태, ⑤ 평균주행속도 등에 따라 달라지는데 ①, ②, ③, ④는 ΔL계수를 적용 산정하며 ⑤는 주행조건, 즉 교통용량, 교통량과 이의 변동, 도로조건에 따른 주행속도 변화를 고려, (가)에서 구한 주행비를 적용하여 추가비용을 결정한다.

(다) 상기의 (가), (나)를 통해 구한 각 도로의 L+ΔL의 차이를 차량운행비의 절감분으로 한다.

2) **시간편익** : 도로의 개량에 따른 주행시간의 단축을 시간 편익이라고 한다. 시간편익을 경제적 가치로 평가하는 데는 다소 어려움이 있으나 국가적 생산성을 기준으로 평가하는 한계 임금법 또는 여행자 개개인의 생산성을 조사, 이를 기준으로 평가하는 한계 교환율법을 이용한다.

3) **교통사고의 감소편익** : 도로 개량에 따른 교통사고의 감소에 따른 경제적 편익으로써 생명의 손실, 부상 및 시설물의 손상 등을 고려한다. 이 중 생명의 손실은 손실 후의 소득을 기준으로 평가하고 부상 및 시설물의 손상은 보험사의 통계자료를 이용한다.

### 4.4.3 경제성 분석 방법

(1) 순현재 가치법(Net Present Value, NPV)

도로의 편익과 비용의 발생을 개념적으로 나타내면 그림 4.4와 같다. 따라서 편익과 비용을 현재가치, 즉 0년을 기준으로 계산한다. 이를 위해 미래에 발생할 편익과 비용의 크기를 현재가치로 할인, 이의 차이로 평가하는 것이다.

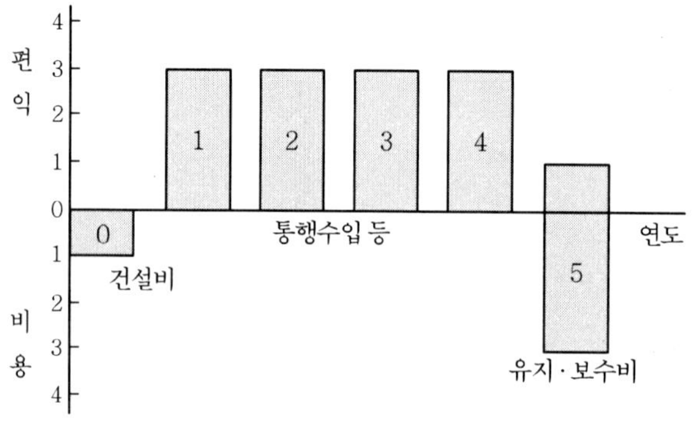


**그림 4.4 도로건설에 따른 연도별 편익과 비용**

$$NPV = \sum_{i=1}^{n} \frac{B_n}{(1+i)^n} - \sum_{i=1}^{n} \frac{C_n}{(1+i)^n} = \sum_{i=1}^{n} \frac{B_n - C_n}{(1+i)^n} \qquad (4.1)$$

여기서, $B_n$ : $n$년도의 편익

$C_n$ : $n$년도의 비용

$i$ : 할인율(%)

NPV가 0 이상일 때, 또 그 크기가 클수록 경제적이다.

(2) 편익비용비법(Benefit Cost Ratio, B/C)

그림 4.4에서 편익과 비용을 현재가치로 할인, 이의 비로 평가하는 것이다.

$$B/C = \frac{\sum_{i=1}^{n} \frac{B_n}{(1+i)^n}}{\sum_{i=1}^{n} \frac{C_n}{(1+i)^n}} \qquad (4.2)$$

B/C가 1 이상일 때, 그 크기가 클수록 경제적이다.

### (3) 내부수익율법(Internal Rate of Return, IRR)

내부수익율법이란 NPV=0 또는 B/C=1일 때의 할인율을 결정하는 것으로 이때 계산된 할인율을 내부수익률이라 한다. 그림 4.5와 같이 할인율 $i$의 값을 변화시켜 가면서 NPV의 변화를 계산, NPV=0일 때의 할인율을 찾아낸다. IRR이 클수록, 이의 값이 현재 적용하고 있는 할인율보다 클수록 경제적이다.

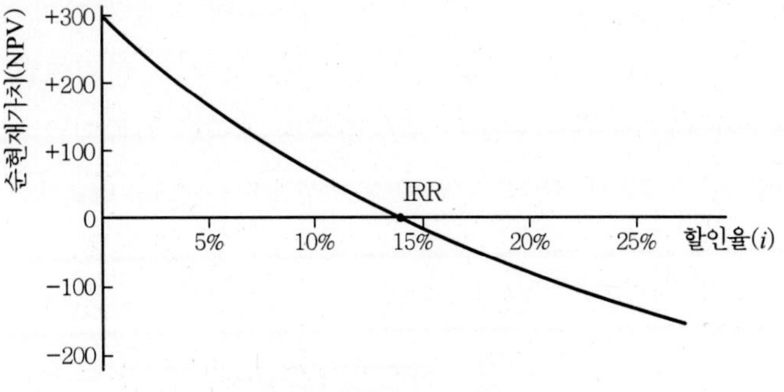


**그림 4.5 내부수익률법**

### (4) 초년도 수익율법(First Year Rate of Return, FYRR)

초년도 수익율법이란 수익이 나타나기 시작하는 첫해의 편익을 편익이 생기기 시작한 년도까지 소요된 비용으로 나눈 값을 말한다. 이 방법은 사업초기에는 많은 비용이 드나 편익이 발생한 년도부터는 편익이 감소되지 않고 일정한 값을 나타내는 사업의 평가에 적합하다. 그러나 편익이 발생하는 시간과 할인율 등을 반영하지 못하는 단점이 있다.

## 4.4.4 민감도 분석과 위험도 분석

투자사업의 경제성 분석은 미래에 대한 예측을 근거로 하기 때문에 비용과 편익의 추정에는 오차를 수반한다. 따라서 공사비의 증감, 장래 예측 교통량의 증감, 개통시기의 지연 등과 같은 경제성 평가에 영향을 미치는 주요 변동요인에 대해 분석하여 이들 항목의 변동에 따라 분석결과가 어떻게 변화하는가를 검토하는 것이다.

# 4.5 환경영향평가

## 4.5.1 환경영향평가의 개념과 평가순서

도로건설 사업은 자연적 순행과정을 역행하여 자연환경과 인간생활환경에 악영향을 미친다. 도로의 계획 및 건설 시는 이의 영향이 최소가 되도록 하는 것이 중요하며 이를 위한 평가를 환경영향평가라 한다.

환경영향평가의 Flow는 그림 4.6과 같다. 그림 4.6에서와 같이 사업의 특성에 따라 환경영향 항목을 선정하여 제2장의 환경조사를 실시하고 이를 토대로 환경영향을 예측, 그 영향을 최소화하기 위한 대책을 세우는 것이다. 환경영향의 예측은 실측이나 시뮬레이션기법이 있으나 주로 시뮬레이션기법을 이용한다. 예측된 환경영향의 양과 질은 환경영향 보전 목표와의 비교평가를 통해 환경보전 대책을 수립하는 과정을 거치게 된다.

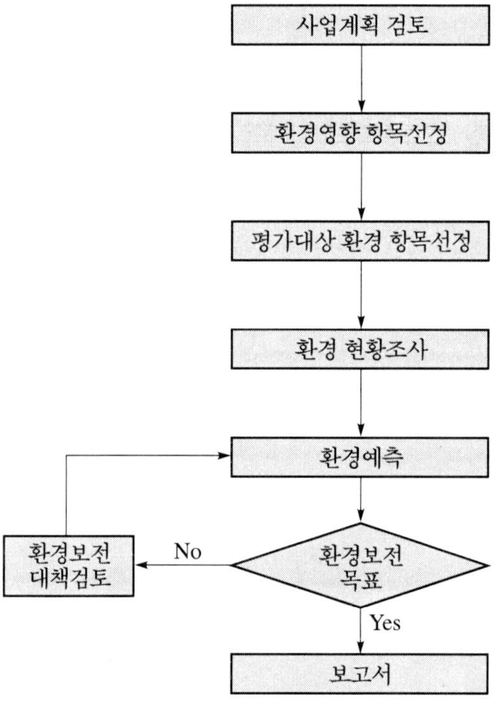


그림 4.6 환경영향평가 Flow

## 4.5.2 도로 건설 사업의 환경영향과 대책

도로 건설 사업을 위한 환경영향 평가 시 고려해야 하는 환경영향과 대책은 표 4.2와 같다.

**표 4.2 도로 건설 사업의 환경영향과 대책**

| 환경항목 | | 환경영향 | 대 책 |
|---|---|---|---|
| 생활환경 | 토지이용 | • 토지의 도로용지 편입<br>• 토지이용 증대로 형질변경 증가<br>• 경작지비율의 저하 | • 농경지 정리로 효율적인 토지이용 유도<br>• 토지의 도로용지 편입 불가피 |
| | 지반침하 | • 연약지반 통과지역의 잔류침하 | • 잔류침하량이 허용침하량 이하로 계획·설계<br>• 연약지반 구역 노선 회피 |
| | 소음·진동 | • 공사 중 건설장비에 의한 것<br>• 공용시 차량소음 | • 방음벽, 방음림, 개인집 2중창 구조유도<br>• 공사 시 장비의 야간운행 억제<br>• 장비의 방음 덮개<br>• 무소음, 무진동 발파공법 적용 |
| | 수질 | • 건설공사로 인한 하천 부유물<br>• 휴게소의 오수 배출 | • 하천의 구조물 공사 시 물막이 설치<br>• 콘크리트 혼합설비 폐수배출 방지<br>• 휴게소에 오수정화 시설<br>• 교량공사에 의한 토사퇴적 불가피 |
| | 대기 | • 공사 중 분진<br>• 공사 중 건설장비의 오염 물질<br>• 공용시 자동차 배기가스<br>• 휴게소 보일러에 의한 오염 | • 운행차량 배출 가스 허용기준 단속<br>• 건설 중 살수차 동원<br>• 차량 감속 운행과 세륜시설<br>• 아스팔트 Plant 대기오염 방지시설 설치<br>• 대기오염농도 확산 불가피 |
| | 폐기물 | • 공사 중 장비의 기름, Oil<br>• 휴게소의 폐기물 | • 공사장비 오일 : 용기에 담아 처리<br>• 휴게소 폐기물 : 업자에 위탁 처리 |
| | 일조 및 전파수신장애 | • 육상교량에 의한 일조장애<br>• 고가도로의 TV시청 장애 | • 고가도로, 교량 계획 철저 |
| 자연환경 | 기상 | • 지면의 포장에 의한 복사열로 온도 변화<br>• 지형변화에 의한 온도 변화 | • 지형 변화가 최소가 되도록 계획 |
| | 생태계 | • 재료체취, 식생 제거<br>• 성토, 사토에 의한 자연생태계 또는 식생 불균형<br>• 소음, 인간활동 증대로 인한 생태계 변화 | • 기존 식생 파괴 최소화<br>• 수종선택, 이식은 자연경관과 조화되도록<br>• 절개지는 식생 또는 조경<br>• 교량공사 시 가물막이<br>• 대절토 최소화<br>• 육상식물 손상, 야생동물 피해 불가피 |
| | 지형·지질 | • 기존수로, 절개지 절단<br>• 농경지 저지대화<br>• 토취장의 절토 | • 사면보호공 설치<br>• 지형변화가 최소되도록 계획<br>• 절성토에 따른 지형변화 불가피 |
| | 경관 | • 재료채취 및 식생 제거 | • 토취장, 사토장 공사완료시 조경공사<br>• 도로계획은 경관을 고려하도록 |
| 경제사회환경 | 인구, 산업구조, 교통사고 | • I/C부근 유동인구 증가<br>• 산업구조 변화, 지역 간 교류촉진<br>• 농촌주거 → 시가화<br>• 교통수요증가, 교통사고 증가 | • 직접 영향받는 가구 이전 및 보상<br>• 녹지조성, 방음벽 설치<br>• 교통사고 예방 대책 수립 |

## 연습문제

**4.1** 이 책 부록 도로의 계획 및 설계 예를 참조하여 1: 25,000 지형도를 구득해 3개의 대안 노선을 선정하고 노선비교안을 작성하시오.

**4.2** 어느 도로의 노선계획에서 다음 그림과 같은 3가지의 대안이 검토되었다. 이 도로의 편익과 비용에 대한 명세가 다음 표와 같을 때 계획 목표년도 10년에 대한 순현재가치(NPV), 편익비용비(B/C), 내부수익률(IRR)을 구하고 경제성이 높은 노선을 제안하라. 이 도로의 수명은 5년, 할인율은 6%이며, 건설기간은 1년이 소요된다.

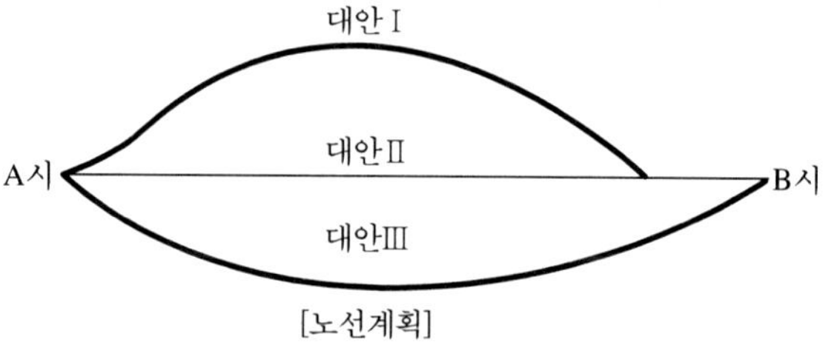


[노선계획]

**편익 및 비용 명세** (단위 : 천원)

| | 건설공사비(1년) | 연간 교통사고 감소에 대한 편익 | 연간 시간 편익 | 연간 주행 편익 | 연간 유지 보수비 |
|---|---|---|---|---|---|
| 대안 I | 185,000 | 5,000 | 3,000 | 5,000 | 1,500 |
| 대안 II | 220,000 | 5,000 | 6,500 | 5,000 | 2,500 |

**4.3** 예제 4.2에서 i) 건설공사비가 5% 증가한 경우 ii) 주행편익이 5% 감소한 경우 iii) 상기 i)과 ii)가 동시에 일어나는 경우에 대한 각각의 NPV와 B/C를 구하여 민감도를 분석하시오.

**4.4** 기획재정부 홈페이지(www.mosf.go.kr)에서 예비타당성 조사의 방법과 세부기준에 대한 자료를 조사하시오.

**4.5** 환경부 홈페이지(www.me.go.kr)에서 도로건설에 의한 환경영향평가 제도와 시행방법에 대한 자료를 조사하시오.

# 제5장 도로의 횡단구성

## 5.1 개설

이 장에서는 도로의 횡단 구성 방법 및 각 구성 요소의 설계기준에 대해 기술한다. 이 장에서는 횡단 구성 방법의 경우, 도시지역과 지방지역의 구성 요소를 중심으로 공부하기 바란다. 또, 각 구성요소의 설계 기준에서는 구성요소의 기능과 제원의 결정방법에 대해 공부하기 바란다.

## 5.2 횡단구성 요소와 그 조합

### 5.2.1 횡단구성 방법

도로의 횡단면은 (1) 차도, (2) 중앙분리대, (3) 길어깨, (4) 정차대, (5) 자전거전용도로, (6) 자전거 보행자 겸용도로, (7) 보도, (8) 식수대, (9) 측도, (10) 전용차로 등의 조합으로 이루어진다. 식수대가 있는 경우와 없는 경우에 대한 도시지역과 지방지역의 횡단구성 예는 그림 5.1과 같다.

### 5.2.2 도로 표준폭

한 나라의 횡단구성은 도로의 유지관리와 교통 관리를 위해 표준화하는 것이 바람직하다. 우리나라에서는 도로의 구분에 따라 표 5.1과 같이 도로 표준폭을 규정하고 있다. 그러나 이 값은 어디까지나 표준값이므로 도로의 횡단구성 시는 이 값을 참조하되 지형 여건, 경제성과 시공성 등을 종합 검토하여 결정한다.

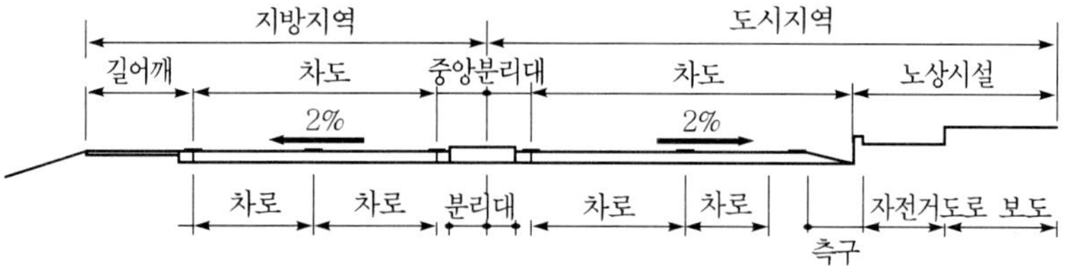


(a) 식수대가 없는 경우

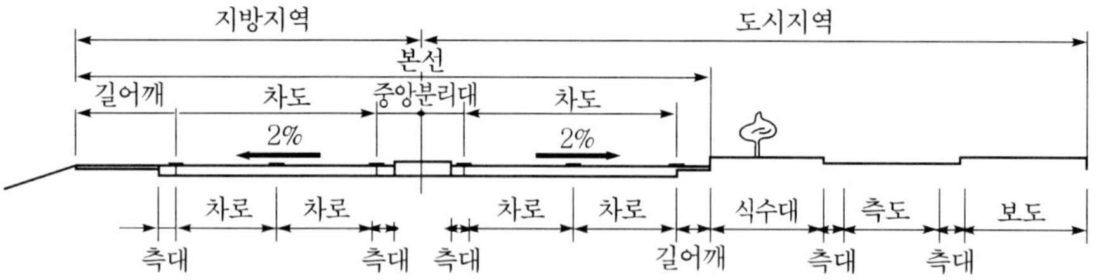


(b) 식수대가 있는 경우

**그림 5.1 횡단 구성 예**

**표 5.1 도로 횡단구성면의 표준폭**

| 도로구분 | | 해당도로 | 설계속도 (km/시) | 차로폭 (m) | 중앙분리대 (m) | 길어깨(m) | | 측대 |
|---|---|---|---|---|---|---|---|---|
| | | | | | | 우측 | 좌측 | |
| 지방지역 | 고속도로 | 고속도로 | 100~120 | 3.5~3.6 | 3.0 | 3.0 | 1.0 | 0.5 |
| | 주간선도로 | 국도 | 60~80 | 3.25~3.5 | 1.25~2.0 | 2.0 | 0.75 | 0.5 |
| | 보조간선도로 | 국도, 지방도 | 50~70 | 3.0~3.25 | | 1.5 | 0.5 | 0.5 |
| | 집산도로 | 지방도, 군도 | 50~60 | 3.0 | | 1.25 | 0.5 | 0.25 |
| | 국지도로 | 군도 | 40~50 | 3.0 | | 1.0 | 0.5 | 0.25 |
| 도시지역 | 도시고속도로 | | 80~100 | 3.5 | 2.0 | 2.0 | 1.0 | 0.5 |
| | 주간선도로 | | 80 | 3.25~3.5 | 1.0~2.0 | 1.5 | 0.75 | 0.5 |
| | 보조간선도로 | | 60 | 3.0~3.25 | | 1.0 | 0.5 | 0.25 |
| | 집산도로 | | 50 | 3.0 | | 0.5 | 0.5 | 0.25 |
| | 국지도로 | | 40 | 3.0~2.75 | | 0.5 | 0.5 | 0.25 |

### 5.2.3 도로의 횡단경사

도로의 횡단경사는 본선의 표준구간과 편경사 설치구간으로 나누어 규정한다. 여기서는 표준구간에 대해 기술하며 편경사 설치 구간은 제6장에 기술한다.

도로의 노면에는 노면 위의 우수 등을 측구로 배수시켜야 하므로 그림 5.1과 같이 횡단경사를 설치한다. 횡단경사의 설치방법은 일반적으로 동일방향 차로에서는 그림 5.1과 같이 일방향으로 설치하나(그림 5.1은 차도, 2%를 예로 함) 차로 수가 여러 개인 도로에서는 동일 방향 차로에 양방향으로 설치할 수도 있다. 횡단경사 설치 기준은 다음과 같다.

① 차로
- 아스팔트 및 시멘트 콘크리트 포장 : 1.5~2.0%
- 간이포장 : 2.0~4.0%
- 비포장도로 : 3.0~6.0

② 보도 또는 자전거 도로
- 표준 : 2% 이하
- 부득이한 경우 : 4% 이하

③ 길어깨
- 표준 : 4% 이하
- 부득이한 경우 : 8% 이하

## 5.3 횡단구성 요소의 기능과 설계방법

### 5.3.1 차도 및 차로

차도(Carriageway)란 차량의 통행에 이용되는 부분으로 차도는 차로로 구성되며 직진차로, 회전차로, 변속차로, 오르막 차로, 양보차로 등이 여기에 해당 된다. 차로수의 결정방법은 전술하였다. 차로 폭이란 노면표시의 중심선에서 중심선까지의 폭을 말한다. 차로 폭은 대향차와의 대피, 추월 등에 필요한 충분한 여유 폭이 필요하므로 설계속도가 높은 도로일수록 넓은 폭이 필요하다. 도로의 차로수란 양방향 차로수를 합한 것으로서 짝수차선을 원칙으로 하나 교통 특성 및 지역 여건에 따라 홀수 차로로 할 수도 있다.

차로 폭은 다음과 같이 결정한다.

① 표준 값 : 표 5.2의 값 이상

② 최소 차로 폭 : 3m 이상

③ ①, ② 규정에도 불구하고 회전차로, 설계속도 40km/시 이하인 도시지역 차로 폭은 2.75m 이상으로 할 수 있다.

**표 5.2 차로폭의 표준 값**

<table>
<tr><th colspan="3" rowspan="2">도로의 구분</th><th colspan="3">차로의 최소 폭(m)</th></tr>
<tr><th>지방지역</th><th>도시지역</th><th>소형차도로</th></tr>
<tr><td colspan="3">고속도로</td><td>3.50</td><td>3.50</td><td>3.25</td></tr>
<tr><td rowspan="4">일반도로</td><td rowspan="4">설계속도<br>(킬로미터/시)</td><td>80이상</td><td>3.50</td><td>3.25</td><td>3.25</td></tr>
<tr><td>70이상</td><td>3.25</td><td>3.25</td><td>3.00</td></tr>
<tr><td>60이상</td><td>3.25</td><td>3.00</td><td>3.00</td></tr>
<tr><td>60미만</td><td>3.00</td><td>3.00</td><td>3.00</td></tr>
</table>

## 5.3.2 중앙분리대

중앙분리대란 안전하고 원활한 교통을 확보하기 위해 차로를 왕복 방향별로 분리시키고 측방여유를 확보하기 위해 도로의 중앙부에 설치하는 띠 모양의 부분을 말한다. 이의 기능은 다음과 같다.

- 왕복의 교통류를 분리하여 차량의 중앙선 침범에 의한 치명적인 정면충돌 사고를 방지하고, 도로 중심선측의 교통저항을 감소시켜 교통용량을 증대시킨다.
- 비분리 다차선 도로에서는 대향차로의 오인을 방지한다.
- 유턴(U-turn) 등을 방지하여 교통류의 혼잡을 피하고 안전성을 높인다.
- 도로표지나 교통관제시설 등을 설치한다.
- 평면교차로가 있는 도로에서는 좌회전차로로 이용할 수가 있어 교통처리상 유리하다.
- 보행자에 대한 안전성이 향상된다.
- 폭이 넓은 중앙분리대를 설치하면 야간 주행 시 전조등(Head Light)의 불빛을 방지한다. 폭이 좁을 경우, 식수나 현광 방지망의 설치에 의해서 전조등의 불빛을 방지할 수 있다.

중앙분리대는 그림 5.2와 같이 분리대와 측대로 구성되는데 측대의 기능은 다음과 같다.

- 차도 외측을 일정폭으로 명확하게 나타내어 운전자의 시선을 유도하고 운전에 대한 안전성을 증대시킨다.
- 주행상 필요한 측방여유폭을 확보하여 차도의 효율성을 높인다.

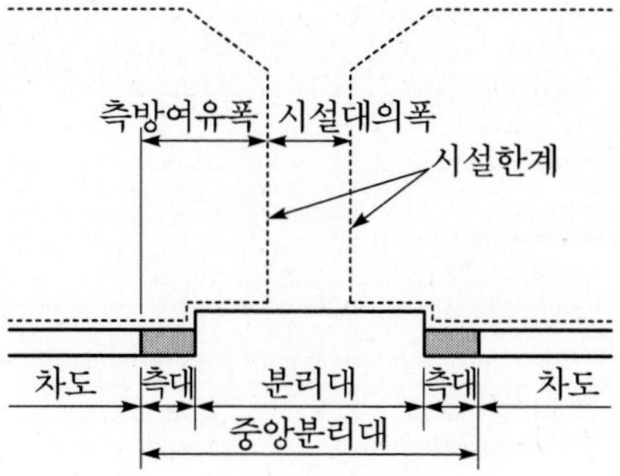


**그림 5.2 중앙 분리대의 구성**

중앙 분리대와 측대 폭은 다음과 같이 정한다.

① 중앙 분리대

- 최소 폭 : 표 5.3값 이상
- 자동차 전용도로 : 2.0m 이상

-중앙선을 두 줄로 표시할 때 : 중앙선 중심 간의 간격 0.5m 이상

② 측대

- 설계속도 80km/시 이상 도로 : 0.5m 이상
- 설계속도 80km/시 이하 도로 : 0.25m 이상

**표 5.3 중앙 분리대의 최소 폭**

| 도로의 구분 | 중앙 분리대의 최소 폭(m) | | |
|---|---|---|---|
| | 지방지역 | 도시지역 | 소형차도로 |
| 고속도로 | 3.0 | 2.0 | 2.0 |
| 일반도로 | 1.5 | 1.0 | 1.0 |

중앙 분리대 시설물의 폭원 구성 예는 그림 5.3과 같다.

| 형 식 | 형 상 | 중앙분리대(m) | | 비 고 |
|---|---|---|---|---|
| | | 분리대(a) | 측방여유폭<br>(b, 측대포함) | |
| 녹지대 | 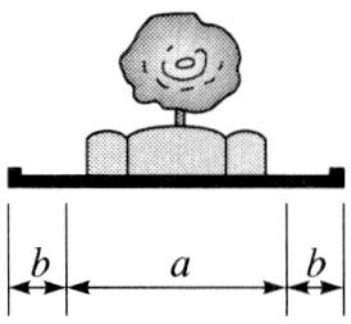<br> | 2.00 이상<br>1.00 이상<br>1.00 이상<br>1.00 이상 | 0.50<br>0.50<br>0.50<br>0.25 | 고속도로<br>도시고속도로<br>자동차 전용도로<br>주간선도로 이하 |
| 가드레일 | 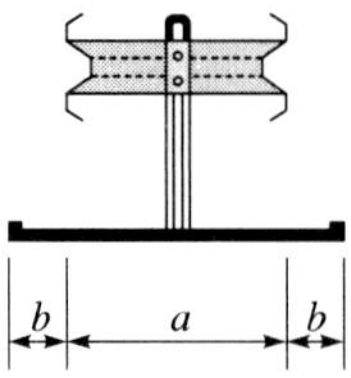<br> | 0.60 | 1.20<br>0.70<br>0.50 | 고속도로<br>도시고속도로<br>자동차 전용도로 |
| 콘크리트<br>방호벽 | 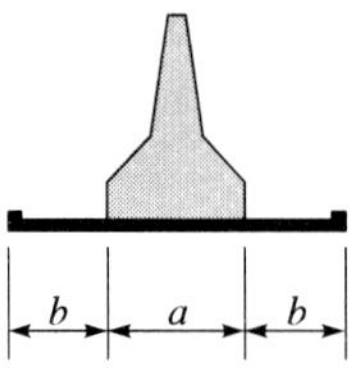<br> | 0.60 | 1.20<br>0.70<br>0.50 | 고속도로<br>도시고속도로<br>자동차 전용도로 |
| 콘크리트<br>연 석 | 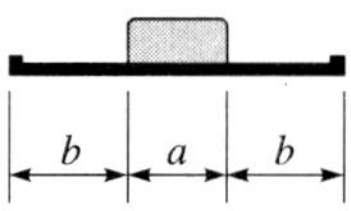<br> | 1.0<br>0.50<br>0.30 | 1.6<br>0.50<br>0.35 | 고속도로 연결로<br>주간선도로<br>보조 간선도로 |

**그림 5.3 중앙분리대 시설물의 폭원구성 예**

## 5.3.3 길어깨

길어깨란 차도, 보도, 자전거도 또는 자전거 보행자도에 접속하여 설치되는 띠 모양의 도로 부분이다. 그림 5.4와 같이 길어깨 내에는 측대를 설치한다.

1) 길어깨의 기능

- 차도, 보도, 자전거 보행자도에 접속, 설치하여 도로의 주요 구조부를 보호한다.
- 고장차를 본선 차도에서 대피시켜 사고 시 교통의 혼잡을 방지한다.
- 측방여유폭을 가지므로 교통의 안전성과 쾌적성을 높인다.
- 노상시설을 설치하는 장소가 된다.
- 유지 보수 작업장과 지하 매설물 설치장소로 이용할 수 있다.
- 절토부 등에서는 곡선부의 시거가 증대되어 교통 안전성이 향상된다.
- 길어깨에서 집수하여 배수하므로 배수성이 향상된다.

- 도로미관을 높인다.
- 보도가 없는 도로에서는 보행자의 통행 장소가 된다.

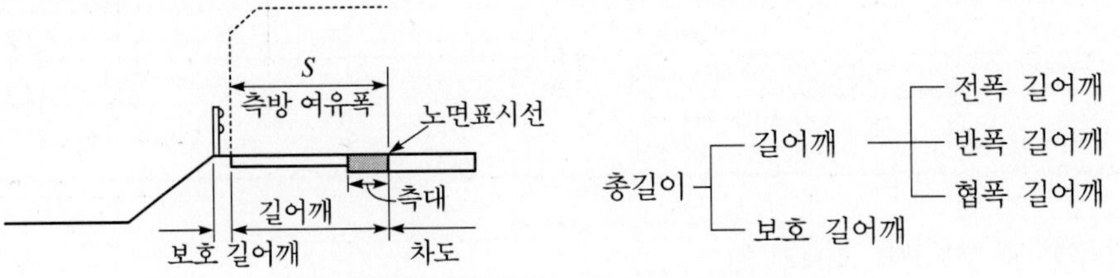


**그림 5.4 길어깨의 구성과 기능상 분류**

2) 측대의 기능

- 차도와의 경계를 명확하게 나타내고 운전자의 시선을 유도 하여 안전성을 향상시킨다.
- 주행상 필요한 측방여유폭의 일부를 확보함으로서 차도의 효용성을 높인다.
- 차로를 이탈한 자동차의 안전성을 향상시킨다.

3) 측방여유폭

길어깨는 교통용량과 교통안전에 필요한 측방여유폭을 고려하여 결정한다. 이때 그림 5.4와 같이 측방 여유폭의 값에 따라 전폭, 반폭, 협폭 길어깨로 정의하여 설계한다. 이의 설계기준은 다음과 같다.

- 전폭 길어깨 $S$=2.5~3.25m : 모든 차량 일시정지 가능
- 반폭 길어깨 $S$=1.25~1.75m : 승용차까지 정차 가능
- 협폭 길어깨 $S$=0.5~0.75m : 최소한의 측방 여유폭 확보
- 보호 길어깨 $S$=0.5m를 기준으로 함.

4) 길어깨 폭의 설계기준

- 우측 길어깨 : 표 5.4 이상
- 좌측 길어깨 : 표 5.5 이상
- 보호 길어깨 : 0.5m 이상
- 오르막 차로, 변속차로와 길어깨의 접속구간에서 우측 길어깨 : 0.5m 이상
- 고속도로에서 터널, 교량, 고가도로, 지하차도의 우측 길어깨 : 1.0m 이상
- 일반도로에서 터널, 교량, 고가도로, 지하차도의 우측 길어깨 : 0.5m 이상

**표 5.4 차도우측에 설치하는 길어깨의 폭**

(단위 : m)

| 도로의 구분 | 차도 오른쪽 길어깨의 최소 폭 | | | | |
|---|---|---|---|---|---|
| | 지방지역 | | | 도시지역 | 소형차도로 |
| 고속도로 | 3.00 | | | 2.00 | 2.00 |
| 일반도로 | 설계속도<br>(km/시) | 80 이상<br>60 이상 80 미만<br>60 미만 | 2.00<br>1.50<br>1.00 | 1.50<br>1.00<br>0.75 | 1.00<br>0.75<br>0.75 |

**표 5.5 차도좌측에 설치하는 길어깨 폭**

(단위 : m)

| 도로의 구분 | 차도 왼쪽 길어깨의 최소 폭 | | | |
|---|---|---|---|---|
| | 일반도로 | | | 소형차 도로 |
| 고속도로 | 1.00 | | | 0.75 |
| 일반도로 | 설계속도<br>(km/시) | 80 이상<br>80 미만 | 0.75<br>0.50 | 0.75<br>0.50 |

5) 측대 폭의 설계기준

- 표준 값 : 표 5.6 이상

**표 5.6 길어깨에 설치하는 측대의 폭**

(단위 : m)

| 설계속도<br>(km/시) | 측대의 최소폭 |
|---|---|
| 80 이상<br>80 미만 또는 터널 | 0.5<br>0.25 |

6) 적설지역 길어깨 설계기준

적설 지역에서는 그림 5.5와 같이 기계 제설작업을 고려하여 길어깨 여유 폭을 설계한다. 이때의 여유 폭은 표 5.7과 같다.

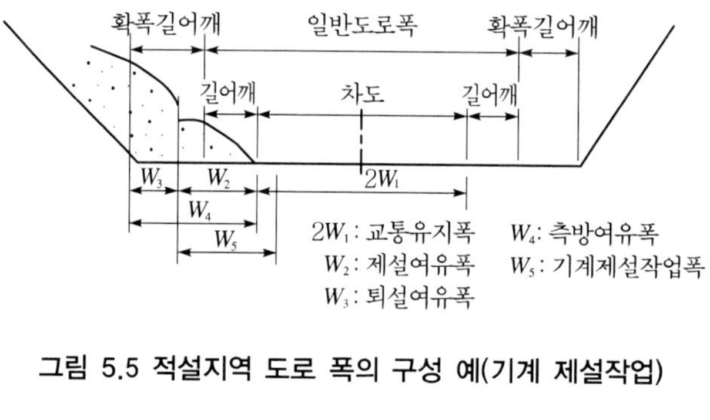


**그림 5.5 적설지역 도로 폭의 구성 예(기계 제설작업)**

**표 5.7 길어깨 여유 폭** (단위 : m)

| 최대 적설깊이 | 제설 여유 폭 | 퇴설 여유 폭 | 노측 여유 폭 |
|---|---|---|---|
| 0.5 미만 | 1.5 | - | 1.5 |
| 0.5~1.0 미만 | 1.5 | 1.0 | 2.5 |
| 1.0~2.0 미만 | 1.5 | 2.0 | 3.5 |
| 2.0~3.0 미만 | 1.5 | 2.5 | 4.0 |
| 3.0 이상 | 1.5 | 3.0 | 4.5 |

### 5.3.4 주정차대

주정차대는 차량의 주차 또는 정차가 필요한 구간에 설치한다. 이의 폭에 대한 설계 기준은 다음과 같다.

-도시지역 일반 도로 ; 2.5m 이상

-도시지역 일반도로에서 소형차만의 주정차를 고려할 때 : 2.0m 이상

### 5.3.5 자전거도로, 자전거 보행자도로

1) 자전거도로의 종류

- 자전거 전용도로 : 자전거만이 통행할 수 있도록 분리대・연석, 기타 이와 유사한 시설물에 의하여 차도 및 보도와 구분하여 설치된 자전거도로
- 자전거・보행자 겸용도로 : 자전거 외에 보행자도 통행할 수 있도록 분리대, 연석, 기타 이와 유사한 시설물에 의하여 차도와 구분하거나 별도로 설치된 자전거도로
- 자전거・자동차 겸용도로 : 자전거 외에 자동차도 일시 통행할 수 있도록 차도에 노면 표시로 구분하여 설치된 자전거도로

2) 자전거도로의 설계기준

- 자전거 전용도로 : 표 5.8
- 자전거・보행자 겸용도로 : 표 5.9
- 자전거・자동차 겸용도로 : 표 5.10

**표 5.8 자전거전용도로의 유형별 폭**

| 유형 | 설치장소 | 방향 | 도로 폭(m) | | | | | | | | | | | |
|---|---|---|---|---|---|---|---|---|---|---|---|---|---|---|
| | | | 차도측 | | 자전거전용도로 조성에 필요한 폭 | | | | | | | 측구 | 보도측 | |
| | | | 차도 | 측대 | 분리시설 | 측대 | 자전거차로1 | 분리선 | 자전거차로2 | 측대 | 소계 | | 시설대 | 보행공간 |
| 자전거전용도로 | ① 도시부 | 일방 | VAR | VAR | 0.75 (0.5) | 0.25 (0.2) | 1.1 | – | – | 0.25 (0.2) | 2.35 (2.0) | VAR | VAR | VAR |
| | | 일방(추월가능) | VAR | VAR | 0.75 (0.5) | 0.25 (0.2) | 2.0 | – | – | 0.25 (0.2) | 3.25 (2.9) | VAR | VAR | VAR |
| | | 양방 | VAR | VAR | 0.75 (0.5) | 0.25 (0.2) | 1.1 | 0.5 (0.2) | 1.1 | 0.25 (0.2) | 3.95 (3.3) | VAR | VAR | VAR |
| | ② 지방부 | 일방 | VAR | VAR | 2.0 (0.5) | 0.25 (0.2) | 1.1 | | – | 0.25 (0.2) | 3.6 (2.0) | – | VAR | VAR |
| | | 일방(추월가능) | VAR | VAR | 2.0 (0.5) | 0.25 (0.2) | 2.0 | | – | 0.25 (0.2) | 4.5 (2.9) | – | VAR | VAR |
| | | 양방 | VAR | VAR | 2.0 (0.5) | 0.25 (0.2) | 1.1 | 0.5 (0.2) | 1.1 | 0.25 (0.2) | 5.2 (3.3) | – | VAR | VAR |
| | ③ 강변부 | 일방 | – | – | VAR | 0.2 | 1.1 (0.7) | – | – | 0.2 | 1.5 (1.1) | – | – | – |
| | | 일방(추월가능) | – | – | VAR | 0.25 | 1.1 | 0.5 | 1.1 | 0.25 | 3.2 | – | – | – |
| | | 양방 | – | – | VAR | 0.25 | 2.0 | 0.5 | 2.0 | 0.25 | 5.0 | – | – | – |

( ) : 최소폭, VAR : 변화치수

**표 5.9 자전거보행자겸용도로의 유형별 폭**

| 유형 | 설치장소 | | 도로 폭(m) | | | | | | | | |
|---|---|---|---|---|---|---|---|---|---|---|---|
| | | | 차도측 | | 자전거보행자겸용도로 조성에 필요한 폭 | | | | | | |
| | | | 차도 | 측구 | 식수대 (부대시설) | 측대 | 자전거보행겸용차로1 | 분리선 | 자전거보행겸용차로2 | 측대 | 소계 |
| 자전거보행자겸용도로 | ① 도시부 | 기준 | VAR | VAR | 1.0 | 0.2 | 2.3 (2.0) | – | – | 0.2 | 3.7 (3.4) |
| | | * | VAR | VAR | 1.0 | 0.2 | 1.5 (1.1) | 0.2 | 2.0 (1.2) | – | 4.9 (3.7) |
| | ② 지방부 | 기준 | VAR | VAR | 2.0 (1.0) | 0.2 | 2.3 (2.0) | – | – | 0.2 | 4.7 (3.4) |
| | | * | VAR | VAR | 2.0 (1.0) | 0.2 | 1.5 (1.1) | 0.2 | 2.0 (1.2) | – | 5.9 (3.7) |
| | ③ 강변 등 | 일방 | – | – | – | 0.2 | 1.1 (0.7) | – | – | 0.2 | 1.5 (1.1) |
| | | 일방 | – | – | – | 0.25 | 2.3 (2.0) | – | – | 0.25 | 2.8 (2.5) |
| | | 양방 | – | – | – | 0.25 | 2.3 (2.0) | 0.5 | 2.3 (2.0) | 0.25 | 5.6 (5.0) |

* : 시각적으로 자전거와 보행자의 통행로를 분리하기 위해서 노면 표시로 구분하는 경우로서 겸용차로 1은 자전거 도로, 겸용차로 2는 보도로 사용되는 경우를 말함.
( ) : 최소폭, VAR : 변화치수

**표 5.10 자전거자동차겸용도로의 유형별 폭**

<table>
<tr><th rowspan="3">유형</th><th rowspan="3">설치장소</th><th colspan="4">차도측</th><th colspan="2">보도측</th></tr>
<tr><th rowspan="2">차도</th><th colspan="3">자전거 통행 공간</th><th rowspan="2">식수대</th><th rowspan="2">보행공간</th></tr>
<tr><th>보호선</th><th>자전거 자동차 겸용 도로</th><th>소계</th></tr>
<tr><td rowspan="3">자전거 자동차 겸용도로</td><td>① 도시부</td><td>VAR</td><td>0.5</td><td>1.5<br>(1.1)</td><td>2.0<br>(1.6)</td><td>VAR</td><td>VAR</td></tr>
<tr><td>② 지방부</td><td>VAR</td><td>0.5</td><td>2.0<br>(1.5)</td><td>2.5<br>(2.0)</td><td>-</td><td>-</td></tr>
<tr><td>* 자전거우선가로<br>(cycle street)</td><td colspan="6">보차 구분이 있는 양방향 2차로 도로에서 별도의 자전거 자동차겸용도로를 확보하기 어려운 경우에 적용. 도로에 대해 교통 정온화(Traffic Calming) 기법을 통해서 자전거와 자동차의 안전한 공존을 추구하는 가로.</td></tr>
</table>

( ) : 최소 폭, VAR : 변화치수

### 5.3.6 보도

보도는 오직 보행자만을 통행시키기 위해 연석 또는 방호울타리, 기타 이와 유사한 공작물로 구획하여 설치한다. 보도는 도시지역에서는 필수적이며 지방지역 도로에서는 보행자 교통이 많은 경우에만 보도를 설치하다. 보도는 자동차의 교통으로부터 분리하기 위해 보행자 수가 150인/일 이상, 자동차 교통량이 2000대/일 일 때 설치한다. 보도는 보행자가 지날 수 있는 유효 폭과 시설물 등에 의한 장애 폭을 고려하여 결정한다. 이의 기준은 그림 5.6을 참조하여 다음과 같이 결정한다.

-표준 유효 폭 : 2.0m 이상

-불가피한 경우 유효 폭 : 1.5m 이상

-장애 폭 : 표 5.11

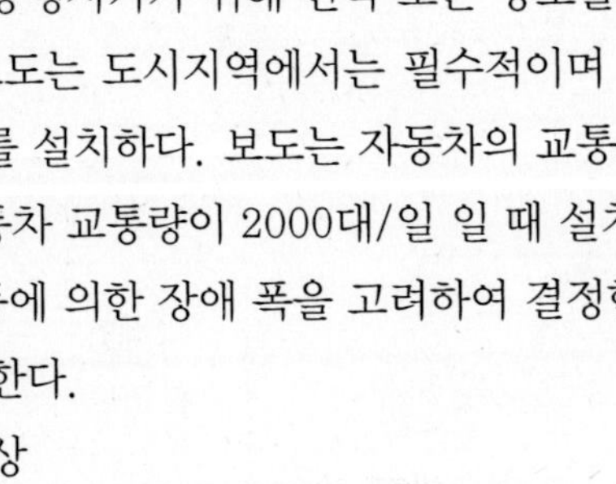


**그림 5.6 보도의 유효 폭**

**표 5.11 노상시설에 의한 장애 폭**

| 노상시설 | 장애 정도(m) | 노상시설 | 장애 정도(m) |
|---|---|---|---|
| 가로등 | 0.8~1.0 | 휴지통 | 0.9 |
| 교통신호등 지주 | 0.9~1.2 | 지하철 환기구 | 0.8 |
| 교통안전 표지판 | 0.6~0.8 | 가로수 | 0.9~1.2 |
| 우체통 | 1.0~1.1 | 가로수 보호지주 | 1.5 |
| 공중전화박스 | 1.2 | 신문 가판대 | 1.2~2.0 |

## 5.3.7 환경시설대

환경시설대란 도로변의 환경보전을 위해 도로 바깥쪽에 설치하는 지역을 말한다. 즉, 교통량이 많은 도로주변의 주거지역, 정숙을 요하는 시설이나 공공시설 등이 위치한 지역과 환경보존을 위하여 필요한 지역에는 환경시설대 또는 방음시설을 설치한다.

환경시설대를 설치할 경우의 횡단구성 예는 그림 5.7과 같다.

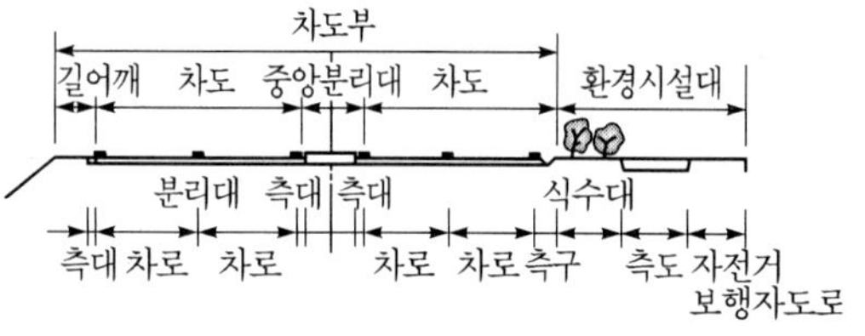


(a) 도시지역

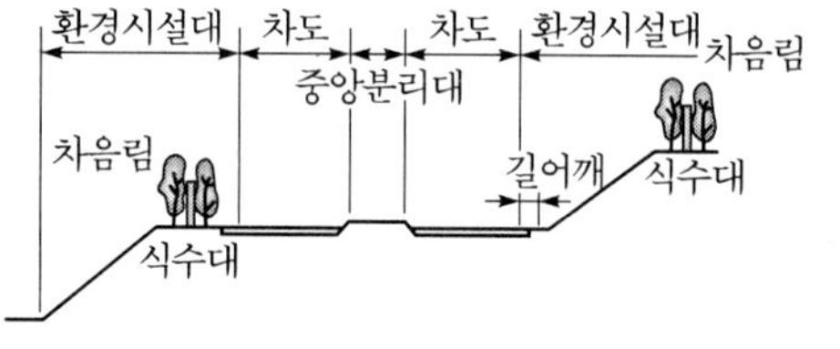


(b) 지방지역

**그림 5.7 환경시설대의 예**

## 5.3.8 식수대

식수대란 도로교통의 환경정비를 위해 별도로 설치하는 띠 모양의 부분이다. 중앙분리대의 식재, 비탈면 식재와는 유사한 기능을 가지나 그림 5.7과 같이 차도 바깥부분에 별도로 설치한다.

이의 설계기준은 다음과 같다.

-표준 폭 : 1.5m 이상

-불가피한 경우 : 1.0m 이상

-경관지역 : 3.0m 이상

### 5.3.9 측도(Frontage Road)

측도는 도로의 이동성을 확보하기 위해 본선차도에 병행하여 설치하는 도로이다. 계획교통량이 많은 4차로 이상의 고속도로나 간선도로, 철도입체 교차나 교량접속 구간에서 이동기능을 확보해야 하는 경우에 설치한다. 본선에서의 설치 예와 고가도로로 연결된 부분의 설치 예는 각각 그림 5.8 및 5.9와 같다.

측도의 폭은 4m 이상으로 하고 길어깨와 보도를 설치한다.

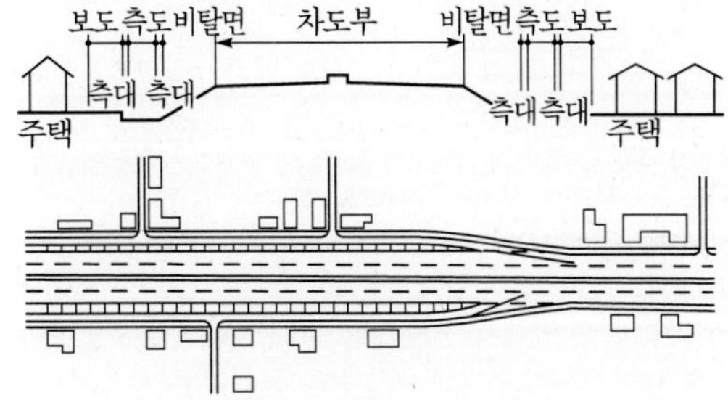


그림 5.8 측도(본선설치의 예)

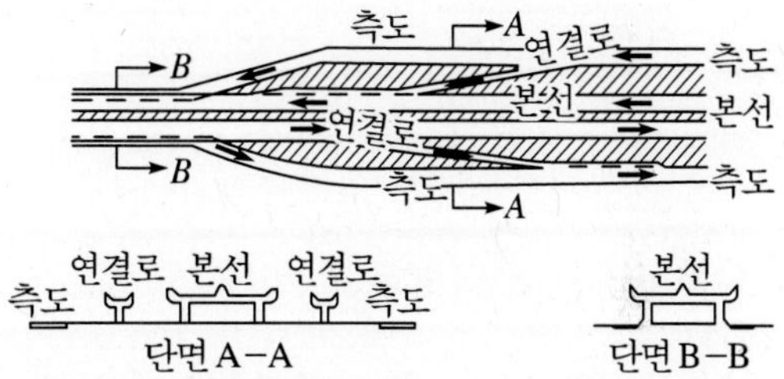


그림 5.9 측도(고가도로로 연결된 부분의 예)

### 5.3.10 시설한계

시설한계란 차량이나 보행자의 교통안전을 위해 어느 일정한 폭, 일정한 높이 범위 내에서는 장애가 될 만한 시설물을 설치하지 못하는 공간에 대한 규모를 말한다. 이 시설한계 내에는 어떤 시설물도 설치해서는 안 된다.

차도의 시설한계 높이는 4.5m 이상으로 한다. 다만 다음과 같을 때는 시설한계 높이를 축소할 수 있다.

- 집산도로 또는 국지도로에서 지형상 부득이한 경우 : 4.2m까지 축소 가능
- 소형차도로의 경우 : 3.0m까지 축소 가능
- 대형자동차의 교통량이 현저히 적고, 그 도로의 부근에 대형자동차가 우회할 수 있는 도로가 있는 경우 : 3.0m까지 축소 가능

우리나라에서는 차도부의 시설한계와 보도 및 자전거도로의 시설한계를 각각 그림 5.10 및 그림 5.11과 같이 규정하고 있다.

| 차도에 접속하여 길어깨가 설치되어 있는 도로 | | 차도에 접속하여 길어깨가 설치되어 있지 않은 도로 | 차도 또는 중앙분리대 안에 분리대 또는 교통섬이 있는 도로 |
|---|---|---|---|
| 터널 및 100미터 이상인 교량을 제외한 도로의 차도 | 터널 및 100미터 이상인 교량의 차도 | | |

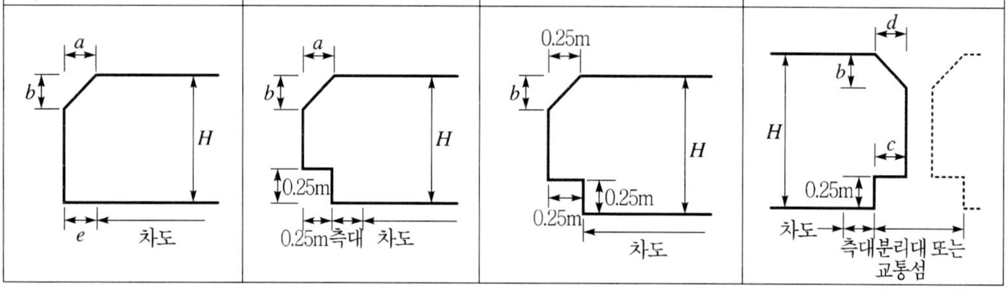


a 및 e : 차도에 접속하는 길어깨의 폭. 다만, a가 1미터를 초과하는 경우에는 1미터로 한다.

b : H(4미터 미만인 경우에는 4미터)에서 4미터를 뺀 값. 다만, 소형차도로는 H(2.8미터 미만인 경우에는 2.8미터)에서 2.8미터를 뺀 값.

c 및 d : 분리대와 관계가 있는 것이면 도로의 구분에 따라 각각 다음 표에서 정하는 값으로 하고, 교통섬과 관계가 있는 것이면 c는 0.25미터, d는 0.5미터로 한다.

(단위 : 미터)

| 구 분 | c | d |
|---|---|---|
| 고 속 도 로 | 0.25 이상 0.5 이하 | 0.75 이상 1.00 이하 |
| 도 시 고 속 도 로 | 0.25 | 0.75 |
| 일 반 도 로 | 0.25 | 0.5 |

H : 시설한계높이

**그림 5.10 차도의 시설한계**

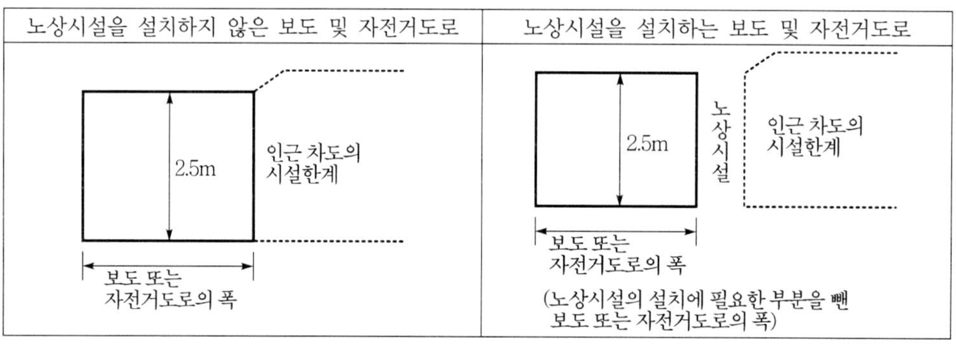


**그림 5.11 보도 및 자전거도로의 시설한계**

## 연습문제

**5.1** 다음과 같은 도로에서 횡단구성을 계획하시오.

(1) 도로 폭 20.0m의 4차로 지방지역 국도(설계속도 : 80km/시)

(2) 도로 폭 30.6m의 6차로 지방지역 고속도로(설계속도 : 100km/시)

(3) 도로 폭 30m의 도시부 도로(설계속도 : 60km/시)

*힌트 : 상기의 횡단구성은 설계속도, 도로의 기능 및 도로가 존재하는 지역에 따라 횡단면을 구성하기 바란다.

**5.2** 상기 연습문제 5.1의 (3)에 대해 i) 자전거 전용도로 ii) 자전거 보행자 겸용도로 iii) 자전거 자동차 겸용도로를 각각 계획하여 횡단구성과 횡단경사를 제시하시오.

**5.3** 상기 연습문제 5.1에서 간이포장일 경우, 각각의 횡단경사를 계획하시오.

# 제6장 도로의 평면선형 계획 및 설계

## 6.1 개설

이 장에서는 도로의 기하구조 설계 중 평면선형의 계획과 설계에 대해 기술한다. 따라서 평면선형 계획방법과 선형제원의 설계기준에 대한 내용이 중심이 된다.

이 장에서 평면선형 계획에서는 평면선형의 설치방법과 직선과 곡선의 제원 그리고 이의 계산방법에 대해 공부하기 바란다. 또, 선형제원의 설계기준에서는 각 설계요소의 적용 시 고려해야 할 사항과 규모에 대해 공부하기 바란다.

## 6.2 평면선형 계획 및 설계방법

### 6.2.1 평면선형의 종류

평면선형은 도로의 중심선이 그리는 형상을 말한다. 평면선형은 직선과 곡선이 사용되고 곡선은 원곡선과 클로소이드 완화곡선으로 설계한다. 그림 6.1에 직선, 완화곡선과 원곡선으로 구성된 대칭형의 예와 직선, 완화곡선과 원곡선으로 구성한 S형의 예를 나타냈다.

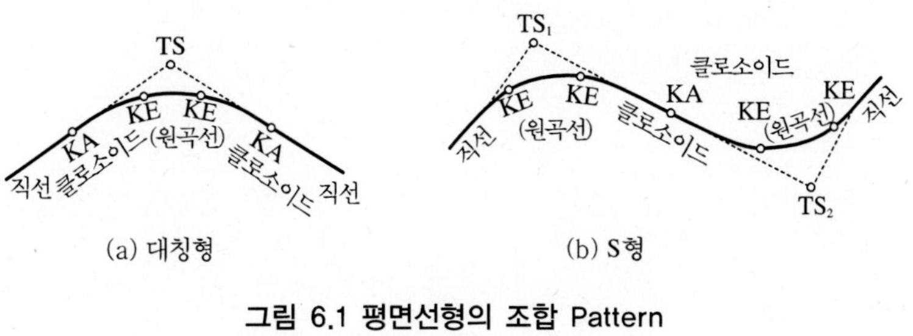


(a) 대칭형 (b) S형

그림 6.1 평면선형의 조합 Pattern

곡선설계 시 곡선반경은 클수록 좋으나 10,000m 이상일 때는 운전자가 직선과 구별하지 못하므로 이 값 이하로 한다. 또 곡선과 곡선사이에 설치하는 직선의 길이는 일정시간동안 운전자가 인지할 수 있는 충분한 길이여야 하는데 이것을 제한 길이라고 한다. 이 제한 길이는 표 6.1의 값 이상이어야 하고 이를 확보할 없을 때는 직선을 설치하지 말고 인접한 곡선(원곡선 또는 완화곡선)을 직접 연결시켜야 한다.

**표 6.1 직선구간의 제한 길이** (단위 : m)

| 설계속도 | 120 | 100 | 80 | 60 | 50 | 비 고 |
|---|---|---|---|---|---|---|
| 직선의 최대길이 | 2,400 | 2,000 | 1,600 | 1,200 | 1,000 | 설계속도×20배 |
| 반대방향으로 굴곡 하는 곡선사이에 삽입하는 직선의 최소길이 | 240 | 200 | 160 | 120 | 100 | 설계속도×2배 |
| 같은 방향으로 굴곡 하는 곡선사이에 삽입하는 직선의 최소길이 | 720 | 600 | 480 | 360 | 300 | 설계속도×6배 |

### 6.2.2 평면선형 계산

#### (1) 원곡선 설계

직선과 직선 사이 또는 완화곡선들 사이에 설치되는 원곡선은 곡선반경(R)을 이용하여 설계한다(표 6.2 참조). 그림 6.2에서 원곡선의 구성요소들을 나타내었다. 또 이들의 계산은 다음 식을 이용한다.

－접선 길이($TL$) $$TL = R \cdot \tan(\frac{\theta}{2}) \quad (6.1)$$

－현의 길이($C$) $$C = 2R \cdot \sin(\frac{\theta}{2}) \quad (6.2)$$

－외선 길이($E$) $$E = R \cdot \sec(\frac{\theta}{2}) - R \quad (6.3)$$

－호의 길이($CL$) $$CL = \frac{R \cdot \theta \cdot \pi}{180} \quad (6.4)$$

－편각($\delta$) $$\delta = \frac{\ell}{2R} \quad (6.5)$$

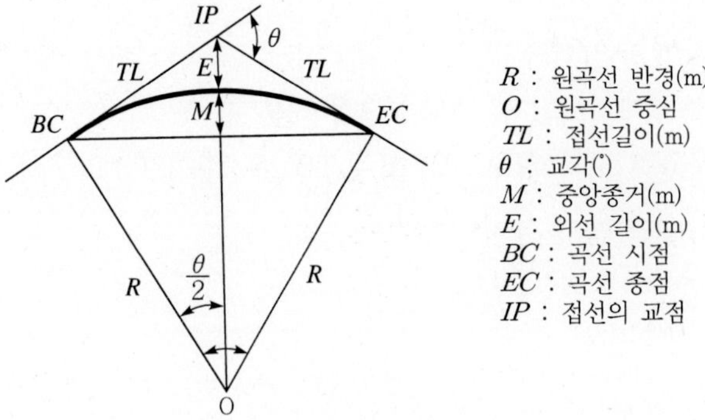


그림 6.2 원곡선 요소

(2) 클로소이드(완화곡선) 설계

자동차가 일정한 각 가속도로 주행할 경우 자동차의 주행궤적은 클로소이드를 그린다.

클로소이드는 곡률(곡선반경의 역수)이 곡선길이에 비례하여 증가하는 곡선으로서 이의 기본식과 그 요소는 각각 식 (6.6) 및 그림 6.3과 같다.

$$R \cdot L = A^2 \tag{6.6}$$

여기서, $R$ : 어떤 점의 곡선반경(m)

$L$ : 클로소이드의 원점부터 그 점까지의 곡선길이(m)

$A$ : 클로소이드 파라미터

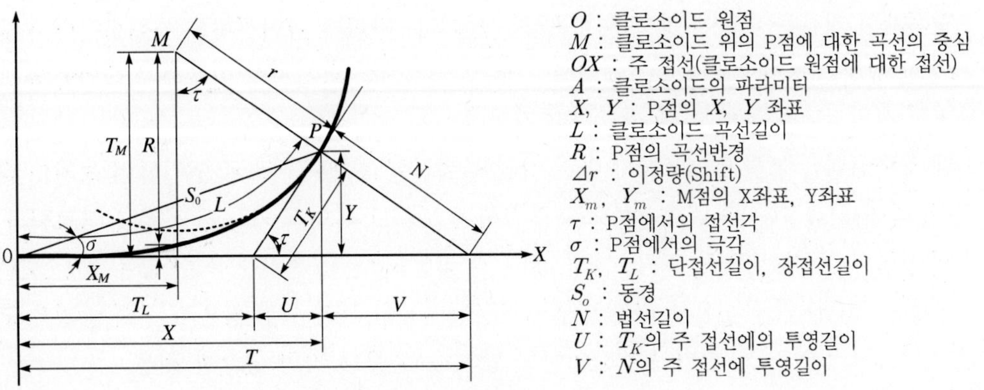


그림 6.3 클로소이드의 요소와 기호

그림 6.4와 같은 대칭형 클로소이드는 다음의 순서로 계산한다.

① $\theta$, $R$, $A$의 값이 주어진다.

② 클로소이드 A표에서 $X_M$, $\tau$, $\Delta R$의 값을 구한다.

③ 다음 식을 사용해서 각 값($\alpha$, $D$, $W$, $L_c$)을 계산한다.

$$\alpha = \theta - 2\tau \tag{6.7}$$

$$D = W + X_M \tag{6.8}$$

$$W = (R + \Delta R)\tan(\theta/2) \tag{6.9}$$

$$L_c = \frac{R \cdot \pi \cdot \alpha}{180} \tag{6.10}$$

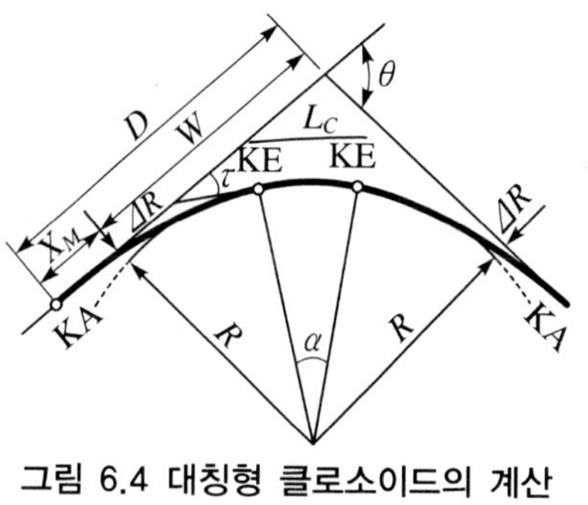


그림 6.4 대칭형 클로소이드의 계산

### 6.2.3 평면선형의 계획

선형설계의 기본은 지형에 맞도록 계획하는 것이다. 따라서 평면선형은 지형도상에서 설정 가능한 선형을 Free Hand로 스케치하여 본 후 직선자와 곡선자를 이용하여 대안들을 그려보면서 정밀검토를 통해 최적 선형을 결정한다.

이때 평면선형은 그림 6.5와 같이 먼저 직선을 설정한 후 원곡선으로 연결하여 보기도 하고 먼저 곡선을 설정한 후 완화곡선으로 연결하여 보기도 하면서 가능한 선형을 검토한다. 또 평면선형의 구성방법에는 그림 6.6과 같이 긴 직선+짧은 곡선, 긴 곡선+짧은 직선(제한길이 이상), 연속적인 곡선으로 하는 방법이 있다. 이들의 선형 설정 방법과 구성 방법은 모두 장·단점이 있어 어느 방법이 최선이라고 할 수는 없으나 가장 중요한 것은

① 지형에 맞아야 한다는 것

② 선형이 급변하지 않고 부드럽고 연속적인 선형이어야 한다는 점

③ 후술할 도로의 기능과 설계속도에 적합한 선형제원을 가져야 하는 점

④ 제7장에 기술할 평면선형과 종단선형이 조화를 이루어야 한다는 점에 특히 유의해야 한다.

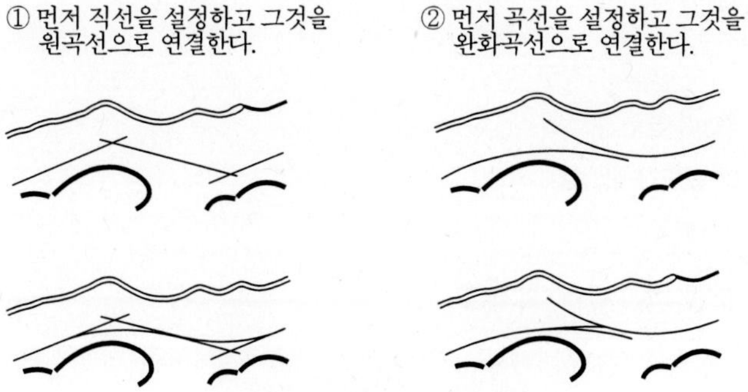


**그림 6.5 평면선형 설정방법**

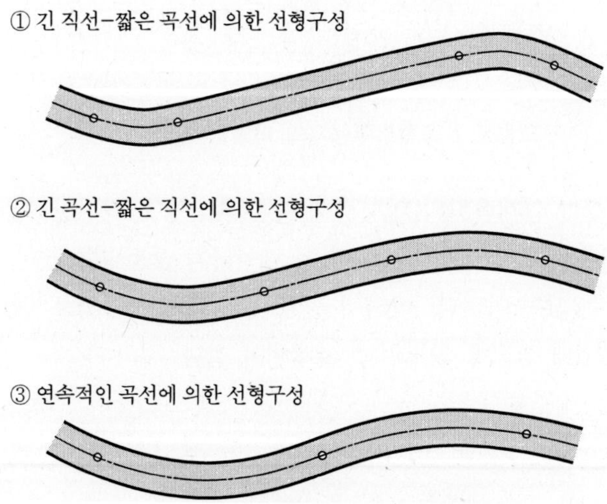


**그림 6.6 평면선형 구성의 종류**

## 6.3 평면선형 설계요소

### 6.3.1 평면곡선 반경

자동차가 평면곡선부를 안전하고 원활하게 주행할 수 있도록 하기 위해 곡선부의 최소 곡선반경을 규정한다. 그림 6.7과 같이 곡선부를 주행하는 자동차에는 원심력이 작용되고 이 원

심력의 횡방향력이 타이어와 노면간의 마찰에 의해 주어진 한도를 넘지 않아야 한다. 이의 한도는 자동차가 횡방향으로 미끄러지지 않도록 함과 아울러 쾌적한 주행이 되도록 곡선반경을 설계하는 것이다. 이와 같은 조건에서 산정하는 최소곡선 반경은 식 (6.11)로 나타낼 수 있다.

$$R = \frac{V^2}{127(i+f)} \tag{6.11}$$

여기서, $R$ : 최소 곡선반경(m)

$V$ : 주행속도(km/시)

$i$ : 편경사(%)

$f$ : 횡방향 미끄럼 마찰계수

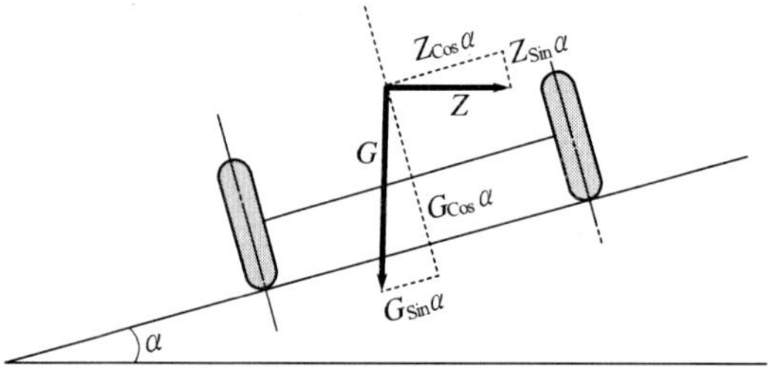


**그림 6.7 곡선부주행시의 미끄럼 한계**

식 (6.11)에 의해 계산한 설계속도와 편경사에 따른 최소평면 곡선반경은 표 6.2와 같다. 표 6.2의 최소곡선반경은 이의 횡방향 미끄러짐이 일어나지 않는 최소한의 값으로써 충분한 안전율이 있는 여유 있는 값이 아니다. 따라서 설계 시는 선형의 균형을 생각해서 가능한 한 표 6.2의 규정치보다 1.5배 정도를 최소치로 설계해야 한다.

**표 6.2 최소 평면곡선반경**

| 설계속도 (킬로미터/시간) | 최소 평면곡선반경(m) | | |
|---|---|---|---|
| | 적용 최대 편경사 | | |
| | 6% | 7% | 8% |
| 120 | 710 | 670 | 630 |
| 110 | 600 | 560 | 530 |
| 100 | 460 | 440 | 420 |
| 90 | 380 | 360 | 340 |
| 80 | 280 | 265 | 250 |
| 70 | 200 | 190 | 180 |
| 60 | 140 | 135 | 130 |
| 50 | 90 | 85 | 80 |
| 40 | 60 | 55 | 50 |
| 30 | 30 | 30 | 30 |
| 20 | 15 | 15 | 15 |

### 6.3.2 평면곡선의 길이

자동차가 도로의 곡선부를 주행할 때 곡선부의 길이가 짧으면 첫째, 핸들을 꺾자마자 곧바로 반대방향으로 꺾어야 하므로 차내의 사람도 횡방향의 힘을 받게 되어 위험하게 된다. 둘째, 곡선반경이 큰 경우 이론적으로는 비교적 짧은 곡선 길이만 확보해도 충분하지만 도로교각이 작으면 운전자는 곡선 길이를 실제보다 짧게, 곡선반경도 실제보다 작은 것으로 착각하게 된다. 따라서 곡선길이는 이 2가지의 조건을 만족하도록 설계해야 한다.

1) 자동차 운전자가 핸들조작에 곤란을 느끼지 않을 조건

곡선부의 길이를 $L$(m), 곡선부 통과시간은 $t$(sec), 속도를 $V$(m/sec)라 하면 $L$은 식(6.12)와 같이 나타낼 수 있다.

$$L = t \cdot V \tag{6.12}$$

핸들조작에 곤란을 느끼지 않을 곡선부의 주행시간은 4초 이상으로 알려지고 있으며 이 값에 의해 $L$을 구하면 이것은 후술할 최소완화구간 길이의 2배가 된다. (표 6.6 참조)

2) 곡선의 길이가 실제보다 짧아 보이는 착각을 일으키지 않을 조건

도로 교각(그림 6.8의 $\theta$)이 작으면 곡선길이가 실제보다 짧아 보이고 도로가 급하게 절곡되어 있는 착각을 일으킨다.

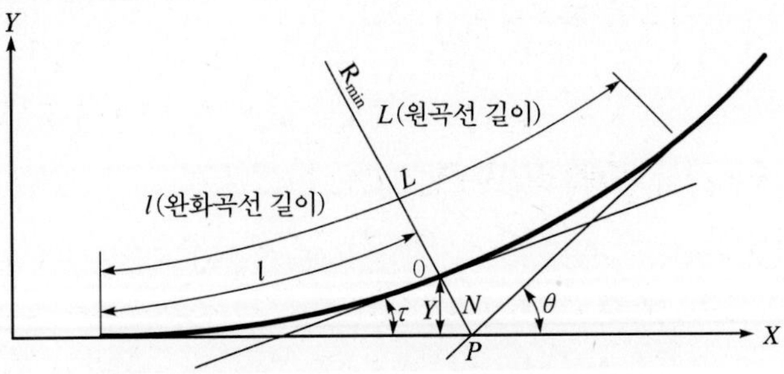


**그림 6.8 도로 교각 5° 미만일 경우의 외선길이**

운전자가 착각을 일으키는 도로 교각의 한계는 5°로 알려져 있다. 따라서 도로 교각이 5° 이상일 경우는 1)의 조건을 만족토록 하고, 도로 교각이 5° 미만일 때는 2)의 조건을 만족토록 하여 표 6.3과 같이 평면곡선의 최소길이를 규정하고 있다. 이때 원곡선과 완화곡선의 조화를 위해서 원곡선 반경 R과 클로소이드 파라미터 A의 관계가 R≥A≥R/3일 때가 바람직하다. 적용 시는 A>R/2로 해도 된다.

**표 6.3 평면곡선의 최소 길이**

| 설계속도(시) | 평면곡선의 최소 길이(m) | |
|---|---|---|
| | 도로의 교각이 5도 미만인 경우 | 도로의 교각이 5도 이상인 경우 |
| 120 | 700/θ | 140 |
| 110 | 650/θ | 130 |
| 100 | 550/θ | 110 |
| 90 | 500/θ | 100 |
| 80 | 450/θ | 90 |
| 70 | 400/θ | 80 |
| 60 | 350/θ | 70 |
| 50 | 300/θ | 60 |
| 40 | 250/θ | 50 |
| 30 | 200/θ | 40 |
| 20 | 150/θ | 30 |

비고 : θ는 도로 교각의 값(도)이며, 2도 미만인 경우에는 2도로 한다.

## 6.3.3 곡선부의 확폭

곡선부를 주행하는 차량의 점용 폭은 그림 6.9과 같이 평면곡선 반경과 차량의 길이에 따라 다르다. 평면곡선 반경이 큰 경우에는 문제가 없으나 이의 반경이 작은 곡선부에서는 차량의 회전궤적이 차로를 넘어간다. 이 경우, 차량의 주행궤적에 맞는 증가폭을 각 차로마다 추가시켜야 하는데 이 증가폭을 확폭량이라 한다.

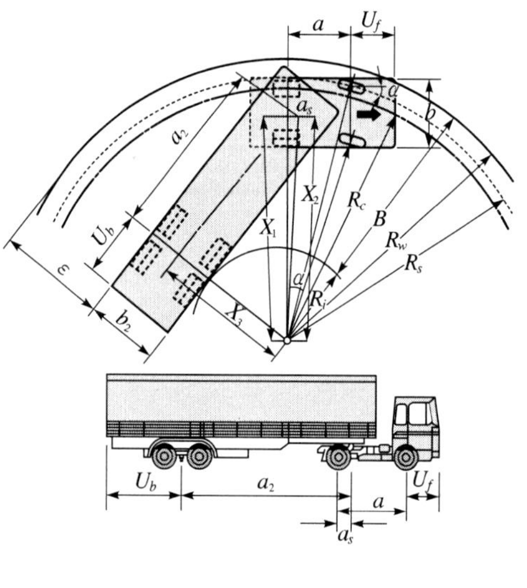


**그림 6.9 세미트레일러의 주행궤적**

설계기준 자동차는 3.4절에 기술된 바와 같이 고속도로 및 주간선도로의 경우 세미트레일러, 보조간선도로 및 집산도로의 경우 세미트레일러 또는 대형자동차, 국지도로의 경우 대형자동차 또는 소형자동차이다. 이의 설계기준 자동차와 평면곡선 반경을 고려한 확폭량은 표 6.4와 같다.

**표 6.4 평면곡선부의 최소 확폭량(m)**

| 세미트레일러 | | 대형 자동차 | | 소형 자동차 | |
|---|---|---|---|---|---|
| 평면곡선반경 | 최소 확폭량 | 평면곡선반경 | 최소 확폭량 | 평면곡선반경 | 최소 확폭량 |
| 150 이상~280 미만 | 0.25 | 110 이상~200 미만 | 0.25 | 45 이상~55 미만 | 0.25 |
| 90 이상~150 미만 | 0.50 | 65 이상~110 미만 | 0.50 | 25 이상~45 미만 | 0.50 |
| 65 이상~90 미만 | 0.75 | 45 이상~65 미만 | 0.75 | 15 이상~25 미만 | 0.75 |
| 50 이상~65 미만 | 1.00 | 35 이상~45 미만 | 1.00 | | |
| 40 이상~50 미만 | 0.25 | 25 이상~35 미만 | 0.25 | | |
| 35 이상~40 미만 | 0.50 | 20 이상~25 미만 | 0.50 | | |
| 30 이상~35 미만 | 1.75 | 18 이상~20 미만 | 1.75 | | |
| 20 이상~30 미만 | 2.00 | 15 이상~18 미만 | 2.00 | | |

| 기타 자동차(특례 자동차) | | | |
|---|---|---|---|
| 풀트레일러 | | 굴절버스 | |
| 평면곡선반경 | 계산값 | 평면곡선반경 | 계산값 |
| 170 이상 310 미만 | 0.20~0.37 | 160 이상 300 미만 | 0.20~0.37 |
| 100 이상 170 미만 | 0.37~0.63 | 95 이상 160 미만 | 0.37~0.62 |
| 75 이상 100 미만 | 0.63~0.85 | 70 이상 95 미만 | 0.62~0.83 |
| 55 이상 75 미만 | 0.85~1.16 | 50 이상 70 미만 | 0.83~1.17 |
| 45 이상 55 미만 | 1.16~1.42 | 40 이상 50 미만 | 1.17~1.46 |
| 40 이상 45 미만 | 1.42~1.60 | 35 이상 40 미만 | 1.46~1.67 |
| 35 이상 40 미만 | 1.60~1.84 | 30 이상 35 미만 | 1.67~1.96 |
| 30 이상 35 미만 | 1.84~2.17 | 21 이상 30 미만 | 1.96~2.88 |
| 23 이상 30 미만 | 2.17~2.90 | | |

확폭량을 곡선부에 설치할 때는 완화구간이나 완화곡선 내에 설치한다. 이의 방법은 그림 6.10과 같이 $a = \dfrac{L_n}{L}$의 비를 구해 설치한다. 또 확폭 후 도로 중심선 설정은 그림 6.11과 같이 $\Delta R_c = \Delta R_i = W/2$가 되도록 한다.

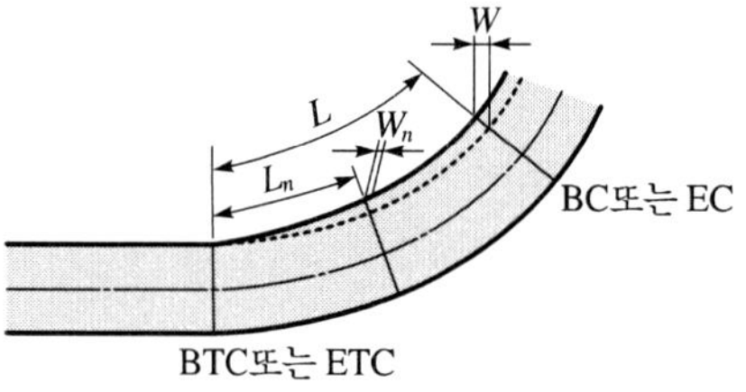


**그림 6.10 확폭의 설치 방법**

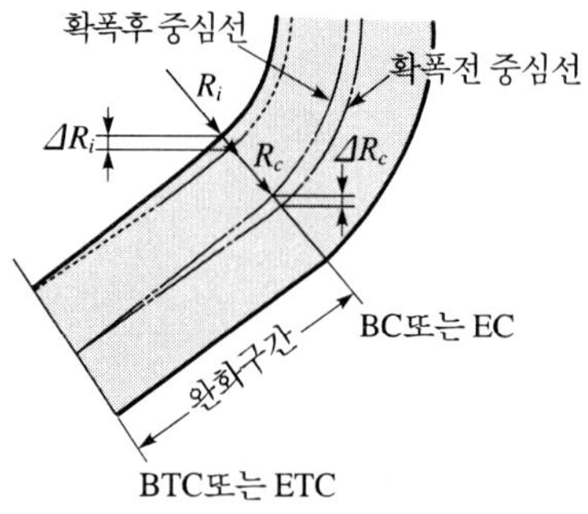


**그림 6.11 확폭의 설치 후의 도로중심선**

## 6.3.4 완화구간 및 완화곡선길이

완화구간이란 편경사 변화 또는 확폭량을 설치하기 위한 변이구간을 말하며 설계속도 60km/시 이하에서는 표 6.5 이상의 길이를 설계한다. 완화곡선은 직선부와 곡선부의 접속부에서 사용하게 되는 완화곡선(클로소이드 곡선) 설치구간으로서 설계속도 60km/시 이상인 도로의 곡선부에서는 표 6.6의 최소 길이 이상의 완화곡선을 설치한다.

**표 6.5 완화구간의 최소 길이**

| 설계속도(km/시) | 완화구간의 최소 길이(m) |
|---|---|
| 50 | 30 |
| 40 | 25 |
| 30 | 20 |
| 20 | 15 |

**표 6.6 완화곡선의 최소 길이**

| 설계속도(km/시) | 완화곡선의 최소 길이(m) |
|---|---|
| 120 | 70 |
| 110 | 65 |
| 100 | 60 |
| 90 | 55 |
| 80 | 50 |
| 70 | 40 |
| 60 | 35 |

직선과 원곡선 사이에 완화곡선을 설치할 때 이정량(Shift)(그림 6.12의 S값)이 차로 폭에 포함되는 여유 폭(차로 폭은 차량 폭에 여유 폭을 가산한 것)에 비하여 매우 작은 경우에는 직선과 원곡선을 직접 접속시켜도 실제의 주행은 직선부에서 완화곡선으로 주행하는 것과 같이 된다. 따라서 이때는 완화곡선을 생략해도 무방하다. 이의 기준은 이정량 S=20cm 이하일 때로서 식 (6.13)에 의해 곡선반경을 구하면 표 6.7의 계산값이 된다. 그러나 여유를 위해 실제 설계 시는 표 6.7의 적용 곡선반경 이상일 때 완화곡선을 생략한다.

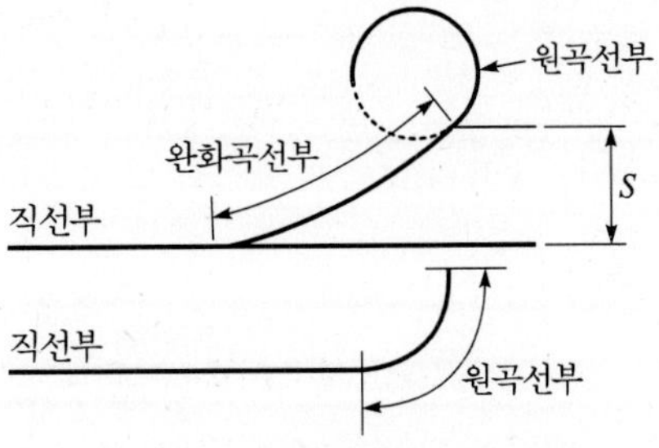


$$S=\frac{1}{24}\cdot\frac{L^2}{R} \qquad (6.13)$$

그림 6.12 완화곡선의 이정량

표 6.7 완화곡선을 생략할 수 있는 곡선반경

| 설계속도(km/시) | 계산값(m) | 적용 곡선반경(m) |
|---|---|---|
| 120 | 921.6 | 3,000 |
| 100 | 640.0 | 2,000 |
| 80 | 409.6 | 1,300 |
| 70 | 313.6 | 1,000 |
| 60 | 230.4 | 700 |

## 6.3.5 곡선부의 편경사

### (1) 최대 편경사

곡선부를 주행하는 자동차는 원심력을 받게 되므로 횡단방향으로 미끄러지지 않도록 편경사를 설치해야 한다. 즉, 전술한 (6.11) 식과 아래의 (6.14) 식에서 $gi$는 중력가속도의 노면에 대한 수직방향 성분이므로 탑승자에게는 불쾌감을 주는 것이 아니지만 $gf$는 차내의 사람을 횡방향으로 밀어내는 힘이 되어 인체에 불쾌감을 주게 된다.

$$\frac{V^2}{R}=g(f+i)=gf+gi \qquad (6.14)$$

따라서 이 $gf$를 감소시키기 위해서는 편경사를 될 수 있는 대로 크게 취하면 된다. 그러나 설계속도보다 훨씬 느린 속도로 주행하는 자동차는 편경사로 인해 부자연스러운 핸들 조작이 될 뿐만 아니라 제동 시에는 횡방향으로 미끄러지게 된다. 또 결빙시에는 발진에 문제가 있어 너무 큰 값의 편경사를 붙일 수 없다.

따라서 편경사는 표 6.8의 규정치 이하로 설치한다.

**표 6.8 곡선부의 최대 편경사**

| 구 분 | | 최대 편경사(%) |
|---|---|---|
| 지방지역 | 적설한랭 지역 | 6 |
| | 기타지역 | 8 |
| 도 시 지 역 | | 6 |
| 연 결 로 | | 8 |

### (2) 곡선반경과 편경사의 값

전항의 최대편경사(표 6.8)와 평면곡선반경이 정해지면 그 도로의 설계속도와 평면곡선반경에 따라 편경사를 결정해야 한다. 정해진 최대 편경사(6%, 7%, 8%)와 평면곡선반경에서 설계속도별 설치 편경사는 표 6.9. 표 6.10. 표 6.11에 의해 구한다.

**표 6.9 평면곡선반경에 따른 편경사(최대 편경사 = 6%)** (단위 : m)

| 설계속도 (km/h) | 평면곡선반경에 따른 편경사 | | | | | |
|---|---|---|---|---|---|---|
| | NC | 2% | 3% | 4% | 5% | 6% |
| 120 | 6,900 이상 | 6,900~3,840 | 3,840~2,470 | 2,470~1,610 | 1,610~1,050 | 1,050~710 |
| 110 | 5,800 이상 | 5,800~3,230 | 3,230~2,070 | 2,070~1,360 | 1,360~880 | 880~600 |
| 100 | 4,800 이상 | 4,800~2,650 | 2,650~1,690 | 1,690~1,070 | 1,070~690 | 690~460 |
| 90 | 3,900 이상 | 3,900~2,150 | 2,150~1,370 | 1,370~880 | 880~560 | 560~380 |
| 80 | 3,100 이상 | 3,100~1,680 | 1,680~1,060 | 1,060~670 | 670~420 | 420~280 |
| 70 | 2,300 이상 | 2,300~1,280 | 1,280~800 | 800~490 | 490~310 | 310~200 |
| 60 | 1,700 이상 | 1,700~940 | 940~580 | 580~350 | 350~220 | 220~140 |
| 50 | 1,200 이상 | 1,200~650 | 650~400 | 400~230 | 230~140 | 140~90 |
| 40 | 800 이상 | 800~420 | 420~260 | 260~150 | 150~90 | 90~60 |
| 30 | 400 이상 | 400~240 | 240~150 | 150~85 | 85~50 | 50~30 |
| 20 | 200 이상 | 200~110 | 110~65 | 65~35 | 35~25 | 25~15 |

주) NC : 표준 횡단경사 적용(편경사 생략)

**표 6.10 평면곡선반경에 따른 편경사(최대 편경사 = 7%)** (단위 : m)

| 설계속도 (km/h) | 평면곡선반경에 따른 편경사 | | | | | | |
|---|---|---|---|---|---|---|---|
| | NC | 2% | 3% | 4% | 5% | 6% | 7% |
| 120 | 7,100 이상 | 7,100~4,000 | 4,000~2,660 | 2,660~1,890 | 1,890~1,340 | 1,340~940 | 940~670 |
| 110 | 5,900 이상 | 5,900~3,360 | 3,360~2,240 | 2,240~1,590 | 1,590~1,130 | 1,130~790 | 790~560 |
| 100 | 4,900 이상 | 4,900~2,760 | 2,760~1,830 | 1,830~1,280 | 1,280~900 | 900~630 | 630~440 |
| 90 | 4,000 이상 | 4,000~2,240 | 2,240~1,480 | 1,480~1,040 | 1,040~730 | 730~480 | 480~360 |
| 80 | 3,100 이상 | 3,100~1,760 | 1,760~1,160 | 1,160~810 | 810~560 | 560~380 | 380~265 |
| 70 | 2,400 이상 | 2,400~1,340 | 1,340~880 | 880~610 | 610~410 | 410~280 | 280~190 |
| 60 | 1,800 이상 | 1,800~980 | 980~640 | 640~440 | 440~290 | 290~200 | 200~135 |
| 50 | 1,200 이상 | 1,200~680 | 680~440 | 440~290 | 290~190 | 190~130 | 130~85 |
| 40 | 800 이상 | 800~440 | 440~280 | 280~190 | 190~130 | 130~80 | 80~55 |
| 30 | 450 이상 | 450~250 | 250~160 | 160~110 | 110~70 | 70~45 | 45~30 |
| 20 | 200 이상 | 200~110 | 110~70 | 70~45 | 45~30 | 30~20 | 20~15 |

주) NC : 표준 횡단경사 적용(편경사 생략)

**표 6.11 평면곡선반경에 따른 편경사(최대 편경사 = 8%)** (단위 : m)

| 설계 속도 (km/h) | 평면곡선반경에 따른 편경사 | | | | | | | |
|---|---|---|---|---|---|---|---|---|
| | NC | 2% | 3% | 4% | 5% | 6% | 7% | 8% |
| 120 | 7,200 이상 | 7,200~4,110 | 4,110~2,790 | 2,790~2,040 | 2,040~1,540 | 1,540~1,160 | 1,160~860 | 860~630 |
| 110 | 6,000 이상 | 6,000~3,450 | 3,450~2,340 | 2,340~1,710 | 1,710~1,290 | 1,290~980 | 980~720 | 720~530 |
| 100 | 5,000 이상 | 5,000~2,840 | 2,840~1,920 | 1,920~1,400 | 1,400~1,040 | 1,040~780 | 780~570 | 570~420 |
| 90 | 4,000 이상 | 4,000~2,300 | 2,300~1,560 | 1,560~1,130 | 1,130~8500 | 850~630 | 630~460 | 460~340 |
| 80 | 3,200 이상 | 3,200~1,810 | 1,810~1,220 | 1,220~880 | 880~650 | 650~480 | 480~350 | 350~250 |
| 70 | 2,400 이상 | 2,400~1,380 | 1,380~930 | 930~670 | 670~490 | 490~360 | 360~260 | 260~180 |
| 60 | 1,800 이상 | 1,800~1,010 | 1,010~680 | 680~490 | 490~350 | 350~260 | 260~180 | 180~130 |
| 50 | 1,200 이상 | 1,200~700 | 700~470 | 470~330 | 330~240 | 240~170 | 170~120 | 120~80 |
| 40 | 800 이상 | 800~450 | 450~300 | 300~210 | 210~150 | 150 110 | 110 75 | 75~50 |
| 30 | 500 이상 | 500~250 | 250~170 | 170~120 | 120~85 | 85~60 | 60~40 | 40~30 |
| 20 | 200 이상 | 200~120 | 120~75 | 75~55 | 55~40 | 40~25 | 25~20 | 20~15 |

주) NC : 표준 횡단경사 적용(편경사 생략)

### (3) 편경사를 생략할 수 있는 최소곡선반경

곡선반경을 크게 설치하면 자동차에 작용하는 원심력은 작아지고 이에 따라 편경사와 횡방향 미끄럼 마찰계수의 합도 작아진다. 따라서 설계속도가 60km/시 이하인 도시부 도로에는 표 6.12와 같이 편경사는 설치 않아도 된다.

그러나 도시고속도로나 우회도로 등 설계속도가 70km/시 이상인 도로에서는 지방부도로와 동일하게 편경사를 붙여야 한다.

표 6.12 도시지역도로의 편경사 생략

| 평면곡선반경(m) | | | | |
|---|---|---|---|---|
| 60km/시 | 50km/시 | 40km/시 | 30km/시 | 20km/시 |
| 240 이상 | 155 이상 | 90 이상 | 55 이상 | 25 이상 |

### (4) 편경사의 접속설치

편경사가 결정되면 이것을 어떤 길이만큼 어떤 비율로 설치할 것인가가 문제로 되는데 이의 비율을 편경사 접속설치율이라 하며 다음과 같이 결정한다.

① 회전축으로부터의 차로수가 2개 이하인 경우(회전축을 도로중심을 기준으로 했을 경우 4차로이며 차도끝단을 중심으로 했을 경우 2차로임) 편경사 최대 접속설치길이 : 표 6.13값

② 회전축으로부터의 차로수가 3차로 이상인 도로 ; 표 6.13 값×표 6.14의 보정계수

표 6.13 편경사 접속설치율

| 설계속도 | 편경사 최대 접속설치율 |
|---|---|
| 120 | 1/200 |
| 110 | 1/185 |
| 100 | 1/175 |
| 90 | 1/160 |
| 80 | 1/150 |
| 70 | 1/135 |
| 60 | 1/125 |
| 50 | 1/115 |
| 40 | 1/105 |
| 30 | 1/95 |
| 20 | 1/85 |

표 6.14 회전축으로부터의 차로 수에 대한 보정계수

| 편경사가 설치되는 차로 수 | 접속 설치길이의 보정계수 |
|---|---|
| 3 | 1.25 |
| 4 | 1.50 |
| 5 | 1.75 |
| 6 | 2.00 |

편경사 설치길이는 원칙적으로 완화곡선 전 길이에 설치해야 하는데 이것을 역으로 말하면 완화곡선길이는 편경사 설치길이 이상이어야 한다. 따라서 식 (6.15)로 구한 편경사 접속설치 길이와 최소완화구간 길이를 비교하여 편경사 설치길이는 큰 쪽으로 결정한다.

$$L_s = \frac{B \cdot \Delta i}{q} \tag{6.15}$$

여기서, $L_s$ : 편경사 설치길이(m)

$B$ : 기준에서 편경사가 설치되는 곳까지의 폭(m)

$\Delta i$ : 편경사 값의 변화량(%/100)

$q$ : 편경사 접속설치율(m/m) (표 6.13, 표 6.14 참조)

### (5) 편경사 설치방법

1) 일반적인 설치순서

- 최대 편경사 결정(표 6.8)
- 설계속도와 평면곡선반경에 따른 편경사($i$)의 크기 선정(표 6.9~표 6.11)
- 설계속도에 따른 편경사 접속설치율($q$)의 선정(표 6.13, 표 6.14)
- 표준횡단경사와 편경사를 더한 횡단경사값이 변화해야 할 총길이($T_L$) 산정
- 편경사가 변화해야 할 길이($L$) 산정
- 변화길이 전체에 설치될 최대의 편경사를 보간법으로 5m마다 변화시켜 설치

2) 완화곡선·원곡선-완화곡선인 경우

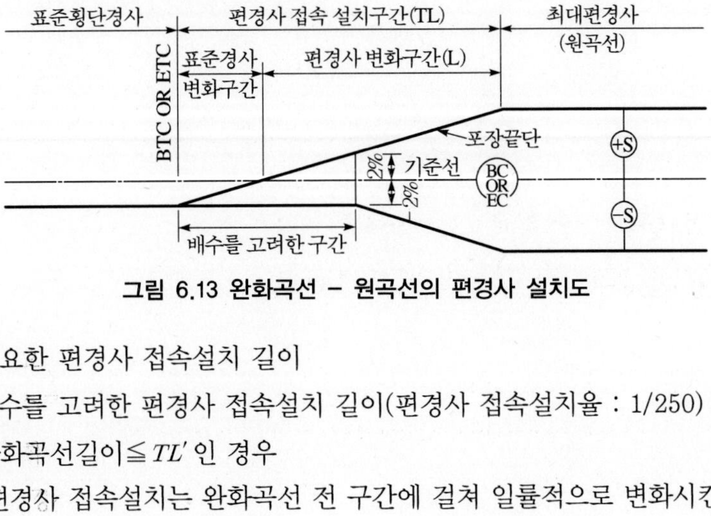


**그림 6.13 완화곡선 – 원곡선의 편경사 설치도**

$TL$ : 필요한 편경사 접속설치 길이

$TL'$ : 배수를 고려한 편경사 접속설치 길이(편경사 접속설치율 : 1/250) 이라 하면

① $TL \leqq$ 완화곡선길이 $\leqq TL'$ 인 경우

이 경우, 편경사 접속설치는 완화곡선 전 구간에 걸쳐 일률적으로 변화시킨다.

② 완화곡선길이 $\geq TL'$ 인 경우

설치된 완화곡선의 길이가 낮은 경사 구간(그림 6.13의 배수를 고려한 구간)에서 노면배수를 원활하도록 하여야 할 필요가 있는 경우에는 낮은 경사 구간의 편경사 변화속도를 높여야한다.

③ 완화곡선의 길이 $\leq TL$인 경우

직선구간에 부족한 만큼의 길이를 확보하여 직선구간과 완화곡선구간에서 편경사를 변화시키며, 원곡선 시점부터는 최대 편경사가 설치되도록 한다.

3) 직선-원곡선-직선인 경우

완화곡선이 설치되지 않으므로 편경사의 변화는 직선구간에서부터 시작하게 되며 편경사 변화 구간길이($L$)중 1/3은 원곡선구간에 두어 최대 편경사가 원곡선 시종점부를 지나도록 설치한다.

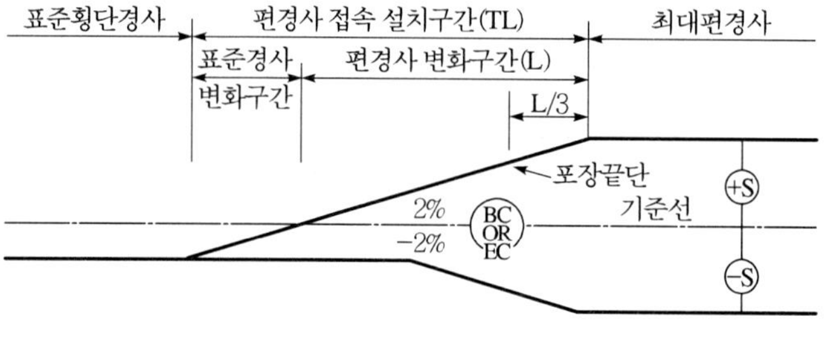


**그림 6.14 직선-원곡선-직선의 편경사 설치**

## 연습문제

**6.1** 설계속도 80km/시인 다음과 같은 도로구간에 원곡선을 설계하시오.

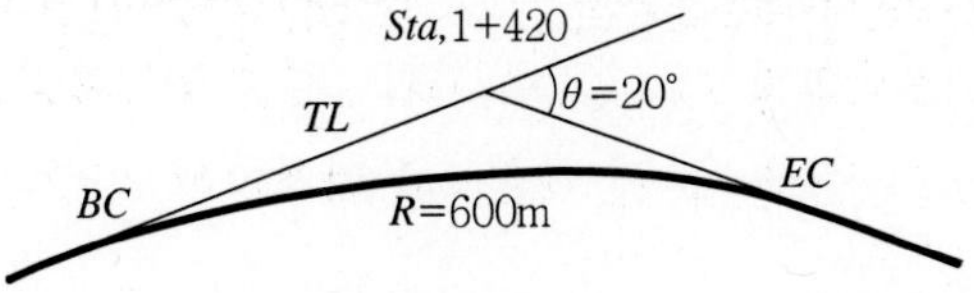


**6.2** 교각($\theta$) = 32° 15′, 곡선반경($R$) = 600m, 곡선시점위치($BC$) = 136.72174km 일 때 단곡선을 편각법에 의해 설계하시오.

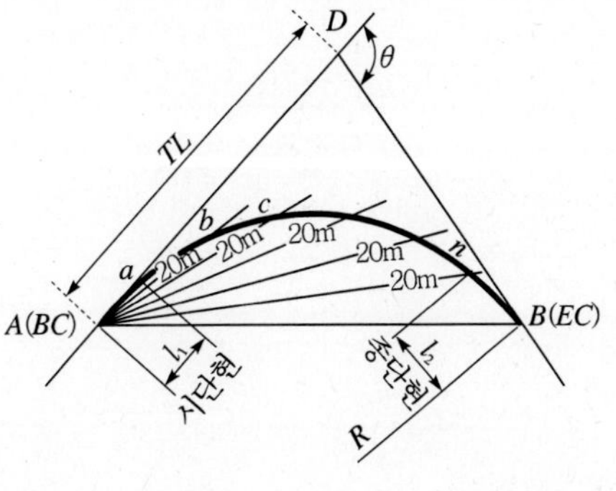


**6.3** 곡선반경 $R = 300$m, 클로소이드 파라미터 $A = 150$m 인 대칭형 클로소이드를 계획코자 한다.

(1) 교각 $\theta = 60°$일 경우 선형 요소를 계산하고 작도하라.

(2) BTC가 3.0km+11.5일 때 BC, EC, ETC의 측점을 결정하고 반경, 파라미터의 크기, 곡률의 중심방향을 그리시오.

**6.4** 다음 그림과 같은 횡단구성을 갖춘 설계속도 80km/시의 4차로 도로에서 평면곡선반경 $R$=400m이며 원곡선의 시종점부에 길이 120m인 완화곡선이 설치된 경우 편경사를 설치하라.

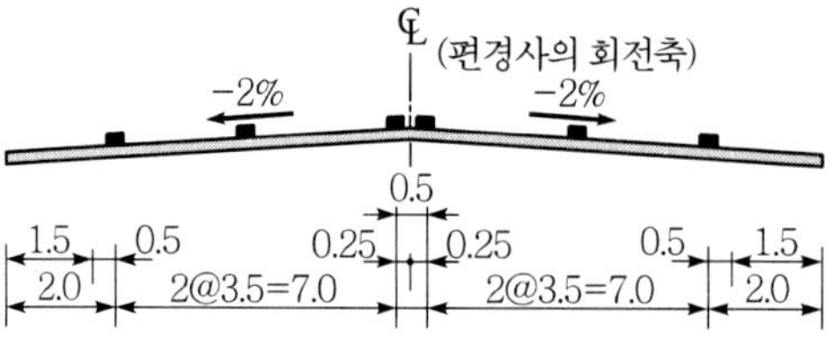


**6.5** 문제 6.4의 횡단구성을 갖춘 설계속도 80km/시의 4차로 도로로서 평면곡선반경 $R$ =1,800m이며, 평면곡선길이 300m일 때 편경사를 설치하라.

**6.6** 원곡선부의 최대편경사가 6%, 표준횡단경사가 2%로 계획된 도로가 있다. 이 도로 어느 구간의 완화곡선 길이가 80m일 때 도로의 중심선을 축으로 하여 편경사를 설치하고자 한다. 10m마다의 외측 차선 및 내측 차선의 횡단경사를 구하시오.

# 제7장 도로의 종단선형 계획 및 설계

## 7.1 개설

이 장에서는 도로의 기하구조 중 종단선형의 계획과 선형제원의 설치방법 및 시거에 대해 기술한다. 이 장의 종단선형의 계획에서는 종단곡선의 설치와 계산방법에 대해, 선형제원의 설치방법에서는 선형제원 설계 시 고려사항과 규모에 대해 유념하기 바란다. 또, 시거에 대해서는 정지시거를 중점적으로 공부하기 바란다.

## 7.2 종단선형의 계획 및 설계

### 7.2.1 종단선형의 계획

종단선형이란 도로의 중심선이 입체적으로 그리는 형상을 종단적으로 본 것이다. 종단선형은 직선과 곡선으로 구성되는데 선형설계 시는 평면선형 설계 시와 같이 지형에 적합하도록 하는 것이 가장 중요한 사항이다.

종단선형의 설계요소는 종단곡선과 종단경사가 있다. 도로에서 종단곡선은 일반적으로 2차 포물선을 사용하며 형태는 그림 7.1과 같이 볼록곡선과 오목곡선이 있다.

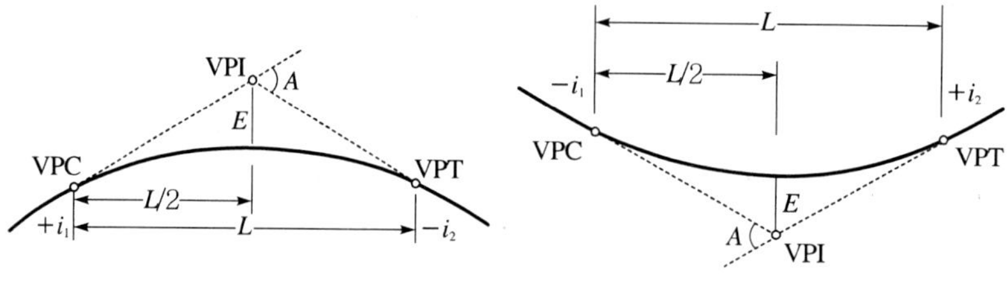


(a) 볼록곡선 (b) 오목곡선

**그림 7.1 종단곡선의 형태( $i$ : 종단경사, $L$ : 종단곡선길이)**

## 7.2.2 종단곡선의 계산

도로에서 종단곡선은 2차포물선을 사용하며, 이의 곡선은 매우 편평하므로 종단곡선길이는 수평거리와 같다고 보고 계산한다. 종단곡선의 구성요소는 그림 7.2와 같으며 각 요소의 구성 식은 다음과 같다.

$$Y=\frac{S_2-S_1}{2L}X^2+\frac{S_2+S_1}{2}X+\frac{L(S_2-S_1)}{8} \tag{7.1}$$

· 종단곡선 중간값

$$y=\frac{|S_1-S_2|}{200L}X^2 \tag{7.2}$$

· VBC에서 $x$지점에서의 표고

$$y'=VBC\ 표고+\frac{S_1x}{100}\pm y \tag{7.3}$$

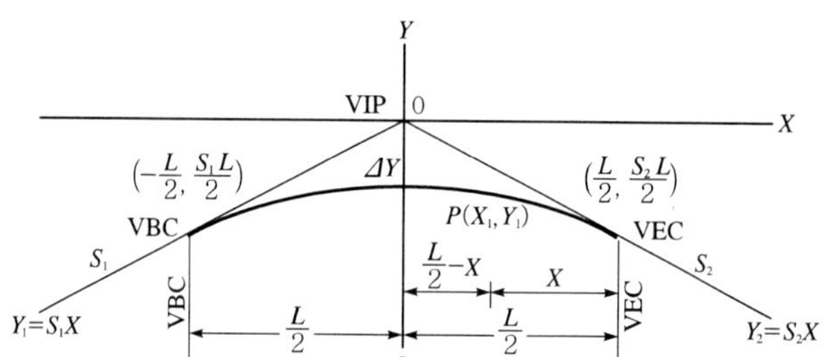


$X$ : VBC 혹은 VEC에서 임의의 점 P까지의 수평거리(m)
$y$ : VBC 혹은 VBC에서 $X$의 거리에 있는 점의 종단곡선까지의 이정량(m)
$s_1$ : VBC상의 종단경사(%)
$s_2$ : VEC상의 종단경사(%)
$L$ : 종단곡선길이(m)

**그림 7.2 종단곡선의 계산**

## 7.3 종단선형 설계 요소

### 7.3.1 종단경사

1) 최대 종단경사

종단경사 결정시 가장 먼저 고려해야 할 것은 차량의 오르막 특성이다. 경사구간에서 승용차는 평지와 거의 비슷한 속도로 주행할 수 있으나 트럭은 중량/마력비가 높아 잉여마력이 작기 때문에 경사구간에서 속도가 크게 저하된다.

따라서 최대 종단경사는 트럭의 오르막 능력을 감안하여 표 7.1값 이하로 한다. 그러나 지형상황, 주변 지장물 및 경제성을 고려하여 필요할 경우에는 표 7.1의 경사에 1% 범위 내에서 더하여 결정할 수 있다.

**표 7.1 최대 종단경사**

| 설계속도 (km/시) | 최대 종단경사(%) | | | | | | | |
|---|---|---|---|---|---|---|---|---|
| | 고속도로 | | 간선도로 | | 집산도로 및 연결로 | | 국지도로 | |
| | 평지 | 산지 | 평지 | 산지 | 평지 | 산지 | 평지 | 산지 |
| 120 | 3 | 4 | | | | | | |
| 110 | 3 | 5 | | | | | | |
| 100 | 3 | 5 | 3 | 6 | | | | |
| 90 | 4 | 6 | 4 | 6 | | | | |
| 80 | 4 | 6 | 4 | 7 | 6 | 9 | | |
| 70 | | | 5 | 7 | 7 | 10 | | |
| 60 | | | 5 | 8 | 7 | 10 | 7 | 13 |
| 50 | | | 5 | 8 | 7 | 10 | 7 | 14 |
| 40 | | | 6 | 9 | 7 | 11 | 7 | 15 |
| 30 | | | | | 7 | 12 | 8 | 16 |
| 20 | | | | | | | 8 | 16 |

2) 최소 종단경사

종단경사는 완만할수록 좋으나 어느 도로 구간에서도 도로의 배수를 위해 0.3% 이상으로 한다. 즉, 필히 도로에는 종단경사를 설치해야 한다.

### 7.3.2 종단경사 구간의 제한 길이

종단경사 구간의 제한 길이는 트럭이 오르막구간에 진입하여 허용된 최저속도를 유지하면서 주행할 수 있는 구간의 최대 길이이다. 즉, 표 7.1의 최대종단경사 이상이라 하더라도 그 경사구간이 짧을 경우 트럭은 속도저하가 없이 주행할 수 있다. 따라서 최대 종단 경사 이상 구간에서는 그 구간 길이가 짧을 때는 최대 종단경사 이상으로 설계할 수 있다. 이와 같이 트럭의 오르막 특성을 고려하여 최대종단경사 이상구간과 경사구간이 긴 경우에는 제한 길이에 대한 검토와 오르막 차로의 설치에 대해 검토한다.

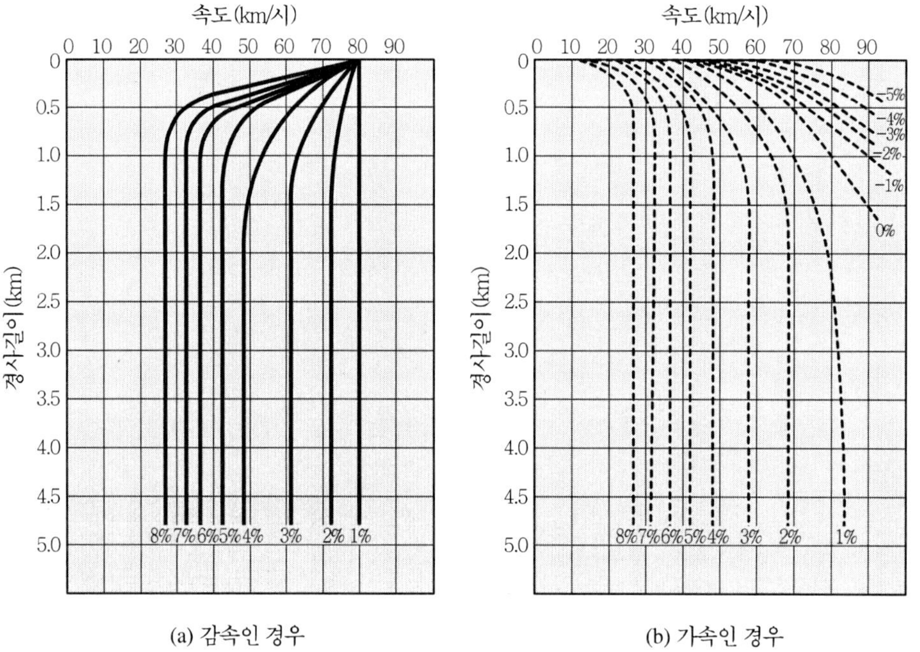


**그림 7.3 경사 길이에 따른 속도변화(200ℓ b/HP 표준트럭)**

종단경사구간의 제한 길이는 감속의 경우는 그림 7.3의 (a), 가속인 경우는 그림 7.3의 (b)와 같은 경사길이에 따른 속도변화도를 이용하여 다음과 같이 구한다.

1) 오르막 구간의 진입속도는 다음 두 속도 중 작은 값을 적용한다.

- 설계속도가 80km/시 이상인 경우는 모두 80km/시로 하며 설계속도가 80km/시 미만인 경우는 설계속도와 같은 속도
- 앞쪽 경사의 영향에 따른 오르막 구간의 진입속도

2) 오르막 구간의 정점에서의 속도는 오르막구간의 진입속도에서 20km/시를 뺀 값 이상의 속도를 유지토록 한다.

- 설계속도 80km/시 이상인 경우 : 60km/시
- 설계속도 80km/시 미만인 경우 : 설계속도 -20km/시

3) 상기의 1)과 2)를 이용하여 그림 7.3에서 종단경사에 해당하는 경사길이를 구하면 이것이 제한 길이이다.

### 7.3.3 오르막차로(등반차로)

7.3.2항의 종단경사구간의 제한 길이를 검토하여 트럭의 속도 저하가 예상되는 구간에서는 오르막차로를 설치한다.

오르막 차로 설치구간은 다음과 같은 순서로 산정한다.

1) 설치구간 산정의 전제조건

- 오르막 구간에서 대형자동차의 오르막 능력은 중량/마력의 비 200$l$b/HP를 표준으로 한다.
- 대형 자동차의 허용최저속도는 설계속도 80km/시 이상인 경우는 60km/시, 설계속도 80km/시 미만인 경우는 설계속도에서 20km/시를 감한 값으로 한다.
- 대형 자동차의 최고 속도는 설계속도가 80km/시 이상인 경우는 80km/시, 설계속도가 80km/시 미만인 경우는 설계속도와 같은 속도로 한다.

2) 속도-경사도의 작성

경사구간에서 경사길이에 대한 대형 자동차의 속도 변화를 그림 7.3을 이용하여 속도-경사도를 작성하고 허용 최저속도 보다 낮은 속도의 주행구간을 오르막 차로의 설치구간으로 정한다. 속도-경사도의 작성 시 종단 곡선 구간은 다음과 같이 직선 경사구간이 연속된 것으로 가정한다.

- 종단곡선 길이가 200m 미만인 경우는 종단곡선 길이를 반으로 나누어 앞 뒤의 경사로 가정한다.
- 종단곡선 길이가 200m 이상이며 앞뒤의 경사차가 0.5% 이상인 경우는 종단곡선 길이를 반으로 나누어 앞・뒤의 경사로 가정한다.
- 종단곡선 길이가 200m 이상이며 앞・뒤의 경사차가 0.5% 이하인 경우는 종단곡선 길이를 4등분하여 양끝의 1/4구간은 앞 뒤 경사로 하고 가운데 2/4구간은 앞 뒤 경사의 평균치로 가정한다.

3) 오르막 차로의 설치

- 속도-경사도를 작성하여 허용 최저속도 이하인 구간이 500m 이상인 구간에서는 오르막차로를 설치한다.
- 오르막차로를 주행차로에 변이구간으로 접속시킬 경우, 설계속도에 따라 변이율은 시점부 1/15~1/25 사이로 한다.
- 오르막차로를 주행차로와 연속하여 접속시킬 경우, 설계속도에 따라 변이율은 시점부 1/15~1/25, 종점부 1/20~1/30 사이로 한다.

그림 7.4에 오르막차로의 설치 예를 나타내었다.

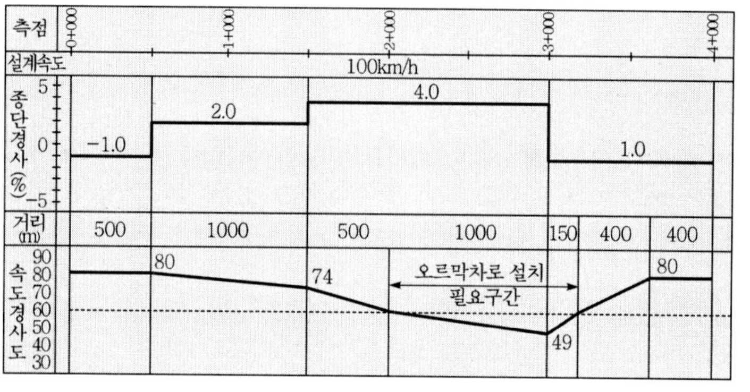


그림 7.4 오르막차로 설치 예

### 7.3.4 종단곡선

서로 다른 종단경사가 접속되는 구간에는 운동량 변화에 의한 충격완화와 정지시거 확보를 위해 종단곡선을 삽입한다. 종단곡선의 설치 기준은 두 종단경사의 1% 변화에 확보해야 하는 수평거리인 종단곡선 변화비율로 규정한다. 이의 변화비율은 식 (7.4)와 같이 나타낼 수 있다.

$$K = \frac{L}{I} \tag{7.4}$$

여기서, $K$ : 종단곡선 변화비율

$L$ : 종단곡선 길이

$I$ : 종단경사의 대수차($|i_1 - i_2|$)

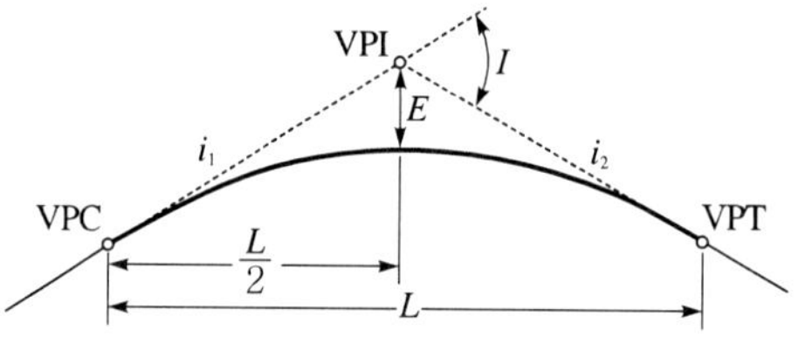


그림 7.5 종단곡선 변화비율

따라서 종단곡선은 표 7.2에서 정한 종단곡선 변화비율에 의해 산정한 길이와 표 7.3에서 규정한 종단곡선 최소길이 중 큰 값을 설치한다.

**표 7.2 종단곡선 최소변화비율**

| 설계속도 (km/시) | 종단곡선 최소변화비율(m/%) | | 설계속도 (km/시) | 종단곡선 최소변화비율(m/%) | |
|---|---|---|---|---|---|
| | 볼록곡선 | 오목곡선 | | 볼록곡선 | 오목곡선 |
| 120 | 120 | 55 | 70 | 25 | 20 |
| 110 | 90 | 45 | 60 | 15 | 15 |
| 100 | 60 | 35 | 50 | 8 | 10 |
| 90 | 45 | 30 | 40 | 4 | 6 |
| 80 | 30 | 25 | 30 | 3 | 4 |
| | | | 20 | 1 | 2 |

**표 7.3 종단곡선 최소길이**

| 설계속도(km/시) | 종단곡선 최소길이 |
|---|---|
| 120 | 100 |
| 110 | 90 |
| 100 | 85 |
| 90 | 75 |
| 80 | 70 |
| 70 | 60 |
| 60 | 50 |
| 50 | 40 |
| 40 | 35 |
| 30 | 25 |
| 20 | 20 |

## 7.4 시거

시거란 운전자가 자동차 진행방향의 전방에 있는 장애물 또는 위험요소를 인지하고 제동을 걸어 정지하든가 혹은 장애물을 피해서 주행할 수 있는 길이를 말한다. 시거는 차로 중심의 연장을 따라 측정한 길이로 나타낸다.

시거에는 정지시거, 피주시거 및 앞지르기 시거가 있는데 차로주의를 채택한 경우에는 정지시거와 앞지르기 시거가 주된 것이 된다. 피주시거는 장애물이 있는 경우에 인접차로로 피하려할 때의 시거로서, 일반적으로 정지시거가 확보되면 이것은 확보된다.

### 7.4.1 정지시거

정지시거란 차로의 중심선상 1.0m 높이에서 당해 차로의 중심선상에 있는 높이 15cm의 물체의 정점을 볼 수 있는 거리를 2차로의 중심선을 따라 측정한 길이를 말한다. 즉, 전방의 동일차로에 고장차 등의 장애물을 인지한 경우에 제동을 걸어서 정지하기 위해 필요한 길이로써, 이 길이는 표 7.4 값 이상 이어야 한다.

**표 7.4 설계속도에 따른 정지시거**

| 설계속도(km/시) | 정지시거(m) |
|---|---|
| 120 | 215 |
| 110 | 185 |
| 100 | 155 |
| 90 | 130 |
| 80 | 110 |
| 70 | 95 |
| 60 | 75 |
| 50 | 55 |
| 40 | 40 |
| 30 | 30 |
| 20 | 20 |

### 7.4.2 앞지르기 시거(추월시거)

앞지르기 시거란 저속차를 앞지르기 위하여 도로의 중심선 상 눈의 높이 1.0m에서 도로의 중심선 상에 있는 1.2m의 물체(대향차)정점을 투시할 수 있는 거리를 도로 중심선 상을 따라 측정한 길이를 말한다. 2차로 도로에서 앞지르기를 허용하는 구간에서는 설계속도에 따라 표 7.5와 같은 앞지르기 시거를 확보해야 한다.

2차로 도로 등에서는 앞지르기 구간과 전구간의 비를 앞지르기 시거 확보구간의 존재율이라 한다. 이의 존재율은 표 7.6과 같다.

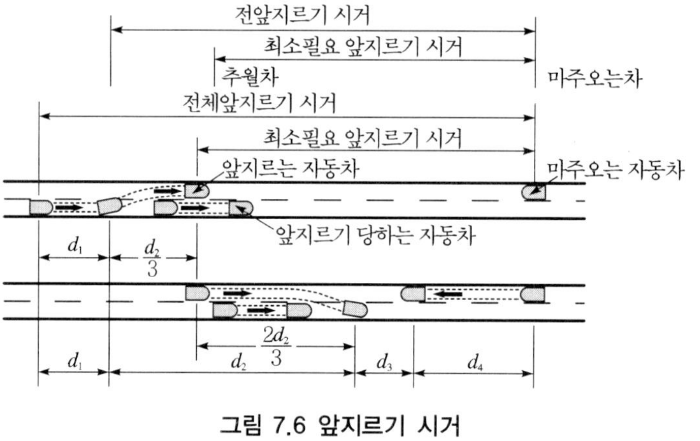


그림 7.6 앞지르기 시거

**표 7.5 앞지르기 시거**

| 설계속도(km/시) | 앞지르기시거(m) |
|---|---|
| 80 | 540 |
| 70 | 480 |
| 60 | 400 |
| 50 | 350 |
| 40 | 280 |
| 30 | 200 |
| 20 | 150 |

**표 7.6 앞지르기 시거 확보구간의 존재율(일본)**

| 설계속도(km/시) | 1분간 주행거리(m) | 앞지르기 거리(m) | 1분간 1회(%) | 3분간 1회(%) |
|---|---|---|---|---|
| 80 | 1,330 | 550 | 38 | 13 |
| 60 | 1,000 | 350 | 35 | 12 |
| 50 | 830 | 250 | 30 | 10 |
| 40 | 670 | 200 | 30 | 10 |
| 30 | 500 | 150 | 30 | 10 |

## 7.5 평면선형과 종단선형의 조합

전술한 바와 같이 평면선형과 종단선형이 우수하더라도 이의 조합에서 문제가 있어서는 안 된다. 평면선형과 종단선형은 조화되게 설계해야 한다.

따라서 선형은 시각적 연속성을 확보해야 한다. 이를 위해 평면선형과 종단선형은 겹쳐서 원곡선부분에서 종단곡선을 포용하도록 설계로 하는 것이 좋다. 또한, 종단곡선 구간을 클로소이드에 겹치는 일은 피하는 것이 좋으며, 될 수 있는 대로 원곡선 내에 들어가도록 한다.

이를 위해 그림 7.7의 ①과 같이 평면선형과 종단선형이 서로 대응하도록 해야 한다. 그림 7.7의 ②와 같이 위상이 어긋나면 운전자의 시선유도와 배수에 문제가 발생한다.

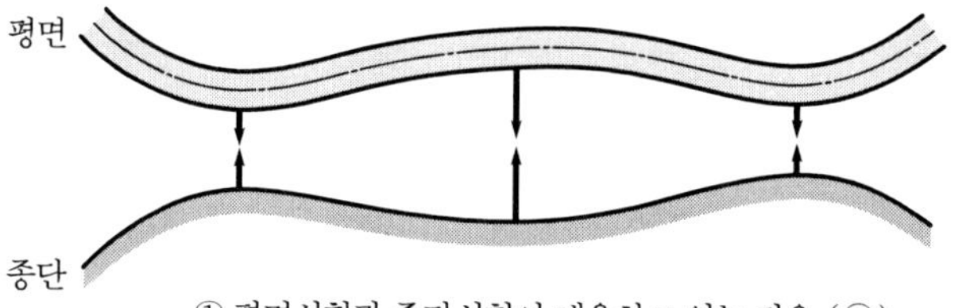


① 평면선형과 종단선형이 대응하고 있는 경우 (○)

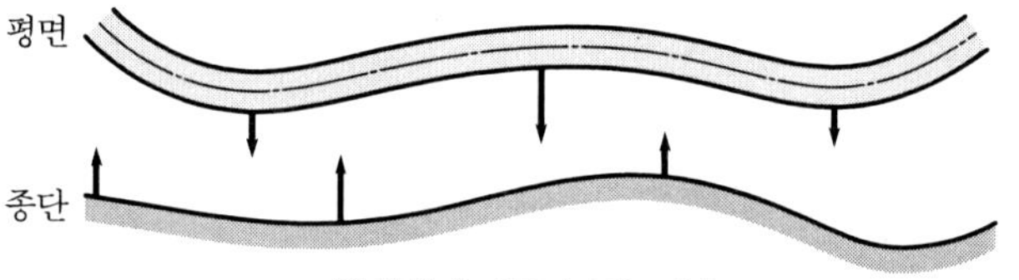


② 위상이 어긋나 있는 경우 (×)

**그림 7.7 평면선형과 종단선형의 대응**

## 연습문제

**7.1** $S_1 = 2\%$, $S_2 = -5\%$인 개소에 볼록곡선을 설계하고자 한다. 종단곡선 변화비율을 20m/%로 계획할 때 종단곡선장 5m마다의 표고를 구하시오. 단, BC점의 표고는 100.000m 이다.

**7.2** 종단경사가 다음 그림의 종단경사와 같을 때 다음의 도로조건에서 오르막차로 설치필요구간을 구하라.

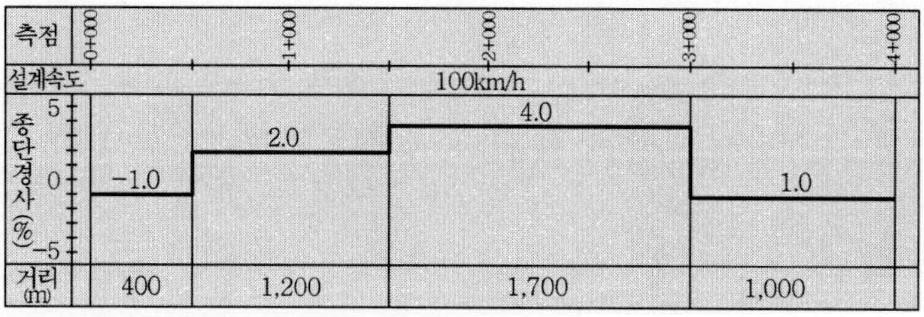


**7.3** 상기 7.2 문제에서 종단경사 4.0% 구간에서 종단거리가 몇 m일 경우에 오르막 차로를 설치하지 않아도 되는가?

# 제8장 도로토공

## 8.1 개설

이 장에서는 도로토공의 설계와 시공방법에 대해 기술한다. 이 장에서는 절토부와 성토부의 표준단면과 명칭을 이해한 후 절토, 성토, 노체와 노상설계 시 고려사항 그리고 토량배분에 중점을 두어 공부하기 바란다.

## 8.2 도로토공부의 명칭

도로를 건설하기 위해 자연지반을 절토하거나 기초지반 위에 성토하는 것을 도로토공(Road Earthwork)이라 한다.

토공구간에서 절토부와 성토부의 각부의 명칭은 각각 그림 8.1, 그림 8.2와 같다.

1) 포장(Pavement)

노상부 위의 구조물로서 표층, 기층, 보조기층을 말한다.

2) 노상(Subgrade)

포장두께 결정시 기초가 되는 포장 아랫면의 흙 부분으로서, 성토부에서는 성토 상부로부터, 절토부에서는 원 지반 굴착면 하부로부터 약 1m의 부분을 말한다.

3) 성토(Embankment)

원 지반에서 노상면까지 흙을 쌓아올린 부분을 말한다.

4) 노체(Fill)

성토에서 노상 아래 부분을 노체라고 한다.

5) 절토(Cut)

원 지반에서 노상면까지 흙을 깎아낸 부분을 말한다. 또 지반이 암반인 경우에도 동일하다.

6) 비탈면(Slope)

성토 및 절토에 의해 이루어진 흙의 사면을 각각 성토 비탈면 및 절토 비탈면이라고 한다. 이러한 비탈면은 필요에 따라 소단(小段)을 둔다. 비탈면의 상단을 비탈어깨, 하단을 비탈 끝이라고 한다.

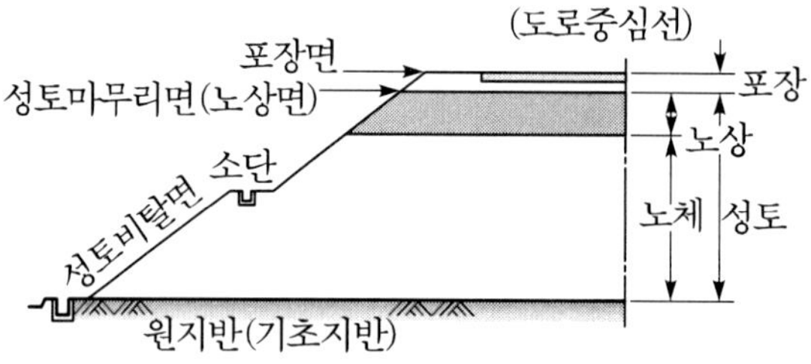


**그림 8.1 성토부 단면의 명칭**

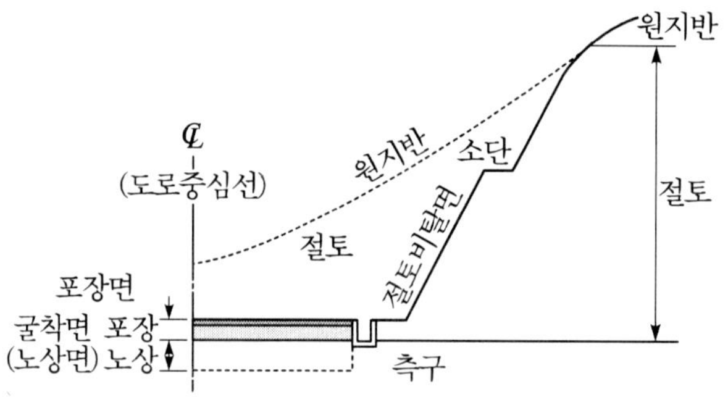


**그림 8.2 절토부 단면의 명칭**

## 8.3 절토

### 8.3.1 절토 비탈면 경사

일반적으로 자연지반은 복잡하고 불균질할 뿐만 아니라 시공 후 절토 비탈면은 시간이 지남에 따라 풍화나 침식이 일어난다. 또 호우나 융설에 의해 침투수가 증가하여 불안정하게 된다. 따라서 절토 비탈면의 안정 검토는 계산으로 하기 곤란하다. 따라서 토질과 암반에 따라 표 8.1 및 표 8.2와 같은 표준 구배를 적용하여 설계한다. 시공 시 토질조건이 가정한 것과 다를 때는 안정계산으로 검토하는 것이 일반적이다.

**표 8.1 절토비탈면의 표준 경사**

| 원지반의 토질 | | 땅깎기 높이 | 경사 | 분류기호(통일분류) |
|---|---|---|---|---|
| 모래 | 밀실하지 않고 입도분포가 나쁜 것 | | 1 : 1.5~ | SW, SP |
| 사질토 | 밀실한 것 | 5m 이하 | 1 : 0.8~1 : 1.0 | SM, SP |
| | | 5~10m | 1 : 1.0~1 : 1.2 | |
| | 밀실하지 않고 입도분포가 나쁜 것 | 5m 이하 | 1 : 1.2~1 : 1.5 | |
| | | 5~10m | 1 : 0.8~1 : 1.0 | |
| 자갈 또는 암과 섞인 사질토 | 밀실하고 입도분포가 좋은 것 | 10m 이하 | 1 : 1.0~1 : 1.2 | SM, SC |
| | | 10~15m | 1 : 1.0~1 : 1.2 | |
| | 밀실하지 않고 입도분포가 나쁜 것 | 10m 이하 | 1 : 1.0~1 : 1.2 | |
| | | 10~15m | 1 : 1.2~1 : 1.5 | |
| 점성토 | | 0~10m | 1 : 0.8~1 : 1.2 | ML, MH, CL, CH |
| 암괴 또는 호박돌 섞인 점성토 | | 5m 이하 | 1 : 1.0~1 : 1.2 | GM, GC |
| | | 5~10m | 1 : 1.2~1 : 1.5 | |

**표 8.2 암반의 특성에 따른 표준 비탈면 경사**

| 암반구분(굴착난이도) | 암반 파쇄 상태 | | 경사 | 소단설치 | 비 고 |
|---|---|---|---|---|---|
| | T.C.R | R.Q.D | | | |
| 리핑암 | 5% 이하 | 0% | 1 : 1 | H=5m마다 소단 1m | TCR, RQD는 BX 시추 기준임. NX시추일 때는 TCR과 RQD%가 BX 시추일 때보다 높음. |
| 발파암 | 10~20% | 0~5% | 1 : 0.8 | H=10m마다 소단 1~2m | |
| | 30% 이상 | 10~20% | 1 : 0.7 | 〃 | |
| | 50% 이상 | 30% 이상 | 1 : 0.5 | H=20m마다 소단 3m | |

## 8.3.2 절토 비탈면의 배수설계

절토 비탈면은 표면수나 용수에 의해 세굴이 일어나고 절리나 균열 부위로 물이 침투되어 비탈이 붕괴된다. 따라서 비탈어깨나 소단에 배수구를 설치하고 지하수 처리 대책을 세워야 한다. 지하수 처리 대책에는 비탈면의 깊은 속에 있는 지하수 처리를 위해서는 그림 8.3과 같이 물빼기 보링공을 설치한다. 또, 그림 8.4와 같이 비탈면에 지하배수구를 설치한다.

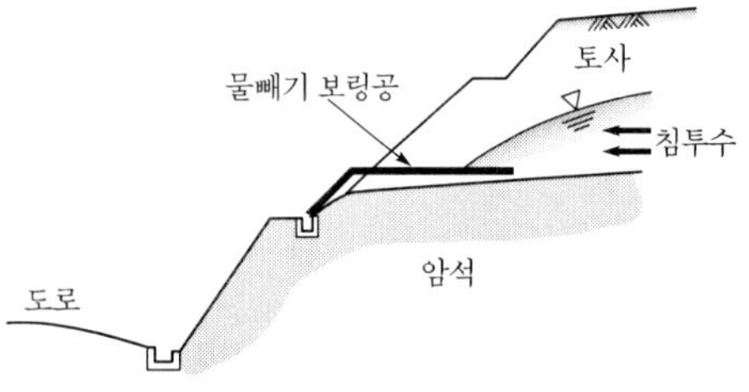


그림 8.3 물빼기 보링공의 설치 예

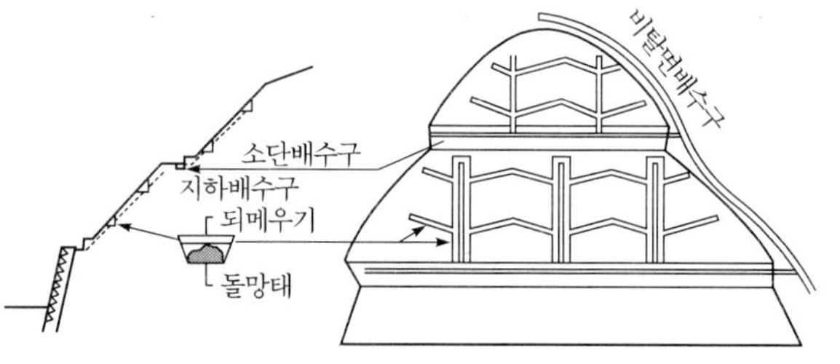


그림 8.4 지하배수구의 설치 예

## 8.4 성토

### 8.4.1 기초지반

성토의 기초지반에서 문제가 되는 것은 연약지반이다. 연약지반 상에 성토를 하면 기초지반은 측방유동이나 압밀침하가 발생, 노면의 평탄성을 손상시키고 성토 자체가 파괴된다. 따라서 기초지반이 연약지반일 때는 성토의 안정과 침하를 검토하여 대책을 수립해야 한다. 이의 검토방법과 대책 공법의 상세는 지반공학 관련서적을 참조 바란다.

또, 보통의 지반에서도 다음과 같은 경우에는 문제가 발생될 우려가 있으므로 정밀한 조사와 검토가 필요하다.

- 성토고가 특히 높은 경우
- 용수의 영향을 받기 쉬운 경우
- 경사 지반에 성토한 경우
- 지표면에 얇은 연약층이 있는 경우

산지에 성토할 때는 벌개제근을 한 후 밑다짐하여 기초처리를 한다. 또, 논이나 밭 등에 성토할 때는 표토를 제거해야 한다. 이때 장비의 진입을 위해 트래피커빌리티를 확보해야 한다. 트래피커빌리티 확보 대책에는 배수구 설치, 기초지반 일부치환, 배수성 재료포설 등이 있다.

### 8.4.2 성토 재료

보통 성토구조물을 구성하는 주요재료는 절토 구간에서 굴착된 재료를 이용하고(유용토사) 만약 이 양만으로 부족할 때는 토취장에서 운반하여 사용한다. 성토재료는 될 수 있는 한 좋은 재료를 선정하여 사용하는 것이 바람직하다. 그러나 성토체 전체를 좋은 재료로 시공하는 것이 경제성상 불합리할 경우에는 다소 불량한 재료라도 부위별로 용도에 맞춰 사용하거나 안정 처리한다.

성토재료로서 바람직한 것은 부설과 다짐이 쉽고 다짐 후의 강도가 크며 압축성이 작은 것이다. 또, 우수(雨水)에 대한 침식에 강하고, 흡수 시 팽창성이 적은 흙이다. 표 8.3에 도로용 흙에 대한 일반적인 평가기준을 나타냈다.

**표 8.3 도로용 재료로서 흙의 일반적 평가기준**

| 흙분류 | 성토재료 | 노상 재료 | 성토의 기초지반 | 비 고 |
|---|---|---|---|---|
| 암괴·옥석 | × | △ | ○ | 파쇄 정도에 따라 구분 사용한다. |
| 자갈 {G} | ○ | ○ | ○ | |
| 자갈질토 {GF} | ○ | △ | ○ | 유기질을 포함한 것, 또는 성토 재료, 성토기초로서 △ |
| 모래 {S} | ○ | ○ | ○ | 연약 포화 지반에서는 성토기초로서 △ |
| 사질토 {SF} | ○ | ○ | ○ | 유기질 토사를 포함한 것은 성토재료, 성토기초로서도 △<br>연약포화 지반에서는 성토기초로도 △ |
| 실트 {M} | △ | △ | △ | |
| 점성토 {C} | △ | △ | △ | |
| 유기질토 {O} | △ | × | △ | |
| 고유기질토 {Pt} | × | × | △ | |

○ : 거의 문제가 없는 것
△ : 주의하여 사용할 수 있으나 어떤 처리가 필요할 것
× : 사용할 수 없는 것

### 8.4.3 성토의 다짐

도로 성토에서 다짐의 목적은 다음과 같다.

- 흙의 강도를 증가시켜 성토체와 비탈면의 안정과 교통하중에 대한 지지력을 향상시킨다.
- 흙의 투수성을 저하시켜 물의 침투로 인한 연약화나 팽창을 방지하여 안정한 상태가 되도록 한다.

- 성토체를 균일하게 하고 압축성을 줄여 완성후 노면에 부등침하가 발생하지 않게 한다.

따라서 성토의 다짐 시에는 그림 8.5와 같은 실내 다짐시험과 현장 다짐시험을 실시하여 목표다짐도, 시공함수비, 부설두께, 다짐장비의 종류와 다짐횟수 등을 결정해두어야 한다.

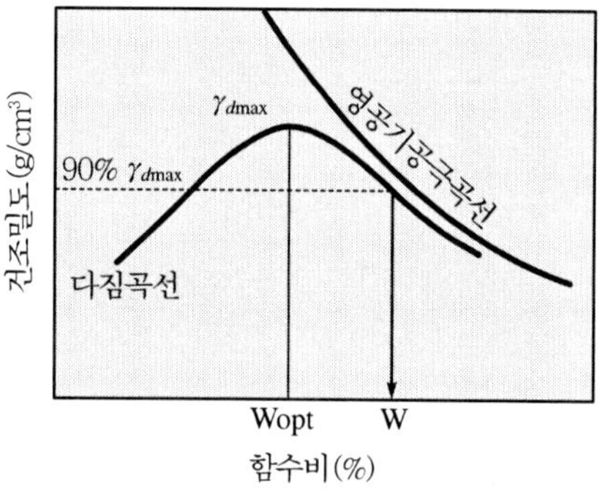


**그림 8.5 흙의 다짐 곡선 예**

현장에서 다짐도를 규정하는 방법에는 표 8.4와 같은 방법들이 있다. 일반적으로 실내다짐시험에서 구한 최대건조밀도와 현장밀도 시험에서 구한 현장 건조밀도의 비로 다짐도를 평가하는 건조밀도로 규정하는 방법이 가장 많이 사용되고 있다.

**표 8.4 다짐도 규정 방법**

- 다짐도 규정 방법
  - 품질규정 방법
    - 건조밀도로 규정하는 방법
    - 포화도와 공극률로 규정하는 방법
    - 강도로 규정하는 방법 - 콘지수, CBR, K치 등
    - 변형특성으로 규정하는 방법 - Proof Rolling 등
  - 공법규정 방법 — 롤러의 종류와 다짐횟수로 규정하는 방법

## 8.4.4 성토 비탈면 구배

도로의 계획과 설계 시에는 토취장이나 절토의 유용여부가 결정되므로 성토용 재료에 대한 흙의 특성은 조사 시험에 의해 구할 수 있다. 따라서 성토비탈면 구배는 안정계산에 의해 결정해야 한다. 그러나 현장 상황상 불가피할 때는 표 8.5의 표준구배를 참조하여 결정하기도 한다.

**표 8.5 성토 비탈면의 표준 구배**

| 성토 재료 | 성토 높이(m) | 표준구배 | 흙의 분류 |
|---|---|---|---|
| 입도분포가 좋은 모래 | 0~6 | 1 : 1.5 | GW, GP, SW, GM, GC |
| 자갈 및 자갈 섞인 모래 | 0~15 | 1 : 1.8 | |
| 입도분포가 나쁜 모래 | 0~10 | 1 : 1.8 | SP |
| 암괴, 암버럭 | 0~6 | 1 : 1.5 | SW, GP, GM |
| | 6 이상 | 1 : 1.8 | |
| 사질토, 굳은 점성토, 굳은 점토 | 0~6 | 1 : 1.5 | SM, SC, CL |
| | 6 이상 | 1 : 1.8 | |
| 연약한 점성토 | 0~6 | 1 : 1.8 | CH, OH, ML, MH |

## 8.5 노체(路體)와 노상(路床)

### 8.5.1 노체의 품질과 다짐

노체란 포장체 하부 약 1m 두께인 노상 아랫 부분의 성토공을 말한다. 노체는 일반적으로 현장에서 발생하는 토사를 유용하여 사용하는 것이 일반적이다. 노체 재료의 품질 및 다짐기준은 표 8.6과 같으며 30cm 이상의 암괴는 대형 다짐기계를 사용하여 충분히 다져야 한다.

**표 8.6 노체재료의 품질**

| 공종 / 항목 | 노 체 | | 시험법 |
|---|---|---|---|
| | 토 사 | 암 괴 | |
| 시방 규정 밀도에서의 수침 CBR(%) | 2.5 이상 | - | KS F 2320 |
| 다짐도(%) | 90 이상 | 시험시공에 의해 결정 | KS F 2312<br>A-1, B-1<br>C-1, D-1 |
| 시공함수비 | 다짐시험방법에 의한 최적함수비 부근과 다짐곡선의 90% 밀도에 대응하는 습윤측 함수비 사이 | 자연함수비 | |
| 시공 층 두께 | 30cm 이하 | 시험시공에 의해 결정 | 한 층의 마무리 두께 |

### 8.5.2 노상의 품질과 다짐

노상은 포장체의 기초역할을 하는 것으로서 교통하중을 지지할 뿐만 아니라 시공 시 대형 시공기계가 진입하므로 노체에 비해 높은 품질의 재료와 다짐시공이 필요하다. 노상은 균질한 재료로 시공하는 것이 좋으나 노상재료의 구득이 어렵거나 경제성상 문제가 있을 때는 상부노상과 하부노상으로 나누어 설계하기도 한다.

노상재료의 품질은 표 8.7, 노상의 다짐기준은 표 8.8, 그리고 안정처리 노상의 다짐기준은 표 8.9에 나타내었다. 노상층의 한층 당 마무리 두께는 20cm 이하를 표준으로 하고 완성된 노상면에서 타이어롤러 복륜하중 5t 이상, 타이어 접지압 5.6kgf/cm$^2$을 이용하여 프루프롤링 시험을 하였을 때의 침하량은 5mm 이하여야 한다.

**표 8.7 노상재료의 품질**

| 항목 / 노상의 구분 | 최대치수 | No.4체 통과량 | No.200체 통과량 | No.40체 통과분에 대한 소성지수 | 수침 CBR (시방 최소밀도) |
|---|---|---|---|---|---|
| 상부노상 | 100mm | 25~100% | 0~25% | 10 이하 | 10 이상(20 이상)[1] |
| 하부노상 | 150mm | – | 50% 이하[2] | 30 이하 | 5이상(10 이상)[1] |

주 1) 괄호 안의 값은 안정처리의 경우임.
2) No.4체 통과분중 No.200체 통과량임.

**표 8.8 노상의 다짐**

| 공종 / 항목 | 상부노상 | 하부노상 | 비 고 |
|---|---|---|---|
| 다짐도 | 95% 이상 | 90% 이상 | 수정다짐시험 |
| 시공시의 함수비 | 다짐도 및 수정 CBR 10% 이상을 얻을 수 있는 함수비, 최적 함수비 ±2% | 다짐도 및 수정 CBR 5% 이상을 얻을 수 있는 함수비 | KS F 2306<br>KS F 2312 |
| 시공층 두께 | 20cm 이하 | 20cm 이하 | 한층당 마무리두께 |

**표 8.9 안정처리노상의 다짐**

| 공종 / 항목 | | 상하부 노상 | 비 고 |
|---|---|---|---|
| 다짐도 | 시공함수비≤Wopt | 95% 이상 | 수정다짐시험 |
| | 시공함수비>Wopt | 공기공극률 Va=1~10% | |
| 시공시의 함수비 | | 최적함수비±2% | |
| 시공층 두께 | | 20cm 이하 | 1층 당의 마무리 두께 |

## 8.5.3 노상의 지지력

노상토는 점토에서 자갈까지 여러 종류의 토사를 사용한다. 노상은 포장구조의 기초지반으로서 노상의 강도는 포장두께와 그 구조를 결정하는데 있어 중요한 값이다. 노상토의 강도를 구하는 방법은 표 8.10과 같은 것들이 있다.

**표 8.10 노상토의 지지력 결정방법**

- 노상토의 성질에 의한 방법 : 군지수(Group Index)
- 노상토의 역학적 특성에 의한 방법
  - CBR
  - 동탄성 계수($M_R$)
- 노상토의 지지력에 의한 방법
  - K치
  - Proof Rolling
- 기타 : 삼축압축시험, R-Value 등

여기서는 CBR, 동탄성계수와 K치에 대해 기술한다.

### (1) CBR(California Bearing Ratio)

CBR시험은 미국의 California주 도로국에서 개발된 것으로 처음에는 노상토의 공학적 특성을 시험하기 위해 개발된 것이다. 그 후 CBR과 포장두께와의 상관관계를 이용하여 포장두께 설계에 이용되었다.

CBR이란 식 (8.1), (8.2)와 같이 직경 50mm의 관입봉을 1mm/min의 속도로 현장지반 또는 공시체에 관입시켰을 때 보통 2.5mm 관입에 필요한 시험하중을 구하고 동일 관입량에 대한 표준하중(표 8.11)과의 비이다. 표 8.11에 나타낸 표준하중이란 쇄석에 대해 수회의 시험을 실시하여 얻은 표준 값이다.

**표 8.11 CBR 시험에서 표준하중강도와 표준 하중**

| 관입량(mm) | 표준하중강도(kg/cm$^2$) | 표준하중(kg) |
|---|---|---|
| 2.5 | 70 | 1,370 |
| 5.0 | 105 | 2,030 |
| 7.5 | 134 | 2,630 |
| 10.0 | 162 | 3,180 |
| 12.5 | 183 | 3,600 |

$$CBR = \frac{\text{시험하중(kg)}}{\text{표준하중(kg)}} \times 100(\%) \tag{8.1}$$

$$= \frac{\text{시험하중강도(kg/cm}^2)}{\text{표준하중강도(kg/cm}^2)} \times 100(\%) \tag{8.2}$$

일반적으로 포장두께를 결정하기 위해서는 설계 CBR이, 노상재료의 강도를 나타내기 위해서는 수정 CBR이 사용된다. 설계 CBR이란 균질한 토질을 나타내는 구간을 한 구간으로 하여 CBR시험을 실시하고 같은 방법으로 대상구간 내의 여러 지점에서 각각 CBR을 구해 식 (8.3)으로 설계 CBR을 결정한다. 설계CBR의 각 지점 CBR은 현장 CBR시험에서 구할 때는 이의 CBR값을, 실내 CBR시험에서 구할 때는 수정 CBR값을 말한다.

$$CBR = \text{각 지점의 } CBR \text{ 평균} - \frac{CBR_{mad} - CBR_{\min}}{C} \quad (8.3)$$

여기서, $C$ : 통계적인 계수(표 8.12)

수정 CBR이란 3층 17회, 3층 42회, 3층 92회로 각각 다진 공시체에 대해 수침 CBR시험을 실시하여 그림 8.6과 같은 성과를 얻는다. 이때 최대건조밀도에 대한 소요의 다짐도에 해당하는 건조밀도에서의 수침 CBR을 수정 CBR이라 한다.

**표 8.12 설계 CBR 계산용 C값**

| 개수($n$) | 2 | 3 | 4 | 5 | 6 | 7 | 8 | 9 | 10 이상 |
|---|---|---|---|---|---|---|---|---|---|
| $C$ | 1.41 | 1.91 | 2.24 | 2.48 | 2.67 | 2.83 | 2.96 | 3.08 | 3.18 |

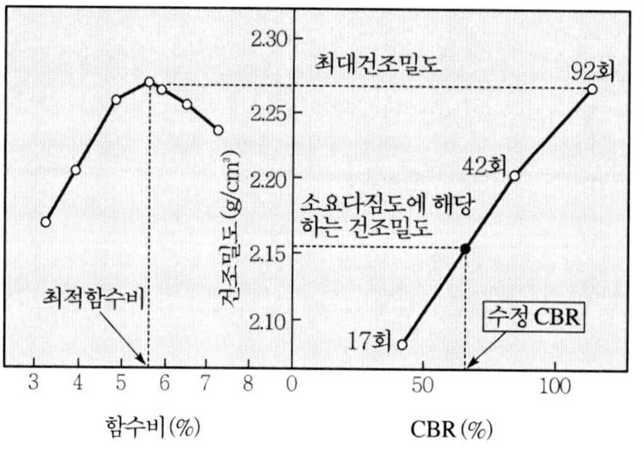


**그림 8.6 수정 CBR의 결정**

## (2) 동탄성계수(Resilient Modulus)

동탄성계수란 동적 삼축압축 시험에서 반복 축차응력을 가했을 때 측정한 축방향 회복변형률에 대한 반복 축차응력의 비로 정의되며 동적 시험에 의해 결정되는 값이다. 즉, 동적 삼축압축

시험에서 포장재료에 일정한 축차응력을 반복재하 하면 그림 8.8과 같이 선형적인 응력-변형률의 관계를 나타내는데, 이때의 기울기가 동탄성계수로서 식 (8.4)로 나타낼 수 있다.

$$M_R = \frac{\sigma_d}{\varepsilon_R} \tag{8.4}$$

여기서, $M_R$ : 동탄성계수(kg/cm$^2$)

$\varepsilon_R$ : 회복변형률

$\sigma_d$ : 반복축차응력(kg/cm$^2$)

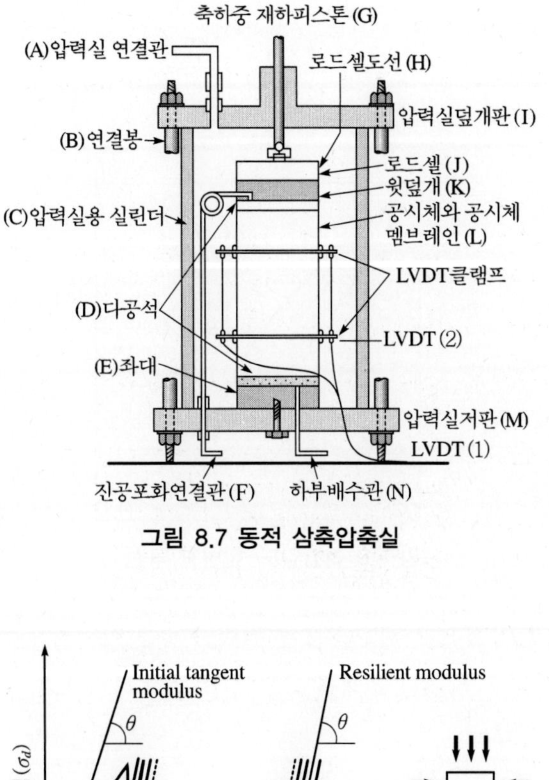


**그림 8.7 동적 삼축압축실**

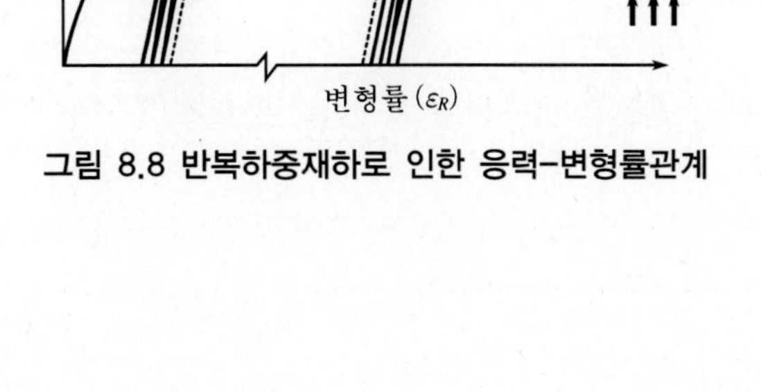


**그림 8.8 반복하중재하로 인한 응력-변형률관계**

(3) K치(노상지지력 계수)

$K$치는 콘크리트 포장의 두께 설계와 노상, 보조기층, 기층의 지지력 평가에 이용된다. $K$치는 평판재하 시험에 의해 구할 수 있다. 이 시험은 직경, 30, 40, 50 또는 75cm의 원형 또는 사각형의 평판을 노상 또는 보조기층의 표면에 놓고 하중을 가해 하중강도 P(kg/cm$^2$)와 침하량 $w$ (cm)와의 관계를 구하여 그림 8.9와 같이 성과를 정리한다. 이때 $K$치(Modulus of Subgrade Reaction)란 이 그래프의 기울기로서 식 (8.5)와 같이 정의된다.

$$K = \frac{P}{w}(\mathrm{kg/cm^3}) \tag{8.5}$$

여기서, $K$ : 노상지지력계수(kg/cm$^3$)

$w$ : 침하량(cm)

$P$ : 하중강도(t/m$^2$)

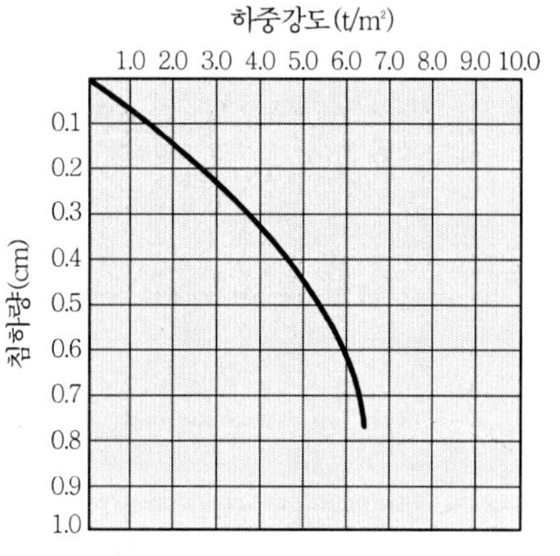


**그림 8.9 하중강도-침하량 곡선**

도로포장 설계에서 노상지지력 계수 K값의 침하량 $w$는 아스팔트 포장에서는 0.25cm일 때, 콘크리트 포장에서는 0.125cm일 때의 값을 이용하는 것이 일반적이다.

## 8.6 비탈면 보호공

### 8.6.1 개설

절토나 성토의 비탈면 보호공은 비탈면의 침식이나 풍화를 방지하고 비탈면의 안정을 도모하기 위한 것이다. 비탈면을 안정시키기 위해서는 조사와 안정검토 및 이에 따른 적정공법의 선정이 중요하다. 이의 조사 및 안정 검토방법의 세부 내용은 지반공학 서적을 참조 바란다.

### 8.6.2 비탈면 보호공법

비탈면 보호공법은 크게 보호구조물 자체에 토압이 작용되지 않도록 설계하는 보호공과 토압이 작용되어 토류구조물로 보는 보강공이 있다. 이를 분류하면 다음과 같다.

- 비탈면 보호공법
  - 보호공
    - 식생에 의한 공법 : 떼붙이기공, 식생공, 식수공, 파종공
    - 구조물에 의한 공법 : 콘크리트붙이기공, 돌쌓기공, 돌 붙이기공, 뿜어 붙이기공, 콘크리트 격자 블럭공
  - 보강공 : 말뚝공법, 소일 네일링 공법, 보강토공법, 앵커 공법, 옹벽
  - 기타 : 비탈면 배수공법, 지하수 배제공법, 압성토공법 등

## 8.7 토량 배분

### 8.7.1 토량변화율

흙은 자연 상태, 굴착하여 흐트러진 상태, 다진 상태의 체적이 다르다. 따라서 흙의 운반계획이나 배분계획 수립 시는 식 (8.6) (8.7)과 같은 토량 변화율 $L$ 및 $C$를 반영하여 흙의 체적변화를 고려해야 한다.

$$L = \frac{\text{흐트러진 상태의 토량}(\mathrm{m}^3)}{\text{자연상태의 토량}(\mathrm{m}^3)} = \frac{\text{자연상태의 밀도}(\mathrm{g/cm}^3)}{\text{흐트러진 상태의 밀도}(\mathrm{g/cm}^3)} \tag{8.6}$$

$$C = \frac{\text{다져진 상태의 토량}(\mathrm{m}^3)}{\text{자연상태의 토량}(\mathrm{m}^3)} = \frac{\text{자연상태의 밀도}(\mathrm{g/cm}^3)}{\text{다져진 상태의 밀도}(\mathrm{g/cm}^3)} \tag{8.7}$$

표 8.13에 토질별 토량 변화율을 나타내었다. 그러나 이 값은 개략적인 수치이므로 획일적인 적용에는 문제가 있다. 따라서 대규모 공사 등에서는 시험 시공이나 밀도 측정에 의해 변화율을 식 (8.6), (8.7)에 의해 결정하여 적용해야 한다.

표 8.13 토량의 변화율

| 종별 | L | C |
|---|---|---|
| 경　　암<br>보통경암<br>연　　암<br>옥석(호박돌) | 1.70~2.00<br>1.55~1.70<br>1.30~1.50<br>1.10~1.15 | 1.30~1.50<br>1.20~1.40<br>1.00~1.30<br>0.95~1.05 |
| 자　　갈<br>자갈질토<br>고결된 자갈질토 | 1.10~1.20<br>1.15~1.20<br>1.25~1.45 | 1.10~1.05<br>0.90~1.00<br>1.10~1.30 |
| 모　　래<br>호박돌 섞인 모래 | 1.10~1.20<br>1.15~1.20 | 0.85~0.95<br>0.90~1.00 |
| 모래질흙<br>호박돌 섞인 모래질흙 | 1.20~1.30<br>1.40~1.45 | 0.85~0.90<br>0.90~0.95 |
| 점 질 토<br>자갈 섞인 점질토<br>호박돌 섞인 점질토 | 1.25~1.35<br>1.35~1.40<br>1.40~1.45 | 0.85~0.95<br>0.90~1.00<br>0.90~0.95 |
| 점　　토<br>자갈 섞인 점토<br>암괴, 호박돌 섞인 점토 | 1.20~1.45<br>1.30~1.40<br>1.40~1.45 | 0.85~0.95<br>0.90~0.95<br>0.90~0.95 |

### 8.7.2 토량 배분

도로토공에서 어느 구간 절토를 어느 구간 성토에 유용하고 어느 구간 절토는 사토시키고 또 어느 구간 성토는 토취장에서 가져올 것인가 결정하는 작업을 토량배분이라고 부른다. 도로토공은 일반적으로 띠 형태로서 횡단방향의 토공 유동은 고려치 않아도 되므로 토적도(Mass Curve)를 이용한다.

#### (1) 토적도(Mass Curve) 작성법

토적도 작성법을 기술하면 다음과 같다.

1) 도로의 각 측점별 절·성토량을 플라니메타 등을 이용, 계산하여 표 8.14와 같은 토량계산서를 작성한다.
2) 토질조사 결과, 절토 중에 성토재료로서 사용키 어려운 불량토가 있으면 절토 단면적에서 불량토의 단면적을 빼내어 유용 가능한 흙만 토량계산서에서 계산하고 불량토는 별도로 토량계산서에 정리한다.
3) 토량계산서중의 보정토량은 토량변화율 C를 적용, 절토와 성토를 동일한 밀도상태가 되도록 한다.

4) 그림 8.10과 같이 토적도는 도로중심선의 종단도 ABCDEFGHIJKL을 그리고 그 바로 밑에 적당한 기선 ak를 선정, 토량계산서에서 구한 누가토량을 각 측점마다 Plot 한다. 즉, 그림 8.10의 acehikl를 그린다.

5) 토적도의 성질을 이용하여 토량을 배분한다.

**표 8.14 토량계산서의 예**

| 측점 | 거리 (m) | 절토량 | | | | | | | | | | | 성토량 | | | | | ①~② 차인 토량 ($m^3$) | 누가 토량 ($m^3$) | 횡방향 토공량 ($m^3$) | 측점 |
|---|---|---|---|---|---|---|---|---|---|---|---|---|---|---|---|---|---|---|---|---|---|
| | | 모래 | | | 보통토사 | | | 연암 | | | ① 보정 절토량 합계 ($m^2$) | 적요 | 노체 | | | ② 성토량 합계 ($m^3$) | 적요 | | | | |
| | | 단면적 ($m^2$) | 지반 토량 ($m^3$) | 보정 토량 ($m^3$) | 단면적 ($m^2$) | 지반 토량 ($m^3$) | 보정 토량 ($m^3$) | 단면적 ($m^2$) | 지반 토량 ($m^3$) | 보정 토량 ($m^3$) | | | 단면적 ($m^2$) | 토량 ($m^3$) | 증감 토량 ($m^2$) | | | | | | |
| 19−80 | | 27.3 | − | − | 17.7 | − | | 49.5 | − | − | | | | | | | | | 0 | | 19+80 |
| 20+00 | 20 | 51.6 | 789 | 710 | 31.7 | 494 | 445 | | 1,298 | 1,493 | 2,648 | | | | | | | 2,648 | 2,648 | | 20+00 |
| 20+20 | 20 | 53.2 | 1,048 | 943 | 34.1 | 658 | 592 | 82.2 | 1,625 | 1,869 | 3,404 | | | | | | | 3,404 | 6,052 | | 20+20 |
| | | | | | | | | | | | | | | | | | | | | | |
| 25+00 | 20 | 52.6 | 1,021 | 919 | 37.6 | 701 | 631 | 68.9 | 1,428 | 1,612 | 3,192 | | | | | | | 3,192 | 173 | | 25+00 |
| 25+20 | 20 | 50.9 | 1,035 | 932 | 38.5 | 761 | 685 | 77.2 | 1,461 | 1,680 | 3,297 | | | | | | | 3,297 | 3,470 | | 25+20 |
| 합계 | | | 18,312 | 16,483 | | | 10,602 | − | | 24,577 | 51,662 | | | 49,266 | △1,074 | 48,192 | | 3,470 | − | 1,459 | 합계 |

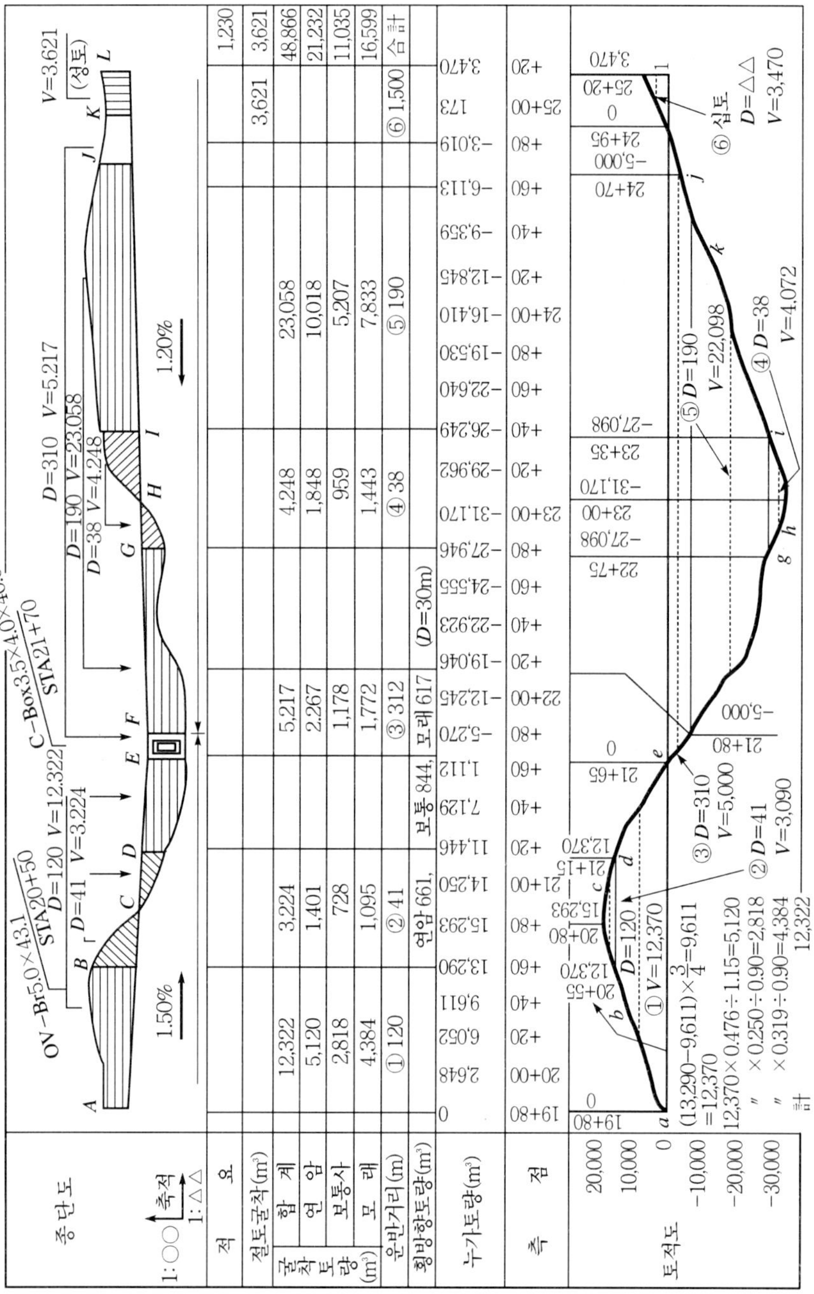


그림 8.10 토적곡선에 의한 토량배분

### (2) 토적도의 성질

토적도는 다음과 같은 성질이 있다.

1) 곡선의 상향부분은 절토, 하향 부분은 성토를 나타낸다.
2) 곡선의 꼭대기부와 계곡부는 성토에서 절토로, 절토에서 성토로 변하는 변곡점이다.
3) 기선 al에 평행한 임의의 직선(평행선)을 그어 곡선과 교차시키면 인접하는 교차점(평형점) 사이의 토량은 절토량과 성토량이 평형을 이룬다.
4) 평형선에서 곡선의 극대점까지의 높이는 이 평형 구간에서 절토에서 성토로 운반되어야 할 토량을 나타낸다.

### (3) 토적도를 이용하는 장비선정

토적도에서 기선에 나란한 평행선을 그으면 이의 횡방향 거리는 평균운반거리를, 종축의 높이는 운반토량을 나타낸다. 토공 현장에서 운반거리와 장비별 공사단가와의 관계를 그림 8.11의 (a)와 같이 구하면 운반거리별 최적 장비를 선정할 수 있다. 그림 (a)와 그림 (b)의 토적도상에서 운반거리를 구하면 토적도를 이용하여 운반장비를 선정할 수 있다. 일반적인 운반거리별 장비의 선정기준은 후술한 표 8.16과 같다.

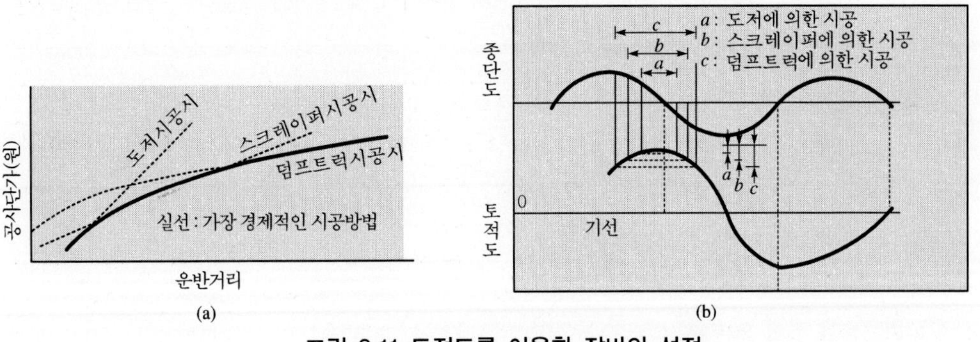


그림 8.11 토적도를 이용한 장비의 선정

## 8.8 시공기계

도로토공의 능률을 향상시키기 위해서는 작업의 종류, 공사규모, 공기(工期), 현장 조건에 따라 적정기계를 선정, 사용해야 한다. 토공작업에는 벌개제근, 굴착, 적재, 운반, 부설, 함수량 조절, 다짐, 정지, 트랜치굴착 등이 있다. 이러한 각 작업에 주로 사용되는 건설기계는 표 8.15와 같다.

흙의 운반 작업은 운반거리에 따른 적정 기계의 선정이 필요하다. 이의 선정기준은 표 8.16과 같다. 한편 건설기계 선정 시는 건설기계의 주행가능성을 검토해야 한다. 이의 토질 조건을 Trafficability라고 하는데 이의 주행성은 연약지반에서 특히 검토해야 하는 중요한 문제이다. 건설기계를 안전하게 사용하기 위한 Trafficability 확보 여부를 판단하는 콘 지수는 표 8.17과 같다.

다짐기계는 대상 토질 및 시공 장소(성토본체, 비탈면, 뒤채움 등)에 따라 선정해야 한다. 표 8.18에 다짐기계의 종류와 특성에 대해 나타냈다.

**표 8.15 작업 종류별 건설기계**

| 작업의 종류 | 적정기계의 종류 |
|---|---|
| 벌 개 | 불도저(bulldozer), 레이크 도저(rake dozer) |
| 굴 착 | 파워쇼벨(power shovel), 백호(back hoe), 크램셀(clamshell), 트럭터 쇼벨(tractor shovel), 불도저, 립퍼(ripper), 브레커(braker) |
| 싣 기 | 쇼벨계굴착기(파워쇼벨, 백호, 크램셀), 트랙터쇼벨, 벨트콘베이어(belt conveyer), 기타 연속식적입기 |
| 굴착싣기 | 쇼벨계굴착기, 트럭터쇼벨, 준설선(dredger) |
| 굴착운반 | 불도저, 스크레이프도저(scrape dozer), 스크레이퍼(scraper), 트랙터쇼벨, 준설선 |
| 운 반 | 불도저, 덤프트럭(dump truck), 벨트콘베이어, 기관차와 토운차, 가공색도(aerial cableway) |
| 땅끝손질 | 불도저, 모터 그레이더(moter grader), 스프레더 |
| 함수비조절 | 스타비라이저(stabilizer), 프라우, 하로우, 모터 그레이더, 살수차 |
| 다지기 | 로드 롤러(road roller), 타이어 롤러(tire roller), 탬핑 롤러(tamping roller), 진동롤러, 콤팩터(compactor), 램머(rammer), 불도저 |
| 정 지 | 불도저, 모터 그레이더 |
| 도량파기 | 트렌쳐(trencher), 백호 |

**표 8.16 운반기계와 흙의 운반거리**

| 운반기계 종류 | 적용운반거리 |
|---|---|
| 불도저 | 60m 이하 |
| 스크레이프 도저 | 40~250m |
| 피견인식 TM크레이퍼 | 60~400m |
| 스크레이퍼 | 200~1,200m |
| 쇼벨계굴착기, 트랙터쇼벨 ] 덤프트럭 | 100m 이상 |

주 1) 특수한 경우 트랙터 쇼벨은 100m 이하의 굴착 운반에 사용할 수 있다.
2) 운반거리가 60~100m인 경우는 현장조건에 따라 불도저 및 덤프트럭 등을 비교하여 사용한다.

**표 8.17 건설기계의 주행에 필요한 콘지수**

| 건설기계의 종류 | 콘지수($q_c$)(kgf/cm$^2$) | 건설기계의 접지압(kgf/cm$^2$) |
|---|---|---|
| 초습지 불도저 | 2 이상 | 0.15~0.23 |
| 습지 불도저 | 3 이상 | 0.22~0.43 |
| 보통 불도저(15t급 정도) | 5 이상 | 0.50~0.60 |
| 보통 불도저(21t급 정도) | 7 이상 | 0.60~1.00 |
| 스크레이프 도저 | 6 이상(초습지형은 4 이상) | 0.41~0.56(0.27) |
| 피견인식 스크레이퍼 (소형) | 7 이상 | 1.3~1.4 |
| 자주식 스크레이퍼 (소형) | 10 이상 | 4.0~4.5 |
| 덤프트럭 | 12 이상 | 3.5~5.5 |

**표 8.18 토질과 성토의 구성부분에 따른 다짐기계의 선정 지침**

| 성토의 구성부분 | 다짐기계 / 토질구분 | 로드 롤러 | 타이어 롤러 | 진동 롤러 | 자주식 탬핑 롤러 | 피견인 식탬핑 롤러 | 불도저 | | 진동 콤팩터 | 탬퍼 | 비고 |
|---|---|---|---|---|---|---|---|---|---|---|---|
| | | | | | | | 보통형 | 습지형 | | | |
| 성토노체 | 암괴등으로 굴착 다짐해도 쉽게 세립화되지 않는 암 | | | ◎ | | | | | △ | △大 | 경암 |
| | 풍화암 등으로 부분적으로 세립화하여 잘 다짐되는 암 등 | | ○ | ◎ | ○ | ○ | | | △ | △ | 연암 |
| | 단입도(單粒度)의 모래, 세립토가 없는 보조기층재 등 | | | ○ | | | | | △ | △大 | 모래, 자갈섞인 모래 |
| | 세립분을 적당량 함유한 입도 좋고 다짐이 좋은 흙, 화강암질 풍화토 등 | | ◎大 | ○ | ○ | | | | △ | △ | 사질토<br>자갈섞인 사질토 |
| | 세립분은 많으나, 예민성이 낮은 흙 | | ○大 | | ◎ | ◎ | | | | △ | 점성토<br>자갈섞인 점성토 |
| | 함수비 조절이 어려워 트래피카빌리티가 얻어지지 않는 흙, 실트질 흙 등 | | | | | | ● | | | | |
| | 고함수비이고 예민성이 높은 흙 | | | | | | ● | ● | | | 예민한 점성토 |
| 노상 | 입도분포가 좋은 것 | ○ | ◎大 | ◎ | | | | | △ | △ | 입도조정재료 |
| | 단입도(單粒度)의 모래 및 입도가 나쁜 자갈, 보조기층재 등 | ○ | ○大 | ◎ | | | | | △ | △ | 모래, 자갈섞인 모래 |
| 뒷 채 움 | | | ○ | ◎大 | | | | | △ | △ | Drop Hammer을 사용하기도 한다. |
| 비탈면 | 사 질 토 | | | ◎小 | | | | | ◎ | △ | |
| | 점 성 토 | | | ○小 | | | ○ | | ○ | △ | |
| | 예민한 점토, 점성토 | | | | | | | ● | | △ | |

◎ : 유효　　　　大 : 대형
○ : 사용가능　　　小 : 소형
● : Trafficability 관계로 다른 장비를 사용할 수 없는 불가피한 경우에 사용
△ : 시공현장의 규모 때문에 다른 기계를 사용할 수 없는 장소에만 사용

## 연습문제

**8.1** 지반공학 서적에서 다짐도 규정 방법의 세부 내용을 조사하시오.

**8.2** 지반공학 서적에서 도로 비탈면 보호공법의 세부 내용에 대해 조사하시오.

**8.3** 지반공학 서적에서 도로 연약지반처리 대책 공법에 대해 조사하시오.

**8.4** 그림 8.11과 표 8.14를 상호 참조하여 토량계산서와 토적곡선을 완성하시오.

# 제9장 도로배수와 동상

## 9.1 개설

이 장에서는 도로의 배수 설계 및 동상 방지 대책에 대해 기술한다. 이 장의 도로배수 설계에서는 표면배수의 유출량과 지하배수의 유입량 결정방법과 이 유량을 배수시키는데 필요한 배수시설의 규모결정 방법에 대해, 동상방지 대책에서는 동상방지층 두께 결정과 대책공법에 대해 공부하기 바란다.

## 9.2 배수의 종류

도로의 파손은 물이 원인이 되어 일어나는 수가 많다. 따라서 도로 구조의 안정성을 유지하기 위해서는 배수공을 설치해야 한다.

도로설계에서 고려해야 할 배수의 종류와 이의 구분은 각각 그림 9.1, 그림 9.2와 같다.

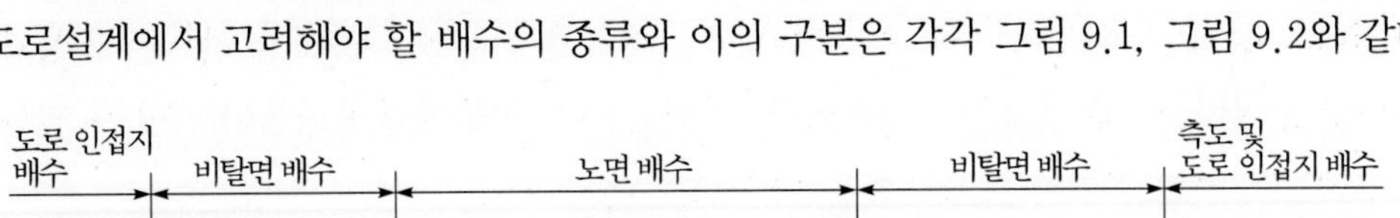


그림 9.1 도로배수시설의 종류

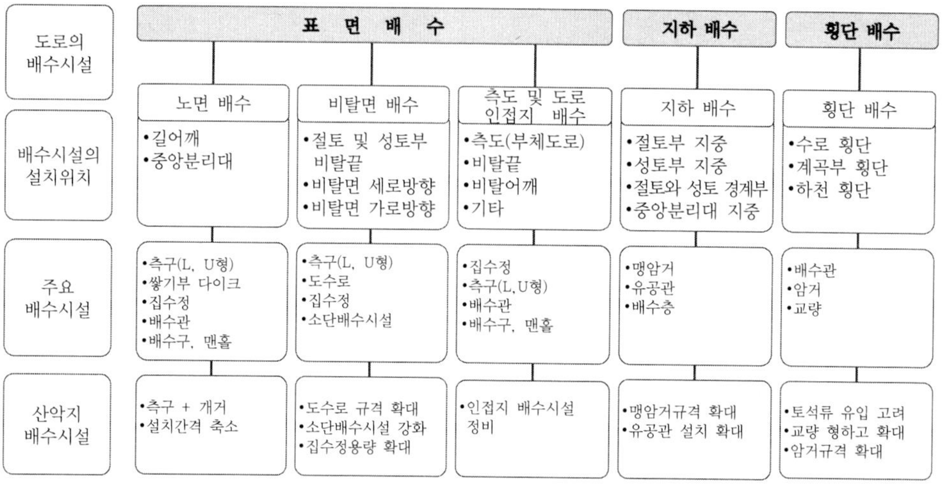


그림 9.2 도로배수시설의 구분

## 9.3 표면배수 설계

### 9.3.1 표면배수 설계 절차

표면배수란 도로표면(노면), 비탈면 및 주변부에 내린 우수가 보조기층, 노상 내에 침투하면 강도감소, 지지력 저하가 일어나므로 이를 방지하기 위해 지하에 침투시키지 않고 표면에서 배수 처리하는 것이다. 배수는 도로의 횡단구배와 종단구배를 이용하여 강우를 측구로 유도하고 이를 다시 하천이나 하수관으로 흐르게 하는 것이다.

표면배수 설계는 배수시설물이 처리해야 할 우수유출량(설계유량)을 결정하는 과정과 배수시설물의 처리능력을 결정하는 과정이다. 이러한 과정을 통해 유출량을 처리할 수 있는 배수시설물의 규모를 설계한다(배수처리시설 용량 > 유출량).

### 9.3.2 우수유출량

우수유출량이란 홍수 등에 의해 발생한 유량이 배수시설물에 도달되는 유량으로서 이것이 설계유량이 된다. 우수유출량을 결정하는 방법에는 유역면적의 크기에 따라 합리식(소규모유역 : $A = 4km^2$), 합성단위도 방법(중규모 유역 : $A = 4 \sim 250km^2$), 하도홍수 추적 및 합성방법(대규모 유역 : $A = 250km^2$ 이상)이 있다. 도로설계의 경우, 주로 합리식이 많이 적용되므로 이 방법에 대해 상술하도록 하겠으며, 합성단위도법과 하도홍수 추적 및 합성방법은 수문학 관련 서적을 참고하기 바란다.

### (1) 합리식에 의한 우수유출량 결정

1) 기본식

$A < 4\text{km}^2$ 인 경우에 사용하며 이의 기본식은 다음과 같다.

$$Q_d = \frac{0.278}{3.6 \times 10^6} C \cdot I \cdot A \tag{9.1}$$

여기서, $Q_d$ : 우수유출량(설계유량)($\text{m}^3/\text{sec}$)

$C$ : 유출계수(표 9.1)

$I$ : 설계 강우강도(mm/시)

$A$ : 유역면적($\text{km}^2$)

2) 유출계수

유출계수는 배수구역내의 지표면의 상태, 경사, 토질, 강우지속시간 등에 따라 달라지는 것으로써 지표면 상태에 따른 이의 값은 표 9.1과 같다.

**표 9.1 합리식에서의 유출계수**

| 유역면적의 상태 | 유출계수 | 유역면적의 상태 | 유출계수 |
|---|---|---|---|
| 포장면 | 0.9 | 도시지역 | 0.7 |
| 가파른 산지 | 0.8 | 잡 지 | 0.6 |
| 가파른 계곡 경작지 | 0.8 | 경작하는 경작지 | 0.5 |
| 논 | 0.8 | 경작하는 평계곡 | 0.6 |
| 완만한 산지 | 0.7 | 수 림 | 0.3 |
| 완만한 경작지 | 0.8 | 밀림수림과 덤불숲 | 0.2 |

3) 설계강우강도

설계강우강도는 지역별 강우강도-지속시간-빈도곡선을 이동하여 구한다. 이것은 지역에 따라 달라지는데 서울 강우강도표를 예로 나타내면 그림 9.3과 같다(타 지역은 설계지침서를 이용할 것). 이의 강우강도-지속시간-빈도곡선을 이용한 설계강우강도 결정절차는 다음과 같다.

① 강우 도달시간(강우 지속시간) 결정

$$t = t_1 + t_2 \tag{9.2}$$

여기서, $t$ : 강우 도달시간(강우 지속시간)(초)

$t_1$ : 유입시간(초)(집수구역의 가장 먼 지점에서 배수시설에 도달할 때까지의 시간)

$t_2$ : 유하시간(초)(수로를 흘러서 계획지점에 도달할 때까지의 시간)

유입시간 $t_1$은 우리나라 「하수도시설기준」에서는 다음과 같이 규정하고 있다.
-인구밀도가 큰 지역 : 5분
-인구밀도가 작은 지역 : 10분
-평균 지구 : 7분
-간선하수관거 : 5분
-지선하수관거 : 7~10분

유하시간은 배수구역 특성에 따라 다음과 같이 구한다.
-배수구역이 도시인 경우나 평지하천인 경우

$$t_2 = \frac{L}{60V} \tag{9.3}$$

여기서, $t_2$ : 유하시간(시)
$L$ : 유출량을 구하려는 지점까지의 배수로 수평거리(m)
$V$ : 배수로에서의 평균 유속(m/sec)

- 산지하천인 경우

$$L \leq 15\text{km 인 경우,}\ t_2 = 0.21L^{0.7} \tag{9.4}$$

$$L > 15\text{km 인 경우,}\ t_2 = 0.4 + 0.058L \tag{9.5}$$

여기서, $t_2$ : 유하시간(시)
$L$ : 유로길이(km)

② 설계빈도 결정
설계강우강도를 결정하는 설계빈도의 결정은 구조물의 종류 및 배수시설의 종류에 따라 표 9.2와 같이 결정한다.

③ 그림 9.3과 같은 강우강도-지속시간-빈도곡선에서 해당 빈도에 해당하는 그래프에서 지속시간에 해당하는 강우강도를 구한다.

**표 9.2 설계빈도**

| 구 분 | 설계빈도 |
|---|---|
| 교 량 | 하천정비기본계획상의 계획빈도를 따른다. 단, 하천정비기본계획이 미수립된 경우에는 하천 관련기관과 협의하여 결정하거나 하천 설계기준에 따라 적용한다. |
| 암거 및 배수관<br>(도심지, 집단가옥 등) | 25년<br>(50년) |
| 노면 및 쌓기부·깎기부 비탈면 배수시설 | 10년 |
| 측도 및 도로 인접지 배수시설 | 10년 |
| 집수정 등 배수구조물 간 접속부 | 접속하는 시설물 중 빈도가 큰 값 적용 |

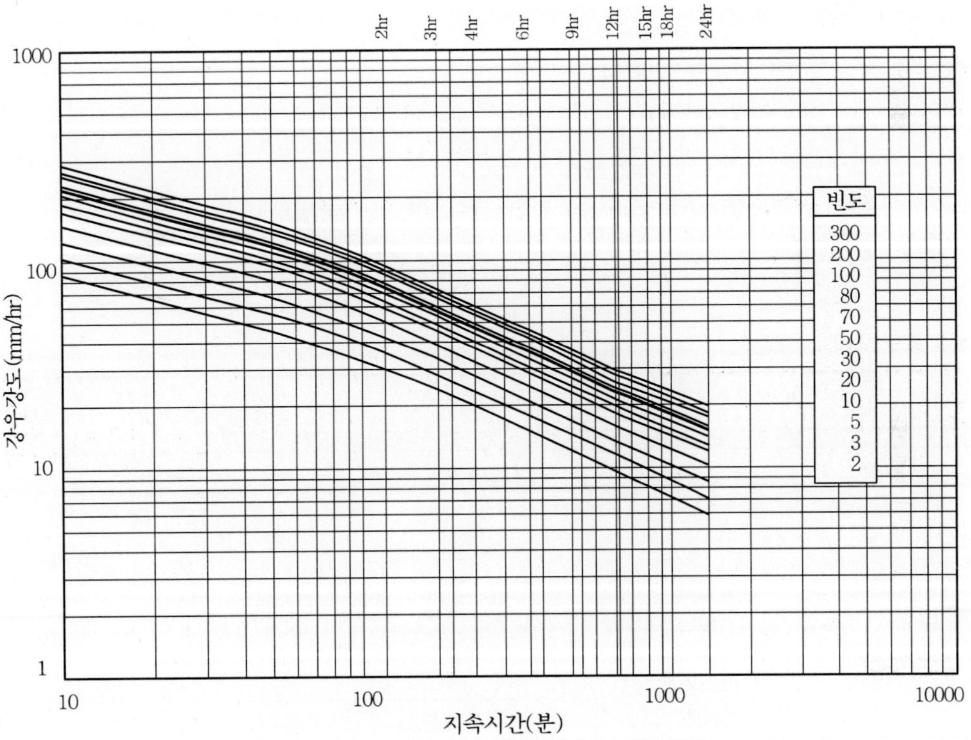


**그림 9.3 강우강도-지속시간-빈도곡선-위 예**

4) 유역면적

유역면적은 도로 집수면적과 도로 인근지대에서 우수가 유입하는 지역의 면적을 합한 것이다. 이의 면적은 1/5,000~1/25,000 지형도에서 등고선을 이용하여 분수령을 그려 플라니메터 등으로 면적을 구한다.

### 9.3.3 배수시설의 단면 결정

배수시설의 단면은 전술한 우수유출량을 처리할 수 있도록 결정한다. 배수로 및 배수관의 단면은 유지보수 등을 고려하여 최대통수량의 80%를 설계통수량으로 한다. 또 배수로 및 배수관의 최소경사는 0.2%이고 평균유속은 토사의 침전과 마모 등을 방지하기 위하여 0.8~3.0m/sec 범위가 되도록 설계한다.

배수로 및 배수관의 유속 및 최대통수량은 각각 식 (9.6), (9.7)에 의해 구한다.

$$\text{유속} \quad V = \frac{1}{n} R^{2/3} I^{1/2} \tag{9.6}$$

$$\text{최대통수량} \quad Q = A \cdot V = \frac{1}{n} R^{2/3} I^{1/2} \cdot A \tag{9.7}$$

여기서, $Q$ : 통수유량($m^3$/sec)

$V$ : 평균유속(m/sec)

$n$ : 만닝의 조도계수(표 9.3)

$R$ : 동수반경(m)(R=A/P, A : 통수단면적, P : 윤변)

$I$ : 수로경사(m/m)

**표 9.3 조도계수($n$) 표준치**

| 수로상태 | | | n값 | |
|---|---|---|---|---|
| | | | 양 호 | 보 통 |
| 폐 수 로 | | 콘크리트파이프 | 0.013 | 0.015 |
| | | 강관 | 0.011 | - |
| | | 콘크리트수로 | 0.015 | 0.017 |
| 개 수 로 | 콘크리트 수로 | 바닥에 자갈 많음 | 0.015 | 0.017 |
| | | 양호한 단면 | 0.016 | 0.019 |
| | 아스팔트 수로 | 매끈함 | 0.013 | - |
| | | 거칠음 | 0.016 | - |
| 고속도로 수로 | 콘크리트 수로 | 매끈한 표면처리 | 0.013 | |
| | | 거친 표면처리 | 0.015 | |
| | 아스팔트 수로 | 매끈한 표면처리 | 0.013 | |
| | | 거친 표면처리 | 0.016 | |
| | 콘크리트 포장수로 | 미장마감 | 0.014 | |

### 9.3.4 표면배수시설

(1) 노면배수시설

노면 및 비탈면에 내린 우수를 배수시키는 길어깨 배수시설과 중앙분리대 배수시설을 말한다. 길어깨 배수시설에는 그림 9.4와 같이 L형 측구, U형 측구, 다이크 등이 있다. 또, 중앙분리대 배수시설에는 그림 9.5와 같은 집수정과 배수관 등이 있다.

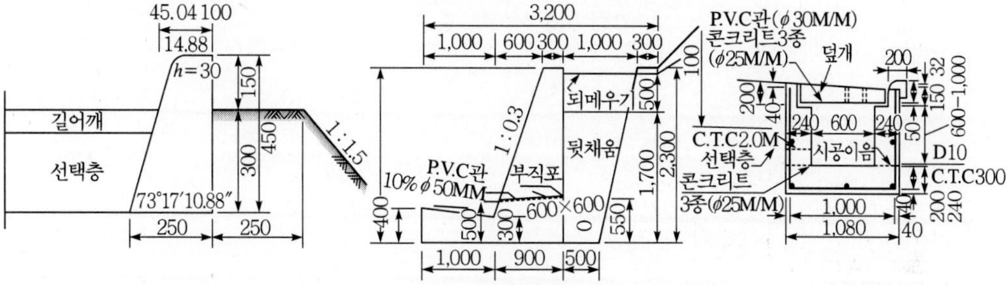


(a) 다이크 (b) L형 측구 (c) U형 측구

그림 9.4 길어깨 배수시설

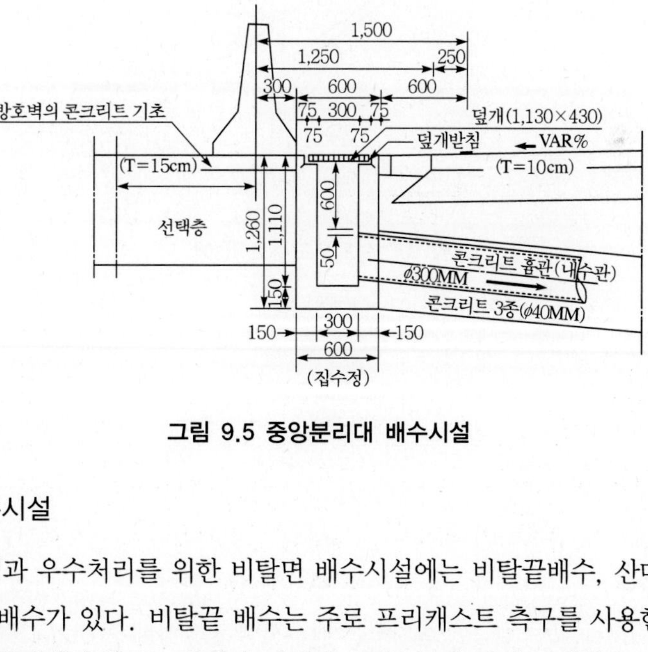


그림 9.5 중앙분리대 배수시설

(2) 비탈면 배수시설

비탈면의 안정과 우수처리를 위한 비탈면 배수시설에는 비탈끝배수, 산마루측구, 절성토부 도수로, 소단배수가 있다. 비탈끝 배수는 주로 프리캐스트 측구를 사용한다. 산마루측구는 절토부 정상 끝단에서 약 2m 벗어난 지점에 그림 9.6과 같이 종방향으로 설치한다. 절성토부 도수로는 그림 9.7과 같이 폭이 넓은 횡방향 배수로를 설치한다.

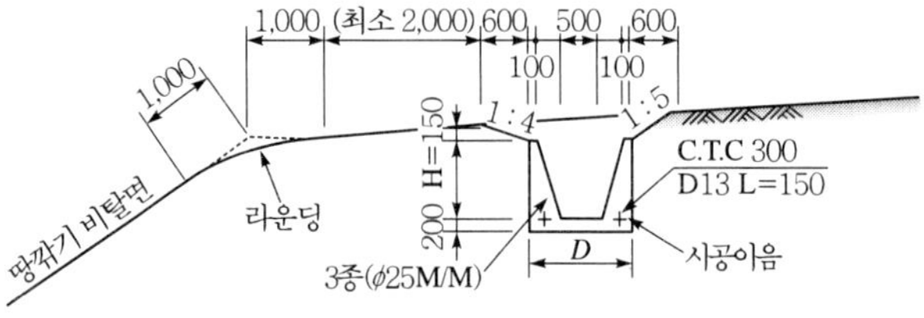


그림 9.6 산마루 측구

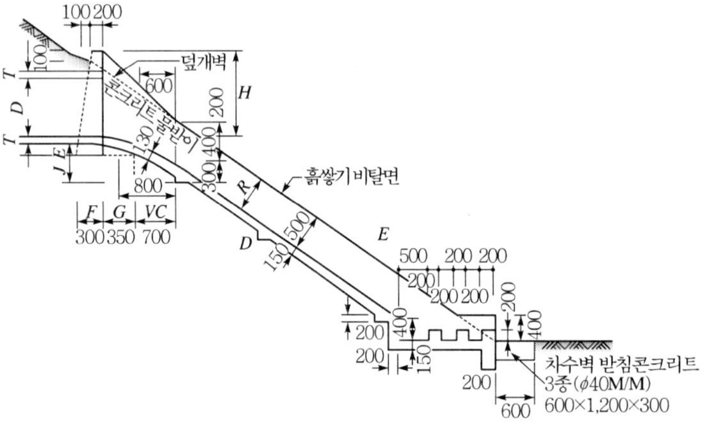


그림 9.7 성토부도수로의 예

## 9.4 지하배수설계

### 9.4.1 지하배수시설 설계절차

포장구조를 양호하게 유지하기 위해서는 도로의 인접지대나 노면으로부터의 침투수 또는 노상으로부터 상승된 물을 차단하거나 신속히 제거하여야 한다. 노면 아래의 지하수위를 저하시키기 위해 그림 9.8과 같이 지중에 설치하는 배수시설을 지하배수(Underground Drainage)라 한다.

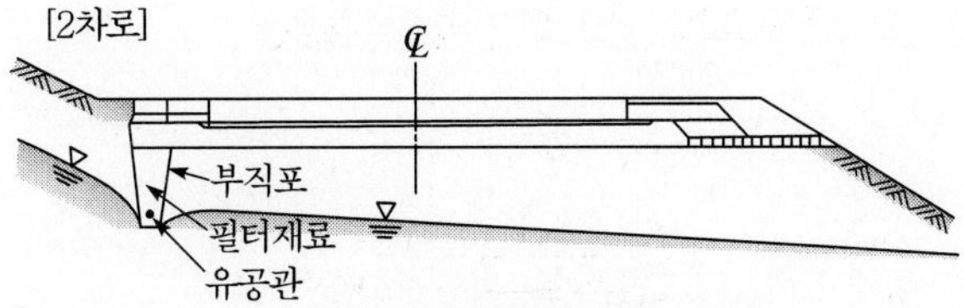

(a) 편측에 설치할 경우

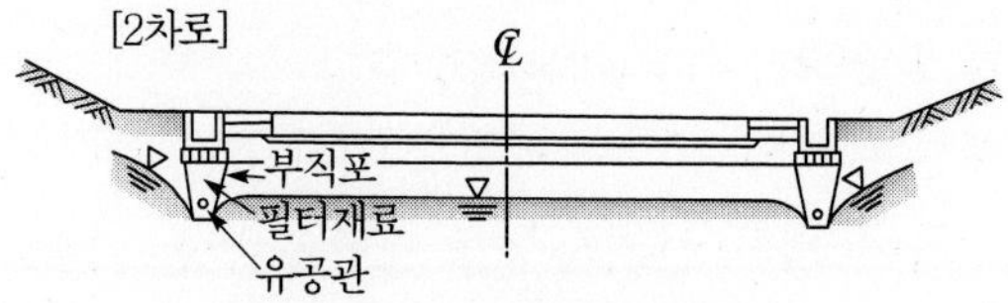

(b) 양측의 노측에 설치할 경우

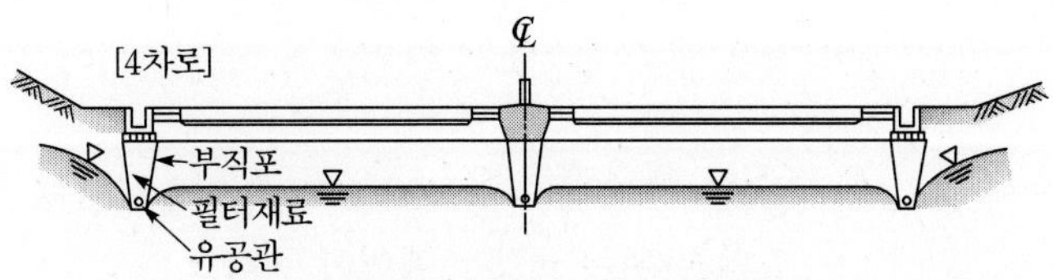

(c) 중앙분리대와 양측노측에 설치할 경우

**그림 9.8 지하배수구 설치 예**

지하배수시설의 설계는 지하에서 발생할 배수량을 결정하고 이것을 처리할 지하배수관의 통수단면을 결정한다.

## 9.4.2 지하배수량

지하배수량이란 지하수 및 표면수가 흙 중의 흐름을 통해 배수되는 량으로서 배수관 설치 위치에 따라 다음과 같이 구한다.

1) 배수관을 불투수층에 인접해서 매설할 경우

- 불투수층의 경사가 커서 지하수위가 한 쪽으로만 유입하는 경우

$$q = k \cdot i \cdot H_o \tag{9.8}$$

- 물이 배수관의 한 쪽으로만 흘러들어온다고 가정한 경우

$$q = k \cdot \frac{H_o^2}{2R_1} \tag{9.9}$$

2) 배수관을 불투수층과 떨어져서 상부에 매설할 경우
- 물이 한 쪽으로만 흘러들어오는 것으로 가정한 경우

$$q = 0.8 \times \frac{\pi \cdot k \cdot H_o}{2.3\log(R_2/r_0)} \tag{9.10}$$

여기서, $q$ : 배수관 1m에 대한 배수량($cm^3$/sec/m)

$k$ : 투수계수(cm/sec)

$i$ : 불투수층의 평균경사

$H_o$ : 배수관 매설 부근의 지하수위 소요 저하량(cm)

$R_1$, $R_2$ : 배수관에 의하여 지하수가 영향을 받는 수평거리(cm)로 식 (9.11), (9.12)에 의해 구한다.

$$R_1 = 200k^{\frac{1}{2}} \cdot H_o^{\frac{3}{2}} \tag{9.11}$$
(이 경우 투수계수 $k$의 단위는 m/day이어야 한다)

$$R_2 = 200H_o \cdot k^{\frac{1}{2}} \cdot H^{\frac{1}{2}} \tag{9.12}$$
($H$는 배수관부근의 대수층 두께(cm)이고 투수계수 $k$의 단위는 m/day이어야 한다)

### 9.4.3 지하배수관의 통수단면과 필터

#### (1) 지하배수관의 통수단면

배수관의 유속과 통수단면은 각각 식 (9.13), (9.14)에 의해 구한다. 지하배수관 내의 평균유속은 0.3~1.0m/sec가 되도록 경사를 결정한다.

$$\text{유속 } V = \frac{1}{n} R^{\frac{2}{3}} I^{\frac{1}{2}} \tag{9.13}$$

배수관 소요 통수단면

$$A = \frac{Q}{V} = \frac{F_s \cdot q \cdot L}{V} \tag{9.14}$$

여기서, $Q$ : 통수유량($m^3$/sec)

$q$ : 배수관 1m당의 배수량($m^3$/sec/m)

$L$ : 유공배수관의 길이(m)

$V$ : 배수관 내의 평균유속(m/sec)

$F_s$ : 안전율, 보통 3으로 한다.

(2) 지하배수구 재료

지하배수구의 설치는 지형, 토질, 지하수위에 따라 다르나 지하배수구 아래에는 집수관을 두어야 한다. 집수관은 지름이 1.2~2.0cm인 유공관을 갖는 관을 많이 사용한다. 집수관은 양질의 필터로 보호해야 하는데 필터는 다음과 같은 조건을 만족한 것이어야 한다.

1) 필터재료가 노상토에서 유입된 미립자로 막히지 않을 조건

$$\frac{\text{필터 재료의 15\% 입경}}{\text{노상토의 85\% 입경}} < 5 \tag{9.15}$$

2) 필터재료가 노상토에 비해 충분한 투수성을 가질 조건

$$\frac{\text{필터 재료의 15\% 입경}}{\text{노상토의 15\% 입경}} > 5 \tag{9.16}$$

3) 필터재료가 유공관의 구멍을 통해 관안으로 유입되지 않을 조건

$$\frac{\text{필터 재료의 85\% 입경}}{\text{유공관의 구멍 직경}} > 2 \tag{9.17}$$

4) 필터재료의 입도곡선은 상기의 조건을 만족하면서 노상토의 입도곡선과 평행한 것이 좋다(그림 9.9).

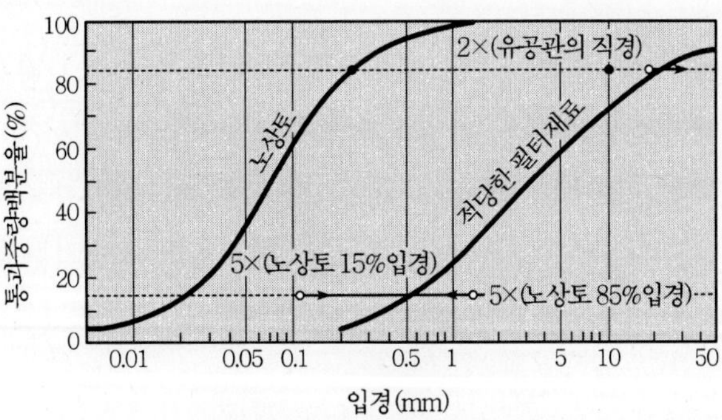


그림 9.9 필터재료의 선정

## 9.5 동상

### 9.5.1 동상발생 조건

한냉지에서 0℃ 이하의 저온이 지속되면 지표에 가까운 부분에 있는 물이 얼면서 서릿발이 생긴다. 이 서릿발은 저온이 지속될수록 한기에 접하는 방향으로 점점 커지면서 체적 팽

창을 일으키는데 이때 모관수의 흡입작용이 증대되면서 체적이 더욱 커져서 노면이 융기된다. 따라서 도로 횡단방향으로 중앙부분에서 융기량이 최대가 되므로 도로 중심선을 따라 균열이 발생하는데 이것을 동상(Frost Heave)이라고 한다.

한편, 해빙기인 봄에는 지중의 서릿발이 상부에서 부터 융해되어 녹으나 융해수가 하층의 동결층에 의해 배수를 방해받으므로 하부층의 지지력이 저하된다. 이때 중차량이 지나가면 아스팔트 혼합물층 하면의 인장응력이 과대해져 국부적인 침하와 거북등 균열이 발생하는데 이것을 연화(Frost Boil)라고 한다.

상기한 바와 같이 도로의 파손은 동상과 연화에 의해 일어나며 배수불량 시 이의 피해는 더욱 커지므로 도로 설계 시는 동상과 연화의 기구를 잘 이해하여 이의 원인을 제거하도록 대책을 수립해야 한다.

### 9.5.2 동결심도

노면에서 지중온도가 0℃인 지점까지의 깊이를 동결심도(Depth of Frost Penetration)라고 말한다. 이론 최대동결심도란 동상대책 검토 시 기준이 되는 깊이이다.

동결심도를 결정하는 방법에는 다음과 같은 것이 있다.

1) 실험에 의한 방법

현장에서 직접 조사하는 것으로 동결심도계를 이용하는 방법과 시험굴에서 관찰하는 방법이 있다. 동결심도계를 이용하는 방법이란 동결 시 동결부분의 색이 변하는 메틸렌블동결심도계를 동결 전 대상 지반에 삽입하고, 동결 후 이것을 빼내 색깔차로 동결 깊이를 결정하는 것이다. 시험굴에서 관찰하는 방법이란 조사공을 굴착하고 동결기간 동안 지중온도와 동결상황를 관측하는 방법이다.

2) 일평균 기온으로 구하는 방법

일평균기온이 ⊕에서 ⊖로 변하는 달에서부터 일평균 기온이 ⊖에서 ⊕로 변하는 달까지의 일평균 기온을 누계하여 Plot하면 그림 9.10과 같다. 여기서 ⊕⊖최대치의 절대값이 동결지수이다.

동결지수와 동결깊이와의 관계는 다음과 같다.

$$Z = C\sqrt{F} \tag{9.18}$$

여기서, $Z$ : 동결깊이(cm)

$F$ : 동결지수 (℃ day)

$C$ : 흙의 함수비, 건조밀도, 동결 전·후의 지표면 온도 등에 따라 결정되는 계수(3~5)

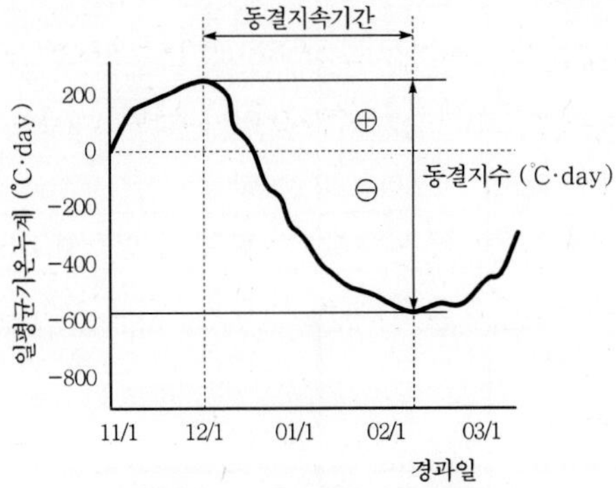


**그림 9.10 동결지수 결정법**

이와 같은 원리로 결정된 우리나라 주요 측후소의 최대 동결지수 및 전국 동결지수선도는 각각 그림 9.11, 표 9.4와 같다.

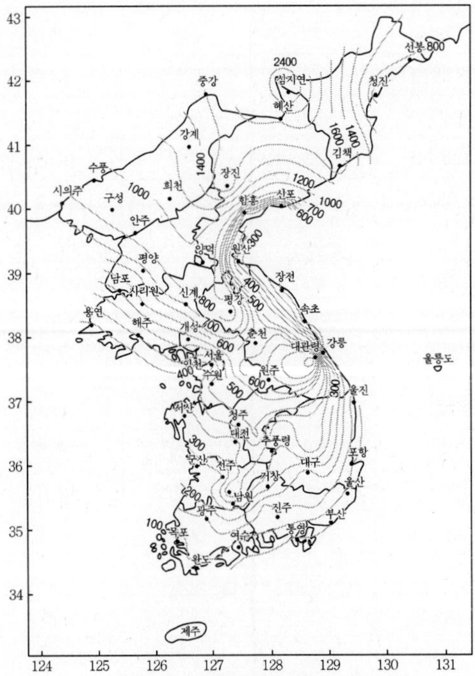

**그림 9.11 전국동결지수선도**

표 9.4 남한지역 동결지수 및 동결기간

| 지 역 | 측후소 지반고(m) | 동결지수 (℃·일) | 동결기간 (일) | 지 역 | 측후소 지반고(m) | 동결지수 (℃·일) | 동결기간 (일) |
|---|---|---|---|---|---|---|---|
| 속초 | 17.6 | 181.6 | 66 | 합천 | 32.1 | 193.0 | 62 |
| 대관령 | 842.0 | 873.8 | 127 | 거창 | 224.9 | 278.2 | 74 |
| 춘천 | 74.0 | 539.0 | 92 | 영천 | 91.3 | 237.8 | 64 |
| 강릉 | 26.0 | 167.2 | 57 | 구미 | 45.5 | 278.1 | 76 |
| 서울 | 85.5 | 380.9 | 80 | 의성 | 73.0 | 425.2 | 78 |
| 인천 | 68.9 | 354.7 | 78 | 영덕 | 40.5 | 138.8 | 57 |
| 원주 | 149.8 | 613.0 | 94 | 문경 | 172.1 | 279.4 | 55 |
| 울릉도 | 221.1 | 129.3 | 32 | 영주 | 208.0 | 417.8 | 77 |
| 수원 | 36.9 | 468.4 | 79 | 성산포 | 17.5 | – | – |
| 충주 | 69.4 | 528.4 | 89 | 고흥 | 60.0 | 83.5 | 49 |
| 서산 | 26.4 | 313.2 | 76 | 해남 | 22.1 | 102.6 | 49 |
| 울진 | 49.5 | 121.6 | 57 | 장흥 | 43.0 | 130.1 | 52 |
| 청주 | 59.0 | 411.6 | 78 | 순천 | 74.0 | 179.9 | 64 |
| 대전 | 67.2 | 317.7 | 68 | 남원 | 89.6 | 272.4 | 67 |
| 추풍령 | 245.9 | 303.9 | 78 | 정읍 | 40.5 | 223.9 | 61 |
| 포항 | 2.5 | 98.5 | 52 | 임실 | 244.0 | 420.3 | 86 |
| 군산 | 26.3 | 194.9 | 61 | 부안 | 7.0 | 244.7 | 61 |
| 대구 | 57.8 | 160.9 | 54 | 금산 | 170.7 | 372.5 | 77 |
| 전주 | 51.2 | 233.5 | 61 | 부여 | 16.0 | 330.0 | 74 |
| 울산 | 31.5 | 83.6 | 46 | 보령 | 15.1 | 254.8 | 76 |
| 광주 | 73.9 | 141.4 | 55 | 천안 | 24.5 | 405.4 | 78 |
| 부산 | 69.2 | 49.6 | 27 | 보은 | 170.0 | 461.7 | 76 |
| 통영 | 25.0 | 37.4 | 27 | 제천 | 264.4 | 610.2 | 91 |
| 목포 | 36.5 | 75.6 | 33 | 홍천 | 141.0 | 635.4 | 98 |
| 여수 | 67.0 | 62.2 | 31 | 인제 | 199.7 | 614.5 | 91 |
| 완도 | 37.5 | 38.1 | 26 | 이천 | 68.5 | 511.0 | 89 |
| 제주 | 22.0 | 4.1 | 3 | 양평 | 49.0 | 619.7 | 91 |
| 남해 | 49.8 | 148.9 | 38 | 강화 | 46.4 | 486.2 | 89 |
| 거제 | 41.5 | 52.1 | 39 | 진주 | 21.5 | 132.8 | 51 |
| 산청 | 141.8 | 141.8 | 49 | 서귀포 | 51.9 | – | – |
| 밀양 | 12.5 | 180.2 | 62 | 철원 | 154.9 | 685.0 | 109 |

### 9.5.3 동상 대책공법

동상현상은 토질, 온도, 지중수의 3조건이 동시에 만족할 때 일어나고 이들 조건 중 하나라도 제거 또는 개선되면 일어나지 않는다. 따라서 동상 대책공법이란 동상의 3조건 중 1가지 이상을 제거 또는 개선하여 동상을 방지 또는 억제하는 것을 말한다.

#### (1) 차단공법

지하수위를 저하시키거나 성토를 하여 동상에 필요한 공급수를 차단하는 것이다. 모관수의 상승을 차단하기 위해 소일시멘트나 아스팔트 안정처리층을 시공하거나 지하수위를 저하시키기 위한 배수시설을 하부에 둔다.

#### (2) 단열공법

포장 바로 밑에 스티로폼, 기포콘크리트 층을 두어 흙의 온도저하를 작게 하는 것이다.

#### (3) 안정처리공법

동결온도를 낮추기 위해 흙에 NaCl, $CaCl_2$ 등을 섞어 화학적 안정처리하는 것이다.

#### (4) 치환공법

치환공법이란 동결이 일어나는 깊이를 동상이 일어나지 않는 재료로 치환하는 공법을 말한다. 동상이 일어나지 않는 재료란 일반적으로 다음과 같다.

- **모래** : 200번체를 통과하는 것이 전 시료의 6% 이하인 것
- **막자갈** : 전시료에 대해 200번체 통과량이 4번체 통과량에 대해 9% 이하인 것
- **깬자갈** : 전시료에 대해 200번체 통과량이 4번체 통과량에 대해 15% 이하인 것

미 공병단(Departments of the Army and the Air Force(1985), “Pavement Design for Seasonal Frost Conditions”, Army TM 5-818-2, Air Force AFM 88-6)에 의하면 노상토가 표 9.5에 해당될 경우, 동상에 민감하기 때문에 노상토 재료를 동결심도만큼 비동상성 재료로 치환하거나, 동상방지층을 설계하도록 하고 있다.

**표 9.5 동상에 민감한 흙의 분류**

| 분 류 | 흙의 종류 | 0.02mm 통과량 무게중량비(%) | USC 분류 |
|---|---|---|---|
| PFS | (a) 자갈<br>쇄석<br>파쇄암 | 1.5~3 | GW, GP |
| | (b) 모래 | 3~10 | SW, SP |
| F3 | (a) 자갈이 포함된 흙 | 20 이상 | GM, GC |
| | (b) 실트질 모래가 포함되지 않은 모래 | 15 이상 | SM, SC |
| | (c) 점토, PI>12 | - | CL, CH |
| F4 | (a) 실트 | - | ML, MH |
| | (b) 매우가는 모래 | 15 이상 | SM |
| | (c) 점토 PI>12 | - | CL, CL-ML |
| | (d) 다양한 점토질과 가는 모래가 섞인 점토 | - | CL, CL-ML,<br>CL & ML,<br>CL, ML, & SM,<br>CL, CH, & ML,<br>CL, CH, ML & SM |

### 9.5.4 동상 방지층 두께 설계

치환공법에서 동상방지층 두께는 도로포장설계에서는 2가지 기본개념, 즉 동결작용에 의해 생기는 노면 변위량을 방지하는 개념과 가장 추운 계절에 적절한 지지력을 보유하여야 한다는 개념을 고려하여 산정한다. 설계방법에는

- 완전방지법
- 노상 동결 관입 허용법(路床 凍結 貫入許容法)
- 감소노상 강도법(減少路床 强度法)

등이 있으나 노상의 동결을 일부 허용하는 노상동결 관입허용법을 설계에 주로 이용한다.

이 방법에 의해 비동상성 재료층의 두께를 결정하는 방법은 그림 9.12와 같다. 그림 9.12에 의해 구한 두께(S값)가 동상방지층 두께이다. 동상방지층은 보조기층 하부에 두며 노상으로 보는 것이 일반적이다.

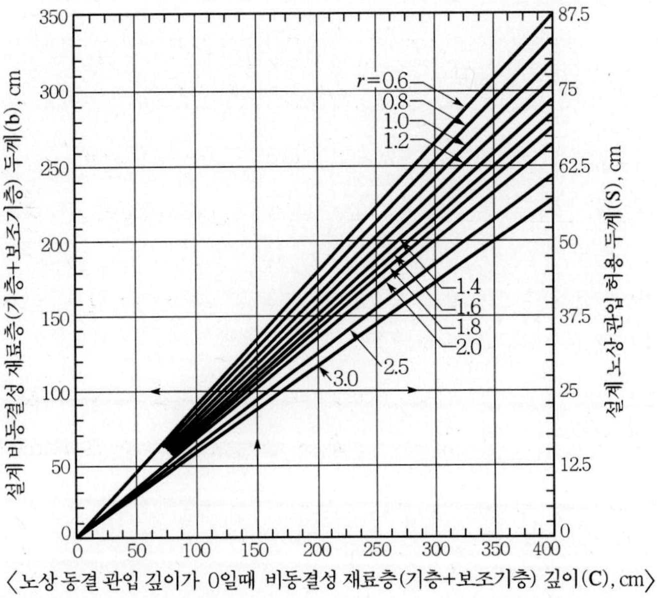


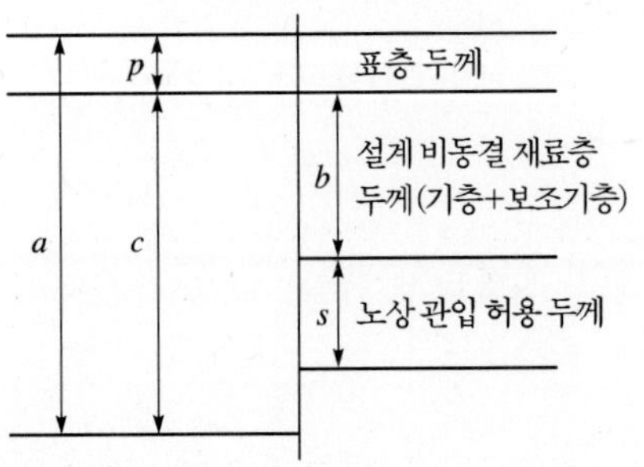


$a$=노상 동결 관입을 허용하지 않는 비동결성 재료층과 표층 두께의 합

$c = a - p$

$W_b$=비동결성 재료층(기층, 보조기층)의 함수비

$W_s$=노상토 함수비

$r = \frac{W_s}{W_b}$ 중차량 통행지역≤2.0

저교통량 통행지역≤3.0

예제) c=150cm, r=2.0일 때,
b=100cm, s=25cm

**그림 9.12 노상 동결 관입허용법에 의한 설계 비동결성 재료층 두께 결정도표**

성토구간에서 지하수위가 존재하지 않고, 노상토가 양호하며 배수가 원활하여 수분의 공급이 이루어지지 않는 성토고가 2m 이상인 곳에서는 동상이 발생되지 않는다는 보고가 있다. 따라서 우리나라에서는 성토구간에서 성토고가 노상 최종면을 기준으로 2m 이상인 성토구간에서는 노상토의 품질기준이 표 9.6을 만족할 경우 동상방지층을 생략하고 있다.

**표 9.6 동상 방지층의 생략 기준**

| 구 분 | 기 준 |
|---|---|
| 0.08mm체 통과량(%) | 25 이하 |
| 소성지수(%) | 10 이하 |

## 연습문제

**9.1** 그림 9.3과 같은 수문학적 특성을 갖는 지역의 도로배수시설을 계획코자 한다. 10년 확률년을 갖는 폭우가 강우 지속시간이 30분일 때 강우강도를 구하라.

**9.2** 문제 9.1에서 결정된 강우강도를 기준으로 하여 배수 파이프의 직경을 결정하라.

**9.3** 다음과 같은 성토구간에서 종배수구의 간격을 구하시오. 측구단면은 250×250mm 현장타설 V형 측구이며, 종단구배는 1/300, 설계강우강도는 100mm/시이다.

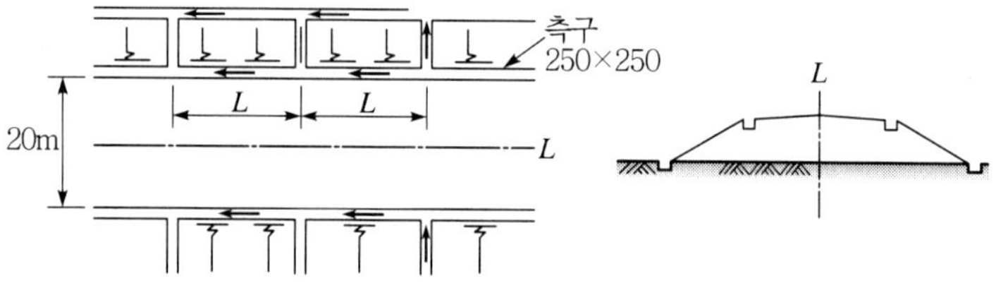


**9.4** 서울지역의 도로포장에 대한 동상방지층을 설계코자 한다. 다음 조건에서 동상방지층의 두께를 설계하라.

표층 아스팔트 콘크리트층 두께 : 10cm

포장층 전체두께 : 80cm

$r$=2.0

# 제10장 도로포장공법

## 10.1 개설

이 장에서는 도로포장공법인 아스팔트포장과 콘크리트포장의 특성과 시공법에 대해 기술한다. 따라서 이 장에서는 아스팔트포장과 콘크리트포장의 구조와 특성 및 공법 선정에 유의하기 바란다. 또, 시공법에서는 보조기층과 기층의 시공법, 아스팔트포장의 시공법, 콘크리트포장에서 사이트 폼 공법과 슬립 폼 공법에 유념하여 공부하기 바란다.

## 10.2 도로포장공법의 종류와 선정

### 10.2.1 도로포장공법의 종류

도로포장공법을 분류하면 표 10.1과 같다. 표 10.1과 같이 도로포장을 대별하면 가요성 포장인 아스팔트콘크리트포장(이하 아스팔트포장)과 강성포장인 시멘트콘크리트포장(이하 콘크리트포장)으로 분류된다.

### 10.2.2 도로포장의 구조

포장공법의 표준단면 구성은 그림 10.1 및 그림 10.2와 같다. 그림 10.1에서와 같이 아스팔트포장은 표층, 기층, 보조기층으로 구성된다. 콘크리트포장은 그림 10.2에서와 같이 콘크리트 슬래브 표층과 보조기층으로 구성된다. 이의 층들을 합한 총 두께가 동결깊이보다 작을 때는 부족분만큼 노상 상부에 동상방지층을 둔다. 이들 포장 층의 역할은 표 10.2와 같다.

**표 10.1 도로포장공법의 종류**

- 가요성포장
  - 아스팔트콘크리트포장
  - 특수포장
- 강성포장
  - 무근콘크리트포장
    - Dowel Bar가 있는 것
      - 철망 있는 것
      - 철망 없는 것
    - Dowel Bar가 없는 것
  - 연속철근콘크리트포장
  - 철근콘크리트포장
  - 특수포장

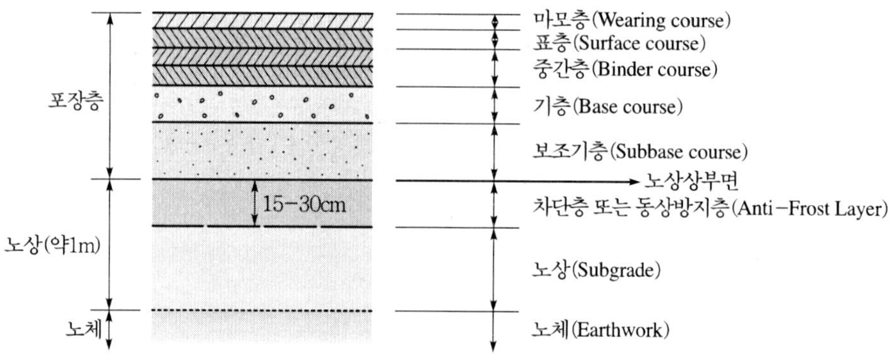


**그림 10.1 아스팔트포장의 구성과 각 층의 명칭**

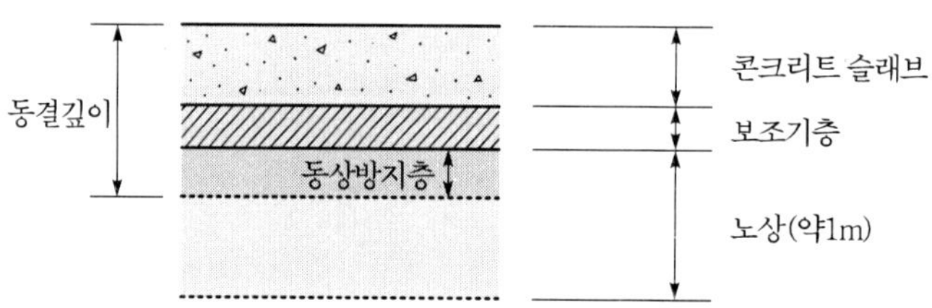


**그림 10.2 콘크리트포장의 구성과 각 층의 명칭**

**표 10.2 포장층의 역할**

| 구　분 | 아스팔트포장 | 콘크리트포장 |
|---|---|---|
| 하중전달 | 교통하중을 표층→기층→보조기층→노상으로 확산분포시켜 하중을 경감하는 방식<br>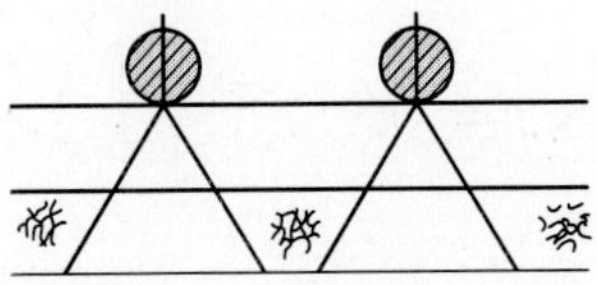 | 교통하중을 콘크리트 슬래브가 지지하는 형식<br>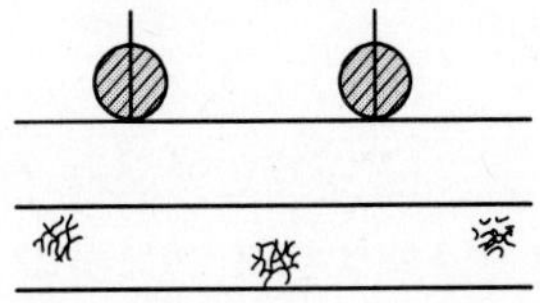 |
| 표　층 | • 교통하중을 일부 지지하며 하부 층으로 전달<br>• 표면수의 침투를 방지하여 하부 층을 보호 | • 슬래브 자체가 BEAM으로 작용하여 교통하중에 의해 발생되는 응력을 휨저항으로 지지 |
| 기　층 | • 입도조정처리 또는 아스팔트 혼합물로 구성<br>• 전달된 교통하중을 일부 지지하고 하부 층으로 넓게 전달 | - |
| 보조기층 | • 입상재료 또는 토사 안정처리 등으로 구성<br>• 상부 층에서 전달된 교통하중을 지지하며 노상으로 더 넓게 분포하여 노상강도 이하가 되도록 함<br>• 포장 층 내 배수기능 담당 | • 빈배합 콘크리트 혹은 시멘트 및 아스팔트 안정처리로 구성<br>• 표층에 대한 균일한 지지력 확보<br>• 줄눈부 및 균열부근의 우수침투 및 펌핑 현상 방지 |

### 10.2.3 포장공법의 선정

아스팔트포장과 콘크리트포장의 우열을 따지는 것은 오래전부터 대두되어온 흑백논리이다. 따라서 포장공법을 선정할 때는 재료, 장비, 지형, 지세와 기후조건 등과 같은 영향인자를 고려하여 실용성, 경제성, 내구성 등에서 가장 우수한 공법을 선정해야 한다.

두 포장공법 중 하나를 선정할 때 고려해야 할 사항을 기술하면 다음과 같다.

#### (1) 구조적 특성

아스팔트포장은 상부 층으로 갈수록 탄성계수가 큰 재료를 사용하여 교통하중 작용 시, 상부 층으로부터 전달되는 하중을 점점 넓게 분산시켜 발생한 수직응력과 전단응력을 노상(路床)이 지지하도록 한 구조이다. 따라서 노상의 강도가 커야 하며 각 층간 탄성계수가 서로 조화되도록 포장 재료와 층 구성을 설계한다.

한편, 콘크리트포장은 보조기층 위에 설치된 얇은 판으로 가정한다(Deflected Beam on Elastic Foundation). 즉, 보조기층의 탄성계수보다 콘크리트의 탄성계수가 커 콘크리트 자체가 하중을 지지하여, 최상부의 최대 수직응력과 최대 전단응력이 작용하는 깊이를 동시에 지지한다. 따라서 노상과 보조기층 강도는 그리 중요치 않으나 시멘트 콘크리트가 취성재료이므로 하부 층이 균질해야 한다. 또, 온도와 습도의 변화에 의해 슬래브에 팽창과 수축이 반복되므로 이의 온도응력을 적절하게 처리해야 한다.

### (2) 시공성

시공기술, 시공기계면에서는 경험정도에 따라 다르다. 신속성, 간편성, 시공가능 기간 면에서는 아스팔트포장이 유리하다.

### (3) 주행성

일반적으로 아스팔트포장이 유리하나 콘크리트포장도 시공기술 향상과 시공 기계의 발달로 주행성이 향상되고 있다.

### (4) 경제성

경제성 비교는 분석기간에 따라 다르고 포장 재료비의 등락에 따라 다르므로 일반적인 우열비교는 어렵다. 일반적으로 초기건설비는 콘크리트포장이 높고 유지관리비는 아스팔트포장이 높다.

### (5) 중교통에 대한 내구성

아스팔트포장은 아스팔트 시멘트의 감온성 때문에 중차량(重車輛)에 의한 소성변형(바퀴자국 : Rutting)이 발생하는 것은 불가피하다. Rutting에 대해서는 콘크리트포장이 유리하다.

### (6) 미끄럼 저항 및 노면 안정성

미끄럼 저항은 콘크리트포장이 유리하다. 한랭지역에서 강설이나 결빙으로 인한 안정성에는 아스팔트포장이 유리하나 동절기 바퀴체인에 의한 마모손상 면에서는 콘크리트포장이 유리하다.

## 10.3 기층 및 보조기층

### 10.3.1 보조기층

보조기층에는 일반적으로 시공현장에서 경제적으로 구할 수 있는 재료를 사용한다. 즉, 표 10.3의 품질을 만족한 막자갈, 슬래그, 보조 기층재나 모래를 사용하는 것을 원칙으로 하나 이러한 재료를 경제적으로 구하기 어려울 때는 시멘트, 석회 또는 아스팔트로 안정처리한다.

시공은 미리 불도저나 모터그레이더 등을 이용하여 1층 마무리 두께가 20cm 이하가 되도록 정형한 다음 정해진 밀도를 얻을 때까지 롤러로 다져야 한다. 다짐은 최적함수비 상태에서 다져야 한다.

### 10.3.2 기층

기층, 보조기층용 재료와 공법 및 역학적 성질에 대한 규정을 요약하면 표 10.3과 같다.

아스팔트포장에서는 입도조정공법, 시멘트 안정처리공법, 아스팔트 안정처리공법이 주로 사용된다. 소성지수가 큰 재료를 안정 처리하여 사용코자 할 때는 석회안정처리 공법을 사용한다.

**표 10.3 기층, 보조기층용 재료, 공법 및 역학적 특성**

| | | 아스팔트포장 | 콘크리트포장 |
|---|---|---|---|
| 기층 | 입도 조정 | 쇄석 및 슬래그 : 수정 CBR≥80, PI≤4<br>수경성 슬래그 : 수정 CBR≥80<br>일축압축강도(14일) : 12kgf/cm$^2$ | 수정 CBR≥45, PI≤6 |
| | 시멘트 안정처리 | 일축압축강도(7일) : : 30kgf/cm$^2$<br>수정 CBR≥20, PI≤9 | 일축압축강도(7일) : 20kgf/cm$^2$<br>PI≤9 |
| | 석회 안정처리 | 일축압축강도(7일) : : 10kgf/cm$^2$<br>수정 CBR≥20, PI≤6~18 | 일축압축강도(10일) : 10kgf/cm$^2$<br>PI≤6~18 |
| | 역청 안정처리 | 마샬안정도 250kgf/cm$^2$ 이상(상온혼합),<br>350kgf/cm2 이상(가열혼합), PI≤9 | 왼쪽과 같음 |
| | 아스팔트 중간층 | - | 최대입경 20mm 이하의 가열밀입도 아스팔트 콘크리트 |
| 보조기층 | 막자갈, 자갈, 모래 | 수정 CBR≥20, PI≤6 | 수정 CBR≥20, PI≤10 |
| | 시멘트 안정처리 | 수정 CBR≥10, PI≤9<br>일축압축강도(7일) : 10kgf/cm$^2$ | - |
| | 석회 안정처리 | 수정 CBR≥10, PI≤6~18<br>일축압축강도(10일) : 7kgf/cm$^2$ | - |

주) 표 중의 PI는 0.4mm체 통과분의 소성지수이다.

또 교통량이 적을 때는 침투식 공법이나 마케덤 공법을 채택한다.

콘크리트포장에서는 입도조정공법, 아스팔트 안정처리 공법 및 시멘트 안정처리 공법을 많이 사용한다. 우리나라에서는 빈배합 콘크리트 기층이 고속도로에서 사용되고 있다.

### 10.3.3 기층 및 보조기층의 안정처리 공법

#### (1) 입도조정 공법

몇 종류의 재료를 혼합 합성하여 좋은 입도가 되도록 하여 다지는 것으로 이를 통해 이물림(Interlocking) 효과가 증가한다. 입도가 좋으므로 부설 및 다짐이 쉽고 기계화 시공에 적합하다.

입도조정공법의 입도는 최대밀도 때 공극이 최소로 되어 강도가 크도록 해야 한다. 최대밀도를 나타내는 입도범위에 대한 연구 중 가장 유명한 것이 Fuller의 입도 곡선으로서 이것은 다음과 같이 나타낸다.

$$P = 100\left(\frac{d}{D}\right)^{0.5} \qquad (10.1)$$

여기서, $P$ : 입경 $d$의 통과중량백분율(%)

$D$ : 최대입경(mm)

$d$ : 임의의 입경(mm)

입도조정 기층의 입도 범위는 표 10.4와 같으며 그림 10.3에 $D$=40mm일 때의 Fuller 곡선을 참고로 나타내었다.

**표 10.4 입도조정 기층의 입도범위**

| 체크기 / 입도번호 | 통과중량 백분율(%) | | | | | | | |
|---|---|---|---|---|---|---|---|---|
| | 50mm | 40mm | 25mm | 19mm | 4.76mm (No.4)체 | 2.36mm (No.8)체 | No.40 | 0.074mm (No.200)체 |
| B-1 | 100 | 95~100 | – | 60~90 | 30~65 | 20~50 | 10~30 | 2~10 |
| B-2 | | 100 | 80~95 | 60~90 | 30~65 | 20~50 | 10~30 | 2~10 |

* 일반적으로 막부순돌 그대로는 양호한 입도범위에 들어가지 않으므로 산모래, 모래 등을 혼합하여야 한다.

** 혼합물의 No.200체 통과량이 10% 이하의 경우에도 물을 함유하여 연약화(軟弱化)할 때가 있으므로 No.200체 통과량은 다짐이 되는 범위 내에서 되도록 적은 것이 좋다.

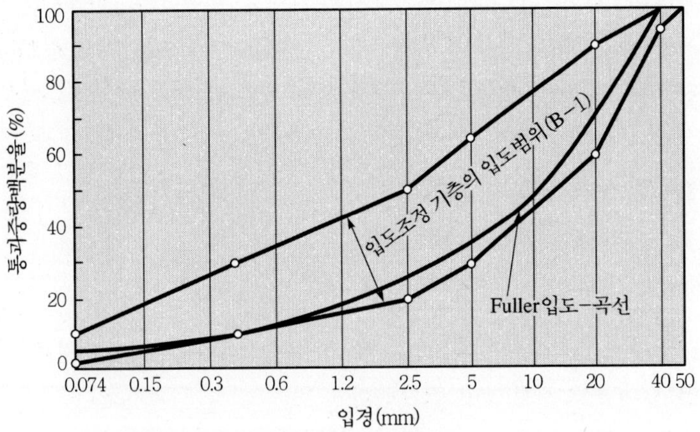


**그림 10.3 입도조정 기층의 입도범위와 Fuller 곡선**

입도조정을 위한 재료의 혼합 방법에는 중앙플랜트 혼합방식과 노상 혼합방식이 있다.

- 혼합방식
  - 노상 혼합방식 ── Road Stabilizer에 의한 혼합
  - 중앙플랜트 혼합방식
    - 연속 믹서에 의한 경우
    - 뱃치 믹서에 의한 경우

플랜트 혼합방식이 혼합의 균일성, 함수비 조절, 두께 관리 측면에서 우수하므로 이 방식이 주로 사용된다. 노상혼합방식은 그림 10.4와 같은 Road Stabilizer를 사용, 현지 재료와 양질의 보급 재료를 노상에서 혼합하는 것이다.

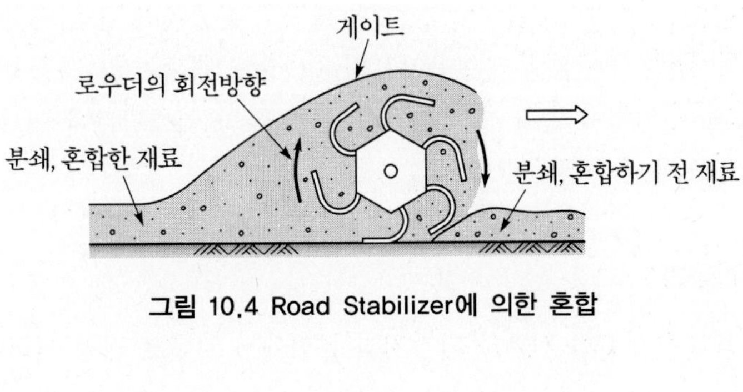


**그림 10.4 Road Stabilizer에 의한 혼합**

혼합한 재료는 모터 그레이더, Aggregate Spreader를 이용하여 부설한다. 부설 두께는 1층 마무리 두께가 15cm 이하가 되도록 한다. 부설한 재료는 롤러로 가볍게 다진 다음 재성형하여 정해진 다짐도를 얻을 때까지 8톤 이상의 타이어롤러 또는 10톤 이상의 마케덤롤러로 다진다.

다져진 표면에는 아스팔트 유제, 컷백아스팔트를 뿌려 마무리한다.

### (2) 치환공법

불량토를 양질의 재료로 치환하는 것으로 처리가 간단하다. 그러나 처리 깊이가 깊을 때는 적용하기 어렵고 대규모 사토장이 필요하다.

### (3) 다짐 및 함수비 조절

재료의 함수비를 조절하고 다짐함으로써 투수성이 감소된다. 또 지하수위 상승에도 지지력이 약화되지 않고 강도 증가와 침하방지 효과가 있다.

### (4) 시멘트 안정처리 공법

흙에 4~8%의 시멘트를 혼합, 다짐하는 것으로 다음과 같은 효과가 있다.

① 시멘트 첨가량이 증가하면 강도는 높아지고 소성지수는 감소한다.
② 시멘트량이 증가하면 동결융해나 건습반복에 의한 손실량은 감소하나 동결융해에 대해서는 사질토가, 건습반복에 대해서는 점성토가 유리하다.
③ 모래질 흙에서 개량효과가 좋다.

시멘트의 혼합 방법에는 현장 혼합과 플랜트 혼합이 있다. 여기서 현장혼합이란 노상에서 Road Stabilizer 등을 이용하여 혼합하는 것이며 플랜트 혼합이란 연속 믹서나 뱃치 믹서를 이용하여 혼합하는 것이다. 다짐 두께는 1층당 10~20cm가 표준이고, 시공 이음부에서 균열이 일어나지 않도록 주의해야 한다. 양생완료 후에는 유화 아스팔트나 커트백 아스팔트를 0.5~1 $l/m^2$ 정도 살포하여 마무리 한다.

### (5) 석회안정 처리공법

석회안정 처리공법은 상술한 시멘트 안정처리 공법에서 시멘트 대신 석회를 사용하는 것으로서 시공과 배합설계 방법은 시멘트 안정처리공법과 동일하다. 다만 석회를 혼합한 안정처리 재료는 다음과 같은 특징이 있다.

① 점성토에서 안정처리 효과가 높다.

② 석회량이 증가하면 소성지수가 작아지고 강도가 높아진다.

③ 장기강도의 발현이 우수하다.

### (6) 역청 안정처리 공법

역청재를 흙 또는 골재에 첨가, 혼합, 다짐하여 역청재의 점착력으로 안정성을 얻는 공법이다. 이 공법은 다음과 같은 특징이 있다.

① 역청재는 방수성을 개량한다.

② 역청함유량이 증가하면 강도가 증가하다가 어떤 점에서부터 반대로 강도저하가 나타난다.

시공방법에는 가열혼합식과 상온혼합식이 있다.

- 역청안정처리 공법시공방법
  - 가열플랜트 혼합식
  - 상온혼합식
    - 노상혼합
    - 플랜트혼합

여기서, 가열혼합식은 아스팔트 표층용 가열플랜트 혼합물의 시공과 동일하고 상온혼합식은 100℃ 이하에서 포설하는 공법을 말한다. 노상혼합은 Road Stabilizer에 의해 역청재를 첨가하면서 혼합한 다음, 그레이더 등으로 표면을 정리하는 것이다. 상온혼합에서 플랜트 혼합은 아스팔트 플랜트나 뱃치플랜트를 이용하는 것이다.

설계 아스팔트량은 경험에 의하거나 마샬 시험으로 정한다. 배합설계 시 사용할 골재의 입도는 아스팔트 안정처리 기층의 경우, 표 10.5를 표준으로 한다. 마샬안정도 시험 기준치는 표 10.6과 같다.

**표 10.5 아스팔트 안정처리 기층용 골재의 입도**

| 체의 크기 \ 종류 | | BB-1 | BB-2 | BB-3 |
|---|---|---|---|---|
| 통과중량 | 50mm | 100 | – | – |
| | 40mm | 95~100 | 100 | – |
| | 30mm | – | – | – |
| | 25mm | 70~100 | – | 100 |
| | 19mm | 55~90 | 50~80 | 75~100 |
| | 10mm | 30~70 | 40~70 | 50~85 |
| 백분율 (%) | 4.75mm(No.4)체 | 17~55 | 28~55 | 30~70 |
| | 2.36mm(No.8)체 | 10~42 | – | – |
| | 2.0mm(No.10)체 | – | 17~40 | 20~50 |
| | 0.60mm(No.30)체 | 5~28 | – | – |
| | 0.425mm(No.40)체 | – | 5~23 | 5~25 |
| | 0.30mm(No.50)체 | 3~22 | – | – |
| | 0.15mm(No.100)체 | – | – | – |
| | 0.075mm(No.200)체 | 1~10 | 1~7 | 1~7 |

**표 10.6 아스팔트 안정처리 기층의 마샬안정도 시험기준치**

| 구 분 | 기 준 치 | 비 고 |
|---|---|---|
| 안정도(kg)<br>흐름값(1/100cm)<br>공극률(%) | 350 이상<br>10~40<br>3~10 | 다짐<br>양면 각 50회 |

주) 1. 25mm를 넘는 골재는 같은 중량만큼 25~13mm로 치환하여 마샬시험을 행한다.
2. 세립부분이 적어서 안정도가 규정 이하인 경우에는 석분을 첨가할 필요가 있다.
3. 유화아스팔트, 컷백아스팔트 및 포장타르를 사용할 경우도 표 10.6을 준용한다.

## (7) 화학적 재료에 의한 안정처리

흙속에 첨가제로 염화칼슘이나 염화나트륨을 사용하는 공법이다. 첨가제로 염화칼슘을 사용하면 동결온도 저하, 흙속의 물의 증발 속도 저하와 같은 효과가 있으며 염화나트륨을 사용하면 건습에 따른 강도변동이 작아지는 효과가 있다.

## (8) 마케덤(Maccadam) 공법

부순돌이 흔한 지방에서 사용한다. 채움골재의 종류에 따라 물다짐 마케덤, 모래다짐 마케덤, 쐐기돌 마케덤으로 분류되나 원리는 동일하다. 주골재를 인력, 그레이더, Spreader로 균일하게 부설한 다음 이물림(Interlocking)이 일어나도록 다져 교통하중에 파괴되지 않도록 채움 골재로 공극을 채우는 공법이다.

이때 채움골재로 13mm 이하의 부순돌 부스러기를 사용, 살수하면서 다지는 것을 물다짐 마케덤, 산모래, 강모래를 사용하는 것을 모래다짐 마케덤, 쐐기골재로 30~19mm, 채움 골재로 13~5mm를 사용한 것을 쐐기돌 마케덤이라 한다. 또 골재를 깔아 놓은 후 역청재료를 살포, 침투시켜 안정성이 높은 층을 만드는 것을 침투식 공법이라 한다.

표 10.7에 마케덤 공법의 설계 예를, 그림 10.5에 침투식 공법의 설계 예를 각각 나타내었다.

**표 10.7 마케덤공법의 설계 예**

| 공종 | 마무리 두께 (cm) | 주골재 | | 채움 골재 | |
|---|---|---|---|---|---|
| | | 입도(mm) | 사용량 ($m^3/100m^2$) | 입도(mm) | 사용량 ($m^3/100m^2$) |
| 물다짐 마케덤 | 7 | 80~60 | 8.5 | 부순돌 부스러기(20~0) | 2.5 |
| | 5 | 60~40 | 6.3 | 부순돌 부스러기(13~0) | 1.7 |
| 모래다짐 마케덤 | 7 | 80~60 | 8.5 | 산모래 또는 강모래(13~20) | 2.5 |
| | 5 | 60~40 | 6.3 | 산모래 또는 강모래(13~0) | 1.7 |
| 쐐기돌 마케덤 | 7 | 80~60 | 8.5 | 부순돌 쐐기골재(30~20) | 1.8 |
| | | | | 부순돌 채움골재(13~5) | 0.7 |
| | 5 | 60~40 | 6.3 | 부순돌 쐐기골재(20~13) | 1.0 |
| | | | | 부순돌 채움골재(13~5) | 0.7 |

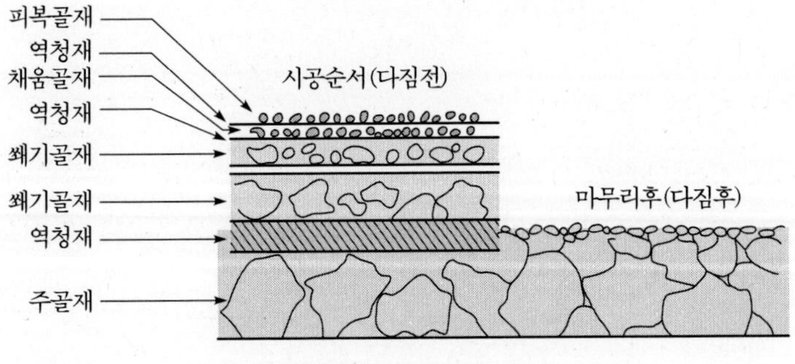


**그림 10.5 침투식 공법의 설계 및 시공**

### (9) 맴브레인(Membrane)

Sheet Plastic, 역청질막 등을 부설하는 것으로서 Water Barrier로서의 역할과 흙의 함수량 조절 효과가 있다.

## 10.4 아스팔트포장의 시공

### 10.4.1 아스팔트혼합물의 제조

가열 아스팔트 혼합물은 중앙혼합 플랜트에서 제조하여 이것을 현장에 운반, 포설하는 것이 보통이다. 플랜트에는 1Batch씩 중량으로 계량, 혼합하는 Batch식 플랜트와 연속적으로 각 재료를 용적으로 계량, 혼합하는 연속식 플랜트가 있다. 이 중 우리나라에서 대부분 사용하는 것은 Batch식 플랜트이다.

Batch식 플랜트의 구조와 이를 이용한 혼합물 제조 Flow는 각각 그림 10.6 및 그림 10.7과 같다.

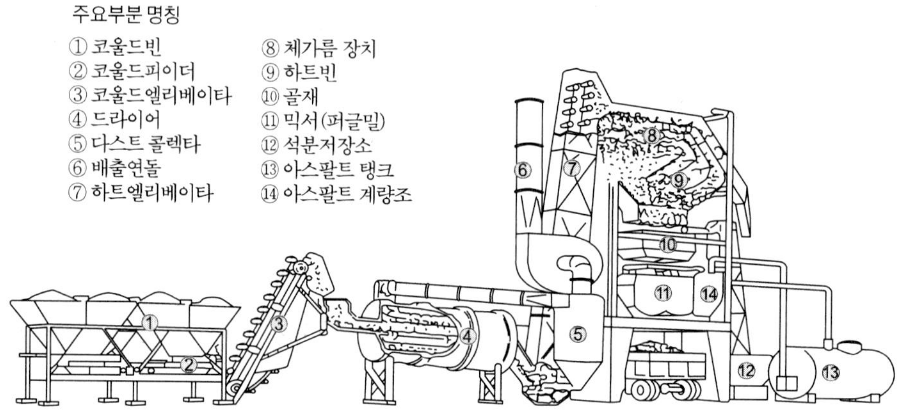


그림 10.6 벳치식 플랜트의 구조

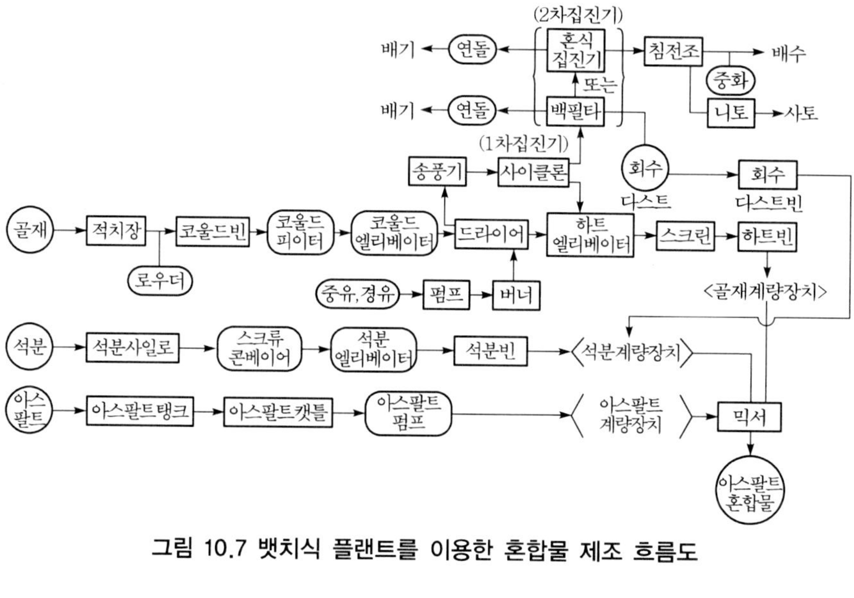


그림 10.7 뱃치식 플랜트를 이용한 혼합물 제조 흐름도

### 10.4.2 시공

#### (1) Prime Coat 및 Tack Coat

지반층 위에는 아스팔트 혼합물을 부설하기 전에 Cut Back Asphalt를 규정량 뿌려 지반층의 방수성을 높이고 접착을 증진시키는데 이 작업을 Prime Coat라 한다.

또 시멘트계나 역청계의 층 위에는 아스팔트 혼합물을 부설하기 전에 아스팔트 유제를 뿌려 결합력을 증진시키는데 이 작업을 Tack Coat라 한다. Tack Coat량은 과다하게 사용할 경우, 아스팔트 함량이 늘어나 소성변형 등을 일으키므로 규정량을 준수해야 한다.

#### (2) 혼합물의 포설

혼합물의 포설은 아스팔트 피니셔로 하는 것이 보통이다. 이때 혼합물의 온도는 아스팔트의 점도에 따라 다르나 일반적으로 110℃ 이하가 되어서는 안 된다.

#### (3) 다짐 마무리

혼합물의 포설이 끝나면 다짐작업을 한다. 다짐 작업의 순서는 이음부 다짐, 초기다짐, 2차다짐, 마무리 다짐 순으로 실시한다.

이음부 다짐은 포장부의 약점인 횡방향 이음, 종방향 이음 및 구조물 접속부를 다짐, 밀착시키는 것이다.

초기 다짐은 밀도를 높이기 위해 110~140℃에서 실시한다. 이 작업은 8톤 이상인 마카덤롤러나 탄뎀롤러를 이용한다. 다짐작업은 횡단이 낮은 쪽에서 높은 쪽으로 해야 한다.

2차 다짐은 일반적으로 타이어 롤러를 사용한다. 타이어롤러로 다짐하면 골재의 Interlocking을 증진시키고 초기다짐 시 나타난 미세균열을 밀폐시키는 효과가 있을 뿐만 아니라 깊이 방향으로 균일한 밀도를 얻을 수 있다. 2차 다짐의 온도는 70~90℃가 적당하다.

마무리 다짐은 삼축 탄뎀롤러 또는 마카덤 롤러를 이용, 다짐 시 나타난 롤러의 바퀴자국을 없애는 것을 말한다.

## 10.5 콘크리트포장의 시공

### 10.5.1 콘크리트포장 시공법

콘크리트포장 시공법에는 거푸집을 설치하고 포설기와 피니셔 등의 장비로 시공하는 사이드폼(Side Form) 공법과 거푸집을 사용하지 않고 콘크리트 포설, 다짐, 마무리 등을 기계로 연속 시공하는 슬립 폼(Slip Form) 공법이 있다. 여기서는 이들 시공법에 대해 약술한다.

### 10.5.2 사이드폼(Side Form) 공법

#### (1) 콘크리트 포설 순서

거푸집을 사용하는 사이드폼 공법에 의한 콘크리트포장 슬래브의 포설순서는 그림 10.8과 같다.

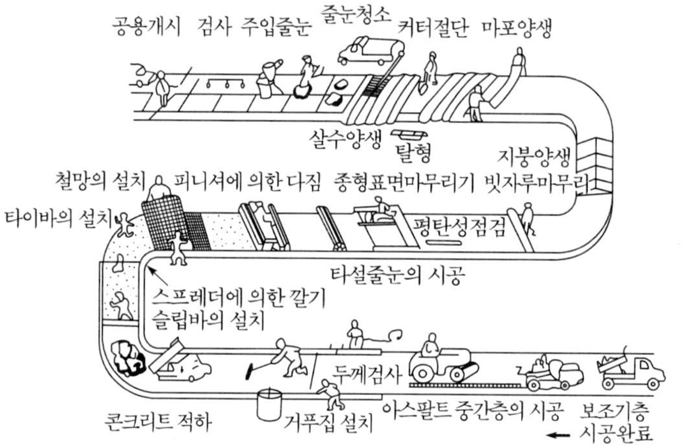


**그림 10.8 콘크리트포장 슬래브의 포설순서**

#### (2) 거푸집

거푸집은 3m 정도의 강재거푸집을 사용한다. 거푸집은 거푸집 본체와 레일(rail)을 분리할 수 있는 것이 좋다. 그림 10.9는 포장용 강재 거푸집의 예이다. 그림 (a)는 거푸집에 주행레일을 설치한 것이고, 그림 (b)는 거푸집 상부에 직접 포설용 기계의 차륜이 주행하는 것이다.

거푸집은 콘크리트 타설 전에 깨끗이 청소하고 박리제를 고루 얇게 칠한다. 거푸집은 콘크리트 타설 후 60시간 이상 지난 후에 떼어낸다.

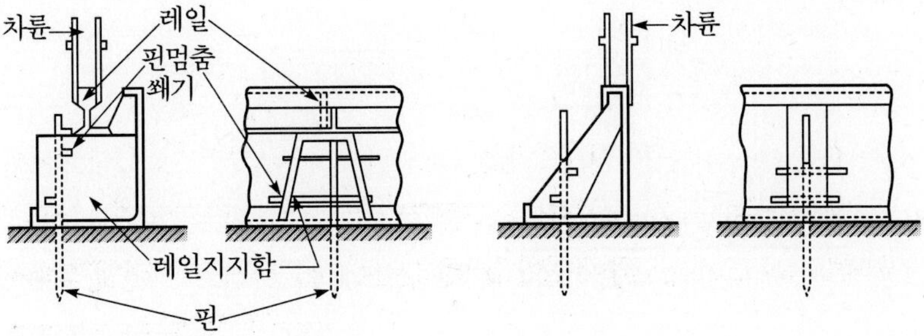


(a) (b)

그림 10.9 포장용 강재 거푸집

(3) 포설 준비

포설에 앞서 거푸집, 보조기층 등의 이상 유・무를 재점검한다. 이때 보조기층 마무리면의 오차는 높은 경우는 5mm, 낮은 경우는 10mm 이내로 한다. 높이의 오차가 허용범위 이상일 때는 채움 재료로 메워야 한다.

보조기층에는 무근콘크리트포장의 경우, 분리막을 깔아 콘크리트 슬래브와 보조기층과의 마찰을 감소시키고, 시멘트 페이스트가 보조기층에 흡수되는 것을 방지한다.

(4) 포설

콘크리트 믹서트럭이나 사이드 피더(side feeder)를 사용하여 포설장소에 공급하고, 콘크리트 깔기는 거푸집을 레일로 하여 주행하는 스프레더(spreader)로 시공한다. 스프레더에는 패들형(paddle type), 스크류형(screw type) 및 박스형(box type)의 3형식이 있다. 이들 3형식은 각각 그림 10.10, 그림 10.11, 그림 10.12와 같다.

콘크리트는 적당한 더돋기를 고려해서 포설하며, 보통 슬래브 두께의 15% 정도의 더돋기를 한다. 포설은 2층으로 나누어 하층 콘크리트를 포설한 다음 철망을 놓고 그 위에 상층 콘크리트를 포설한다.

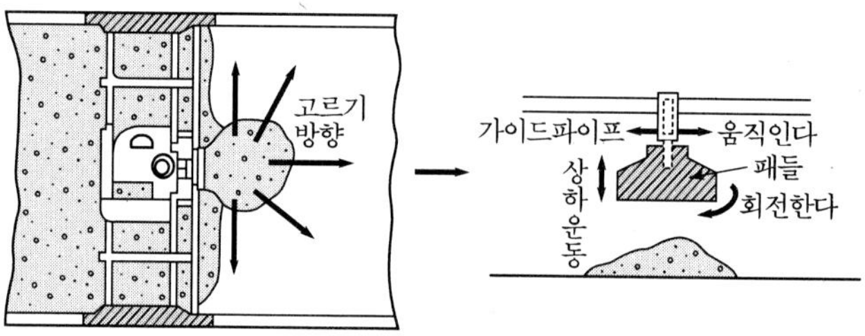


그림 10.10 패들형 스프레더

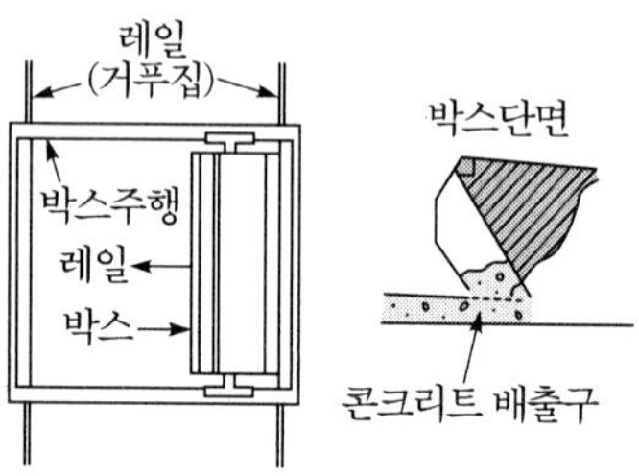


그림 10.11 박스형 스프레더의 주요부

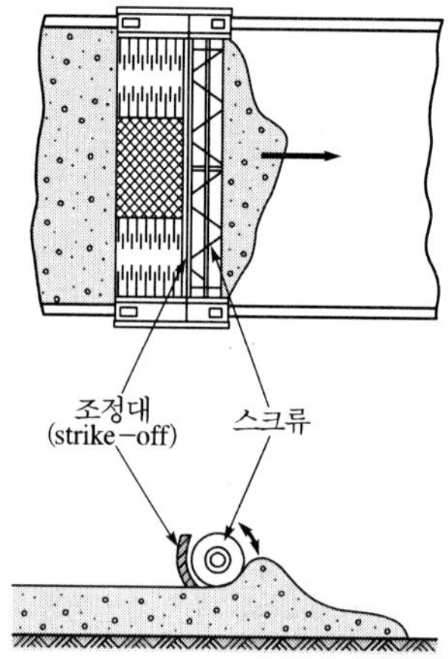


그림 10.12 스크류형 스프레더

(5) 다지기

다지기에는 거푸집 레일 위에 주행하는 그림 10.13과 같은 피니셔(finisher)를 사용한다. 피니셔는 일반적으로 스프레더로 포설한 콘크리트를 한 번 더 고르기, 다지기, 거친면 마무리를 하는 기계이다.

우선 전면 스크리드(first screed)로 슬래브 두께에 더돋기를 한 높이로 고르고, 진동판의 진동으로 콘크리트 표면을 다진 후, 좌우로 움직이는 마무리 스크리드(finishing screed)로 초벌 마무리를 한다.

콘크리트의 다짐은 내부진동기나 봉진동기를 사용한다.

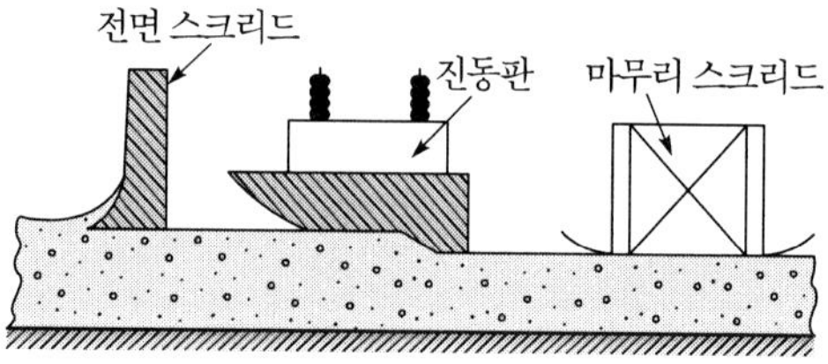


그림 10.13 피니셔의 기구

### 10.5.3 슬립폼(Slip Form) 공법

(1) 콘크리트 포설순서

슬립폼 공법은 거푸집을 사용하지 않고 슬립폼 페이버를 이용, 전 공정을 기계적으로 반복 시공하는 것이다. 슬립폼 공법에 의한 시공순서는 그림 10.14와 같으므로 이 중 중요 요점을 중심으로 기술한다.

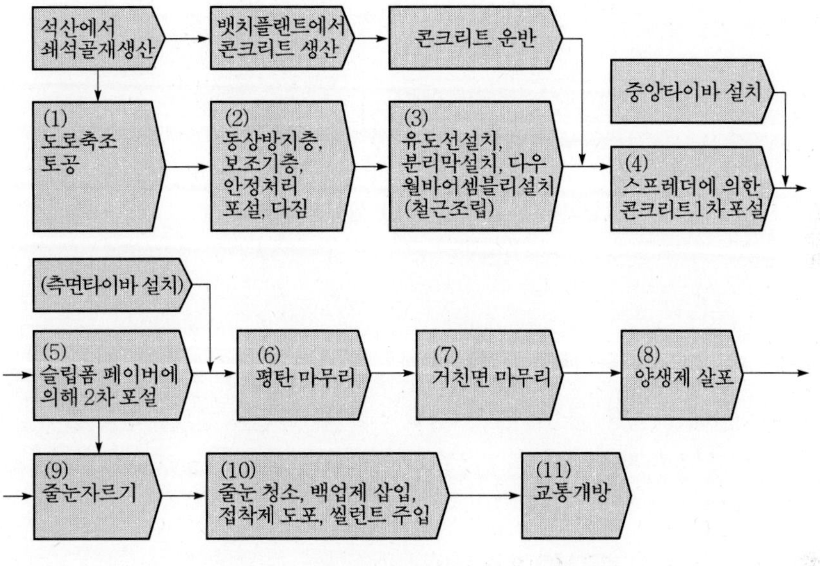


**그림 10.14 슬립폼 공법에 의한 시공순서**

(2) 시공준비

완성된 보조기층의 다짐상태 및 요철, 상부면의 평탄성 및 보조기층의 동결여부 등과 같은 마무리 검사를 실시한다. 또 보조기층이 습윤될 우려가 있으면 방수지를 깔거나 아스팔트 유제 등으로 방수 처리해야 한다.

줄눈시공용 다우월바 어셈블리는 정해진 기능을 갖도록 방향과 위치가 정확하게 설치되었는가를 확인하고 포설 중 변형이나 위치변동이 없도록 고정핀으로 견고하게 설치해야 한다.

무근콘크리트 포장에 사용하는 분리막은 폴리에틸렌 필름 등을 사용하고 가능한 한 이음이 없이 전폭으로 깔아 겹이음부수가 최소가 되도록 해야 한다. 그러나 겹이음이 필요할 때는 세로방향 10cm 이상, 가로방향 30cm 이상이 겹치도록 하여 슬래브의 신축작용이 원활히

되어 마찰 저항을 감소시켜야 한다.

유도선은 포장의 선형과 평탄성에 큰 영향을 미치므로 유의해야 한다. 유도선과 스틱은 처짐이나 변형이 발생되지 않도록 하고 설치 방향은 그림 10.15와 같이 끝부분이 밑으로 향하게 설치한다. 유도선은 시공 시에도 수시로 점검하고 이상 발생 시는 즉시 수정해야 한다.

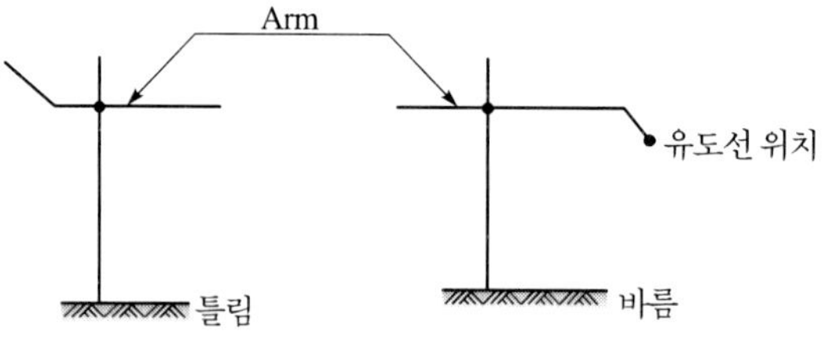


**그림 10.15 철재암(Arm) 설치방법 개략도**

### (3) 콘크리트의 혼합과 운반

혼합은 중앙 플랜트에서 실시한다. 포장용 콘크리트는 된비빔이므로 강제 믹서는 60초 이상, 가경식 믹서는 90초 이상 균질하게 잘 비벼야 한다. 운반은 재료분리가 일어나지 않도록 해야 하며 덤프트럭 사용 시는 혼합 후 1시간 이내, Agitator Truck 사용 시는 혼합 후 1.5시간 이내에 포설해야 한다.

### (4) 포설

장비는 일반적으로 스프레더 +슬립폼페이퍼(표면마무리기 부착) +거친 면 마무리 및 양생제살포기로 이루어진다. 포설현장까지 운반되어온 시멘트 콘크리트는 운반차량에서 직접 부설하여 백호로 부설하거나, 사이드 피더를 이용하여 측면에서 내리면서 부설하거나, 사이드피더가 달린 스프레더를 이용하여 부설한다. 포설은 스프레더를 이용하여 보조기층 또는 중간층면에 1차 포설한 다음 슬립폼 페이퍼를 이용하여 그 위에 2차 포설을 한다. 1일포설 구간의 시종점과 같이 인력포설이 불가피한 경우에는 다짐을 철저히 하여 평탄성이 유지되도록 한다.

### (5) 표면 마무리

표면 마무리는 피니셔에 의한 초벌 마무리, 표면 마무리 장비에 의한 평탄 마무리 및 거친면 마무리 순으로 한다.

초벌 마무리는 슬립폼 페이퍼의 피니싱 스크리트를 사용한다. 초벌 마무리 면의 높이 및 표면상태는 평탄마무리 작업에 큰 영향을 주므로 균일한 마무리면이 되도록 세심하게 시공한다.

평탄 마무리는 표면 마무리기에 의한 기계 마무리로 하며 마무리 속도는 콘크리트의 Finish ability, 장비의 특성 등을 고려하여 결정한다. 마무리 작업 중 콘크리트 표면에 물을 사용해서는 안 된다.

거친면 마무리는 거친면 마무리기를 이용하는 것이 일반적이다. 공법에는 Grooving 방법, 마대처리에 의한 방법, 경화지연제를 사용하여 골재를 노출시키는 방법, Chipping 방법, 부러쉬에 의한 방법 등이 있다. 국내에서는 횡방향 그루빙 방법이 주로 쓰이고 있다. 거친면 마무리에서 형성된 홈의 방향은 도로중심선에 직각이 되게 하고 평탄 마무리 후 표면에 물의 비침이 없어지고 콘크리트가 경화되기 직전에 실시해야 한다.

### (6) 양생

콘크리트 포장의 양생에는 초기양생과 후기양생이 있다. 초기양생은 콘크리트 경화 중에 일어나는 기상작용과 사람, 차 등에 의한 표면 손상을 방지하기 위해 표면을 보호하고 직사광선, 바람의 영향이나 동결의 영향을 받지 않도록 하는 것이다. 후기양생은 초기양생에 이어 콘크리트 슬래브의 수화작용이 충분히 이루어지게 함과 아울러 슬래브 내에 온도응력이 발생되지 않도록 하기 위한 것이다.

초기양생은 표면 마무리 작업 직후에서부터 콘크리트 경화까지 약 12시간 동안 실시하는 양생으로서 삼각지붕 양생과 막양생을 사용한다.

후기양생은 초기 양생 후 콘크리트의 경화를 충분히 하기 위해 규정된 기간 동안 가마니, 마포 등을 덮고 살수하는 것으로서 필요시 급열(給熱) 또는 보온하고 과대한 하중이나 진동으로 균열이 발생되지 않도록 한다.

양생기간은 현장 양생한 휨강도가 $35kgf/cm^2$이 될 때까지로 하며 이 기간은 시험에 의해 결정하는 것이 좋다. 일반적인 기준은 보통포틀랜드시멘트 사용 시는 2주간, 중용열 포틀랜드시멘트 사용 시는 3주 정도를 표준으로 한다.

### (7) 줄눈 시공

줄눈의 시공은 콘크리트포장의 내구성과 평탄성에 지대한 영향을 미친다. 줄눈은 초기 균열을 사전에 유도하도록 타설 후 4~24시간 이내에 되도록 빨리 잘라야 한다. 줄눈의 위치를 정확히 하기 위해서는 시공준비 시 포장단부의 빈배합 콘크리트 표면 또는 외측에 인조점을 설치해야 한다.

자른 줄눈부는 줄눈부 청소 → 백업재 삽입 → 프라이머 도포 → 실런트 주입 순으로 시공한다. 실런트 주입 시는 이물질이 침입되지 않도록 테이프 등으로 밀봉시킨다.

## 연습문제

**10.1** 건설재료학 도서를 참조하여 도로포장용 아스팔트의 종류와 구분에 대해 조사하라.

**10.2** 건설재료학 도서를 참조하여 아스팔트 혼합물의 배합설계 방법에 대해 조사하라.

**10.3** 건설재료학에서 콘크리트포장용 재료와 배합설계에 대해 조사하라.

**10.4** 특수 포장공법에 대해 조사하고 그 특성을 비교하라.

# 제11장 아스팔트포장설계

## 11.1 개설

이 장에서는 아스팔트포장의 설계방법에 대해 기술한다. 이 장에서는 아스팔트포장의 AASHTO86설계방법, AASHTO72설계방법과 TA 설계방법에 대해 공부하기 바란다.

## 11.2 설계법의 종류

### 11.2.1 설계법의 발달

아스팔트포장 설계법은 교통, 노상, 재료, 환경 조건에 만족하고 경제적인 설계를 할 수 있도록 발전되어 왔다. 우리나라에서는 CBR설계법이 소개되어 1960년대에는 이 설계법이 적용되어오다 AASHTO72 설계법이 주된 설계법으로 정립되었으며 그 후, AASHTO72 설계법이 AASHTO86 설계법으로 개정되어 현재는 이 방법이 사용되고 있다. 이러한 설계법들은 설계과정 중에 고려하는 입력 변수들의 정의와 이의 평가방법이 다를 뿐이고 이상적인 조건에서 이상적인 입력변수를 입력한다면 그 설계결과는 동일하다.

포장설계법에서 고려하는 입력변수는 크게 ⅰ) 교통량, ⅱ) 노상조건, ⅲ) 포장층의 재료물성, ⅳ) 환경조건, ⅴ) 공용조건 및 ⅵ) 경제성으로 대별할 수 있다.

### 11.2.2 AASHTO Road Test

우리나라를 비롯하여 세계적으로 가장 널리 채택되고 있는 AASHTO 설계법의 기초가 되었고 다른 설계법에도 크게 영향을 미쳤던 것은 AASHO(American Association of State

Highway Officials, 시험당시는 AASHO였으나 그 후 Transportation이 첨가되어 AASHTO가 되었다) Road Test이다. AASHO Road Test는 일리노이주 오타와 근교에서 1951년부터 10년간, 대규모 사업비를 투자하여 설계, 조사된 대규모 도로실험이었다. 이 실험은 아스팔트포장과 콘크리트포장의 합리적이고 경제적인 설계에 필요한 기초 자료를 얻기 위한 것이었다. 시험도로는 폭 7.2m, 2차로, 연장 약 2km의 직선부분 양쪽에 회전부분을 둔 4개의 구간과 이것보다 작은 2개의 구간으로 이루어졌다. 포장은 약 30m마다 단면을 변화시켜 시험하였다.

AASHO Road Test에서 얻은 큰 성과는 포장의 공용 능력을 서비스 지수(Serviceability Index)로 나타낸 점과 포장 두께지수(SN, Structural Number)를 정립한 것이다.

1) 서비스 지수

서비스 지수는 AASHO Road Test에서 교통에 개방된 138개 도로구간을 선정, 운전자에게 도로 상태를 다음과 같은 5점법으로 설문하여, 서비스지수 $p$를 채점하였다.

$p=5\sim4$ : 매우 양호
$p=4\sim3$ : 양호
$p=3\sim2$ : 보통
$p=2\sim1$ : 불량
$p=1\sim0$ : 매우 불량

시험도로 포장에서의 평탄성, 균열의 상태 등을 상세히 조사, 측정하고 이들을 이용하여 서비스지수를 통계적인 방법으로 구한 결과는 다음과 같다.

① 아스팔트포장

$$p=5.03-1.91\log(1+\overline{SV})-0.01\sqrt{C+P}-0.21\sqrt{RD^2} \tag{11.1}$$

② 콘크리트포장

$$p=5.41-1.8\log(1+\overline{SV})-0.05\sqrt{e+3.3p} \tag{11.2}$$

여기서, $p$ : 서비스 지수

$\overline{SV}$ : 양차륜 통과 위치에서 요철의 분산 평균

$C$ : 포장의 균열률(m/1,000m$^2$)

$P$ : 포장의 팻칭도($m^2$/1,000$m^2$)

$\overline{RD}$ : 바퀴자국의 깊이(cm)

AASHO Road Test에서 주행시험을 시작하기 전에 측정한 서비스지수의 평균은 아스팔트 포장에서 $p=4.2$, 콘크리트포장에서 $p=4.5$였다. 주행시험을 하면서 서비스 지수는 점점 감소하여 $p$=2.5일 때는 오버레이에 의한 평탄성의 회복이 필요하다고 판단되었다. 또 $p=$ 1.5일 때는 포장은 파괴되어 재포장이 필요하였다. 이의 결과에 의해 포장설계에서는 최종 서비스지수를 중요도로에서는 $p=2.5$, 저급도로에서는 $p=2.0$을 기준으로 하고 있다.

2) 포장두께 지수

그림 11.1은 $p=4.2$인 아스팔트포장이 $p=2.5$로 될 때까지 축하중 통과횟수와 포장두께 지수와의 관계이다. 또 그림 11.2는 $p=4.5$인 콘크리트포장이 $p=2.5$로 될 때까지 축하중 통과횟수와 콘크리트 판 두께와의 관계이다. 이 두 그림은 축하중 통과횟수(교통량)와 AASHTO의 포장두께 지수에 의한 설계의 기초를 이루고 있다.

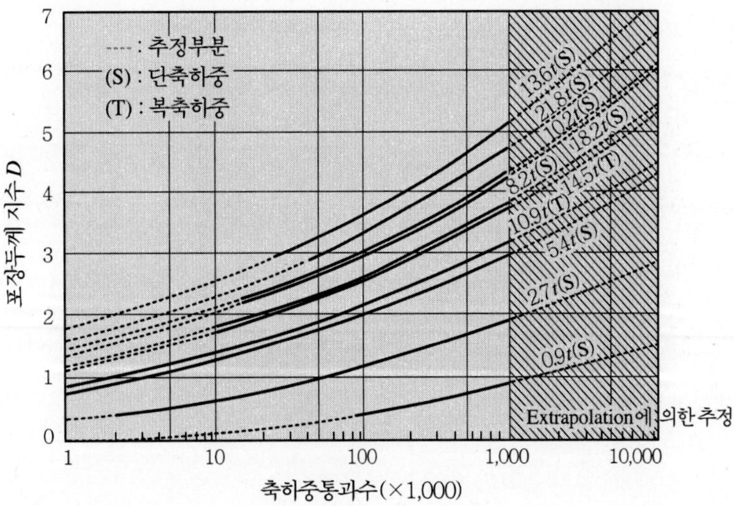


**그림 11.1 서비스지수 $p=4.2$인 아스팔트포장이 $p$=2.5로 될 때까지의 축하중 통과횟수와 포장두께 지수와의 관계(AASHO Road Test)**

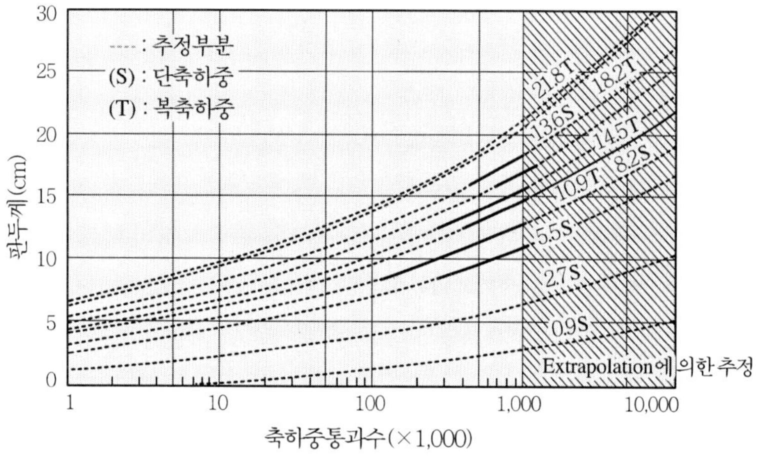


그림 11.2 서비스지수 $p$=4.5인 아스팔트포장이 $p$=2.5로 될 때까지의 축하중 통과횟수와 판두께와의 관계(AASHO Road Test)

## 11.3 아스팔트포장설계

### 11.3.1 ASSHTO86 설계법

(1) 설계 기본식

AASHTO86 설계법의 설계 기본식은 식 (11.3)과 같고 소요 전체 포장두께를 표시하는 포장두께지수(SN : Structural Number)는 식 (11.4)와 같다.

$$\log_{10}(W_{8.2}) = Z_R \times S_o + 9.36 \times \log_{10}(SN+1) - 0.02 + \frac{\log_{10}\left[\frac{\Delta PSI}{4.5-1.5}\right]}{0.04 + \frac{1,094}{(SN+1)^{5.19}}} \times 2.32 \times \log_{10}(M_R) - 5.4 \qquad (11.3)$$

여기서, $W_{8.2}$ : 8.2$t$ 등가단축하중의 예상통과횟수

$Z_R$ : 표준정규편차

$S_o$ : 교통량 예측과 공용성 예측에 대한 혼합표준오차

$\Delta PSI$ : 초기설계서비스지수 $P_o$와 최종설계서비스 지수 $P_t$와의 차

$MR$ : 동탄성계수(kgf/cm$^2$)

$$SN = a_1D_1 + a_2D_2m_2 + a_3D_3m_3 \cdots \quad (11.4)$$

여기서, $SN$ : 포장두께지수

$a_i$ : $i$번째 층의 상대강도계수

$D_i$ : $i$번째 층의 두께(cm)

$m_i$ : $i$번째 층의 배수계수

따라서 본 설계법의 주요 입력변수는 $W_{8.2}$, $Z_R$, $\Delta PSI$, $M_R$, $a_i$, $D_i$, $m_i$로서 이들에 의한, 설계 Flow는 그림 11.3과 같다. 따라서 여기서는 이들의 입력변수 결정법과 소요두께 결정법에 대해 기술토록 한다.

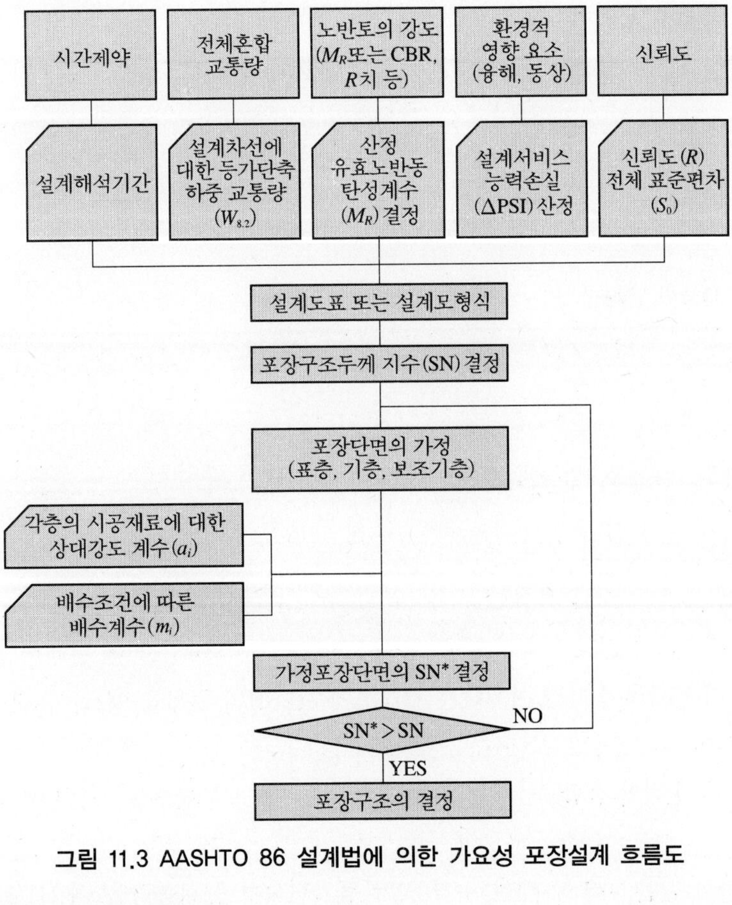


**그림 11.3 AASHTO 86 설계법에 의한 가요성 포장설계 흐름도**

### (2) 공용조건에 대한 입력변수

포장구조에 대한 분석기간으로 입력하며 이것은 표 11.1의 값을 이용한다.

**표 11.1 분석기간**

| 도로조건 | 분석기간(年) |
|---|---|
| 교통량이 많은 도시부도로 | 30~50 |
| 교통량이 많은 지방부도로 | 20~50 |
| 교통량이 적은 포장도로 | 15~25 |
| 교통량이 적은 사리도 | 10~20 |

### (3) 교통조건에 대한 입력변수

설계기간동안에 설계차로를 통과하는 전체 혼합 교통량을 8.2t 등가단축하중교통량(Equivalent Single Axle Load, ESAL)으로 환산하는 것으로 다음 식에 의해 산정한다.

$$\overline{W_{8.2}} = D_D \times D_L \times W_{8.2} \tag{11.5}$$

여기서, $\overline{W_{8.2}}$ : 차로에 대한 누가 8.2t 등가 단축하중교통량

$D_D$ : 방향분배계수(0.3~0.7로서 제3장 도로교통편의 중방향계수 $D$를 참조바람)

$D_L$ : 차로분배계수(표 11.2)

$W_{8.2}$ : 2방향 예상 누가 8.2t 등가단축하중교통량

**표 11.2 $D_L$ 계수**

| 일방향 차로수 | 설계차로에 대한 $D_L$ 계수(%) |
|---|---|
| 1 | 100 |
| 2 | 80~100 |
| 3 | 60~80 |
| 4 | 50~7 |

$\overline{W_{8.2}}$ 의 산정 순서는 다음과 같다.

① 차종별 8.2t 등가단축하중계수(Load Equivalency Factor)를 표 11.3에 따라 구한다. 등가단축하중계수란 임의의 축배열(단축, 복축, 3축)의 축하중이 1회에 통과한 것과 8.2t 단축하중교통이 통과함에 따라 야기하는 서비스지수(PSI)의 손실을 일으키는데 필요한 반복 통과횟수의 비이다.

② 공용기간 동안 통과할 혼합교통량을 8.2t 등가단축하중 교통량으로 환산하여 총 누계를 구한다.

③ 교통량이 가장 많은 차로에 대한 누가 8.2t 등가단축하중 교통량을 식 (11.5)에 의해 구한다.

**표 11.3 아스팔트포장에 대한 차종별 8.2t 등가단축하중계수**

| 차종 | | Pt | SN | | | | | | 평균 |
|---|---|---|---|---|---|---|---|---|---|
| | | | 1 | 2 | 3 | 4 | 5 | 6 | |
| 승용차 | | 2.0 | 0.000 | 0.000 | 0.000 | 0.000 | 0.000 | 0.000 | 0.000 |
| | | 2.5 | 0.000 | 0.000 | 0.000 | 0.000 | 0.000 | 0.000 | 0.000 |
| | | 3.0 | 0.001 | 0.001 | 0.000 | 0.000 | 0.000 | 0.000 | 0.000 |
| 버스 | 소형2A4T | 2.0 | 0.001 | 0.001 | 0.001 | 0.000 | 0.000 | 0.000 | 0.000 |
| | | 2.5 | 0.001 | 0.001 | 0.001 | 0.001 | 0.001 | 0.000 | 0.001 |
| | | 3.0 | 0.002 | 0.002 | 0.001 | 0.001 | 0.000 | 0.000 | 0.001 |
| | 소형2A6T | 2.0 | 0.001 | 0.001 | 0.001 | 0.000 | 0.000 | 0.000 | 0.000 |
| | | 2.5 | 0.001 | 0.001 | 0.001 | 0.001 | 0.000 | 0.000 | 0.001 |
| | | 3.0 | 0.002 | 0.002 | 0.001 | 0.001 | 0.001 | 0.000 | 0.001 |
| | 보통2A4T | 2.0 | 0.834 | 0.834 | 0.846 | 0.839 | 0.834 | 0.832 | 0.838 |
| | | 2.5 | 0.837 | 0.860 | 0.872 | 0.852 | 0.836 | 0.833 | 0.849 |
| | | 3.0 | 0.841 | 0.891 | 0.921 | 0.879 | 0.846 | 0.835 | 0.869 |
| 트럭 | 소형2A4T | 2.0 | 0.005 | 0.005 | 0.004 | 0.004 | 0.004 | 0.004 | 0.004 |
| | | 2.5 | 0.005 | 0.005 | 0.005 | 0.004 | 0.004 | 0.004 | 0.004 |
| | | 3.0 | 0.006 | 0.007 | 0.005 | 0.004 | 0.004 | 0.004 | 0.005 |
| | 보통2A6T | 2.0 | 0.642 | 0.643 | 0.629 | 0.614 | 0.616 | 0.624 | 0.629 |
| | | 2.5 | 0.647 | 0.634 | 0.614 | 0.584 | 0.584 | 0.601 | 0.612 |
| | | 3.0 | 0.648 | 0.647 | 0.608 | 0.556 | 0.551 | 0.573 | 0.597 |
| | 대형3A10T | 2.0 | 2.208 | 2.187 | 2.123 | 2.073 | 2.081 | 2.116 | 2.131 |
| | | 2.5 | 2.205 | 2.161 | 2.034 | 1.932 | 1.946 | 2.012 | 2.048 |
| | | 3.0 | 2.201 | 2.135 | 1.950 | 1.792 | 1.802 | 1.802 | 1.963 |
| 트랙터 + 세미트레일러 | 4A 이하 | 2.0 | 1.715 | 1.719 | 1.702 | 1.681 | 1.682 | 1.692 | 1.699 |
| | | 2.5 | 1.718 | 1.733 | 1.703 | 1.651 | 1.648 | 1.668 | 1.687 |
| | | 3.0 | 1.723 | 1.764 | 1.736 | 1.632 | 1.611 | 1.638 | 1.684 |
| | 소형2A4T | 2.0 | 1.832 | 1.840 | 1.827 | 1.801 | 1.796 | 1.804 | 1.817 |
| | | 2.5 | 1.836 | 1.861 | 1.842 | 1.781 | 1.763 | 1.777 | 1.810 |
| | | 3.0 | 1.842 | 1.903 | 1.898 | 1.782 | 1.733 | 1.733 | 1.817 |
| | 6A 이상 | 2.0 | 0.765 | 0.779 | 0.827 | 0.812 | 0.788 | 0.773 | 0.794 |
| | | 2.5 | 0.775 | 0.860 | 0.933 | 0.891 | 0.830 | 0.794 | 0.847 |
| | | 3.0 | 0.789 | 0.960 | 1.115 | 1.106 | 0.892 | 0.824 | 0.933 |
| 트럭트레일러 | 5A 이하 | 2.0 | 3.359 | 3.353 | 3.321 | 3.321 | 3.291 | 3.319 | 3.323 |
| | | 2.5 | 3.359 | 3.351 | 3.289 | 3.289 | 3.222 | 3.273 | 3.288 |
| | | 3.0 | 3.360 | 3.358 | 3.358 | 3.278 | 3.156 | 3.216 | 3.254 |

### (4) 노상조건

실내에서 노상용 흙의 동탄성계수시험을 실시, 계절적인 노반상태(路盤狀態)를 고려한 동탄성계수와 상대적 손상의 합성효과를 고려하여 유효노반 동탄성계수를 그림 11.4의 예와 같이 구한다. 동탄성계수가 없을 때는 CBR을 이용하여 식 (11.6)으로 $M_R$을 구하고 그림 11.4의 노모그래프에서 상대손상 값을 구한다.

$$M_R(\mathrm{kg/cm^2}) = 100\mathrm{CBR} \tag{11.6}$$

| 월 \ 항목 | 노반동탄성계수 $M_R$ (kgf/cm²) | 상대손상 $u_f$ |
|---|---|---|
| 1 | 1,400 | 0.01 |
| 2 | 1,400 | 0.01 |
| 3 | 175 | 1.51 |
| 4 | 280 | 0.51 |
| 5 | 280 | 0.51 |
| 6 | 500 | 0.13 |
| 7 | 500 | 0.13 |
| 8 | 500 | 0.13 |
| 9 | 500 | 0.13 |
| 10 | 500 | 0.13 |
| 11 | 280 | 0.51 |
| 12 | 1,400 | 0.01 |
| | | 3.72 |

① 월별 노반상태를 고려한 $M_R$을 실내시험으로 결정
② 각 $M_R$에 대한 상대손상 결정(상대손상산정노모그래프)
③ 계 : $\Sigma \mu f = 3.72$
④ 평균 $\overline{\mu f} = \frac{\Sigma \mu f}{n} = \frac{3.72}{12} = 0.31$
⑤ $\overline{\mu f} = 0.31$에 해당하는 유효노반동탄성계수 $M_R$(kg/cm²)
=350 (상대손상산정 노모 그래프에서)

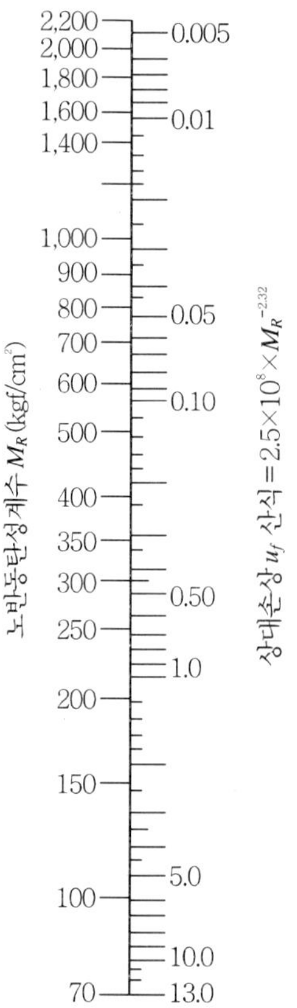


상대손상산정노모그래프

**그림 11.4 가요성포장에 대한 유효노반 동탄성계수 산정방법**

## (5) 환경조건

환경조건은 노반의 팽창과 동상(凍上)을 고려하며 이것을 서비스 능력의 손실로 입력한다. 즉, 초기서비스지수($P_o$)와 최종서비스지수($P_t$)와의 차로부터 설계 서비스능력 손실을 결정한다. AASHTO 도로시험에서 관찰된 바와 같이 $P_o$값은 그림 11.1과 그림 11.2에서와 같이 가요성포장 4.2, 강성포장 4.5를 사용한다. 최종서비스 지수($P_t$)는 주요 도로설계 시 2.5 이상, 교통량이 적은 도로설계 시 2.0 이상을 기준으로 한다.

### (6) 신뢰도 및 표준편차

설계 시는 교통량과 공용성의 값을 추정하여 적용하므로 실제시공된 포장에서는 이의 값에 차이가 있다. 따라서 이들의 편차를 고려하기 위해 다음과 같은 신뢰도와 전체 표준편차를 고려한다.

1) 도로기능에 따라 표 11.4의 범위로 신뢰도를 결정한다.
2) 현장조건을 대표하는 표준편차를 선택한다. AASHTO 도로시험에서 얻은 전체 표준편차($S_o$)는 강성포장 0.35 가요성 포장 0.45로서 이 값을 적용한다.

**표 11.4 신뢰도**

| 도로기능분류 | 신뢰도(%) | |
|---|---|---|
| | 도 시 부 | 지 방 부 |
| 고 속 도 로 | 85~99.9 | 80~99.9 |
| 주요간선도로 | 80~99 | 75~95 |
| 연 결 로 | 80~95 | 75~95 |
| 국 지 도 로 | 50~80 | 50~80 |

### (7) 포장두께 지수(SN)의 결정

그림 11.5의 가요성 포장 설계도표에 의해 설계포장 두께지수(Structural Number, SN)를 구한다.

### (8) 포장단면 가정

포장층의 구성과 두께를 가정하고 가정된 포장단면의 포장두께 지수를 다음 식으로 구한다. 이때 배분된 층두께는 표 11.5 이상으로 해야 한다.

$$SN = a_1 D_1 + a_2 D_2 m_2 + a_3 D_3 m_3 + \cdots \qquad (11.7)$$

여기서, $a_1, a_2, a_3$ : 표층, 기층, 보조기층의 상대강도계수(다음 (10)항)

$D_1, D_2, D_3$ : 표층, 기층, 보조기층의 두께(cm)

$m_1, m_2, m_3$ : 표층, 기층, 보조기층의 배수계수(다음 (9)항)

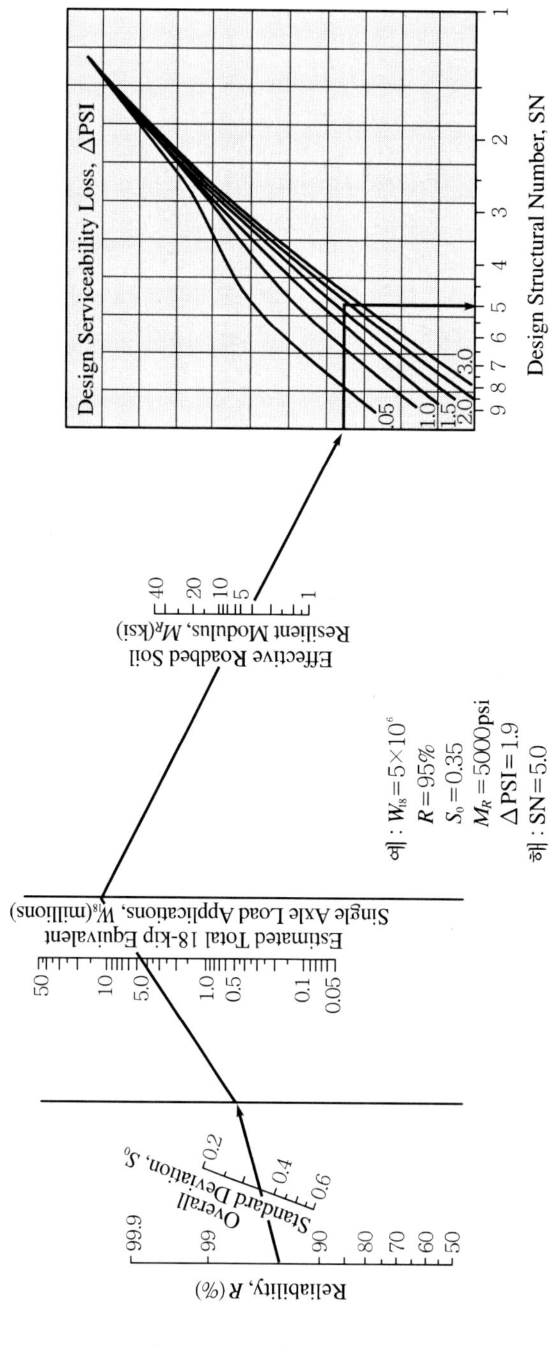


그림 11.5 가요성 포장 설계도표

**표 11.5 가요성 포장의 최소 설계 두께**

| 교통량(ESAL) | 최소 두께(cm) | |
|---|---|---|
| | 아스팔트 콘크리트 | 입상재료기층 |
| 50,000 이하 | 3(또는 표면처리) | 10 |
| 50,000~150,000 | 5 | 10 |
| 150,000~500,000 | 7 | 10 |
| 500,000~2,000,000 | 8 | 15 |
| 2,000,000~7,000,000 | 9 | 15 |
| 7,000,000 이상 | 10 | 15 |

### (9) 포장의 구조적 특성

포장의 구조적 특성으로 예상포장 공용성에 대한 배수의 영향을 고려하기 위해 상기 식 (11.7)의 $m_i$값, 즉 배수계수를 표 11.6에서 구한다. 구한 값을 식 (11.7)에 대입한다.

**표 11.6 가요성 포장의 입상기층과 보조기층재료에 대한 배수계수($m_i$)**

| 배수상태 | 포장구조가 포화점에 근접한 수분상태를 나타내는 시간비율 | | | |
|---|---|---|---|---|
| | 1% 미만 | 1~5% | 5~25% | 25% 이상 |
| 매우우수 | 1.40~1.35 | 1.35~1.30 | 1.30~1.20 | 1.20 |
| 우　수 | 1.35~1.25 | 1.25~1.15 | 1.15~1.00 | 1.00 |
| 보　통 | 1.25~1.15 | 1.15~1.05 | 1.00~0.80 | 1.80 |
| 불　량 | 1.15~1.05 | 1.05~0.80 | 0.80~0.60 | 1.60 |
| 매우불량 | 1.05~0.95 | 0.95~0.75 | 0.75~0.40 | 1.40 |

### (10) 재료조건

포장층의 재료조건은 식 (11.7)의 $a_i$값, 즉 상대강도 계수로 반영한다. 이것은 포장 각 층의 재료특성을 나타내는 탄성계수, CBR, $K$치 값을 이용하여 각 층별로 구한다. 이때의 상대강도 계수는 그림 11.6~그림 11.10에 따라 구한다.

1) 아스팔트 콘크리트 표층(그림 11.6)

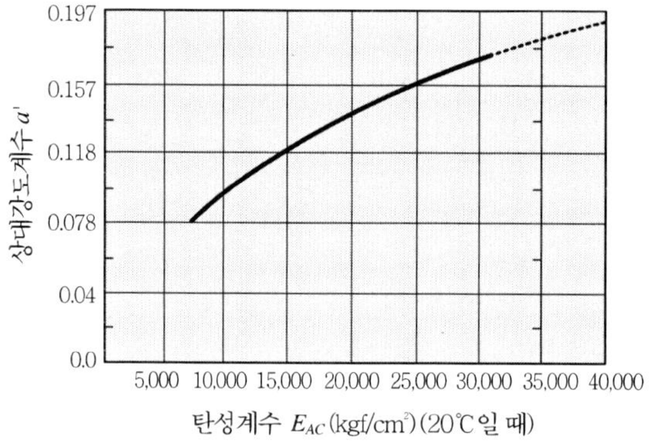


**그림 11.6 밀입도 아스팔트 콘크리트 표층의 탄성계수와 상대강도계수**

2) 입상 기층(그림 11.7)

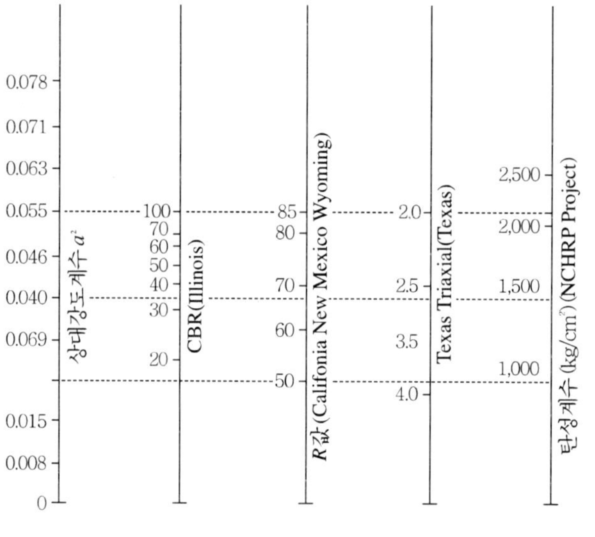


**그림 11.7 각종 기층강도 정수에 대한 입상기층의 상대강도계수**

3) 입상보조기층(그림 11.8)

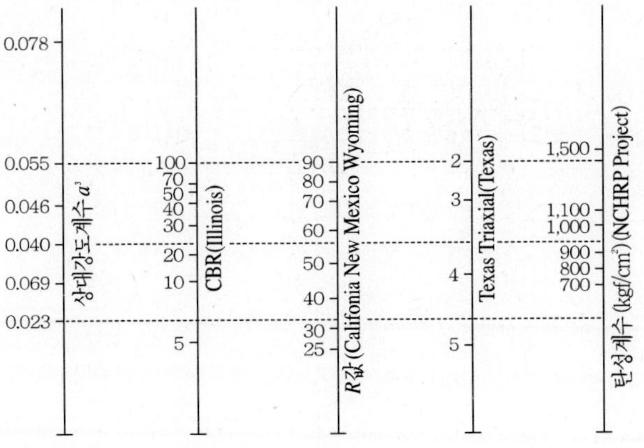


그림 11.8 각종 보조기층강도 정수에 대한 입상보조기층의 상대강도계수

4) 시멘트 안정처리 기층(그림 11.9)

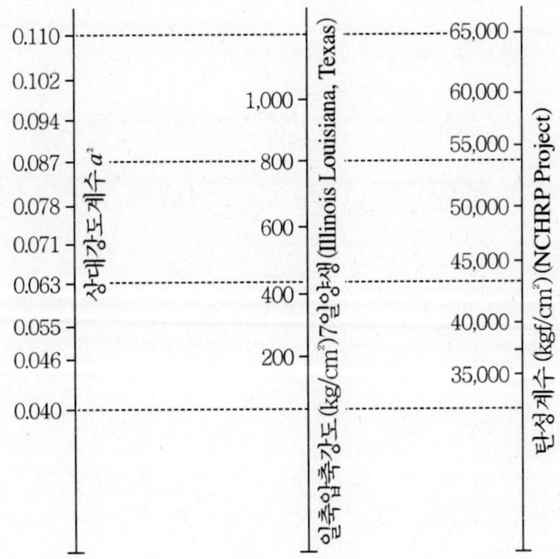


그림 11.9 시멘트 처리기층의 강도정수에 대한 상대강도계수

5) 역청 안정처리 기층(그림 11.10)

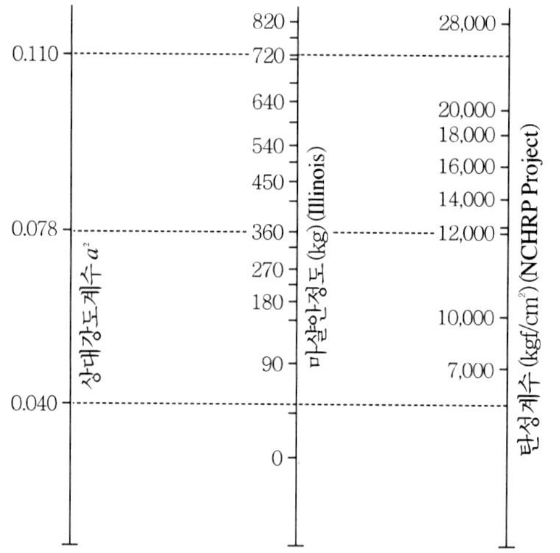


**그림 11.10 역청처리기층의 강도정수에 대한 상대강도계수**

(11) 포장층 해석

그림 11.5에 의해 구한 포장두께지수 $SN$과 식 (11.7)을 토대로 가정한 포장단면에 대한 $SN$을 토대로 그림 11.11에 따라 포장층 해석을 실시한다. 각층 하부에서의 소요 $SN_i$가 그림 11.11의 관계식을 성립하면 최종포장 두께로 결정하고 그렇지 못할 때는 식 (11.7)의 포장층을 다시 가정하여 이것이 성립될 때까지 재검토한다.

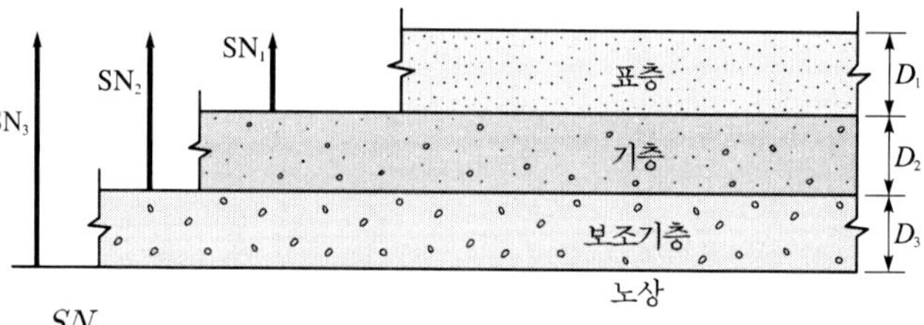


$$D_1^* \geq \frac{SN_1}{a_1} \tag{11.8}$$

$$SN_1^* = a_1 D_1^* \geq SN_1 \tag{11.9}$$

$$D_2^* \geq \frac{SN_2 - SN_1^*}{a_2 m_2} \tag{11.10}$$

$$SN_1^* + SN_2^* \geq SN_2 \tag{11.11}$$

$$D_3^* \geq \frac{SN_3 - (SN_1^* + SN_2^*)}{a_3 m_3} \tag{11.12}$$

주) 1. $a$, $D$, $m$과 $SN$은 최소 소요값　　2. $D^*$와 $SN^*$은 실제 설계한 값

**그림 11.11 층해석방법에 의한 포장층 두께 결정 순서**

(탄성계수가 2,800kgf/cm$^2$ 이상인 보조기층이나 기층에는 사용할 수 없음)

## 11.3.2 AASHTO72 설계법

### (1) 설계 기본식

AASHTO72 설계법의 설계 기본식은 식 (11.13)과 같고 소요 전체포장 두께를 표시하는 포장두께지수($SN$)는 식 (11.14)와 같다.

$$\log_{10}(W_{8.2}) = 9.36\log(SN+1) - 0.02 + \frac{\log\{(P_o - P_t)/(P_o - 1.5)\}}{0.04 + \{1{,}094/(SN+1)^{5.19}\}} + \log_{10}\frac{1}{R} + 0.372(S_i - 3.0) \qquad (11.13)$$

여기서, $W_{8.2}$ : 8.2t 등가단축하중의 예상통과 횟수

$P_t$ : 최종설계서비스 지수

$P_o$ : 최초서비스지수($P_o$=4.2)

$R$ : 지역계수

$S_i$ : 노상지지력치

$$SN = a_1D_1 + a_2D_2 + a_3D_3 + \cdots \qquad (11.14)$$

여기서, $a_1, a_2, a_3$ : 표층, 기층, 보조기층의 상대강도계수

$D_1, D_2, D_3$ : 표층, 기층, 보조기층의 두께

식 (11.13)과 식 (11.14)에서 볼 수 있는 바와 같이 본설계법의 입력변수는 $W_{8.2}$, $P_t$, $R$, $S_i$이다. 여기서는 이들의 입력변수와 포장두께 결정법에 대해 알아본다.

### (2) 교통조건

교통조건은 설계기간 동안 설계차로를 통과하는 8.2t 등가단축하중 교통량으로 전술한 AASHTO86 설계법과 같은 방법으로 구한다.

### (3) 노상조건

노상조건은 노상지지력치로 입력한다.

노상지지력치(Soil-support Value, S값)는 CBR, $R$치, 군지수나 동탄성계수를 이용하여 그림 11.12에서 구한다. 그림 11.12의 B, C, D Scale은 모두 CBR을 이용한 것이나 시험방법이 다르므로 일률적으로 적용하기 어렵다. 일반적으로 우리나라 KS에 따라 시험하여 얻은 수정 CBR값인 경우, B Scale인 Utah CBR값과 유사하여 이것을 주로 이용한다.

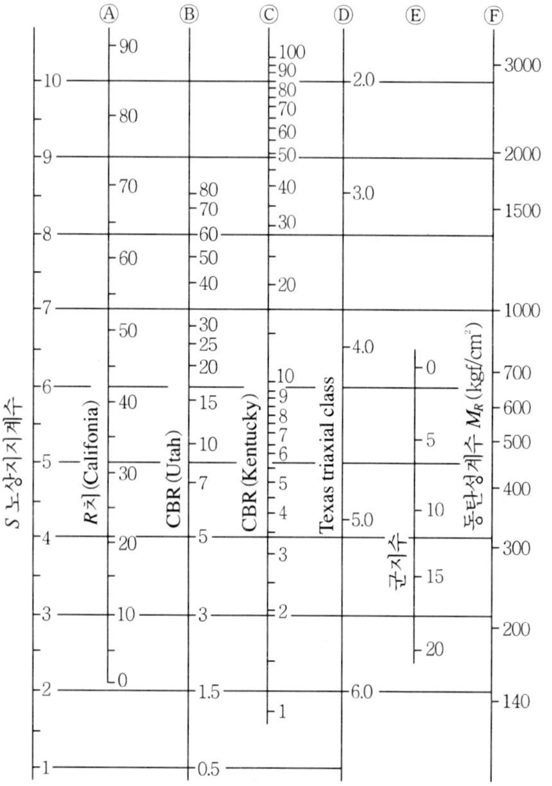


그림 11.12 노상 지지력치 산정

### (4) 환경조건

환경조건은 지역계수 $R$을 입력한다.

우리나라에서는 $R$값을 대전 이남지역 1.5, 서울북부지역 및 표고 500m 이상 지역 2.5, 기타지역 2.0을 적용하고 있다.

### (5) 설계포장의 두께 지수 산정

그림 11.13의 설계도표를 이용하여 설계포장 두께 지수(Weighted Structural Number)를 구한다. 그림 11.13에는 최종 설계서비스 지수 Pt = 2.5, Pt = 2.0을 목표로 할 때의 설계도표를 각각 나타냈다. 일반적으로 고속도로와 국도에서는 Pt = 2.5를, 지방도 이하의 도로에서는 Pt = 2.0의 도표를 이용하여 설계한다.

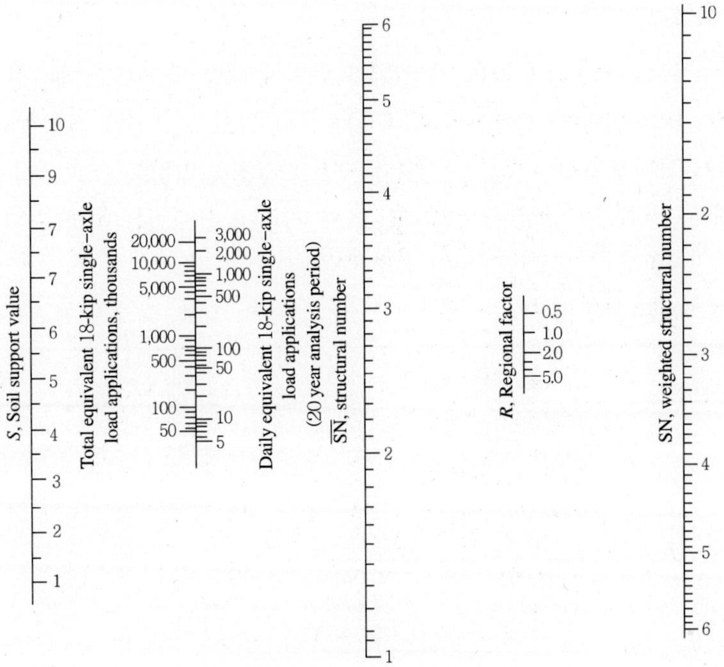


Design chart for flexible pavements, $p_t = 2.0$

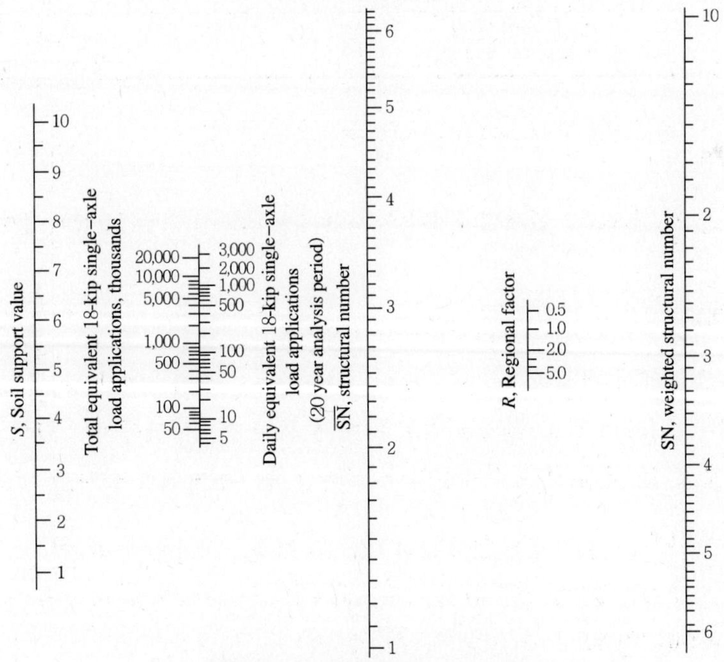


Design chart for flexible pavements, $p_t = 2.5$

**그림 11.13 아스팔트포장 설계도표**

### (6) 포장구조 결정

포장두께 지수를 식 (11.14)에 따라 가정한 각 단면에 대해 계산하고 계산한 포장 두께지수 SN이 그림 11.13에서 구한 설계포장 두께 지수보다 크도록 단면을 결정한다.

식 (11.14)에서 상대강도계수 $a_i$값은 각층의 재료조건을 입력하는 것으로서 표 11.7을 이용해도 되나 더욱 정량적인 값이 필요할 때는 AASHTO86 설계법을 따라도 된다.

**표 11.7 포장구성 재료별 상대 강도계수** (단위 : inch, cm로 할 땐 2.54로 나누어 적용)

| 부위 | 구성 재료 | | | $a_1$ | $a_2$ | $a_3$ |
|---|---|---|---|---|---|---|
| 표층 | 노상혼합(안정도 : 小)<br>플랜트혼합(안정도 : 大)<br>Sand Asphalt | | | 0.20<br>0.44<br>0.40 | | |
| 기층 | 모래 섞인 자갈<br>쇄 석 | | | | 0.07<br>0.14 | |
| | 시멘트 혼합 | 7일 양생 강도 (kgf/cm$^2$) | 46 이상<br>28~46<br>28 이하 | | 0.23<br>0.20<br>0.15 | |
| | 아스팔트 혼합물 | 조립도<br>Sand Asphalt | | | 0.30<br>0.25 | |
| 보조 기층 | 모래 섞인 자갈<br>모래 또는 모래질 점토 | | | | 0.11<br>0.05~0.10 | |

### (7) 포장층 해석

포장층 해석을 AASHTO86 설계법에서와 동일한 방법으로서 그림 11.11과 같이 검토한다.

## 11.3.3 $T_A$ 설계법

이 설계법은 일본에서 개발된 것으로 CBR 설계곡선을 수식화하여 포장 전체두께 H를 구했다. 또, AASHTO Road Test 결과를 참고로 하여 포장 전체두께를 아스팔트 혼합물로 했을 때 필요 두께 $T_A$를 구해 얻은 설계법이다. H와 $T_A$는 다음 식과 같다.

$$H = \frac{28.0\mathrm{N}^{0.1}}{\mathrm{CBR}^{0.6}} \tag{11.15}$$

$$T_A = \frac{3.84\mathrm{N}^{0.16}}{\mathrm{CBR}^{0.3}} \tag{11.16}$$

여기서, $H$ : 포장 전체 두께(cm)

$T_A$ : 아스팔트 혼합물로만 했을 때 필요 두께(cm)

$CBR$ : 노상토의 설계 CBR(%)

$N$ : 설계기간 10년 동안 통과 전체 윤하중을 5t 윤하중으로 환산한 수(輪/1방향)

설계수명 10년간 통과 전체 윤하중을 5t 윤하중으로 환산하기 위해서는 다음 식을 이용한다.

$$\alpha_i = \left(\frac{P_i}{5}\right)^4 \tag{11.17}$$

이 식은 AASHTO Road Test결과를 참고로 한 것으로 표준 윤하중을 5t으로 했을 때 포장 파괴를 일으킬 비율($\alpha_i$)을 규정한 것이다.

$T_A$설계법에서는 대형차 교통량을 5종류로 분류하는데 이의 구분은 표 11.8과 같다. 또 각각의 포장두께는 설계 윤하중(5t)이 100만회 통과하는데 견디는 구조로서 이의 TA와 합계 두께의 목표치는 표 11.9와 같다. 또 포장층의 구성은 가정한 포장층을 식 (11.15)로 TA를 계산, 표 11.9의 목표치 이상이 되도록 결정한다.

$$T_A = a_1 T_1 + a_2 T_2 + a_3 T_3 + \ldots a_n T_n \tag{11.18}$$

여기서, $a_1$, $a_2$, ⋯, $a_n$ : 표 11.10에 나타낸 등치환산계수(표 11.10)

$T_1$, $T_2$, ⋯, $T_n$ : 구성 각층의 두께(cm)

**표 11.8 교통량 구분**

| 교통량 구분 | 대형차 교통량<br>(대/일·1방향) | 설계윤하중(t) | 5t 윤하중환산통과 횟수<br>(윤/10년·1방향) |
|---|---|---|---|
| L교통 | 100 미만 | 2 | 30,000 |
| A교통 | 100 이상~250 미만 | 3 | 150,000 |
| B교통 | 250 이상~1,000 미만 | 5 | 1,000,000 |
| C교통 | 1,000 이상~3,000 미만 | 8 | 7,000,000 |
| D교통 | 3,000 이상 | 12 | 35,000,000 |

**표 11.9 $T_A$와 합계두께의 목표치**

| 설계 CBR | 목표치(cm) | | | | | | | | | |
|---|---|---|---|---|---|---|---|---|---|---|
| | L교통 | | A교통 | | B교통 | | C교통 | | D교통 | |
| | $T_A$ | 합계두께 | $T_A$ | 합계두께 | $T_A$ | 합계두께 | $T_A$ | 합계두께 | $T_A$ | 합계두께 |
| 2 | 17 | 52 | 21 | 61 | 29 | 74 | 39 | 90 | 51 | 105 |
| 3 | 15 | 41 | 19 | 48 | 26 | 58 | 35 | 70 | 45 | 83 |
| 4 | 14 | 35 | 18 | 41 | 24 | 49 | 32 | 59 | 41 | 70 |
| 6 | 12 | 27 | 16 | 32 | 21 | 38 | 28 | 47 | 37 | 55 |
| 8 | 11 | 23 | 14 | 27 | 19 | 32 | 26 | 39 | 34 | 46 |
| 12 | – | – | 13 | 21 | 17 | 26 | 23 | 31 | 30 | 36 |
| 20 이상 | – | – | – | – | – | – | 20 | 23 | 26 | 27 |

**표 11.10 $T_A$법에서의 등치환산계수**

| 사용위치 | 공법 · 재료 | 내용 | 등치환산계수($a_n$) |
|---|---|---|---|
| 표층기층 | 표층 · 기층용 가열아스팔트 혼합물 | | 1.00 |
| 기층 | 역청 안정처리 | 가열혼합 : 안정도 350kgf 이상 | 0.08 |
| | 시멘트 안정처리 | 가열혼합 : 안정도 250kgf 이상 | 0.55 |
| | 석회 안정처리 | 일축압축강도(7일) 30kgf/cm$^2$ | 0.55 |
| | 입도조정쇄석 | 일축압축강도(10일) 10kgf/cm$^2$ | 0.45 |
| | 입도조정 슬래그 | 수정 CBR 80 이상 | 0.35 |
| | 수경성입도조정슬래그 | 수정 CBR 80 이상 | 0.55 |
| | 침투식 | 일축압축강도(14일) 12kgf/cm$^2$ | 0.55 |
| 보조기층 | 막자갈, 슬래그, 모래 등 | 수정 CBR 30 이상 | 0.25 |
| | 막자갈, 슬래그, 모래 등 | 수정 CBR 20 이상 30 미만 | 0.20 |
| | 시멘트 안정처리 | 일축압축강도(7일) 10kgf/cm$^2$ | 0.25 |
| | 석회안정처리 | 일축압축강도(10일) 7kgf/cm$^2$ | 0.25 |

본 설계법에서 각 교통량별 표층+기층의 최소 필요두께는 표 11.11과 같다. 따라서 이의 최소두께 이상의 두께를 갖도록 단면을 구성함과 동시에 동결에 대한 검토를 추가하여 최종 단면으로 결정한다.

**표 11.11 표층+기층의 최소두께**

| 교통량 구분 | 표층+기층의 최소두께(cm) |
|---|---|
| L, A교통 | 5 |
| B교통 | 10(5) |
| C교통 | 15(10) |
| D교통 | 20(15) |

주) ( )은 역청 안정처리 기층 사용 시 최소두께임.

## 연습문제

**11.1** 다음과 같은 조건에서 AASHTO86 설계법에 의해 각각 아스팔트포장을 설계하라.

- 아스팔트포장(고속도로) : 4차로
- 설계 CBR : 10%
- 승용차 : 6,500대/일
- 버스 : 소형 1,500대/일, 중형 : 16,00대/일
- 트럭 : 소형 1,500대/일, 중형 : 3,000대/일
- 연평균 교통량 증가율 : 7% 적용
- 지역 : 서울
- 분석기간 : 20년

**11.2** 문제 11.1의 조건에서 AASHTO72 설계법에 의해 아스팔트포장을 설계하라.

**11.3** 문제 11.1의 조건에서 $T_A$설계법에 의해 아스팔트포장을 설계하라.

# 제12장 콘크리트포장설계

## 12.1 개설

이 장에서는 콘크리트포장의 종류와 설계법에 대해 기술한다. 이 장에서 콘크리트포장의 종류에서는 콘크리트 판에 작용하는 응력의 해결 방법과 각 포장의 특성에 대해 유념하기 바란다. 또 콘크리트포장설계법에서는 AASHTO86 설계법, AASHTO81 설계법, 철근과 철망 설계법 및 줄눈 설계법에 유념하여 공부하기 바란다.

## 12.2 콘크리트포장의 종류

콘크리트 슬래브에 작용하는 응력에는 하중응력과 온도응력 및 기타의 응력이 있다. 하중응력은 슬래브가 전적으로 받으므로 이것만을 고려하면 시멘트 콘크리트의 강도는 자동차 축하중을 지지하는데 필요한 강도보다 훨씬 높아 안전율이 매우 높다. 그러나 콘크리트포장의 특수성은 그림 12.1과 같이 온도응력과 하중응력의 조합에 따른 합성 응력이 발생하며 이 발생응력이 시멘트 콘크리트의 강도보다 크거나 피로저항을 넘으면 균열이 발생하므로 이 균열 제어가 설계의 관심사이다.

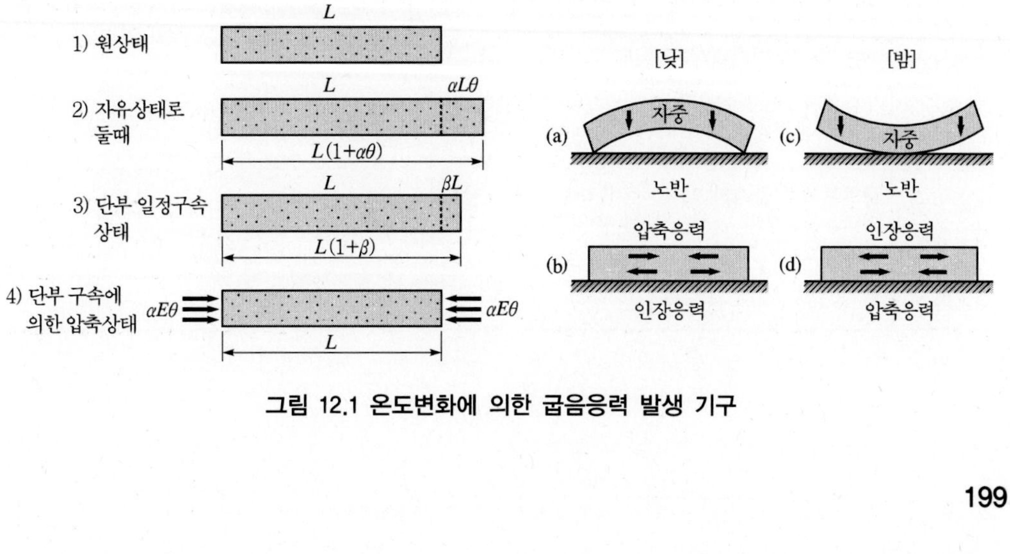


**그림 12.1 온도변화에 의한 굽음응력 발생 기구**

이러한 합성응력에 의한 균열을 제어하는 방법에는 두 가지의 기본원리가 있다.

- 슬래브를 철근 등으로 보강한다.
- 슬래브에서 판의 크기를 작게 한다.

이러한 원리를 이용한 포장공법 등이 제안되었으며 이 중 주된 도로 포장공법으로 사용되고 있는 것이 무근콘크리트포장과 연속철근 콘크리트포장공법이며 일부 특정 개소에만 철근콘크리트포장이 사용되고 있다. 콘크리트포장의 주 공법으로 적용되고 있는 무근콘크리트포장과 연속철근콘크리트포장의 비교는 표 12.1과 같으며 이들 공법을 설명하면 다음과 같다.

**표 12.1 무근콘크리트포장과 연속철근콘크리트포장의 비교**

| | 무근콘크리트포장 | 연속철근콘크리트포장 |
|---|---|---|
| 균열 | 슬래브 판 내의 균열은 구조적 결함이 된다. 균열은 줄눈에서만 발생되도록 한다. | 매우 폭이 좁은 균열은 구조상의 결함이 되지 않는다. 또 우수가 침투해도 큰 문제가 없다. |
| 철근 등의 삽입목적 | 줄눈 이외의 장소에서 불가피한 균열이 발생될 때 이의 균열이 확대되는 것을 방지하기 위해 철망 등을 삽입한다. | 철근과 콘크리트의 부착에 의해 균열을 폭이 좁은 여러 개의 균열이 발생되도록 제어한다. |
| 철근 등의 설계 | 종방향 줄눈과 수축줄눈으로 싸여진 구획에 균열이 발생할 때 한 방향 축의 판(판의 1/2)에 작용하는 마철저항을 부담한다. | 수평변위가 완전히 구속된 콘크리트 판의 온도변화나 건조수축 등 내부응력을 부담하고 균열 폭을 제어한다. |
| 최소철근량 | 경험적으로 3kg/m$^2$ 정도의 철망 | 경험적으로 $p \geq 0.6\%$ |
| 콘크리트 슬래브 두께 | 철망은 하중응력이나 내부응력을 부담하지 않으므로 철망이 없는 콘크리트 슬래브와 동일하다. 철망을 삽입한 판은 수명이 연장되므로 이 경우, 판 두께를 얇게 하기도 한다.(영국 등) | 철근이 내부응력을 분담하므로, 하중 응력에 의한 콘크리트 판의 균열에 대한 안전율은 떨어져도 좋다고 생각하여(경험적), 보통 판두께의 80~90%로 하는 수가 많다. |
| 줄눈의 필요성 | 수축줄눈, 팽창줄눈 모두 필요, 따라서 줄눈 부분의 구조적 약점이나 단차 등은 보통판과 같다. | 수축줄눈, 팽창줄눈 모두 필요 없다. |
| 철근 등의 삽입효과 | 균열부에서 골재의 인터록킹에 의한 하중전달이 쉽다. 균열부의 단차 증대를 방지한다. 파괴적인 균열수를 줄인다. | 균열부에서 골재의 인터록킹에 의한 하중전달을 도모한다. 균열부의 단차발생을 방지한다. |
| 보조기층 | $K_{30} \geq 20\text{kgf/cm}^3$ 또는 $K_{30} \geq 15\text{kgf/cm}^3$ | 좌동 |

(1) 무근콘크리트포장(Jointed Concrete Pavement, JCP)

무근콘크리트포장은 다우월바나 타이바를 제외하고는 철근이 보강재로 사용되지 않는 구조이다. 일정한 간격으로 줄눈을 두어 이곳에서만 균열이 발생되도록 조절하고 필요에 따라 줄눈부에 다우월바가 양쪽 슬래브 사이의 하중을 전달한다. 무근콘크리트포장에서는 줄눈 이외의 부분에서는 균열이 발생해서는 안 된다. 그 이유는 철근보강이 없으므로 줄눈부위 밖에서 발생한 균열의 폭이 커져 내구성과 구조적 안정성이 저하되기 때문이다.

무근콘크리트포장에서는 콘크리트 슬래브와 보조기층 사이에 분리막을 설치한다. 이는 마찰력을 줄여 온도변화 및 건조수축에 의한 콘크리트 슬래브의 움직임을 자유롭게 하기 위함이다. 구속력이 줄어들면 콘크리트에 발생되는 응력도 줄어들고 따라서 균열의 발생도 줄일 수 있다.

(2) 철근콘크리트포장(Jointed Reinforced Concrete Pavement, JRCP)

무근콘크리트포장은 필연적으로 많은 줄눈을 사용하게 되는데 이러한 줄눈으로 인한 문제점을 감소시키기 위하여 고안된 포장의 형태가 철근콘크리트포장이다. 철근콘크리트포장은 줄눈의 개수를 감소시키고(줄눈과 줄눈간의 간격 증가) 그 대신 줄눈 이외의 부분에서 발생되는 균열을 어느 정도 허용하는데 이렇게 발생된 균열들이 과대하게 벌어지는 것을 방지하기 위하여 일정량의 철근을 사용한다. 철근콘크리트포장의 경우 무근콘크리트포장에 비해 줄눈의 수가 일부 감소되나 그래도 줄눈 부위에서 발생하는 문제점은 여전히 안고 있다. 또 철근 보강에 의해 공사비가 증가한다.

따라서 도로포장공법으로 적용되는 예는 적으며 주로 절성 경계부의 보강, Approach Slab, 터널구간 및 대형 야적장 등에 적용된다.

(3) 연속철근콘크리트포장(Continuously Reinforced Concrete Pavement, CRCP)

연속철근콘크리트포장은 횡방향 줄눈을 완전히 없앤 것이다. 종방향 철근(콘크리트 단면적의 0.5~0.7%)을 사용하여 콘크리트에서 허용 가능한 폭이 좁은 많은 수의 균열이 발생하도록 균열을 제어하는 포장의 형태이다. 연속철근콘크리트포장은 가능한 한 온도변화와 건조수축에 의한 콘크리트 슬래브의 움직임을 막아야하므로 콘크리트 슬래브와 보조기층 사이에 분리막을 사용하지 않는다.

즉, 콘크리트 슬래브와 하부층 사이의 마찰과 종방향 철근의 부착력에 의해 균열의 폭과 균열의 간격을 제어하는 구조의 포장이다. 허용 가능한 좁은 폭의 균열이 작은 간격으로 발생하도록 제어함으로서 포장의 기능과 구조에 문제가 없도록 한 것이다. 연속철근콘크리트

포장은 줄눈이 없으므로 승차감이 좋고 포장수명도 다른 포장형태보다 길기 때문에 선형이 양호한 고급도로에 주로 적용한다. 그러나 하부지반의 지지력이 균일한 곳에만 적용할 수 있다.

## 12.3 콘크리트포장의 설계

### 12.3.1 ASSHTO86 설계법

(1) 설계 기본식

강성포장 설계의 기본식은 식 (12.1)과 같으며 이의 설계 흐름도는 그림 12.2와 같다.

$$\log_{10}(W_{8.2}) = Z_R \times S_o + 7.35 \times \log_{10}(D+2.54) - 3.04 + \frac{\log_{10}\left[\frac{\Delta PSI}{4.5-1.5}\right]}{1+\frac{4.32\times 10^{10}}{(D+2.54)^{8.46}}} + (4.22-0.32P_t)\log\left[\frac{S_c' \times C_d \times [D^{0.75}-2.28]}{15.16\times J \times \left[D^{0.75} - \frac{46.79}{(E_c/K)^{0.25}}\right]}\right] \quad (12.1)$$

여기서, $W_{8.2}$ : 8.2t 등가단축하중의 예상통과 횟수

$Z_R$ : 표준편차

$S_o$ : 교통량 예측과 공용성 예측에 대한 혼합표준오차

$D$ : 포장슬래브 두께(cm)

$\Delta PSI$ : 초기설계서비스지수 $P_o$와 최종설계서비스 지수 $P_t$와의 차

$Sc'$ : 시멘트콘크리트의 파괴계수(kgf/cm$^2$)

$J$ : 하중전달계수

$C_d$ : 배수계수

$E_c$ : 시멘트콘크리트의 탄성 계수(kgf/cm$^2$)

$K$ : 노상반력계수(kgf/cm$^2$)

이 식에서 볼 수 있는 바와 같이 콘크리트포장의 슬래브 두께를 결정하기 위해서는 공용기간에 대한 장래교통량($W_{8.2}$), 신뢰도($Z_R$), 전체표준편차($S_o$), 설계서비스능력 손실($\Delta PSI$), 유효 노상반력계수($k$), 콘크리트 탄성계수($E_c$), 콘크리트 파괴계수($Sc'$), 하중전달계수($J$), 배수계수($C_d$)와 같은 입력변수가 필요하다. 이 중 $W_{8.2}, Z_R, S_o$, $\Delta PSI$는 전술한 아스팔트포장 설계편의 AASHTO86 설계법에서 설명한 바와 동일하다.

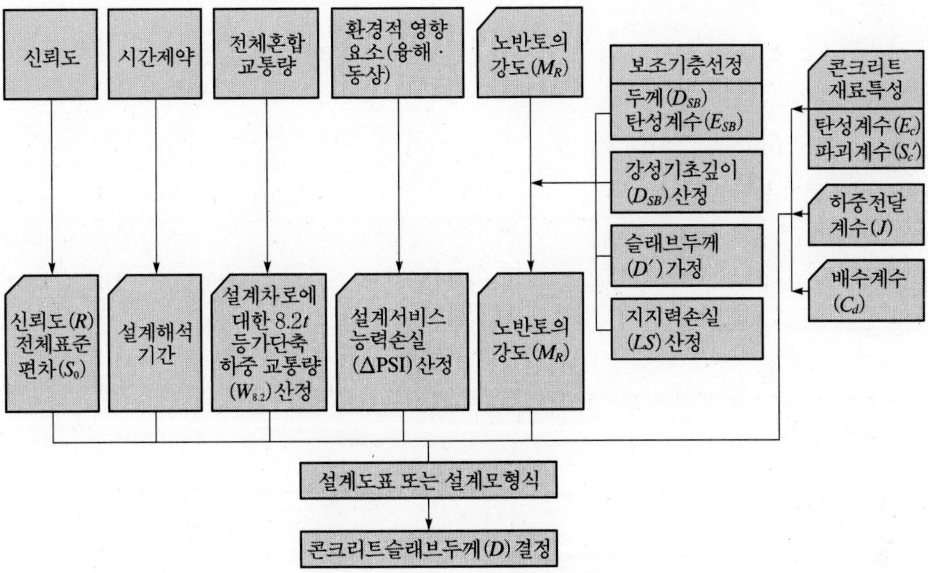


**그림 12.2 강성 포장설계 흐름도**

### (2) 노상조건

노상조건은 동탄성계수를 토대로 결정하는 유효노상 반력계수를 입력한다. 이것은 다음과 같은 절차에 따르며 표 12.2에 입력하여 구한다.

1) 보조기층의 형태 및 두께를 결정한다.
2) 아스팔트포장 설계와 같이 계절적 특성을 고려한 노상의 동탄성계수($M_R$)와 보조기층의 탄성계수($E_{SB}$)를 결정한 후 이를 토대로 그림 12.3에 의해 합성노상반력계수($k$)를 구한다.
3) 노상면으로부터 3.0m 이내에 기반암이 있으면 그림 12.4에 의해 강성기초의 깊이를 고려한 노상반력계수를 구한다. 3.0m 이상이면 고려치 않는다.
4) 슬래브 두께를 선정하고 그림 12.5에 의해 상대손상($U_r$)을 구한다.
5) 총 $U_r$ 값을 샘플 수로 나누어 평균 상대손상을 구한다.
6) 강성포장에서는 보조기층의 침식, 토사의 수직적인 이동에 의한 지지력손실의 가능성을 고려하기 위해 표 12.3과 같은 지지력 손실계수를 사용한다. 이의 계수와 그림 12.6에 의해 수정유효노상반력계수를 산정한다. 이것이 최종설계 $K$값이 된다.

**표 12.2 유효 노상반력계수 산정 예**

| 시험보조기층 : | 형태 | 입상재료 |
|---|---|---|
| | 두께(cm) | 15 |
| | 지지력 손실 LS | 1.0 |
| | 강성기초의 깊이(m) | 1.5 |
| | 실제슬래브두께(cm) | 23 |

| (1)<br>월 | (2)<br>노반계수 $M_R$<br>(kgf/cm$^2$) | (3)<br>보조기층계수 $E_{SB}$<br>(kgf/cm$^2$) | (4)<br>합성 $k$ 값<br>(kgf/cm$^2$)<br>(그림 12.3) | (5)<br>강성기초의 $k$ 값<br>(kgf/cm$^3$)<br>(그림 12.4) | (6)<br>상대손상 $u_r$<br>(그림 12.5) |
|---|---|---|---|---|---|
| 1 | 1,400 | 3,500 | 30.4 | 37.4 | 0.35 |
| 2 | 1,400 | 3,500 | 30.4 | 37.4 | 0.35 |
| 3 | 175 | 1,000 | 4.4 | 6.4 | 0.86 |
| 4 | 280 | 1,000 | 6.4 | 8.3 | 0.78 |
| 5 | 280 | 1,400 | 6.4 | 8.3 | 0.78 |
| 6 | 490 | 1,400 | 11.3 | 15.0 | 0.60 |
| 7 | 490 | 1,400 | 11.3 | 15.0 | 0.60 |
| 8 | 490 | 1,400 | 11.3 | 15.0 | 0.60 |
| 9 | 490 | 1,400 | 11.3 | 15.0 | 0.60 |
| 10 | 490 | 1,400 | 11.3 | 15.0 | 0.60 |
| 11 | 280 | 1,000 | 6.4 | 8.3 | 0.78 |
| 12 | 1,400 | 3,500 | 30.4 | 37.4 | 0.35 |

평균 : $u_r = \frac{\Sigma u_r}{n} = \frac{7.25}{12} = 0.60$ 　　　　계 : $\Sigma u_r = 7.25$

유효노상반력계수 $k$(kgf/cm$^3$) = 15 (그림 12.5)

지지력손실에 대한 수정노상반력계수 $K$(kgf/cm$^3$) = 4.7(그림 12.6)

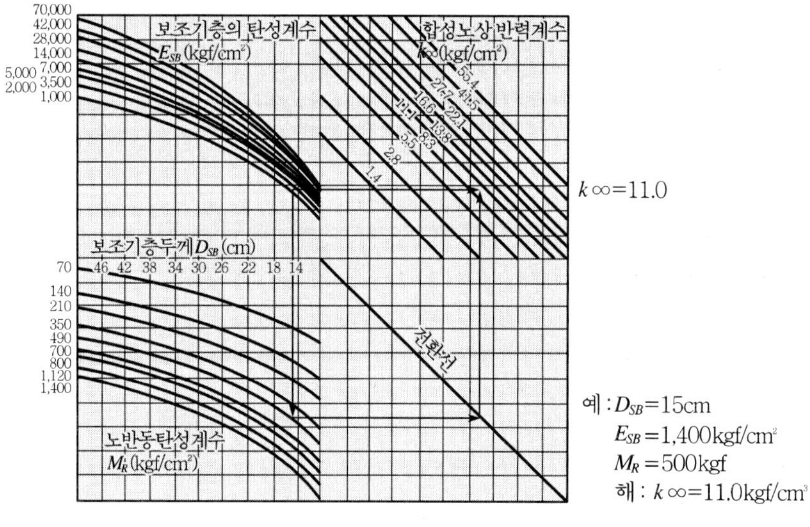


**그림 12.3 반무한 노상깊이고 가정한 합성 노반반력계수($k_\infty$) 추정도**

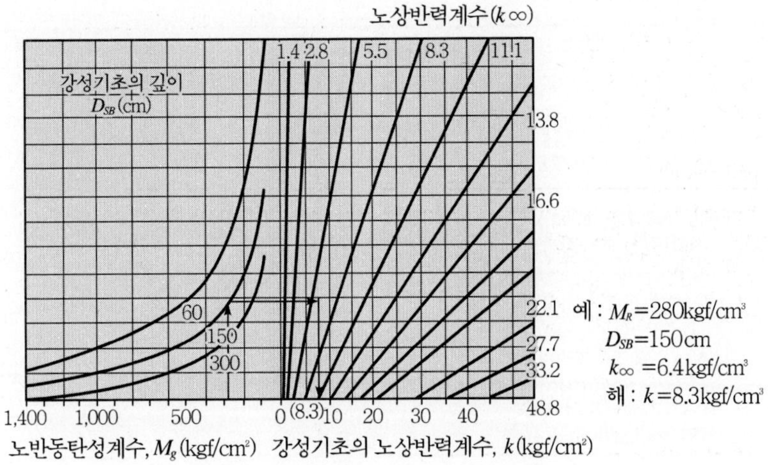


**그림 12.4 강성기초의 영향을 고려한 노상반력 계수 산정도**

(강성기초가 표면으로부터 3.0m 이내일 경우)

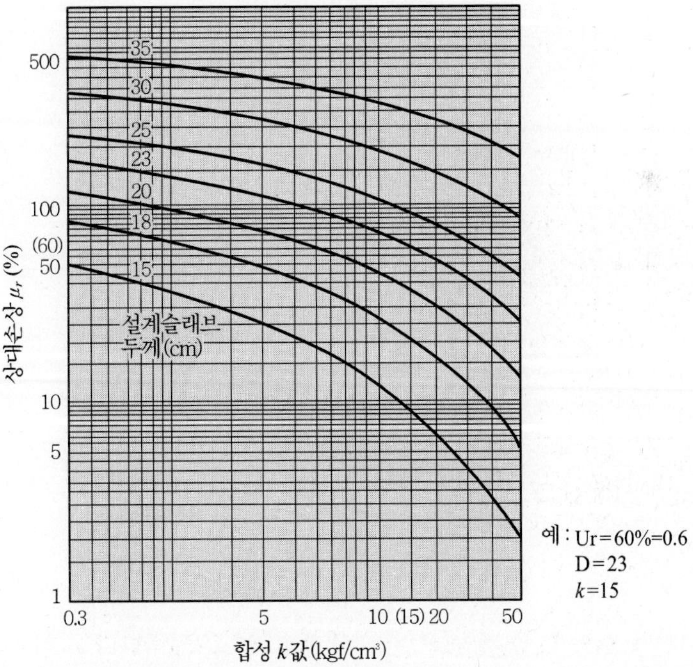


**그림 12.5 슬래브 두께와 하부지지에 따른 강성포장의 상대손상 추정도**

**표 12.3 재료에 따른 지지력 손실계수**

| 지료 형태 | 지지력 손실 (Ls) |
|---|---|
| 시멘트 처리 입상기층<br>(E=70,300~140,600kgf/cm$^2$) | 0.0~1.0 |
| 시멘트·골재 혼합물<br>(E=35,000~70,300kgf/cm$^2$) | 0.0~1.0 |
| 아스팔트처리 기층<br>(E=24,000~70,000kgf/cm$^2$) | 0.0~1.0 |
| 역청안정처리혼합물<br>(E=2,800~21,000kgf/cm$^2$) | 0.0~1.0 |
| 석회안정처리층<br>(E=1,400~5,000kgf/cm$^2$) | 1.0~3.0 |
| 입상재료<br>(E=1,000~3,100kgf/cm$^2$) | 1.0~3.0 |
| 세립 또는 노상재료<br>(E=210~2,800kgf/cm$^2$) | 2.0~3.0 |

주) 이 도표에서 E는 재료의 탄성 또는 동탄성계수 값

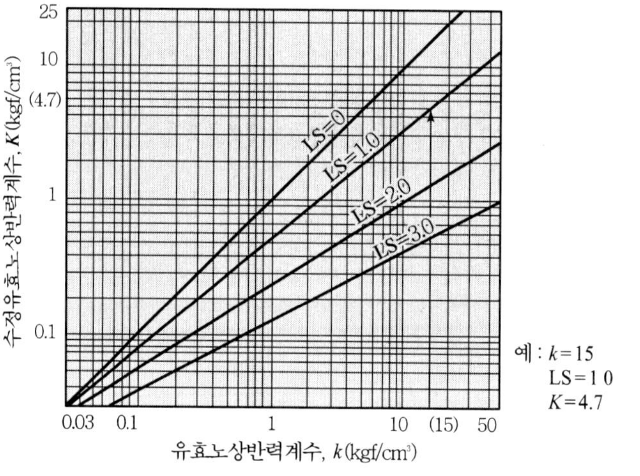


**그림 12.6 보조기층 지지력손실에 대한 유효노상반력계수 추정도**

### (3) 재료 조건

슬래브 콘크리트에 대한 탄성 계수($E_c$)와 파괴계수($S_c'$)를 입력한다.

1) 콘크리트 탄성계수($E_c$)는 28일 압축강도($\sigma_{28}$) 시험을 실시하여 식 (12.2)에 의해 구한다.

$$E_c = 15{,}000\sqrt{\sigma_{28}} \tag{12.2}$$

2) 콘크리트 파괴계수($S_c'$)는 28일간 양생한 공시체에 대해 콘크리트 휨강도(단순보의 3등분점 재하시험법)시험을 실시하여 구한다. 만약 시방규정을 사용하여 구하고자 할 때는 배합강도 $\sigma_r$을 사용한다.

### (4) 포장의 구조적 특성

포장의 구조적 특성은 하중전달계수와 배수계수를 입력한다.

1) 하중전달계수(J)는 표 12.4의 값을 이용한다.

2) 배수계수($C_d$)는 표 12.5의 값을 이용한다.

**표 12.4 포장형식과 설계조건에 따른 하중전달계수(AASHTO)**

| 노견 | 아스팔트 | | 연결콘크리트 | |
|---|---|---|---|---|
| 하중전달장치 | 유 | 무 | 유 | 무 |
| 포장형식 | | | | |
| 1. 무근 및 철근콘크리트포장 | 3.2 | 3.8~4.4 | 2.5~3.1 | 3.6~4.2 |
| 2. 연속철근콘크리트포장 | 2.9~3.2 | - | 2.3~2.9 | - |

**표 12.5 강성포장설계를 위한 배수계수($C_d$)**

| 배수상태 | 포장구조가 포화점에 근접한 함수량 유지기간의 시간비율 | | | |
|---|---|---|---|---|
| | 1% 미만 | 1~5% | 5~25% | 25% 이상 |
| 매우우수 | 1.25~1.20 | 1.20~1.15 | 1.15~1.10 | 1.10 |
| 우 수 | 1.20~1.15 | 1.15~1.10 | 1.10~1.00 | 1.00 |
| 보 통 | 1.15~1.10 | 1.10~1.00 | 1.00~0.90 | 0.90 |
| 불 량 | 1.10~1.00 | 1.00~0.90 | 0.90~0.80 | 0.80 |
| 매우불량 | 1.00~0.90 | 0.90~0.80 | 0.80~0.70 | 0.70 |

### (5) 콘크리트 슬래브 두께 결정

상기에서 정한 입력변수를 그림 12.7에 대입, 슬래브 두께를 결정한다.

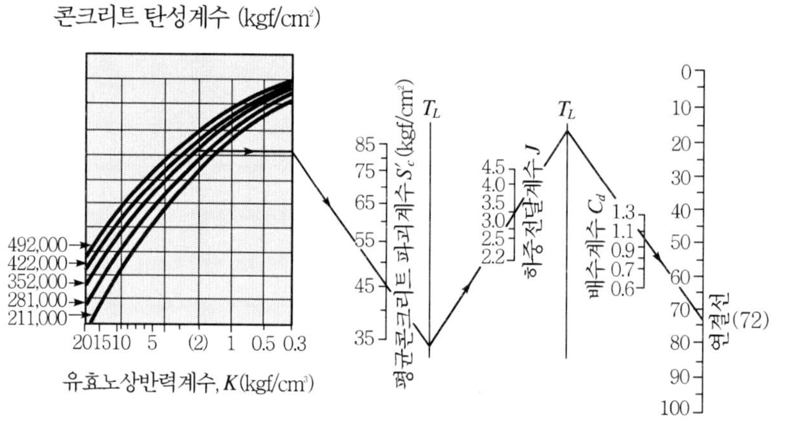


예 $K$ : 2kgf/cm³
$E_c$ : 350,000kgf/cm²
$S_c'$ : 45kgf/cm²
$J$ : 3.2
$C_d$ : 1.0
$S_0$ : 0.29
$R$ : 95%
$\Delta PSI = 4.2 - 2.5 = 1.7$
$W_t$ : $5.1 \times 10^6$ (8.2$t$ ESAL)
해 : $D$ =25cm

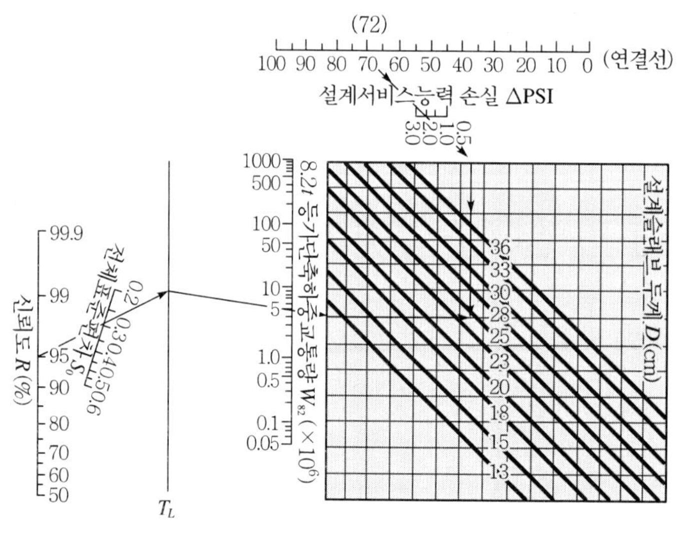


그림 12.7 강성포장 설계도표

### (6) 동상방지층 설계

상기의 과정에서 보조기층두께+콘크리트 슬래 두께를 결정한 다음 동상방지층의 설치 여부를 검토한다.

### (7) 무근콘크리트포장의 철망설계

무근콘크리트포장의 철망은 슬래브 면적 $1m^2$에 3kgf을 표준으로 하며 철망은 6mm의 원형 철근 또는 이형 철근을 사용한다.

철망의 매입 깊이는 콘크리트를 2층으로 나누어 포설할 경우에는 슬래브 두께의 1/3 위치에, 슬래브 두께가 15cm인 경우에는 1/2 위치에, 철망삽입기를 사용할 경우에는 콘크리트 슬래브 표면에서 5~7cm의 깊이에 설치한다.

### (8) 철근콘크리트포장의 보강철근 설계

철근 보강은 종방향 철근(길이방향)과 횡방향 철근으로 나눌 수 있다. 이 중 연속철근콘크리트 포장의 종방향 철근의 설계만 철근콘크리트포장과 연속철근콘크리트포장이 다르고 그 이외의 철근콘크리트포장과 연속철근콘크리트포장의 횡방향 철근량 설계, 철근콘크리트포장의 종방향 철근량의 설계는 모두 동일하다.

모든 경우에 있어서 철근량은 콘크리트 단면적 중에 철근단면적이 차지하는 철근비로 나타내는데 연속철근콘크리트포장의 종방향 설계(다음 (9)항)를 제외한 이들의 설계순서는 다음과 같다.

1) 슬래브길이($L$)

종방향 철근 설계의 경우에는 줄눈간격을 사용하고 횡방향 철근설계의 경우에는 슬래브의 폭을 사용한다. 여기서 슬래브 폭은 자유단부 사이의 거리를 말한다. 타이바로 연결된 것은 자유단부가 아님에 주의해야 한다.

2) 철근의 작용응력($F_s$)

철근의 허용응력을 말하며, 일반적으로 철근항복강도의 75% 값을 사용한다.

3) 마찰계수($F$)

여기서, 사용되는 마찰계수는 콘크리트 슬래브 하부와 보조기층 상부(보조기층이 없는 경우는 노상면) 간의 마찰계수를 말하며 AASHTO에서 추천한 값들은 표 12.6과 같다.

**표 12.6 슬래브 아래의 재료에 따른 마찰계수**

| 슬래브 아래의 재료 | 마찰계수 |
|---|---|
| 표면처리 | 2.2 |
| 빈배합 콘크리트 | 1.9 |
| 석회 안정처리 | 1.8 |
| 아스팔트 안정처리 | 1.8 |
| 시멘트 안정처리 | 1.8 |
| 강자갈 | 1.5 |
| 쇄석 | 1.5 |
| 사석(Sandstone) | 1.2 |
| 자연지반 | 0.9 |

4) 다음 식 (12.3)에 의해 철근비를 구한다.

$$P_s = \frac{L \cdot F}{2F_s} \times 100(\%) \tag{12.3}$$

여기서, $P_s$ = 필요철근비(콘크리트 단면적 중 철근이 차지하는 비율, %)

$L$ = 슬래브 길이(feet)

$F$ = 마찰계수

$F_s$ = 철근의 작용응력(psi)

### (9) 연속철근콘크리트포장의 종방향 철근량 설계

1) **콘크리트의 28일 인장강도(ft)** : 간접 인장강도시험 결과를 사용 한다. 인장강도를 얻기 어려운 경우, 28일 휨강도의 86% 값을 사용한다.
2) **콘크리트의 28일 건조수축 계수(Z)** : 28일 건조수축 계수는 0.0002~ 0.0008의 값을 적용한다. 간접 인장강도를 얻었을 때는 건조수축 계수와의 관계를 이용하여 표 12.7에서 구한다.

**표 12.7 콘크리트의 건조수축계수**

| 간접 인장 강도 (kg/cm$^2$) | 건조수축계수(cm/cm) |
|---|---|
| 21 이하 | 0.00080 |
| 28 | 0.00060 |
| 35 | 0.00045 |
| 42 | 0.00030 |
| 50 이상 | 0.00020 |

주) 간접인장강도는 28일 휨강도의 86% 정도를 사용할 수 있다.

3) **콘크리트의 열팽창계수**($\alpha_c$) : AASHTO에서 추천한 표 12.8의 값을 사용한다.

**표 12.8 굵은골재의 종류별 콘크리트 열팽창 계수**

| 굵은골재의 종류 | 콘크리트의 열팽창계수($10^{-6}$cm/cm/℃) |
|---|---|
| 석 영 | 11.9 |
| 사 석 | 11.7 |
| 자 갈 | 10.8 |
| 화강암 | 9.5 |
| 현무암 | 8.6 |
| 석회석 | 6.8 |

4) **철근의 직경**($\phi$) : 종방향 철근은 19mm 직경의 이형철근이 가장 널리 사용된다.

5) **철근의 열팽창계수**($\alpha_s$) : 일반적으로 $5.0 \times 10^{-6}$in/in/°F를 사용한다.

6) **설계온도강하**(DT) : 콘크리트의 평균양생온도와 포장의 공용기간 동안 예상되는 콘크리트의 최저온도와의 차이를 말한다. 콘크리트의 평균 양생온도를 구하기 어려운 경우는 콘크리트가 포설되는 달의 예상 최고기온들의 평균치를 사용한다.

7) **마찰계수**(F) : 연속철근콘크리트포장의 마찰계수 결정방법은 철근콘크리트의 철근량 설계의 경우와 같다(표 12.6 참조).

8) **철근의 허용응력**($\sigma_s$) : 철근의 직경과 콘크리트의 강도에 따라 표 12.9의 값을 이용한다.

**표 12.9 철근의 허용응력(AASHTO)**

| 28일 양생 콘크리트의 간접인장강도(kg/cm²) | 철근 직경(mm) | | |
|---|---|---|---|
| | $\phi$13 | $\phi$16 | $\phi$19 |
| 21 이하 | 4,570 | 4,010 | 3,800 |
| 28 | 4,710 | 4,220 | 3,870 |
| 35 | 4,710 | 4,290 | 3,940 |
| 42 | 4,710 | 4,430 | 4,080 |
| 49 | 4,710 | 4,570 | 4,150 |
| 56 이상 | 4,710 | 4,710 | 4,220 |

9) **윤하중에 의한 슬래브에 발생하는 인장응력** : 이의 응력은 그림 12.8에 의해 구한다.

10) 상기의 입력변수를 그림 12.9, 그림 12.10, 그림 12.11의 Nomograph에 입력하여 균열간격, 균열 폭, 철근응력에 합당한 최소 철근비와 최대 철근비를 구한다.

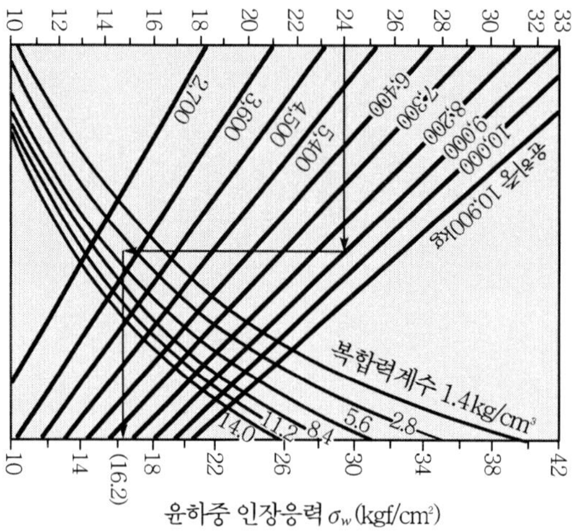


**그림 12.8 윤하중 인장응력 산정도표**

⑪ 필요한 철근의 개수는 다음 식으로 구한다.

$$N = 0.01273\frac{p \cdot W_s \cdot D}{\phi^2} \qquad (12.4)$$

여기서, $N$ : 필요한 철근개수

$p$ : 철근비(%)

$W_s$ : 콘크리트 슬래브 폭(cm)

$D$ : 콘크리트 슬래브 두께(cm)

$\phi$ : 철근 직경(cm)

⑫ 결정된 철근량을 이용하여 균열간격, 균열폭, 철근응력을 계속 시산해 가면서 제 기준에 합당하고 최적인 철근량을 결정한다.

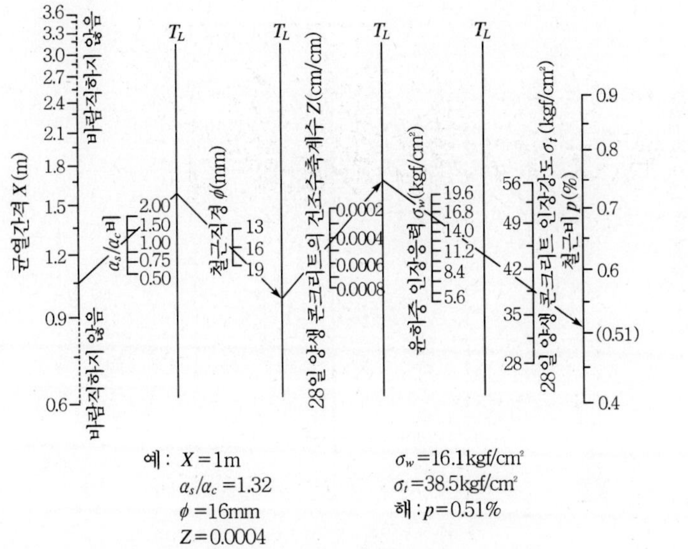


그림 12.9 균열간격의 기준을 만족시키기 위한 철근비

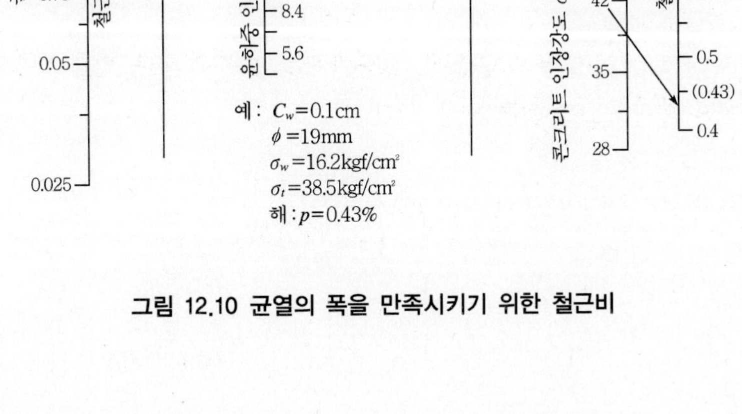


그림 12.10 균열의 폭을 만족시키기 위한 철근비

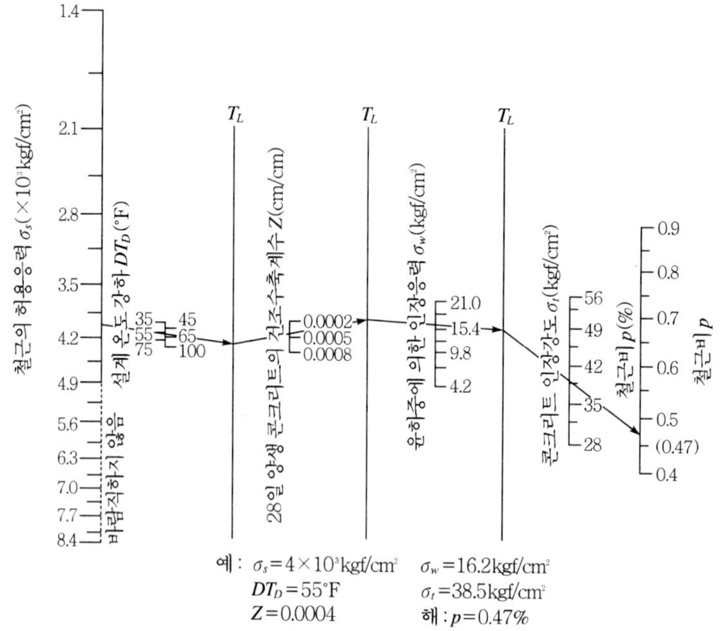


그림 12.11 철근 응력의 기준을 만족시키기 위한 철근비

(10) 타이바의 설계

타이바는 콘크리트와의 부착력을 높이기 위하여 직경 13mm, 16mm의 이형철근을 사용하며, 콘크리트와의 부착이 유지될 수 있도록 충분한 길이를 가져야 한다. 타이바 설치 간격의 결정은 횡방향 철근 설계방법과 동일하다. 다만 슬래브의 폭 대신에 가까운 자유단까지 거리의 2배를 적용한다.

## 12.3.2 AASHTO81 설계법

(1) 설계 기본식

$$\log_{10}(W_{8.2}) = 7.35\log(D+1) - 0.06 + \frac{\log\left[\frac{4.5-P_t}{3.0}\right]}{1+\frac{1.624\times10^7}{(D+1)^{8.46}}} + (4.22-0.32P_t)\log\left[0.7072\times\left(\frac{D^{0.75}-1.132}{D^{0.75}-\frac{18.42}{(4.0\times10^6/k)^{0.25}}}\right)\right] \quad (12.5)$$

여기서, $W_{8.2}$ : 8.2t 등가단축하중의 예상통과 횟수

$k$ : 노상반력계수(kg/cm$^3$)

$D$ : 포장슬래브 두께(cm)

$P_t$ : 최종서비스지수

여기서, $W_{8.2}$는 AASHTO86 설계법과 동일하므로 그 나머지에 대한 내용과 설계도표 이용방법에 대해 기술한다.

### (2) 노상조건

하부층의 조건을 나타내는 것으로서 복합 $K_c$치는 그림 12.12의 산정도표에 의해 결정한다. 보조기층의 강성률은 층 재료에 대해 표 12.10을 적용한다.

여기서, 결정된 $K_c$값으로 슬래브 두께를 결정할 때는 Pumping, 미립자 탈출에 의한 침식 등의 지지력 감소를 고려해야 한다. 이것은 표 12.3을 참고하여 적용하면 된다.

### (3) 공용조건

공용조건은 최종서비스 지수로 입력한다. 주요 간선도로 설계 시에는 $P_t$=2.5 지방도로 등에서는 $P_t$=2.0을 적용한다.

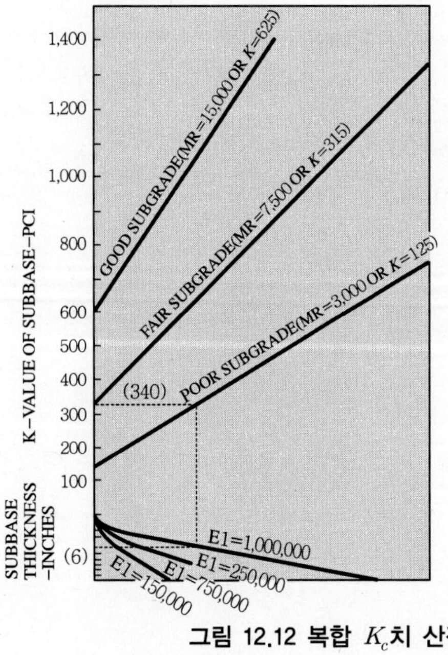


예) 시멘트안정처리 두께 : 15cm(6 inch)
강성률($E_1$) : 100만 psi
k=125인 불량노상
$K_c$=340pci

그림 12.12 복합 $K_c$치 산정용 도표

표 12.10 보조기층 재료별 강성률

| 재 료 | 강성률 범위, psi |
|---|---|
| 입상재료<br>시멘트안정처리기층<br>시멘트안정처리토<br>아스팔트안정처리기층<br>아스팔트유제안정처리기층 | (55~138MPa) 8,000~20,000<br>(2.5~6.9GPa) 500,000~1,000,000<br>(2.8~6.2GPa) 400,000~900,000<br>(2.4~6.9GPa) 350,000~1,000,000<br>(2.8~2.1GPa) 400,000~300,000 |

### (4) 재료조건

설계에 필요한 콘크리트의 재료특성은 탄성계수, 휨 강도 및 인장강도이다. 여기서 앞의 두 특성은 포장의 두께 산정에 필요하고 나머지 하나는 철근량 산정에 사용된다. 이때 휨 강도와 인장강도는 안전율을 고려, 식 (12.6)에 의해 허용응력으로 변환시켜야 한다.

$$\sigma_c = \frac{\overline{\sigma_c}}{SF} \tag{12.6}$$

여기서, $\sigma_c$ : 허용휨응력

$SF$ : 안전율(보통 1.33이나 2.0까지 취할 수 있음)

$\overline{\sigma_c}$ : 시험치 들을 평균한 평균휨강도

콘크리트 탄성계수는 압축강도시험에 의해 구한 값을 사용한다. AASHTO Road Test의 기본방정식의 유도에 쓰인 값은 4,200,000psi였다.

### (5) 포장의 구조적 특성

포장의 구조적 특성을 고려하기 위해 하중전달계수를 입력한다. 하중전달계수(Load Transfer)는 포장의 종류에 상관없이 3.2를 적용한다.

### (6) 포장두께 결정

포장두께는 상기에서 정한 입력변수를 그림 12.13에 입력하여 결정한다. 그림 12.13의 설계도표에서 두께가 결정되면 철망 또는 철근량은 AASHTO86 설계법에 따라 결정한다.

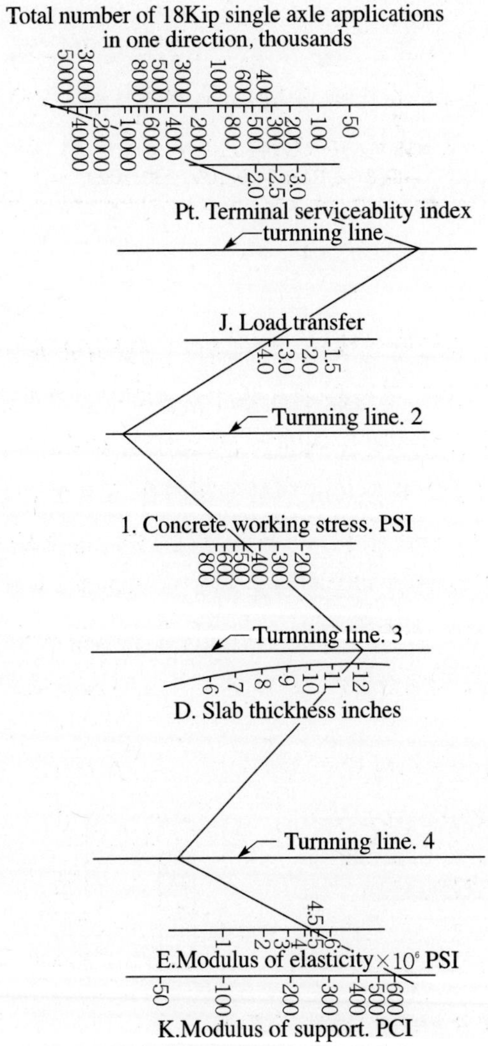


그림 12.13 콘크리트 포장 설계도표

· 적용자료 : 설계교통량 : 500만대(18kip의 단축하중으로서 일방향 교통량)

서비스지수 : ($P_t$) : 2.5

하중전달계수 : 3.5

콘크리트 강도 : 500pis

보조기층 상부면에서의 $K$값 : 600PCI

콘크리트의 탄성계수 : $4.5 \times 10^6$psi

슬래브 두께 ①) : 11.5in≒30cm

## 12.4 줄눈의 설계와 시공

콘크리트 슬래브에는 팽창, 굽음, 수축 등을 어느 정도 자유롭게 일어나도록 하여 온도응력을 경감하고 피할 수 없는 균열은 일정한 장소에 일어나도록 제어할 목적으로 줄눈을 설치한다. 줄눈은 기능에 따라 수축줄눈, 팽창줄눈 및 시공줄눈으로 분류되며 설치위치에 따라 가로 방향줄눈과 세로 방향줄눈이 있다.

### 12.4.1 가로 수축줄눈

수축줄눈은 수분, 온도, 마찰 등에 의해 발생하는 수축응력을 경감하고 표층에 발생하는 불규칙한 균열을 제어하기 위해 설치한다. 철망을 사용하지 않는 무근콘크리트포장에서는 6m 이하의 간격으로 설치하며 철근 또는 철망을 사용한 콘크리트포장에서는 슬래브 두께가 25cm 미만일 때는 8m, 25cm 이상일 때는 10m 이하의 간격을 표준으로 설치한다.

가로 수축줄눈은 그림 12.14와 같이 다우월바를 이용한 맹(盲)줄눈 구조를 표준으로 한다. 그러나 이 줄눈이 시공줄눈으로 될 때는 다우월바를 사용한 맞댄줄눈으로 한다. 맹줄눈에는 콘크리트가 경화한 후 절단기로 홈을 만드는 커터줄눈과 콘크리트의 경화전 상부에 홈을 만들기 위한 가삽입물을 넣은 타설줄눈이 있다. 줄눈의 깊이는 슬래브 두께의 1/4 이상이어야 한다.

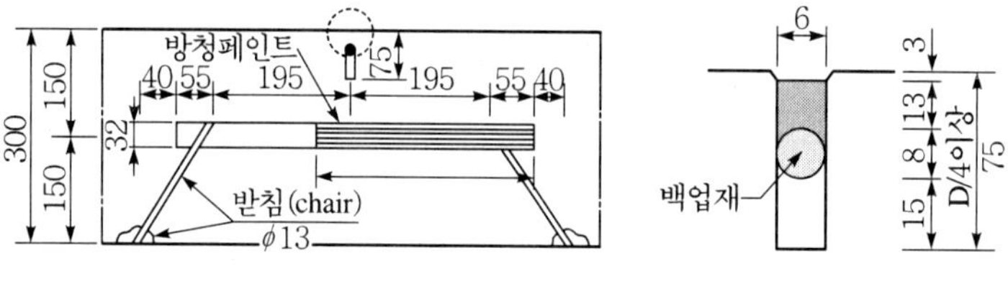


**그림 12.14 가로 수축줄눈 구조 예**

### 12.4.2 가로 팽창줄눈

팽창줄눈은 온도변화에 의한 슬래브의 팽창을 해방시킬 수 있는 공간을 둠으로써 포장의 좌굴파괴를 방지하기 위해 설치한다. 가로 팽창줄눈은 교량 접속부, 포장구조가 변경되는 위치, 교차 접속부에 필히 설치해야 하며 기타의 일반 구간에서는 슬래브 두께와 시공시기에 따라 표 12.11의 간격 이하로 설치한다.

**표 12.11 가로팽창 줄눈간격의 표준치**

| 시공시기 / 슬래브두께 cm | 10~5월 | 6~9월 |
|---|---|---|
| 15, 20 | 60~120m | 120~240m |
| 25 이상 | 120~240m | 240~480m |

가로 팽창줄눈의 구조는 그림 12.15와 같다. 줄눈에는 주입줄눈재와 줄눈판을 사용하고 다우월바로 보강해야 한다. 다우월바는 팽창이 가능하도록 한쪽을 역청재 등을 도포하고 그 끝은 캡을 씌워야 한다.

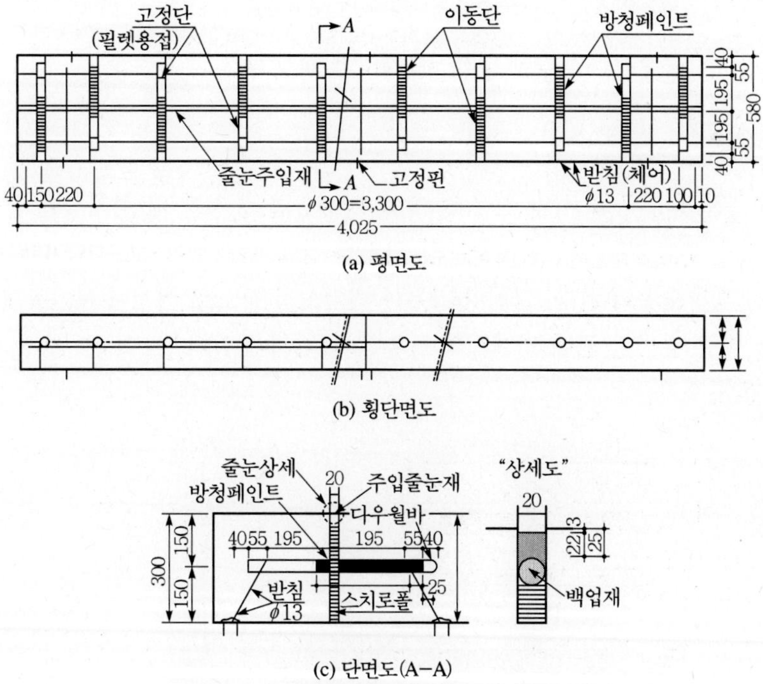


**그림 12.15 가로팽창줄눈의 설계(단위 : mm)**

### 12.4.3 세로줄눈

세로줄눈은 일반적으로 차선에 설치한다. 그러나 이의 설치 폭은 5m를 넘지 않는 것이 좋다. 따라서 2차선 폭으로 시공할 때는 그림 12.16의 (a)와 같은 맹줄눈 구조로 하며 1차선씩 시공할 때는 그림 12.16(b)와 같은 맞댄 줄눈 구조로 한다. 세로줄눈의 폭은 6~13mm, 깊이는 두께의 1/3 이상이어야 한다.

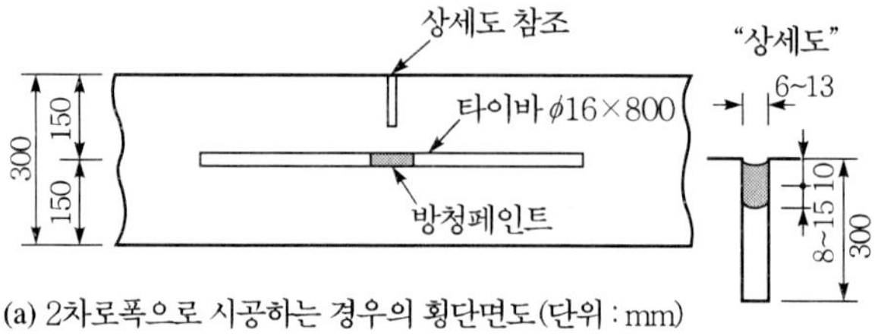


(a) 2차로폭으로 시공하는 경우의 횡단면도(단위 : mm)

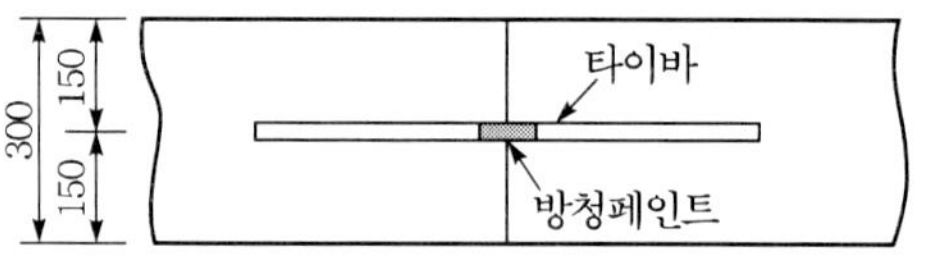


(b) 1차로폭으로 시공하는 경우의 횡단면도(단위 : mm)

**그림 12.16 세로줄눈의 설계 예**

### 12.4.4 시공줄눈

시공줄눈은 1일 포장 종료 시나 강우 등에 의해 시공을 중지할 때 설치하는 줄눈이다. 시공줄눈의 위치는 수축줄눈이나 팽창줄눈의 위치에 설치하는 것이 좋으며 이때는 맞댄형의 수축줄눈 또는 팽창줄눈이 된다. 그러나 강우나 기계고장 등으로 이것이 불가능할 때는 수축줄눈에서 3m 이상 떨어진 곳에 맞댄형의 줄눈을 설치해야 한다. 그림 12.17에 시공줄눈의 예를 나타내었다.

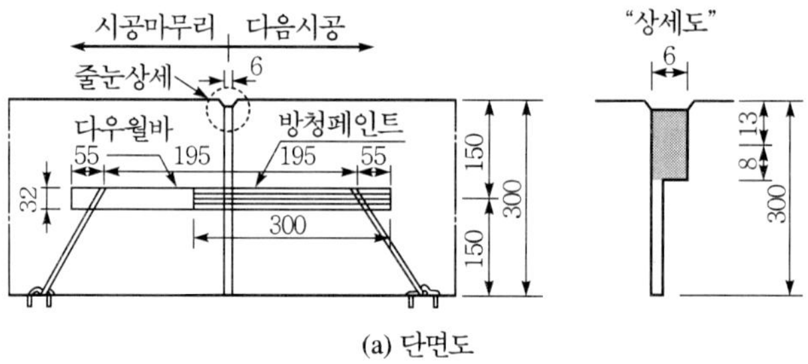


(a) 단면도

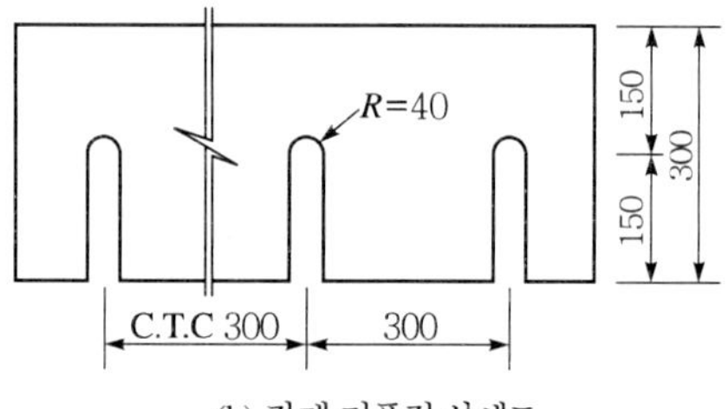


(b) 강제 거푸집 상세도

**그림 12.17 시공줄눈의 설계 예**

## 연습문제

**12.1** 제11장 아스팔트포장설계편 문제 11.1과 같은 조건에서 포장형식이 콘크리트포장일 때 i) AASHTO86 설계법 ii) AASHTO82 설계법에 의해 콘크리트포장을 설계하라.

**12.2** 문제 12.1에서 이것이 각각 i) 무근콘크리트포장 ii) 철근콘크리트포장 iii) 연속철근콘크리트포장일 경우 철근과 철망을 설계하라.

**12.3** 문제 12.2의 i), ii)의 경우에 대해 줄눈을 설계하라.

# 제13장 평면교차시설의 계획 및 설계

## 13.1 개설

이 장에서는 교차로의 종류와 평면교차로의 계획 및 설계에 대해 기술한다. 이 장에서는 교차로의 종류를 이해한 후 평면교차로의 설계원리와 계획 그리고 각 설계 제원의 결정방법에 대해 공부하기 바란다.

## 13.2 교차시설의 종류

### 13.2.1 교차시설의 분류

교차시설의 계획과 설계 시 고려해야 할 교차부의 종류는 그림 13.1과 같다. 평면교차란 교차하는 2개 이상 도로의 교통처리가 평면상에서 일어나는 것이며 입체교차란 구조물을 설치하여 2개 이상 도로의 교통흐름이 각기 다른 층에서 처리되는 것이다.

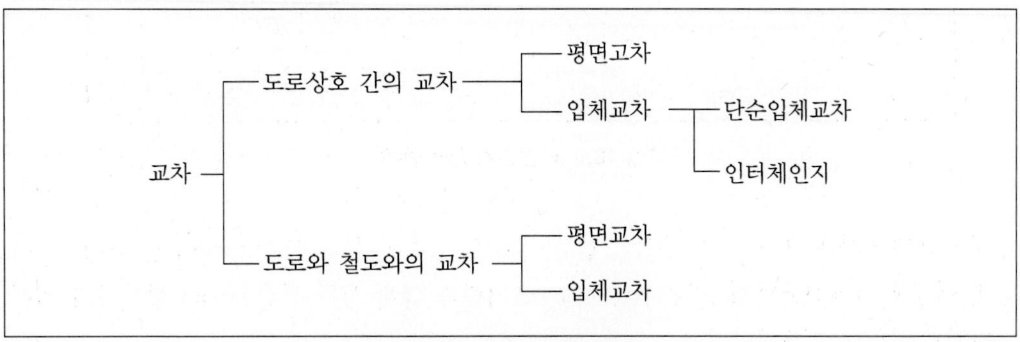


그림 13.1 교차시설의 종류

### 13.2.2 평면교차로의 종류

평면교차로(At-grade Intersection)란 2개 이상의 도로가 평면상에서 서로 합쳐지는 도로의 부분이다. 평면교차로의 종류는 교차하는 갈래의 수, 교차각 및 교차위치에 따라 그림 13.2와 같이 분류할 수 있다.

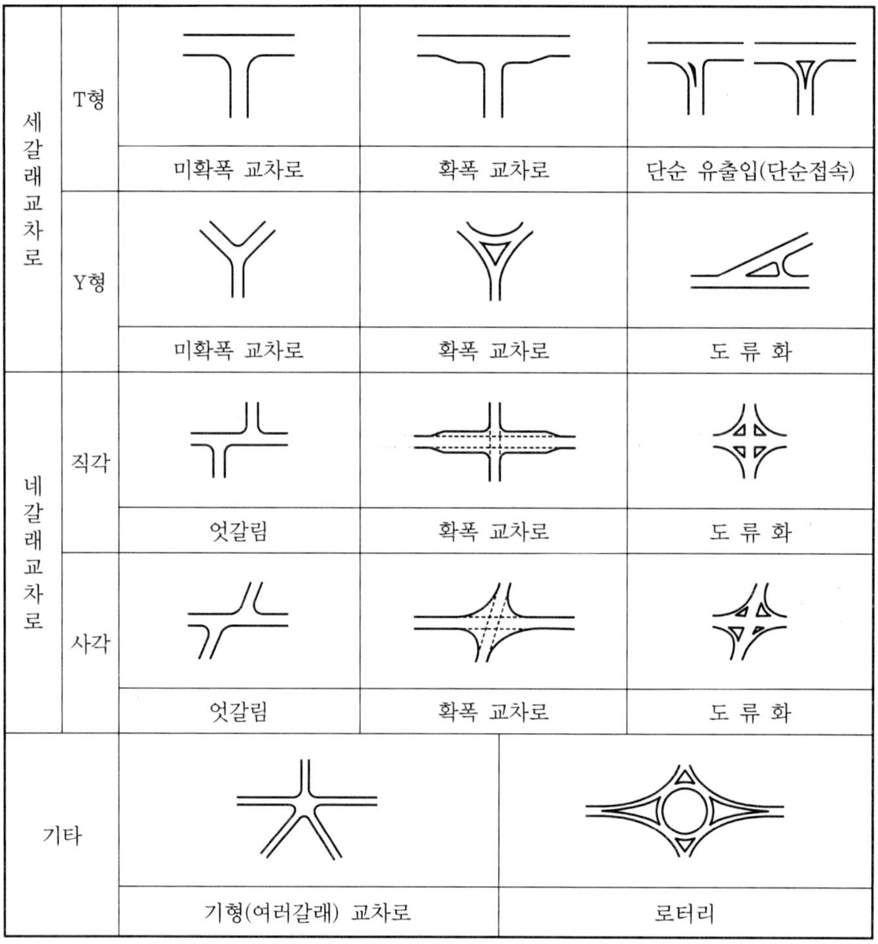


**그림 13.2 평면교차로의 종류**

평면 교차에서는 그림 13.3의 교차, 합류, 분류와 같은 교통의 상충 현상이 일어나므로 이를 어떻게 해결하는가가 과제이다. 따라서 계획과 설계 시는 상충을 최소화시키기 위한 방법과 기법이 적용된다.

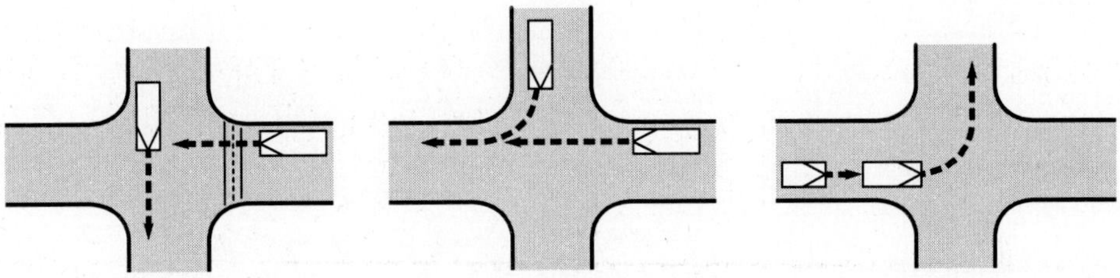

(a) 교차상충 (b) 합류상충 (c) 분류상충

**그림 13.3 평면교차로에서의 상충 유형**

## 13.3 평면교차로의 도류화

도류화(Channelization)란 차량과 보행자를 안전하고 질서 있게 이동시킬 목적으로 교통섬, 노면표시 등을 이용하여 상충하는 교통류를 분리시키거나 규제하여 명확한 통행경로를 지시해주는 것을 말한다. 따라서 평면으로 교차하거나 접속하는 구간에서는 필요시 회전차로, 변속차로, 교통섬 등의 도류화 시설을 설치한다. 즉, 평면교차로의 설계는 도류화 설계가 원칙이며 도류화는 설계 시 뿐만 아니라 기존 교차로의 개선을 위해서도 필요하다. 그림 13.4에 도류화 설계 예를, 그림 13.5에 도류화에 의한 교차로의 개선 방법 및 효과를 나타내었다.

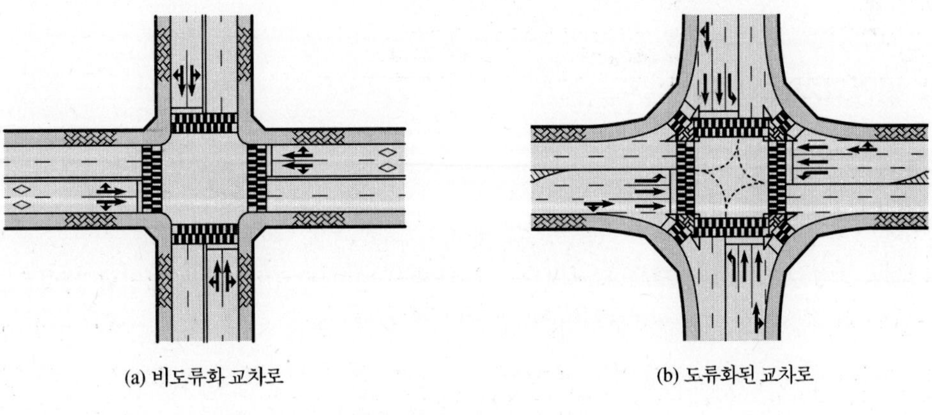

(a) 비도류화 교차로 (b) 도류화된 교차로

**그림 13.4 도류화 설계 예**

| 도류화 전 | 도류화 후 | 효과 |
|---|---|---|
| 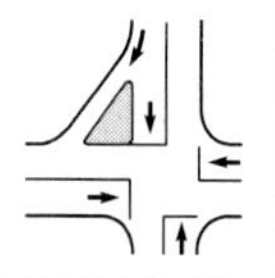 | 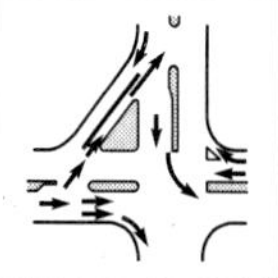 | ·교통흐름유도<br>·포장면적 축소 |
| 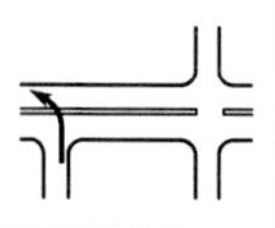 | 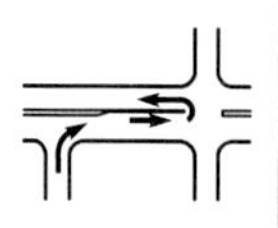 | ·접속도로에서 좌회전을 금지토록 하는 경우 |
| 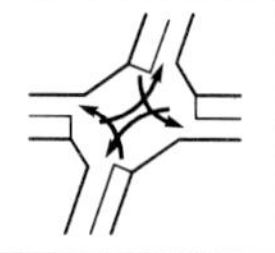 | 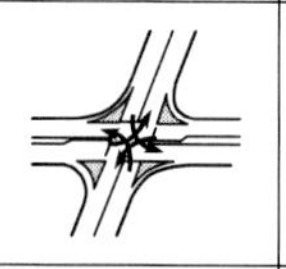 | ·면적이 넓은 교차로에서 교통의 상충 감소 |
| 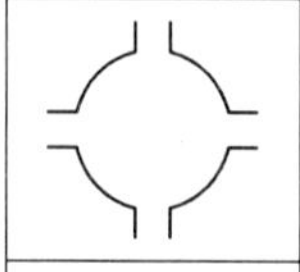 | 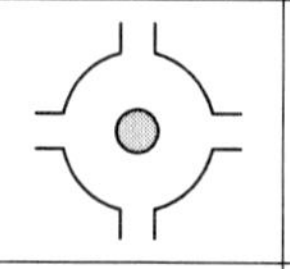 | ·교통흐름 방향을 통제하는 경우 |
| 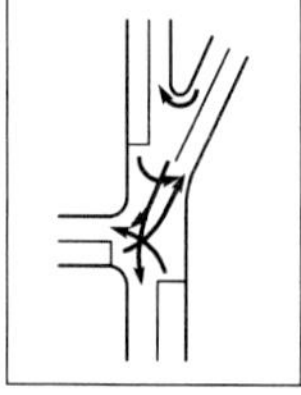 | 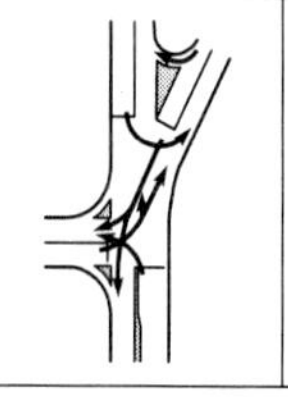 | ·교차로의 면적이 넓은 경우 |

| 도류화 전 | 도류화 후 | 효과 |
|---|---|---|
| 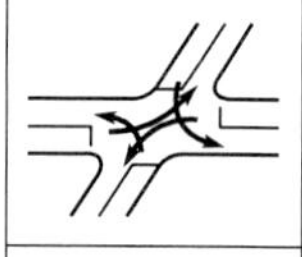 | 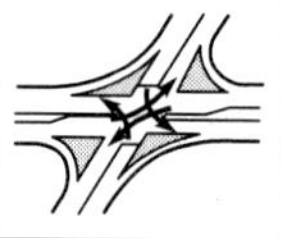 | ·직진과 회전차선 분리 |
| 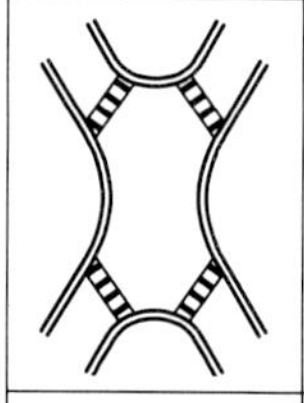 | 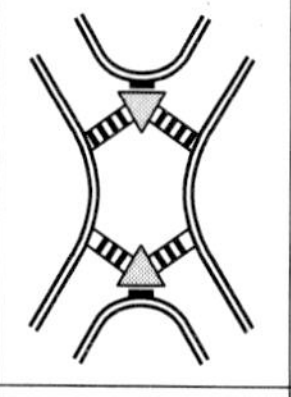 | ·정지선 간격을 축소하고 보행자 교통섬을 설치 |
| 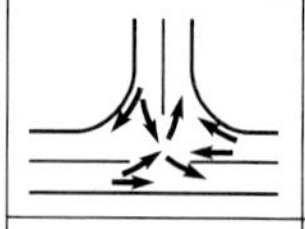 | 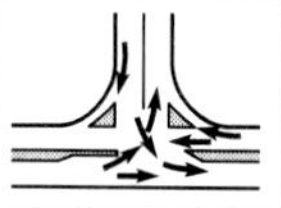 | ·교통흐름 유도 및 포장면적 축소 |
| 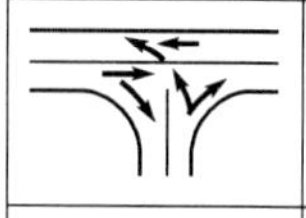 | 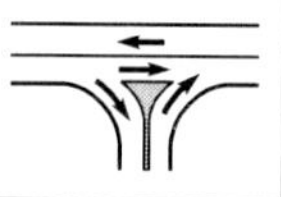 | ·좌회전을 금지하고자 하는 경우 |
| 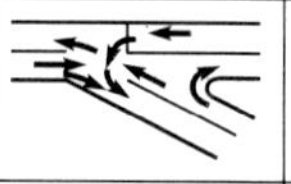 | 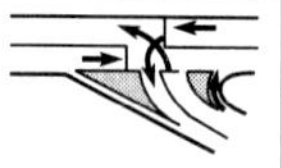 | ·교차각이 작은 경우 |
| 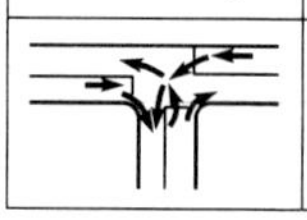 | 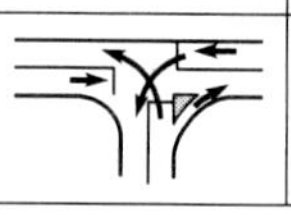 | ·좌회전 전용차선을 두는 경우 |

**그림 13.5 도류화에 의한 교차로의 개선방법 및 효과**

## 13.4 평면교차로의 계획

### 13.4.1 교통관제

평면교차로의 계획, 설계는 교차로의 교통운영과 교통관제 방법에 따라 달라진다. 교차되는 도로의 상대속도가 낮은 경우에는 많은 교통관제 방법이 필요치 않다. 그러나 상대속도가 높은 경우에는 많은 교통관제시설을 하거나 차량의 주행경로를 차단 또는 전환시켜야 한다.

평면교차로의 교통관제 방법에는 교통신호기 설치, 일시정지 표지, 양보표지 등이 있다.

### 13.4.2 평면교차로간의 설치간격

교차로간의 최소간격은 다음을 고려하여 결정한다.

1) 위빙교통량이 적은 경우, 개략적인 교차로의 순간격은 다음 식으로 결정한다.

$$L = a \times V \times N \tag{13.1}$$

여기서, $L$ : 순간격(m)

$a$ : 상수(시가지부 : 1, 지방지역 : 2~3)

$V$ : 설계속도(km/시)

$N$ : 설치 차로수

2) 신호교차로에서 좌회전 차로의 설치길이가 짧으면 교통장애가 발생하므로 두 교차로 사이의 거리는 두 교차로의 좌회전차로 설치 길이의 합보다 길게 한다.
3) 다음 교차로에 대한 인지성을 확보할 수 있는 간격을 확보해야 한다. 영국도시부에 적용되는 평면교차로간의 최소간격에 대한 지침은 다음과 같다
- 주요간선도로 : 550m
- 간선도로 : 275m
- 보조간선도로 : 210m
- 집산 및 국지도로 : 90m

### 13.4.3 교차로 설치위치 결정

#### (1) 평면선형을 고려한 설치위치

평면교차로는 평면선형이 직선부인 곳에 설치하는 것이 좋으나 불가피하게 곡선부에 설치할 때는 그림 13.6과 같이 곡선부의 바깥쪽에 설치하는 것이 좋다.

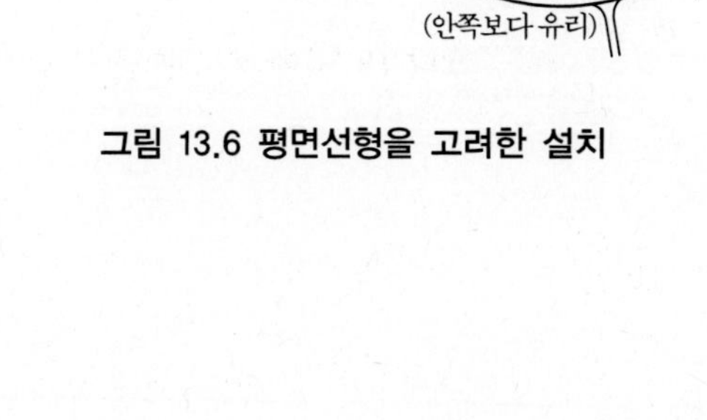


그림 13.6 평면선형을 고려한 설치

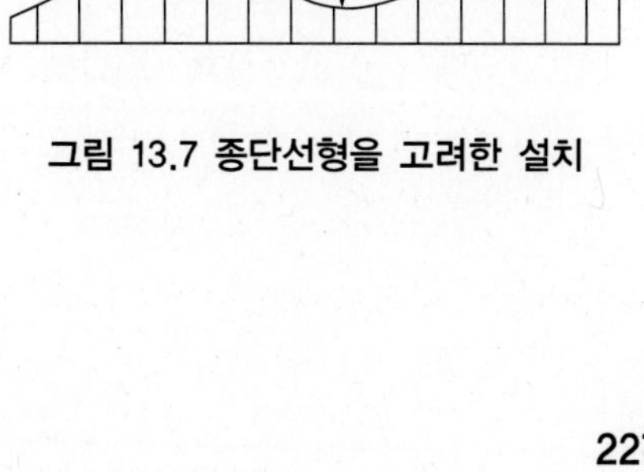


그림 13.7 종단선형을 고려한 설치

(2) 종단선형을 고려한 설치위치

평면교차로는 그림 13.7과 같이 종단선형의 급경사구간 및 종단곡선 구간에는 설치하지 않는 것이 좋으나 불가피하게 종단곡선상에 설치할 때는 오목형 종단곡선부에 설치한다.

### 13.4.4 차로 계획

① 교차로에서의 차로수는 교차로로 접근하는 도로의 차로수보다 많게 한다.

② 유출부(교차로 후방)의 차로수는 유입부(교차로 전방)의 차로수보다 많거나 같아야 한다. 이와 같이 교차로에서는 차로수가 균형을 이루어야 하는데 이것을 그림 13.8에 나타내었다

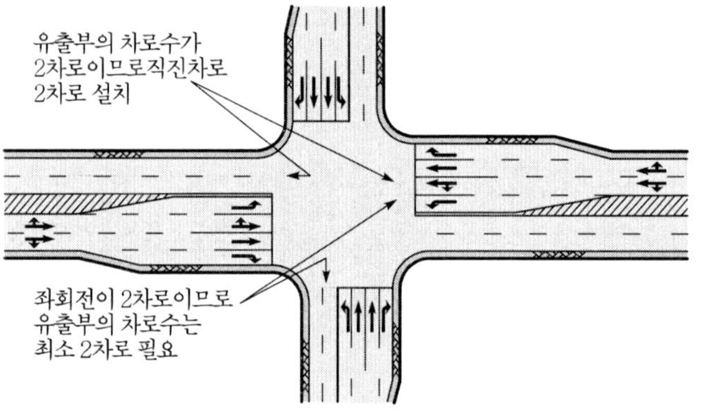


**그림 13.8 차로수의 균형**

### 13.4.5 평면교차로의 형상

평면교차로는 차량, 보행자 및 시설물이 복잡하게 얽혀 있는 지점으로 교통사고의 위험성이 높고 교통운영 상태가 나빠질 우려가 많다. 따라서 교차하는 도로의 선형은 되도록 직선을 유지하도록 하며, 교차하는 각도도 직각에 가깝도록 함으로써 교차로의 면적을 최소화시킨다. 일단 교차로에 진입한 운전자나 보행자들이 최소한의 시간동안에 교차로를 신속하고 안전하게 통과하도록 직각 교차로로 하는 것이 좋다.

그림 13.9에 Y형 교차로와 네 갈래 교차로의 형상 예를, 그림 13.10에 주교통을 처리하기 위한 도로선형의 개선 예를 나타내었다.

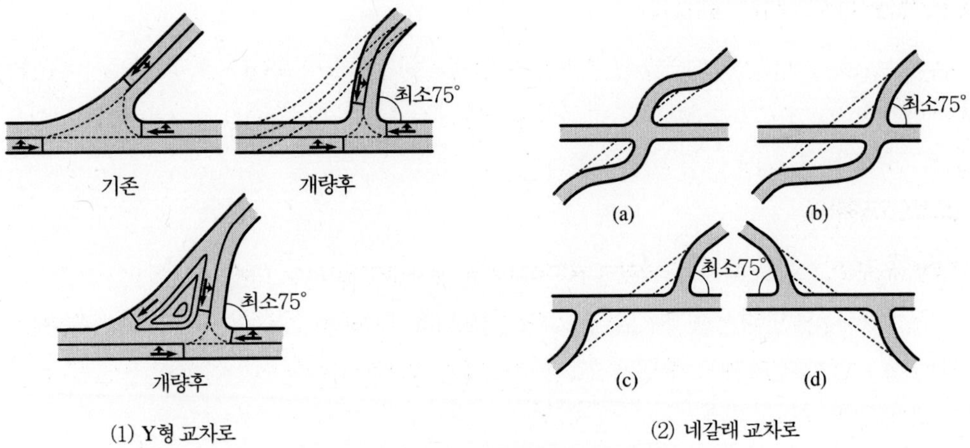


그림 13.9 교차로 형상의 개선 예

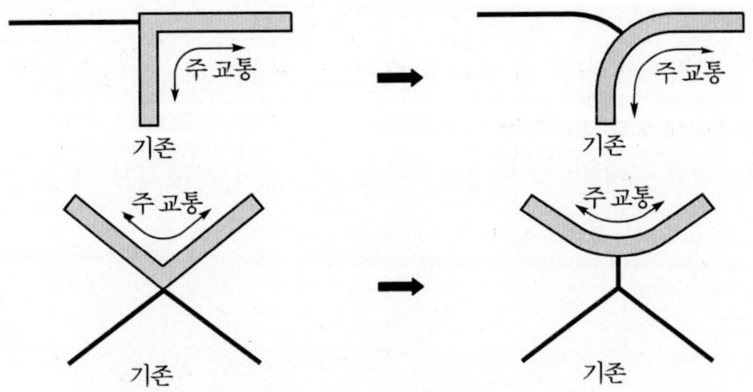


그림 13.10 도로선형의 개선 예

## 13.5 평면교차로의 설계

### 13.5.1 평면교차로의 기하구조

#### (1) 설계속도

평면교차로에서 교차하는 도로들의 설계속도는 원칙적으로 동일해야 한다. 그러나 주도로와 부도로와의 우선권이 명확한 경우에는 부도로 측의 속도를 주도로부보다 낮게 하는 것이 좋다. 그러나 제반 설계요소를 만족시키기 위하여 설계속도를 낮추는 경우, 그 속도의 차가 너무 크면 접속설치 부분에서 문제가 생겨 안전성을 해칠 수 있으므로 설계속도의 차는

20km/시 이하로 해야 한다.

### (2) 평면선형

교차로에서는 직선이 가장 바람직하다.

### (3) 종단선형

교차로에서는 종단경사를 3% 이내로 하는 것이 바람직하며, 지형상황, 공사비 등으로 인해 개선이 곤란한 경우에도 종단경사는 6%를 넘지 않아야 한다.

### (4) 평면교차로의 시거

교차로 내에 진입한 차량은 교차도로의 상황을 인지하는데 필요한 시거가 확보되어야 한다. 이것은 시거를 말할 때 사용되는 도로 중심선과는 다르게 적용되어야 한다. 이 경우에는 그림 13.11과 같이 교차하는 도로를 인지할 수 있는 범위이다. 이것을 교차로의 시계(視界) 또는 시거 삼각형(Sight Triangle)이라 부른다.

이의 시계는 신호교차로의 경우 표 13.1, 신호 없는 교차로에서는 표 13.2의 시거(시계 또는 시거삼각형)를 확보토록 하고 있다.

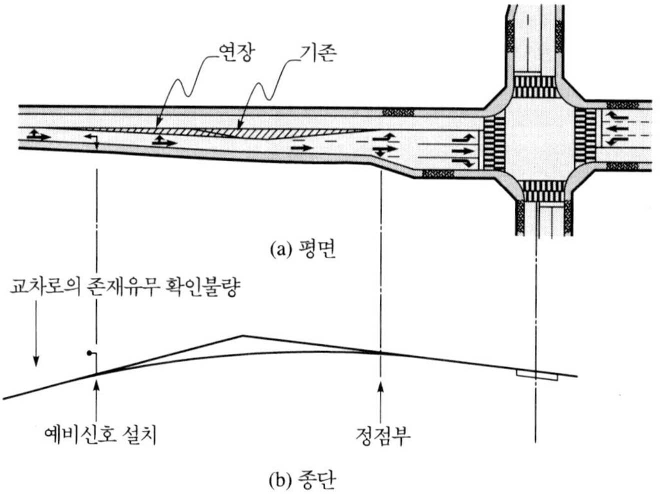


**그림 13.11 교차로에서의 시거**

**표 13.1 신호교차로의 최소시거(S)**

| 설계속도($V$) (km/시) | 최소시거(m) | | 비고 (정지 시거) |
|---|---|---|---|
| | 지방지역 ($t$ = 10sec, a = 2.0m/sec$^2$) | 도시지역 ($t$ = 6sec, a = 3.0m/sec$^2$) | |
| 20 | 65 | 45 | 15 |
| 30 | 100 | 70 | 20 |
| 40 | 145 | 100 | 45 |
| 50 | 190 | 135 | 65 |
| 60 | 240 | 170 | 85 |
| 80 | 350 | 260 | 140 |

**표 13.2 신호없는 교차로의 최소 시거**

| 설계속도(km/시) | 20 | 30 | 40 | 50 | 60 |
|---|---|---|---|---|---|
| 최소시거(m) | 25 | 40 | 60 | 85 | 115 |

또 그림 13.12와 같은 시거삼각형에서는 교차로를 통행하는 운전자들이 교차로에서 벌어지는 상황을 파악하여 대처할 수 있도록 최소정지시거가 확보되어야 하고 시거삼각형 내에는 장애물이 없어야 한다.

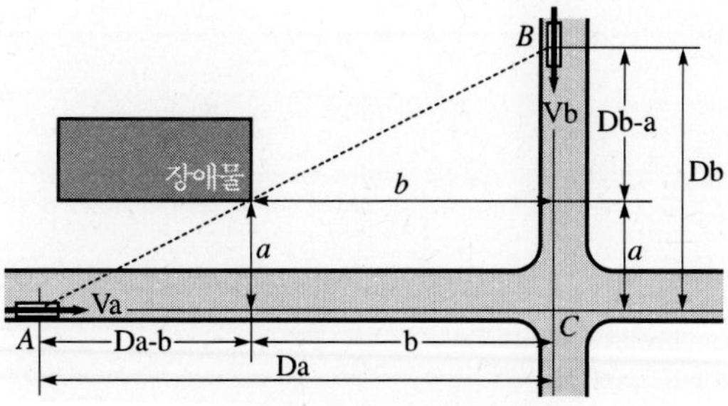


**그림 13.12 시거 삼각형**

## 13.5.2 교통섬 설계

교통섬이란 교차로에서 좌회전차, 우회전차, 직진차를 규칙적으로 도류화시키기 위해 설치하는 섬이다. 일반적으로 교통섬의 최소 크기는 보행자의 대피 장소에 필요하다고 인정되는 9m$^2$ 이상 되어야 한다. 용지와 폭원 등의 제약으로 부득이한 경우에도 도시부는 5m$^2$ 이상, 지방부는 7m$^2$ 이상의 면적을 확보해야 한다.

교통섬의 구성은 그림 13.13과 같다. 그림 13.13에서 본선과 도류로가 분기되어 각각의 차로에서 일정간격(직거리)을 유지하는 지점을 노즈(Nose), 차로와의 수직거리를 옵셋(Offset)이라 하며, 차로와 평행하게 이격된 거리를 셋백(Set Back)이라 하고 이렇게 구성된 삼각형 모양의 모서리 부분을 선단이라 한다. 교통섬 설계 시 고려해야 할 이들의 최소값은 각각 표 13.3, 표 13.4와 같다.

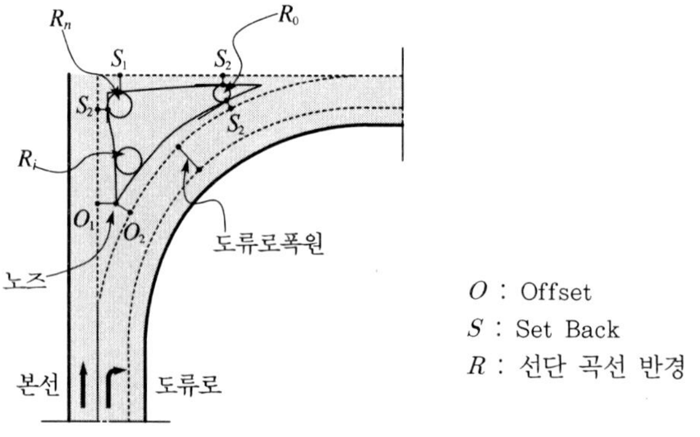


그림 13.13 교통섬의 구성

표 13.3 Nose Offset 및 Set Back의 최소값(m)

| 구분 \ 설계속도(km/시) | | 80 | 60 | 50~40 |
|---|---|---|---|---|
| Set Back | $S_1$ | 2.00 | 1.50 | 1.00 |
| | $S_2$ | 1.00 | 0.75 | 0.50 |
| Nose Offset | $O_1$ | 1.50 | 1.00 | 0.50 |
| | $O_2$ | 1.00 | 0.75 | 0.50 |

표 13.4 선단의 최소 곡선 반경(m)

| $R_i$ | $R_o$ | $R_n$ |
|---|---|---|
| 0.5~1.0 | 0.5 | 0.5~1.50 |

분리대와 같이 장방형의 긴 형태로 구성된 교통섬은 상기와는 다른 특성을 갖게 된다. 이러한 분리대의 형태와 이들의 최소값은 그림 13.14 및 표 13.15와 같다.

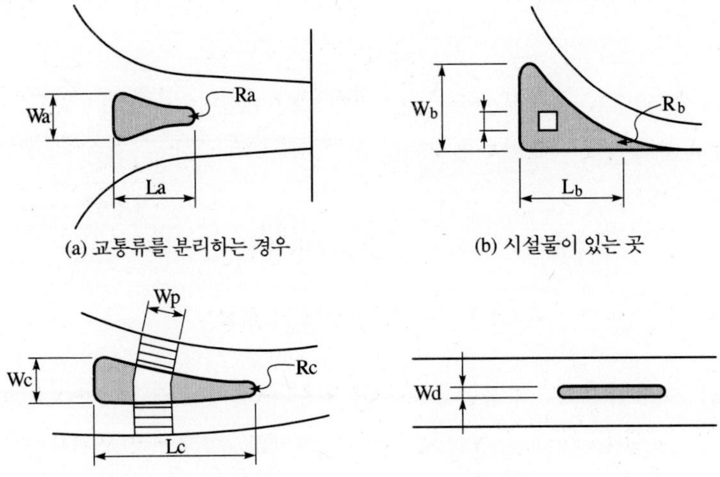


**그림 13.14 분리대의 형태**

**표 13.5 분리대 각 제원의 최소값** (단위 : m)

| 구분 | 기호 | 도시지역 | 지방지역 |
|---|---|---|---|
| 교통류를 분리<br>(그림 13.14의 (a)) | $W_a$<br>$L_a$<br>$R_a$ | 1.0<br>3.0<br>0.3 | 1.5<br>5.0<br>0.5 |
| 시설물 설치<br>(그림 13.14의 (b)) | $W_b$<br>$L_b(D+1.0)$<br>$R_b$<br>면적($m^2$) | 1.5<br>4.0<br>0.5<br>5.0 | 2.0<br>5.0<br>0.5<br>7.0 |
| 대피섬 겸용<br>(그림 13.14의 (c)) | $W_c(W_p+1.0)$<br>$R_c$<br>$L_c$ | 1.0<br>0.5<br>5.0 | 1.5<br>0.5<br>5.0 |
| 테이퍼를 붙이지 않은<br>분리대폭 (그림 13.14의 (d)) | $W_d$ | 1.0 | 1.5 |

주) $D$ : 시설물의 폭
$W_p$ : 횡단보도의 폭

## 13.5.3 도류로 설계

### (1) 좌회전 차로

좌회전 차로는 좌회전 교통류를 다른 교통류와 분리시키기 위해 설치한다. 좌회전 차로의 설계요소는 그림 13.15와 같이 폭원, 접근로 테이퍼, 차로 테이퍼, 유출테이퍼, 좌회전 차로 등으로 구성되며 이의 세부사항은 다음과 같다.

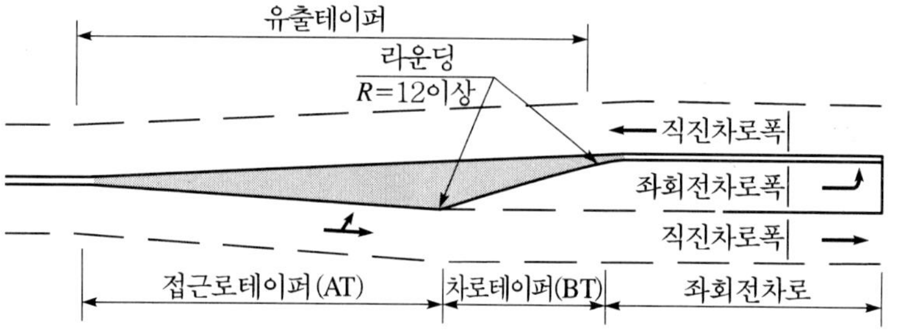


**그림 13.15 좌회전 차로의 구성**

1) 좌회전 차로의 폭은 3.0m 이상을 표준으로 하나 부득이한 경우에는 2.75m까지 축소할 수 있다. 또, 그림 13.15에서 직진차로는 원칙적으로 접속 유입부의 차로 폭과 같은 폭으로 한다. 교차로에서 전체 폭의 증가를 최대한 억제하기 위하여 부가차로를 설치하는 경우에는 직진차로 폭을 25cm 정도 축소할 수 있고 용지 등의 제약이 심한 경우는 차로 폭을 3.0m로 축소할 수 있다.
2) 접근로 테이퍼는 좌회전 차로를 설치할 수 있는 공간을 확보하기 위한 것으로 이의 설치기준은 표 13.6과 같다.

**표 13.6 접근로 테이퍼 최소 설치기준**

| 설계속도(km/시) | | 80 | 70 | 60 | 50 | 40 | 30 |
|---|---|---|---|---|---|---|---|
| 테이퍼 | 기준값 | 1/55 | 1/50 | 1/40 | 1/35 | 1/30 | 1/20 |
| | 최소값 | 1/25 | 1/20 | 1/20 | 1/15 | 1/10 | 1/8 |

3) 차로 테이퍼는 좌회전 교통류를 직진차로에서 좌회전 차로로 유도하는 기능을 갖는다. 차로 폭에 대한 길이의 최소비율은 설계속도 50km/시 이하에서는 1:8, 설계속도 60km/시 이상에서는 1:15를 사용한다. 그러나 시가지 등에서 용지 폭의 제약이 심한 경우 등에는 그 값을 1:4까지 사용할 수 있다.
4) 좌회전 차로의 길이는 감속을 하는 길이와 차량의 대기공간이 확보되는 길이로서 이의 최소길이는 다음 식을 만족하도록 결정한다.

$$L = 1.5 \cdot N \cdot S + l - T \geq 2.0 \cdot N \cdot S \tag{13.2}$$

여기서, $L$=좌회전 대기차로의 길이

$N$=좌회전 차량의 수(신호 1주기 당 또는 비신호시 1분간 도착하는 좌회전 차량)

$S$=차량길이($S$=7.0m)

$l$=감속 길이(표 13.7)

$T$=차로 테이퍼 길이

**표 13.7 감속 길이($l$)**

| 설계속도 | | 80 | 70 | 60 | 50 | 40 | 30 | 비고 |
|---|---|---|---|---|---|---|---|---|
| 감속길이(m) | 기준치 | 125 | 95 | 70 | 50 | 30 | 20 | a=2.0m/sec$^2$ |
| | 최소치 | 80 | 65 | 45 | 35 | 20 | 15 | a=3.0m/sec$^2$ |

### (2) 우회전 차로

우회전 차로는 우회전 교통량이 많아 직진 교통에 지장을 초래할 경우에 설치한다. 우회전 차로 설계 시 도류로의 폭은 설계기준차량, 평면곡선반경, 도류로의 회전각에 따라 표 13.8과 같이 결정한다.

**표 13.8 도류로의 폭** (단위 : m)

<table>
<tr><th rowspan="2">곡선반경(m)</th><th colspan="5">설계기준 차량의 조합</th></tr>
<tr><th>S</th><th>T</th><th>P</th><th>T+P</th><th>P+P</th></tr>
<tr><td>8이하</td><td rowspan="2">9.5</td><td rowspan="3">6.0</td><td>3.5</td><td rowspan="3">9.0</td><td rowspan="7">8.0</td></tr>
<tr><td>9~14</td><td rowspan="13">3.0</td></tr>
<tr><td>15</td><td>8.5</td></tr>
<tr><td>16</td><td>8.0</td><td rowspan="2">5.5</td><td rowspan="4">8.5</td></tr>
<tr><td>17</td><td>7.5</td></tr>
<tr><td>18</td><td>7.0</td><td rowspan="2">5.0</td></tr>
<tr><td>19~21</td><td>6.5</td></tr>
<tr><td>22~23</td><td>6.0</td><td rowspan="2">4.5</td><td rowspan="2">7.5</td><td rowspan="7">6.0</td></tr>
<tr><td>24~30</td><td>5.5</td></tr>
<tr><td>31~36</td><td>5.0</td><td rowspan="3">4.0</td><td rowspan="3">7.0</td></tr>
<tr><td>37~50</td><td>4.5</td></tr>
<tr><td>51~70</td><td>4.0</td></tr>
<tr><td>71~100</td><td rowspan="2">3.5</td><td rowspan="2">3.5</td><td rowspan="2">6.5</td></tr>
<tr><td>101이상</td></tr>
</table>

주) S=세미트레일러, T=대형자동차, P=소형자동차

표 13.8의 도류로 폭은 순수한 차로 폭이며 도류로가 교통섬 등으로 분리되어 있는 경우는 양측에 포장을 실시하여 0.5m 이상의 측대 및 길어깨의 여유 폭을 확보하여야 하다. 이때 확폭의 접속설치는 원칙적으로 내측으로 한다.

도류로의 접속설치 곡선은 클로소이드(Clothoid) 또는 원곡선으로 하며, 접속 곡선의 곡선반경은 도류로 내측반경의 3~4배가 되도록 한다. 원곡선을 접속곡선으로 설치할 경우, 일반적으로 3개의 원곡선을 조합하여 설치한다.

### (3) 가·감속 차로

접근로에서 차량 주행속도가 높을 경우 감속차량이 평면교차로의 정지선에 도달하기 전부터 감속할 수 있도록 설치하는 차로를 감속차로라 한다. 반면, 설계속도가 낮은 도로로부터 설계속도가 높은 도로로 연결되는 지점의 평면교차로에서는 낮은 속도로부터 진입하는 운전자들에게 충분한 가속시간을 마련해주기 위해 설치하는 차로를 가속차로라 한다.

일반적으로 도시지역 및 지방지역에 가감속차로를 설치하는 경우 이의 최소길이는 표 13.9와 같다. 가감속 차로에도 테이퍼를 설치해야 한다. 이의 설치기준은 표 13.6의 좌회전 차로의 접근로테이퍼 기준을 적용한다.

**표 13.9 가감속차로의 최소길이**

| 설계속도 | | 80km/시 | 70km/시 | 60km/시 | 50km/시 | 40km/시 | 30km/시 |
|---|---|---|---|---|---|---|---|
| 가속 차로 길이 (m) | 지방지역 (a=1.5m/sec²) | 160 | 130 | 90 | 60 | 40 | 20 |
| | 도시지역 (a=2.5m/sec²) | 100 | 80 | 60 | 40 | 30 | - |
| 감속 차로 길이 (m) | 지방지역 (a=2.m/sec²) | 120 | 90 | 70 | 50 | 30 | 20 |
| | 도시지역 (a=m/sec²) | 80 | 60 | 40 | 30 | 20 | 10 |

### (4) 교차로 가각부의 처리

교차로에서 모서리부의 보도와 차로 경계선의 형상은 그림 13.16과 같다. 이의 형상은 원 또는 복합곡선을 사용하며 이때 곡선반경의 최소기준은 시가지의 간선도로급에서는 12m 이상, 국지도로의 경우 10m 이상, 구획도로의 경우 6m 이상을 사용한다.

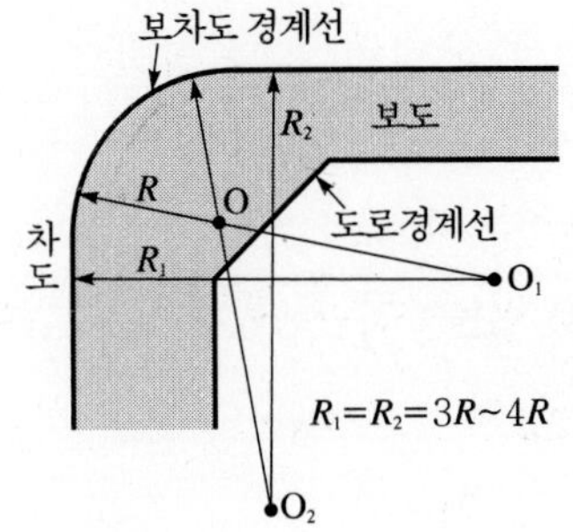


그림 13.16 보차도 경계선의 설치

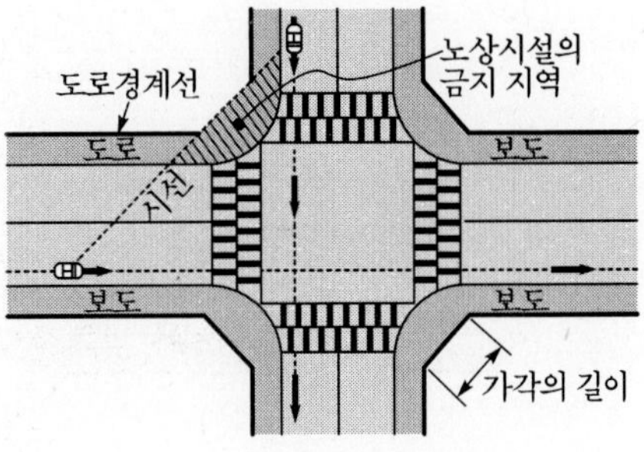


그림 13.17 가각 정리

또, 교차로에는 그림 13.17과 같이 가각정리를 한다. 직각 교차로의 경우 가각의 길이는 표 13.10의 값을 사용한다. 단, 도로폭원이 8m 미만의 경우, 도로폭원 10m 미만의 도로와 25m 이상의 도로가 교차되는 경우, 도로폭원 12m 미만의 도로와 35m 미만의 도로가 교차되는 경우는 설치하지 않을 수 있다.

**표 13.10 평면교차부 가각의 길이**

| 폭원 | 40m 이상 | 20m 이상 | 15m 이상 | 12m 이상 | 8m 이상 |
|---|---|---|---|---|---|
| 40m 이상 | 12m | 10m | 8m | 6m | 5m |
| 20m 이상 | 10m | 10m | 8m | 6m | 5m |
| 15m 이상 | 8m | 8m | 8m | 6m | 5m |
| 12m 이상 | 6m | 6m | 6m | 6m | 5m |
| 8m 이상 | 5m | 5m | 5m | 5m | 5m |

## 13.5.4 보도 및 횡단보도

횡단보도의 폭은 최소 4.0m 이상이 바람직하며 보행자수가 많을 경우 이의 폭을 증가시켜야 한다. 그러나 도로폭원이 6~8m의 좁은 도로에서는 2.0m까지 축소시킬 수 있다.

횡단보도 전방에 설치하는 정지선은 2~3m 간격을 두어 설치한다. 보도와 횡단보도 설치에 관한 상세한 내용은 그림 13.18과 같다.

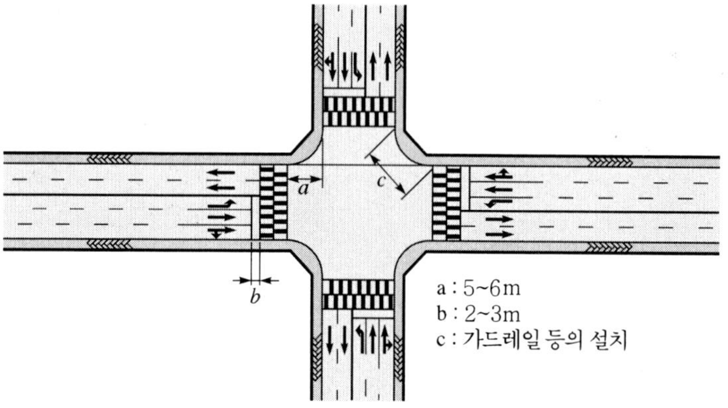


그림 13.18 횡단보도의 설치 위치

### 13.5.5 신호등 운영

교차로에 설치하는 신호등의 신호주기는 너무 길지 않도록 한다. 신호등의 신호주기를 계산하여 이의 값이 크게 나타나더라도 120초 이하로 하는 것이 바람직하다.

교차로에 설치하는 신호등의 설치기준은 다음과 같다.

1) **교통량** : 평일의 교통량이 다음 표 13.11과 같은 기준을 초과하는 시간이 8시간 이상일 때(연속적으로 8시간이 아니라도 가능함) 신호기를 설치한다.

표 13.11 신호등 설치기준

| 접근로 차로수 | | 주 도로 교통량(양방향) (대/시) | 부 도로 교통량(교통량이 많은 쪽) (대/시) |
|---|---|---|---|
| 주도로 | 부도로 | | |
| 1 | 1 | 500 | 150 |
| 1 | 2 이상 | 500 | 200 |
| 2 이상 | 1 | 600 | 150 |
| 2 이상 | 2 이상 | 600 | 200 |

2) **보행자 교통량** : 평일의 교통량이 다음 기준을 초과하는 시간이 8시간 이상일 때 신호기를 설치한다.
   - 차량 교통량(양방향) : 600대/시
   - 횡단 보행자(양방향, 자전거 포함) : 150명/시

3) **통학로** : 학교 앞 300m 이내에 신호등이 없고 통학시간에 차량 통행시간 간격이 1분 이내인 경우에 신호등을 설치한다.
4) **사고기록** : 교통사고가 연간 5회 이상 발생한 장소로 신호등 설치 시 사고를 예방할 수 있다고 인정되는 경우
5) **신호연동** : 신호등의 설치간격이 300m 이상으로 인접 신호등과의 연동효과를 기대할 수 없을 때 중간지점에 신호등을 설치하다.
6) **교차로 통과 대기시간** : 1일 중 교통이 가장 빈번한 8시간 동안 다음 기준을 초과하는 교차로로서 교차로 통과 대기시간이 너무 긴 경우에 신호기를 설치한다.
   -주 도로 교통량(양방향) : 900대/시
   -부 도로 교통량(교통량이 많은 쪽) : 100대/시
7) **어린이 보호구역** : 어린이 보호구역 내 초등학교 또는 유치원의 주 출입문과 가장 가까운 거리에 위치한 횡단보도에 신호기를 설치한다.

## 연습문제

**13.1** 주도로가 4차로 설계속도 60km/시이고, 접속되는 부도로가 2차로 설계속도 40km/시인 도시부 도로에서 +자형 평면 교차로를 계획, 설계하고 작도하라.

**13.2** 문제 13.1에 대해 T자형의 평면 교차로를 계획, 설계하고 작도하라.

**13.3** 문제 13.1에 대해 Y자형의 평면 교차로를 계획, 설계하고 작도하라.

# 제14장 입체교차시설의 계획 및 설계

## 14.1 개설

이 장에서는 단순입체 교차와 인터체인지의 계획과 설계에 대해 기술한다. 이 장에서는 교차 시설의 종류와 계획방법 그리고 이들의 구성요소와 설계기준에 유념하여 공부하기 바란다.

## 14.2 입체교차의 종류

제13장에서 도로의 교차부에는 도로 상호 간의 교차와 도로와 철도와의 교차가 있으며 도로 상호간의 교차 중 입체 교차 시설에는 단순 입체교차와 인터체인지가 있음을 전술하였다. 이의 단순입체교차와 인터체인지를 정의하면 다음과 같다.

1) 단순입체교차란 평면교차의 원활한 교통처리를 위해 주교통 또는 주교통에 영향을 미치는 교통류를 다른 교통류와 입체적으로 분리하기 위해서 설치하는 입체교차를 말한다.
2) 인터체인지(Interchange 또는 Junction)란 고속도로간, 자동차 전용도로간, 이들 도로와 일반도로를 평면교차 없이 연결로로 연결하는 입체교차를 말한다.

## 14.3 단순 입체교차의 계획과 설계

### 14.3.1 단순 입체교차의 종류

단순 입체교차에서는 원칙적으로 교통량이 많은 쪽의 주교통류를 입체화한다. 여기에는 주

교통류를 Underpass 시킨 것과는 Overpass 시킨 것이 있다.

단순 입체교차의 종류의 예는 그림 14.1과 같다.

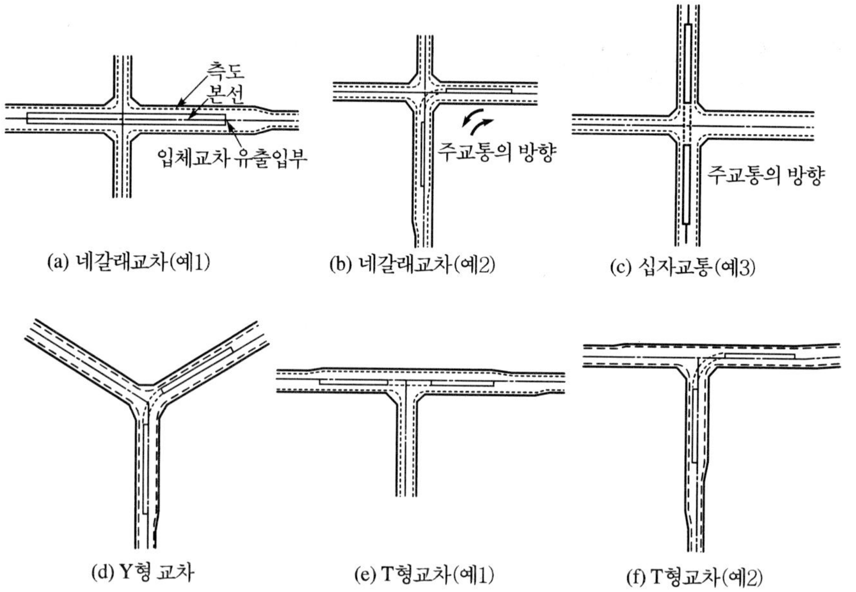


**그림 14.1 단순 입체교차의 종류**

### 14.3.2 단순 입체교차의 설계

(1) 본선

입체교차부에서 본선의 선형제원, 즉 횡단구성, 평면선형, 종단선형 등의 제요소는 일반도로구간의 기준에 따른다.

본선의 차로 수는 자동차 주행의 안전성을 확보할 수 있도록 편도 2차로 이상으로 하는 것이 원칙이다. 만일 부득이한 사정으로 편도 1차로로 할 경우에는 고장차를 대피시킬 수 있는 길어깨를 설치한다.

(2) 측도

측도의 횡단구성, 평면선형, 종단선형 등의 제반 선형제원도 일반도로구간의 기준에 따른다. 그리고 그 폭은 교차부에서의 좌·우회전 교통량에 따라 정해야 하지만 자동차의 정차를 고려하여 적어도 1차로의 정차대를 포함한 폭 이상으로 한다, 특히 측도의 차로수는 차로수 균형원칙(다음의 14.6.5항 참조)에 의하여 결정해야 하며 측도와의 교차로는 평면교차로 한다.

### (3) 입체교차 유출입부

입체교차 유출입부는 그림 14.2와 같이 접속 한다. 이의 유출입부의 접속 길이는 다음 식에 의해 산정한다.

$$L = \frac{W}{2} + \left(\frac{H}{i} \times 100\right) + \frac{1}{2}(L_{VC1} + L_{VC2}) + \frac{V \cdot \Delta W}{3} \tag{14.1}$$

여기서, $L$ : 교차도로 중심선에서 확폭구간 길이

$W$ : 교차도로 폭원

$\frac{H}{i} \times 100$ : 종단경사구간 길이

$L_{VC1}$ : 볼록 종단곡선 길이

$L_{VC2}$ : 오목 종단곡선 길이

$H$ : 교차도로의 고저 차

$i$ : 종단경사

$\frac{V \cdot \Delta W}{3}$ : 측도의 변이구간 길이

$V$ : 설계 속도

$\Delta W$ : 변이 폭원

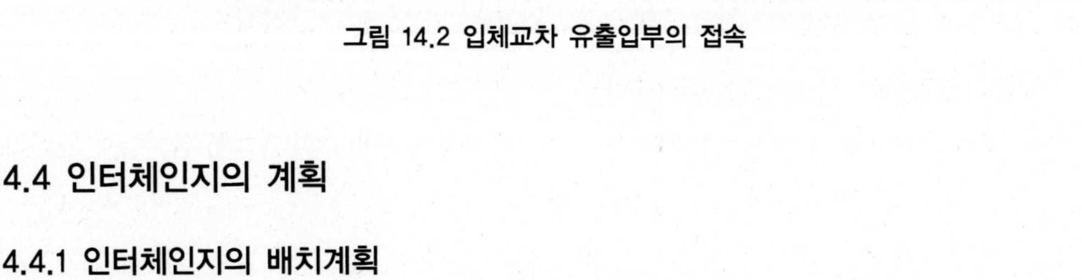


그림 14.2 입체교차 유출입부의 접속

## 14.4 인터체인지의 계획

### 14.4.1 인터체인지의 배치계획

도시인구별, 설치지역별 인터체인지 설치의 개략적인 기준은 각각 표 14.1, 표 14.2와 같다.

표 14.1 도시인구별 인터체이지 표준설치 수

| 도시인구(1,000인) | 1노선당 인터체인지 표준설치 수 |
|---|---|
| 100 미만 | 1 |
| 100~300 미만 | 1~2 |
| 300~500 미만 | 2~3 |
| 500 이상 | 3 |

표 14.2 설치지역별 인터체인지 표준간격

| 지역 | 표준간격(km) |
|---|---|
| 대도시 도시 고속도로 | 2~5 |
| 대도시 주변 주요 공업지역 | 5~10 |
| 소도시가 존재하고 있는 평야 | 15~25 |
| 지방촌락, 산간지 | 20~30 |

### 14.4.2 인터체인지의 위치선정

인터체인지의 위치선정 기준은 다음과 같다.

- 주요도로와의 교차점에 설치한다.
- 인터체인지를 이용한 지역인구가 약 50,000명 이상인 위치를 선정한다.
- 1개의 인터체인지로 여러 개의 도시를 연결할 때는 교통 경제적으로 가장 유리한 위치에 계획한다.
- 접속도로는 도로용량, 주요 교통발생원, 기존도로망에의 교통량분담 등을 고려하여 검토한다.
- OD조사 결과로부터 각각의 인터체인지 이용 교통량을 개략적으로 추정하여 경제적으로 적당한지 여부를 검토해야 한다.
- 지형에 적합한 형식을 선정하고 인터체인지의 출입방법을 노선별로 최대한 통일시켜 교통안전과 용량상 유리하도록 한다.
- 유료도로 여부, 유지관리 운영방안 등을 고려하여 인터체인지의 형식과 위치를 선정한다.

## 14.5 인터체인지의 형식과 이의 선정

### 14.5.1 인터체인지 형식의 분류

인터체인지는 교차 접속하는 도로의 기능, 설계속도, 교통량뿐만 아니라 주변 지형, 토지이용, 장래계획과 경제성을 종합 검토하여 그 형식을 결정해야 한다. 따라서 인터체인지는 일정한 형식이 있는 것이 아니다. 상술한 여러 조건에 최적인 형식을 선정하는 것이 중요하다. 기하학적으로 가능한 형식에는 약 200종이 있다고 알려지고 있다.

일반적으로 도로 계획과 설계에서 많이 이용되고 있는 기본적인 형식을 분류하면 표 14.3과 같다. 여기서 완전입체교차란 접속되는 도로 모두를 입체적으로 교통처리를 하는 것을, 불완전 입체교차란 일부 평면교차를 허용하는 것을 말한다.

**표 14.3 인터체인지 형식의 분류**

- 인터체인지
  - 완전입체교차
    - 크로바형
    - 직결형
    - 트럼펫형(3지교차)
    - 2중트럼펫형(4지교차)
  - 불완전입체교차
    - 다이아몬드형
    - 불완전크로바형
    - 트럼펫형(4지교차)
    - 준직결형
    - 로타리형
    - 교차점 입체교차

### 14.5.2 인터체인지 형식의 구성방법

인터체인지는 선(線)으로 뼈대가 이루어지며 면(面)으로 살이 붙여진다고 볼 수 있다.

선의 구성은 계획단계에서, 면의 구성은 설계단계에서 이루어지다. 따라서 인터체인지의 형식은 동선 결합으로 이루어지며 이의 동선 결합은 기본동선 결합, 연결로 결합, 접속단 결합으로 이루어진다.

#### (1) 기본 동선 결합

기본 동선 결합은 두 가지 교통류의 상호 결합 관계를 나타내는 것으로 인터체인지에 나타나는 분류, 합류, 엇갈림 및 교차 등 네 가지 교통류의 결합이다. 또 교통운용 결합은 본선

(주동선)과 연결로(부동선)의 상호관계를 나타낸다. 이의 교통류결합과 교통운용의 결합에 대한 여러 가지 형식이 검토될 수 있는데 이의 관계는 그림 14.3과 같다.

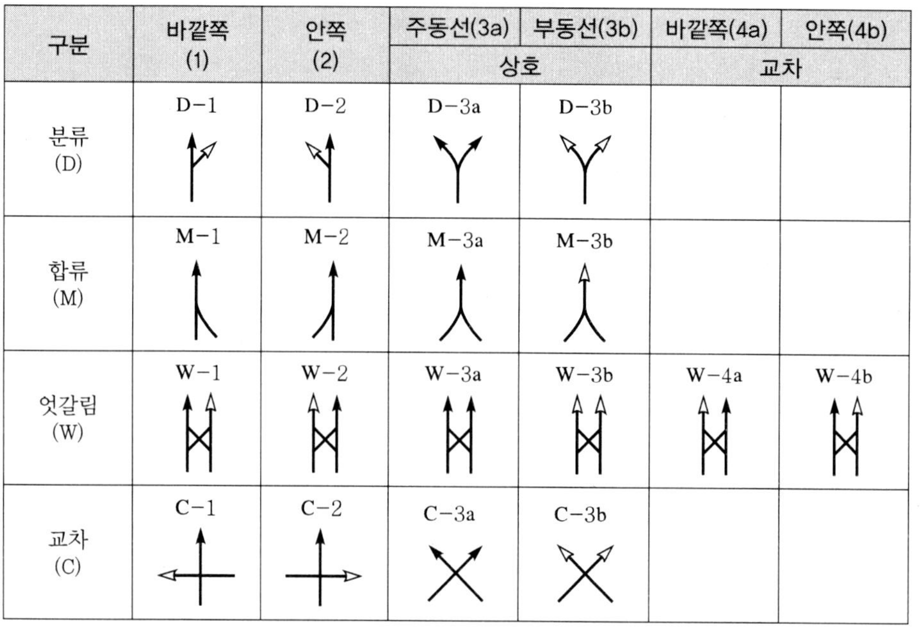


**그림 14.3 기본동선 결합의 분류**

(2) 연결로 결합

연결로의 결합은 교차하는 2개의 동선에 대한 결합이다. 연결로에는 좌회전 연결로와 우회전 연결로가 있으며 분류에는 직결연결로(Direct Ramp : D), 준직결연결로(Semi- direct Ramp : S) 및 루프(Loop : L)가 있다. 이의 결합은 그림 14.4와 같다.

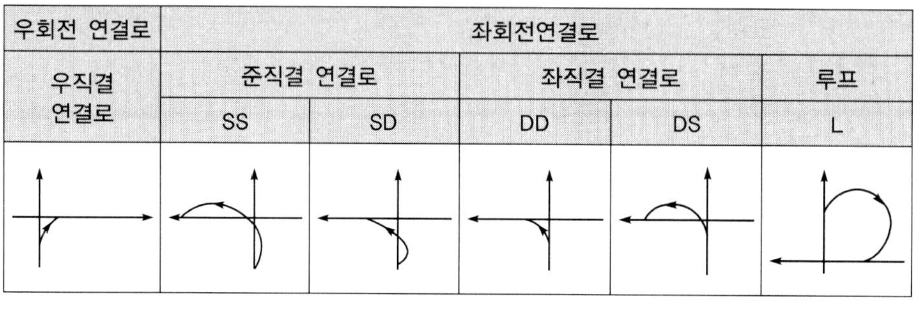


**그림 14.4 연결로 결합의 분류**

### (3) 접속단 결합

인터체이지의 동선 결합은 사용되는 연결로의 형식과 배치방법에 따라 조합이 생기는데 이들의 상호관계를 접속단 결합이라 한다. 접속단을 분류와 합류로 조합하면 연속분류, 연속합류, 합·분류 및 분·합류의 4가지 조합을 고려할 수 있다. 이의 결합은 그림 14.5와 같다.

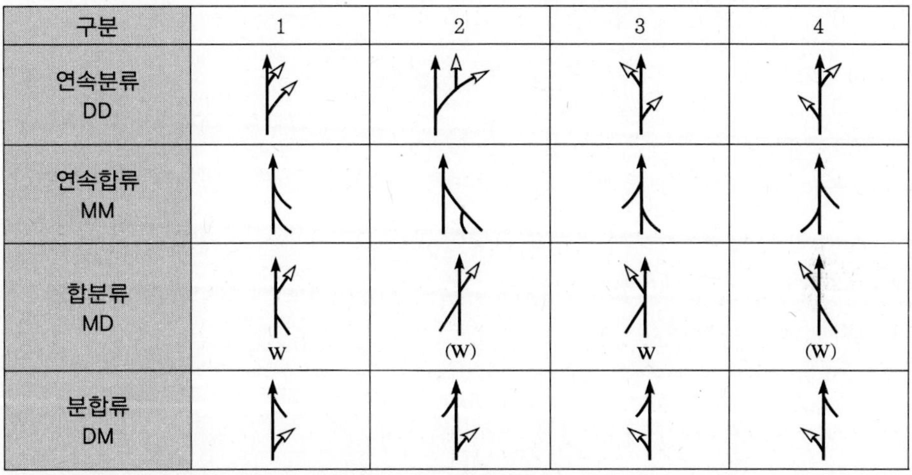


주) 1. W는 엇갈림을 의미, (W)는 엇갈림이 생길 수 있음을 의미
2. M은 합류 D는 분류

**그림 14.5 접속단 결합의 분류**

## 14.5.3 완전 입체교차의 종류와 특징

완전 입체교차는 입체교차의 기본형으로 입체교차 본연의 목적에 가장 부합된 형식으로서 평면교차를 포함하지 않고 각 연결로가 독립하고 있는 것을 말한다.

자동차 전용도로에 주로 적용되며 일반적으로 공사비가 많이 들고 용지면적도 과대하게 소요된다.

### (1) 크로바형

4지교차로로서 완전 입체교차형의 기본형으로 기하학적으로도 대칭이며 입체교차 구조물도 1개로 끝난다. 구조물이 단순하여 시공이 용이하나 용지 면적이 과다하게 소요되고 엇갈림 현상이 발생하며 교통용량이 저하된다.

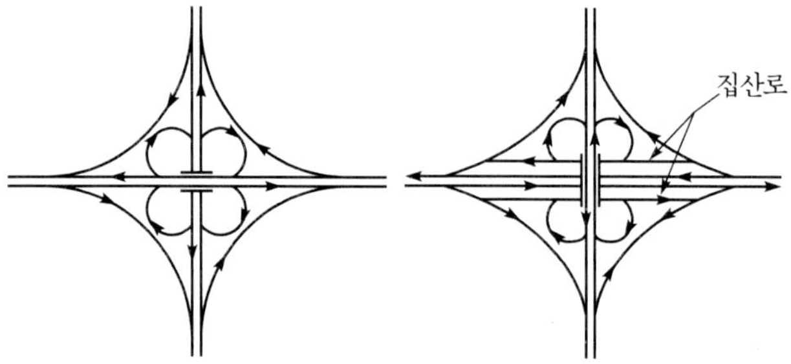


그림 14.6 크로바형

(2) 변형 크로바형

4지 교차의 완전 입체교차로서 엇갈림 현상이 없어 교통용량이 증대되며 고속도로 상호간 교차에 적합하다. 그러나 구조물이 여러 개 필요하고 용지 면적이 과다하게 소요된다. 또 공사비가 비싸고 시공이 어렵다.

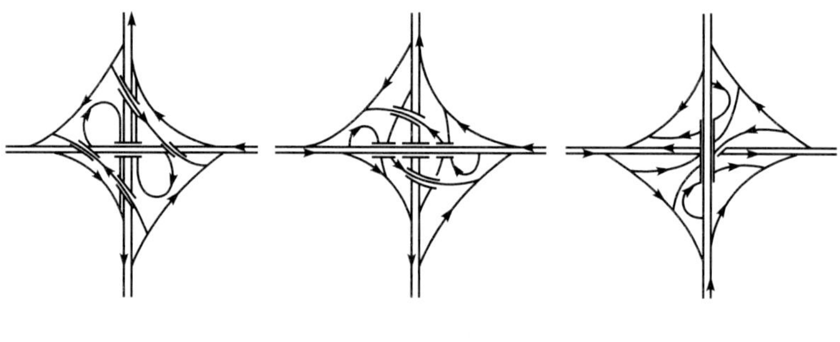

그림 14.7 변형 크로바형

(3) 직결형

직결연결로 또는 준직결연결로를 사용하여 구성된 형식으로서 입체교차 구조물의 수 및 층수가 많다. 좌회전교통을 원활한 곡선으로서 처리할 수 있어 3지교차와 4지교차에 적용할 수 있다. 엇갈림이 없어 교통용량이 증대되므로 고속도로 상호간의 교차에 적합하다. 그러나 구조물이 과다하게 필요하고 시공비가 비싸고 시공이 복잡한 단점이 있다.

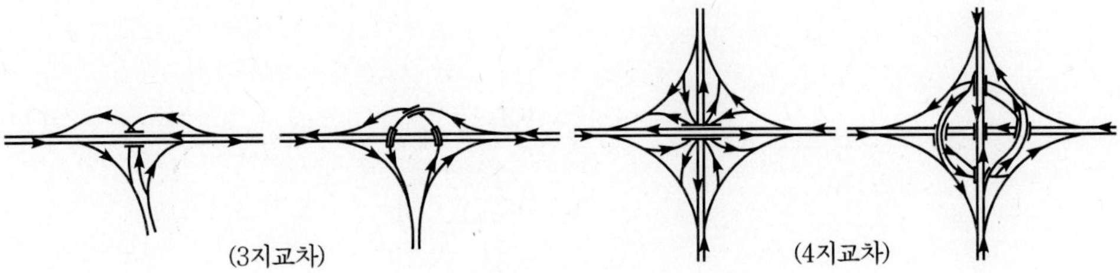


그림 14.8 직결형

### (4) 트럼펫형(3지교차)

3지교차의 대표적인 형식으로 2개의 도로가 십자교차하는 경우에도 한쪽의 도로에 평면 접속시킬 수 있는 형식이다. 형식이 단순하고 시공이 용이하다. 또 엇갈림 현상이 없고 요금소를 1개소로 통합할 수 있어 고속도로와 국도나 지방도의 접속에 이용된다. 그러나 용지가 많이 소요된다.

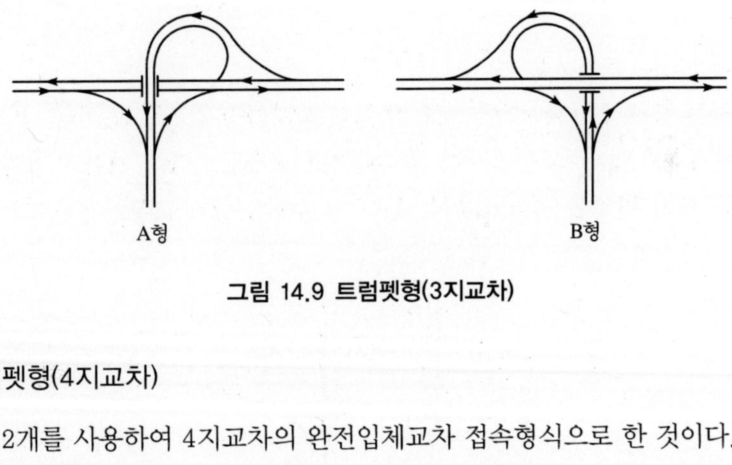


그림 14.9 트럼펫형(3지교차)

### (5) 2중트럼펫형(4지교차)

트럼펫형 2개를 사용하여 4지교차의 완전입체교차 접속형식으로 한 것이다. 요금소를 한 곳으로 집약할 수 있어 유료도로에 적합하다. 그러나 우회거리가 길어지고 엇갈림 현상이 발생한다.

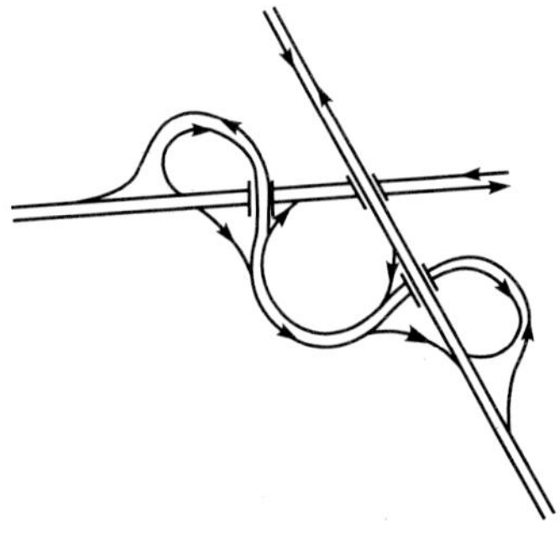

그림 14.10 2중 트럼펫형(4지교차)

### 14.5.4 불완전 입체교차의 종류와 특징

불완전 입체교차는 평면교차하는 교통동선을 1개소 이상 포함한 형식으로 교차의 종류는 본선차도와 연결로의 교차 및 연결로 상호교차 중의 하나이다. 일반적으로 다양한 변화가 가능하여 교통특성이나 지형에 알맞은 형태를 얻을 수 있다. 또 용지면적과 건설비가 적게 들고 우회거리가 짧아지는 반면 본선 및 연결로 교통에서 정지가 일어난다.

#### (1) 다이아몬드형

4지교차를 하는 불완전 입체교차의 대표적 형식으로 가장 간단한 형이다. 용지가 적게 들고 교통의 우회거리도 짧다. 교통경제상 유리하지만 교차도로와의 연결로 접속부분에서 생기는 평면교차부에서 병목현상(Bottle Neck)이 발생하기 쉽고 교통안전상으로 불리하다.

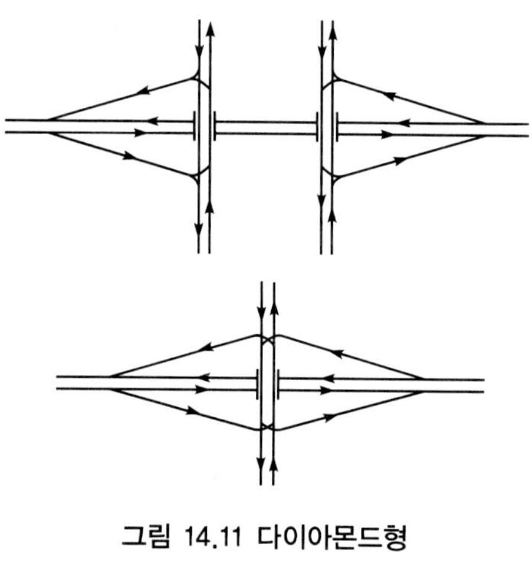

그림 14.11 다이아몬드형

### (2) 불완전크로바형

방향별로 입체교차를 분리한 것으로 연결로를 설치하는 방법은 교통량, 지형, 지물의 조건을 고려하여 결정해야 하다. 연결로의 적절한 배치에 따라 교차 도로상에서의 좌회전 동선을 우회전으로 변경시킬 수 있어 평면교차점의 용량이 증가된다.

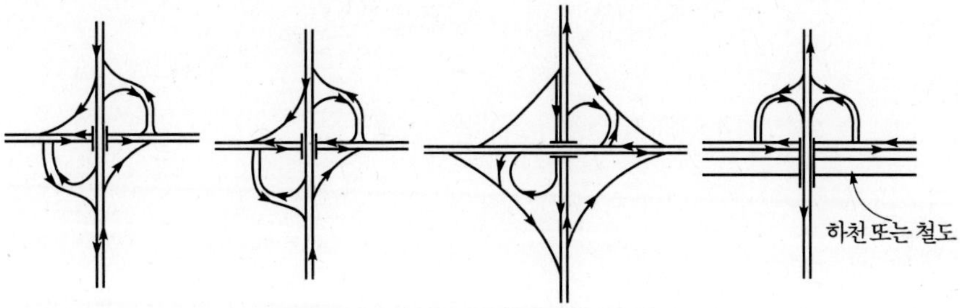


그림 14.12 불완전 크로바형

### (3) 트럼펫형(4지교차)

트럼펫형을 4지교차에 적용한 것이다. 일반적으로 고규격도로가 저규격 도로와 교차할 때에는 고규격 도로에 대해서는 완전입체의 3지교차 형식을 사용하고 저규격 도로측에는 평면교차로 처리한다.

요금소를 한 곳으로 모을 수 있어 유료도로에 적합하다. 또 2중트럼펫형으로 개량이 쉬워 단계 건설에 적합하다. 그러나 우회거리가 길어진다.

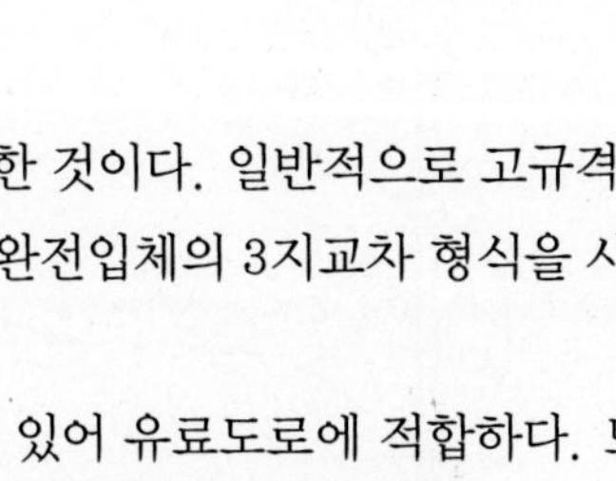

그림 14.13 트럼펫형(4지교차)

### (4) 준직결형

본선 상에 일부 평면교차를 허용하는 3지교차의 직결형으로서 주요 Y형 교차지점에 사용한다. 출입이 적은 입체교차로 이용해도 좋지만 평면교차부가 연결로 구배부의 직후에 있어 교통안전상 불리하다. 우회거리가 짧고 용지 면적이 적게 소요된다. 그러나 연결로의 종단 구배와 굴곡이 심해진다.

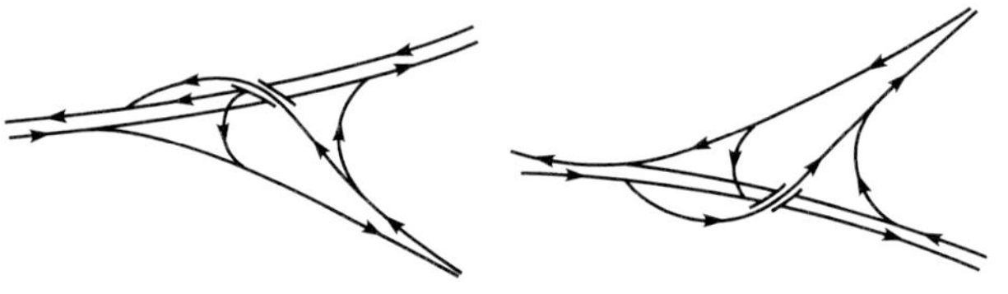

그림 14.14 준직결형

(5) 로타리형

평면교차는 포함되지 않으나 연결로를 전부 독립으로 하지 않고 2개 이상의 차도(통과차도 또는 연결로)를 부분적으로 겹쳐서 엇갈림을 수반하는 부분을 갖는다. 교통량이 적은 5지 이상의 교차로에 적용된다. 엇갈림현상이 발생하여 교통량이 많은 교차로에는 부적합하다.

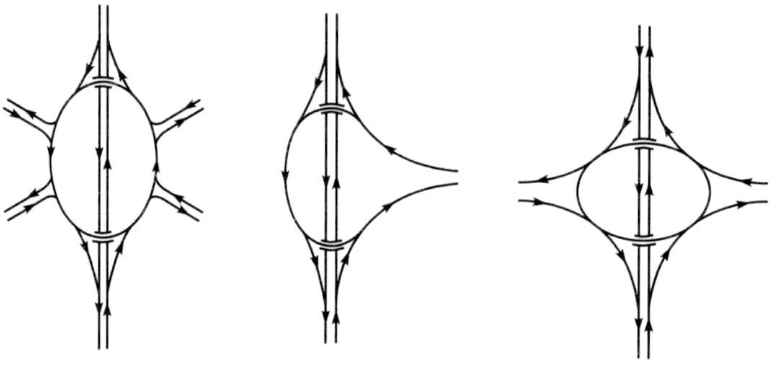

그림 14.15 로타리형

## 14.6 인터체인지의 설계

### 14.6.1 인터체인지의 본선선형

인터체인지가 설치되는 부근의 본선 선형은 표 14.4의 조건을 만족하도록 해야 한다. 여기서 인터체인지 설치부근이란 연결로 시종점부를 포함하여 이의 전후 200~300m 정도를 말한다.

**표 14.4 인터체인지 구간의 본선 선형**

| | | 본선설계속도(km/시) | | | | | | |
|---|---|---|---|---|---|---|---|---|
| | | 120 | 110 | 100 | 90 | 80 | 70 | 60 |
| 최소평면곡선반경(m 이상) | | 1,000 | 900 | 700 | 600 | 450 | 350 | 250 |
| 볼록형 종단곡선 | 정지시거확보기준(m/%) | 120 | 90 | 60 | 45 | 30 | 25 | 15 |
| | 종단곡선변화비율(m/%) | 150 | 110 | 80 | 60 | 40 | 35 | 20 |
| 오목형 종단곡선 | 충격완화기준(K)(m/%) | 40.0 | 33.6 | 27.8 | 22.5 | 17.8 | 13.6 | 10.0 |
| | 종단곡선변화비율(m/%) | 110 | 100 | 80 | 60 | 50 | 40 | 30 |
| 본선최대종단경사(%) | | 2.0 | 2.0 | 3.0 | 3.0 | 4.0 | 4.0 | 4.5 |

## 14.6.2 연결로의 설계속도

연결로의 설계 속도는 접속하는 도로의 설계속도에 따라 표 14.5의 값 이상으로 한다. 그러나 루프연결로의 경우에는 10km/시 이하의 속도를 뺀 속도를 설계속도로 할 수 있다.

**표 14.5 연결로 설계속도**

| 상급도로의 설계속도(km/시) / 하급도로의 설계속도(km/시) | 120 | 110 | 100 | 90 | 80 | 70 | 60 | 50 이하 |
|---|---|---|---|---|---|---|---|---|
| 120 | 80~50 | | | | | | | |
| 110 | 80~50 | 80~50 | | | | | | |
| 100 | 70~50 | 70~50 | 70~50 | | | | | |
| 90 | 70~50 | 70~40 | 70~40 | 70~40 | | | | |
| 80 | 70~40 | 70~40 | 60~40 | 60~40 | 60~40 | | | |
| 70 | 70~40 | 60~40 | 60~40 | 60~40 | 60~40 | 60~40 | | |
| 60 | 60~40 | 60~40 | 60~40 | 60~40 | 60~30 | 50~30 | 50~30 | |
| 50 이하 | 60~40 | 60~40 | 60~40 | 60~40 | 60~30 | 50~30 | 50~30 | 40~30 |

## 14.6.3 연결로의 횡단구성

연결로의 횡단구성은 연결로의 종류 및 교통운용방법에 따라 3종류로 구분한다.

① A규격 연결로 : 길어깨에 대형차가 정차해 있을 때, 세미트레일러가 통과할 수 있도록 한 것

② B규격 연결로 : 길어깨에 소형자동차가 정차해 있을 때, 세미트레일러가 통과할 수 있는 것

③ C규격 연결로 : 길어깨에 정차 없이 세미트레일러가 통과할 수 있는 것

④ D규격과 E규격 연결로 : 소형 자동차 도로에 적용

각 규격별 횡단구성 요소는 표 14.6과 같고 도로 종류별 적용기준은 표 14.7과 같다.

**표 14.6 연결로의 횡단구성**

| 횡단면구성 요소 / 연결로 기준 | 최소차로폭(m) | 길어깨의 최소폭(m) | | | | | 중앙분리대 최소폭(m) |
|---|---|---|---|---|---|---|---|
| | | 1방향 1차로 | | 1방향 2차로 | 양방향 2차로 | 가감속 차로부 | |
| | | 오른쪽 | 왼쪽 | 왼쪽 · 오른쪽 | | 오른쪽 | |
| A기준 | 3.50 | 2.50 | 1.50 | 1.50 | 2.50 | 1.50 | 2.50(2.00) |
| B기준 | 3.25 | 1.50 | 0.75 | 0.75 | 0.75 | 1.00 | 2.00(1.50) |
| C기준 | 3.25 | 1.00 | 0.75 | 0.50 | 0.50 | 1.00 | 1.50(1.00) |
| D기준 | 3.25 | 1.25 | 0.50 | 0.50 | 0.50 | 1.00 | 1.50(1.00) |
| E기준 | 3.00 | 0.75 | 0.50 | 0.50 | 0.50 | 0.75 | 1.50(1.00) |

**표 14.7 도로 종류별 적용되는 연결로 규격**

| 상급도로의 도로등급 | | 적용되는 연결로의 기준 |
|---|---|---|
| 고속도로 | 지방지역 | A기준 또는 B기준 |
| | 도시지역 | B기준 또는 C기준 |
| 일반도로 | | B기준 또는 C기준 |
| 소형자동차 도로 | | D기준 또는 E기준 |

## 14.6.4 연결로 곡선부의 확폭

연결로 곡선부는 평면곡선반경이 작아 확폭해야 하는 경우가 많다. 이의 평면곡선 반경에 따른 연결로 규격별 확폭량은 표 14.8, 표 14.9, 표 14.10과 같다.

**표 14.8 1방향 1차로 연결로의 확폭**

| 연결로의 평면고선반경(m) | | | 최소 확폭량(m) |
|---|---|---|---|
| A기준 | B기준 | C기준 | |
| | | 15~21 | 3.00 |
| 15~21 | 15~21 | 21~23 | 2.75 |
| 21~23 | 21~23 | 23~25 | 2.50 |
| 23~25 | 23~25 | 25~28 | 2.25 |
| 25~27 | 25~28 | 28~32 | 2.00 |
| 27~29 | 28~32 | 32~37 | 1.75 |
| 29~32 | 32~36 | 37~44 | 1.50 |
| 32~36 | 36~44 | 44~54 | 1.25 |
| 36~42 | 44~54 | 54~72 | 1.00 |
| 42~48 | 54~72 | 72~104 | 0.75 |
| 48~58 | 72~100 | 104~200 | 0.50 |
| 58~72 | 100~109 | 200~700 | 0.25 |
| 72이상 | 190이상 | 700이상 | 0.00 |

곡선부에서의 차로의 확폭은 곡선 안쪽에 접속설치해야 하나 곡선 안쪽에의 확폭이 어려울 경우에는 곡선 안팎에 등분하여 설치한다. 확폭량은 완화구간 전체에 균등배분하여 접속 설치한다.

**표 14.9 1방향 2차로 및 양방향 2차로(고속도로) 연결로의 확폭**

| 연결로의 평면고선반경(m) | | | 최소 확폭량(m) |
|---|---|---|---|
| A기준 | B기준 | C기준 | |
| | 15~21 | | 4.00 |
| | 21~22 | | 3.75 |
| 15~21 | 22~23 | 15~21 | 3.50 |
| 21~22 | 23~24 | 21~22 | 3.25 |
| 22~23 | 24~25 | 22~23 | 3.00 |
| 23~24 | 25~26 | 23~24 | 2.75 |
| 24~25 | 26~27 | 24~25 | 2.50 |
| 25~26 | 27~29 | 25~27 | 2.25 |
| 26~27 | 29~31 | 27~29 | 2.00 |
| 27~29 | 31~33 | 29~31 | 1.75 |
| 29~31 | 33~36 | 31~34 | 1.50 |
| 31~33 | 36~39 | 34~38 | 1.25 |
| 33~36 | 39~42 | 38~42 | 1.00 |
| 36~39 | 42~47 | 42~48 | 0.75 |
| 39~43 | 47~52 | 48~56 | 0.50 |
| 43~47 | 52~60 | 56~66 | 0.25 |
| 47이상 | 60이상 | 66이상 | 0.00 |

**표 14.10 1방향 2차로 및 양방향 2차로(일반도로 또는 고속도로 C기준) 연결로의 확폭**

| 연결로의 평면고선반경(m) | | | 최소 확폭량(m) |
|---|---|---|---|
| A기준 | B기준 | C기준 | |
| | | 15~21 | 3.50 |
| | 15~21 | 21~22 | 3.25 |
| | 21~22 | 22~23 | 3.00 |
| | 22~23 | 23~24 | 2.75 |
| 15~21 | 23~24 | 24~25 | 2.50 |
| 21~22 | 24~25 | 25~27 | 0.25 |
| 22~23 | 25~27 | 27~29 | 2.00 |
| 23~25 | 27~29 | 29~31 | 1.75 |
| 25~27 | 29~31 | 31~34 | 1.50 |
| 27~29 | 31~34 | 34~38 | 1.25 |
| 29~31 | 34~38 | 38~42 | 1.00 |
| 31~34 | 38~42 | 42~48 | 0.75 |
| 34~38 | 42~48 | 48~56 | 0.50 |
| 38이상 | 48이상 | 56~66 | 0.25 |
| | | 66이상 | 0 |

### 14.6.5 차로수의 균형

인터체인지의 연결로에서는 합류와 분류의 교통류가 발생한다. 따라서 본선 차로수와 합류 및 분류부의 차로수가 균형을 이루어야 교통정체와 교통사고를 방지할 수 있다.

차로수의 균형은 기본 차로수에 대한 검토와 해당도로와 연결로 사이의 균형을 검토해야 한다.

기본 차로수란 교통량의 과다에 관계없이 도로의 상당한 거리에 걸쳐 유지되어야 할 최소 차로수로서 부가차로(Auxiliary Lane)는 여기에 포함되지 아니하다. 만약 기본 차로수가 정해진 후에는 해당도로와 연결로 사이에 차로수의 균형이 이루어져야 하며, 균형의 기본원칙은 다음과 같다.

① 차로의 증감은 방향별로 한번에 1개 차로만 증감하여야 한다.

② 도로의 분류 시에는 분류 후의 차로수의 합이 분류 전의 차로수보다 1개 차로가 많아야 한다. 다만, 지형상황 등으로 부득이하다고 인정되는 경우에는 분류 전후의 차로수는 같게 할 수도 있다.

③ 도로의 합류 시에는 합류 후의 차로수가 합류 전의 차로수의 합과 같아야 한다. 다만, 지형 상황 등으로 부득이하다고 인정되는 경우에는 합류 후의 차로수는 합류 전의 차로수의 합보다 1개 적은 차로수로 할 수 있다.

이상의 차로수 균형원칙에 의해 분·합류부 차로의 균형배분은 그림 14.16과 같다.

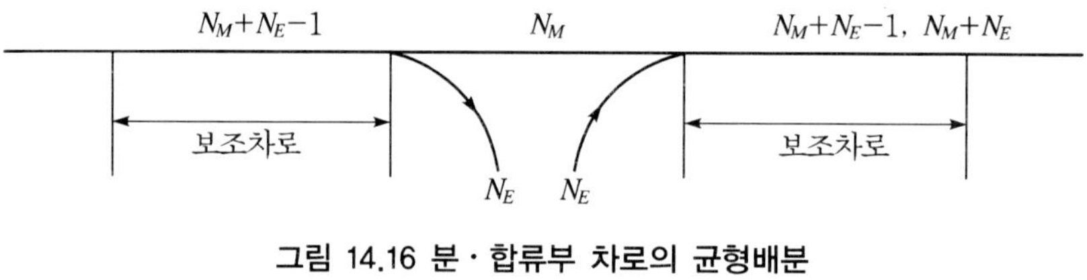


**그림 14.16 분·합류부 차로의 균형배분**

### 14.6.6 변속차로

변속차로란 가속차로와 감속차로를 말한다. 가속차로의 길이는 차가 연결로(Ramp)의 속도에서 본선 주행속도까지 가속하는데 필요한 길이와 합류에 필요한 길이를 고려하여 결정한다. 감속차로길이도 본선에서 감속에 필요한 거리와 본선으로부터의 이탈, 분류에 필요한 길이를 고려하여 결정한다.

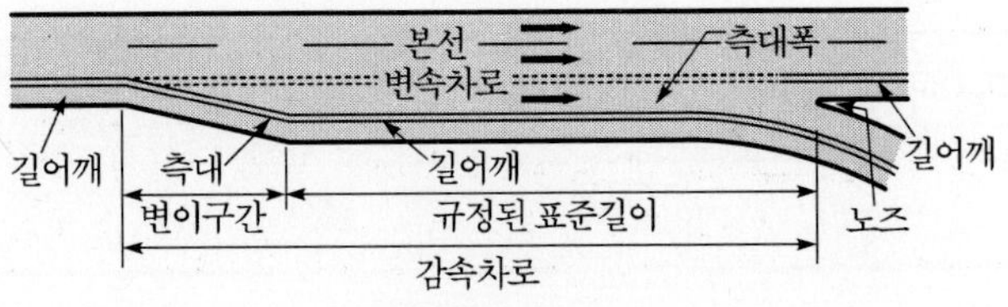


(a) 평행식 감속차로

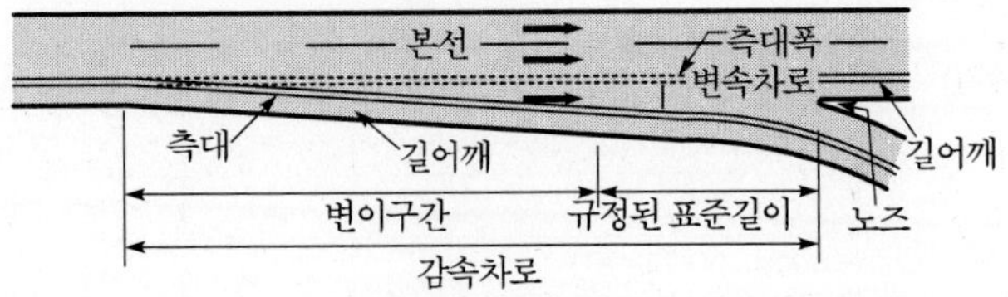


(b) 직접식 감속차로

**그림 14.17 평행식과 직접식의 감속차로**

변속차로의 형상에는 그림 14.17과 같이 평행식과 직접식이 있으나 평행식이 본선의 교통용량과 교통 안전상 유리한 것으로 알려지고 있다.

감속차로 최소 길이는 표 14.11, 가속차로 최소 길이는 표 14.13과 같으나 연결로가 2차로인 경우에는 감속차로 및 가속차로의 길이를 이들 표의 길이의 1.2배 이상으로 한다. 다만 감속차로의 경우에는 내리막경사에 대한 경사구간 보정을, 가속차로의 경우에는 상향경사에 대한 경사구간 보정을 해야 하는데 이의 보정률은 각각 표 14.12 및 표 14.14와 같다. 또 변속차로 변이구간의 길이는 표 14.15의 값 이상으로 한다.

**표 14.11 감속차로의 최소길이**

| 본선설계속도(km/시) | | | 120 | 110 | 100 | 90 | 80 | 70 | 60 |
|---|---|---|---|---|---|---|---|---|---|
| 연결로 설계속도 (km/시) | 80 | 변이구간을 제외한 감속차로의 최소길이 (m) | 120 | 105 | 85 | 60 | – | – | – |
| | 70 | | 140 | 120 | 100 | 75 | 55 | – | – |
| | 60 | | 155 | 140 | 120 | 100 | 80 | 55 | – |
| | 50 | | 170 | 150 | 135 | 110 | 90 | 70 | 55 |
| | 40 | | 175 | 160 | 145 | 120 | 100 | 85 | 65 |
| | 30 | | 185 | 170 | 155 | 135 | 115 | 95 | 80 |

**표 14.12 본선종단경사에 따른 감속차로의 길이 보정률**

| 본선의 종단경사 (%) | 내리막 경사 | | | | |
|---|---|---|---|---|---|
| | 0~2 미만 | 2 이상~3 미만 | 3 이상~4 미만 | 4 이상~5 미만 | 5 이상 |
| 감속차로의 길이보정률 | 1.00 | 1.10 | 1.20 | 1.30 | 1.35 |

**표 14.13 가속차로의 최소길이**

| 본선설계속도(km/시) | | | 120 | 110 | 100 | 90 | 80 | 70 | 60 |
|---|---|---|---|---|---|---|---|---|---|
| 연결로 설계속도 (km/시) | 80 | 변이구간을 제외한 가속차로의 최소길이 (m) | 245 | 120 | 55 | – | – | – | – |
| | 70 | | 335 | 210 | 145 | 50 | – | – | – |
| | 60 | | 400 | 285 | 220 | 130 | 55 | – | – |
| | 50 | | 445 | 330 | 265 | 175 | 100 | 50 | – |
| | 40 | | 470 | 360 | 300 | 210 | 135 | 85 | – |
| | 30 | | 500 | 390 | 330 | 240 | 165 | 110 | 70 |

**표 14.14 본선종단경사에 따른 가속차로의 길이 보정률**

| 본선의 종단경사 (%) | 내리막 경사 | | | | |
|---|---|---|---|---|---|
| | 0~2 미만 | 2 이상~3 미만 | 3 이상~4 미만 | 4 이상~5 미만 | 5 이상 |
| 가속차로의 길이보정률 | 1.0 | 1.20 | 1.30 | 1.40 | 1.50 |

**표 14.15 변속차로의 변이구간 길이**

| 본선설계속도(km/시) | 120 | 110 | 100 | 90 | 80 | 70 | 60 | 50 |
|---|---|---|---|---|---|---|---|---|
| 변이구간의 최소길이(m) | 90 | 80 | 70 | 70 | 60 | 60 | 60 | 60 |

## 14.6.7 연결로 접속부

연결로 접속부란 연결로가 본선과 접속하는 부분으로 변속차로 변이구간, 본선과의 분·합류단을 말한다. 유입 연결로 설계 시는 그림 14.18과 같이 접속부에 60m 이상 시계를 확보하도록 장애물을 제거해야 한다.

유출연결로의 평면곡선반경은 유출자동차의 평균속도가 연결로의 속도보다 크므로 이의 반경도 표 14.16과 같이 크게 취해야 하다. 또 노즈 부근의 선형기준은 표 14.17 이상이어야 한다.

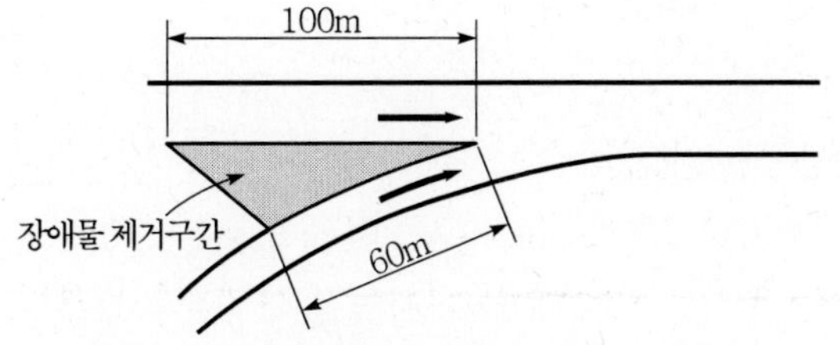


그림 14.18 유입연결로 접속부에서의 시계 확보

**표 14.16 유출 연결로 노즈 끝에서의 최소 평면곡선반경**

| 본선설계속도(km/시) | 120 | 110 | 100 | 90 | 80 | 70 | 60 | 50 |
|---|---|---|---|---|---|---|---|---|
| 노즈 최소 평면곡선반경(m) | 90 | 80 | 70 | 70 | 60 | 60 | 60 | 60 |

**표 14.17 유출연결로 노즈 부근의 기하구조기준**

| | | 120 | 110 | 100 | 90 | 80 | 70 | 60 |
|---|---|---|---|---|---|---|---|---|
| 최소클로소이드 파라메터 | 본선(m) | 70 | 65 | 55 | 50 | 45 | 40 | 35 |
| | 연결(m) | 90 | 80 | 70 | 65 | 60 | 55 | 50 |
| 최소종단곡선 변화비율(m/%) | 볼록형 | 15 | 13 | 10 | 9 | 8 | 6 | 4 |
| | 오목형 | 15 | 14 | 12 | 11 | 10 | 8 | 6 |
| 최소종단곡선 길이(m) | | 50 | 48 | 45 | 43 | 40 | 38 | 35 |

인터체인지가 근접할 경우 연결로 분기단 사이의 거리가 짧으면 문제가 된다. 이와 같은 경우의 접속단간의 최소 이격거리는 그림 14.19 이상이어야 한다.

<table>
<tr><td colspan="2">유입-유입 또는<br>유출-유출</td><td colspan="2">유출-유입</td><td colspan="2">연결로 내</td><td colspan="4">유입-유출<br>(엇갈림)</td></tr>
<tr><td colspan="2">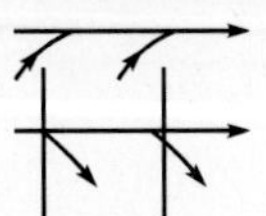</td><td colspan="2">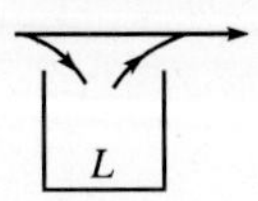</td><td colspan="2">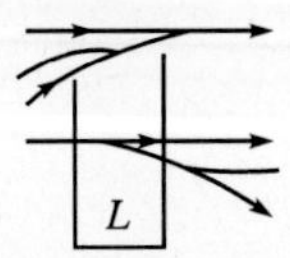</td><td colspan="4">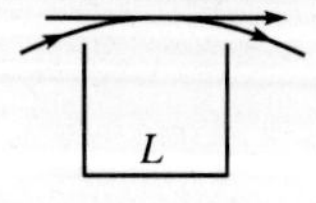<br>*클로버형의 루프애는<br>적용 안됨.</td></tr>
<tr><td colspan="10">노즈에서 노즈까지의 최소 이격거리(m)</td></tr>
<tr><td rowspan="2">고속도로,<br>주간선도로</td><td rowspan="2">FR,<br>집산도로</td><td rowspan="2">고속도로,<br>주간선도로</td><td rowspan="2">FR,<br>집산도로</td><td rowspan="2">설계속도<br>60km/시<br>이상</td><td rowspan="2">설계속도<br>60km/시<br>미만</td><td colspan="2">분기점(JC)</td><td colspan="2">인터체인지(IC)</td></tr>
<tr><td>고속도로,<br>주간선도로</td><td>FR,<br>집산도로</td><td>고속도로,<br>주간선도로</td><td>FR,<br>집산도로</td></tr>
<tr><td>300</td><td>240</td><td>150</td><td>120</td><td>240</td><td>180</td><td>600</td><td>480</td><td>480</td><td>300</td></tr>
</table>

주) FR : 고속도로 집산로

그림 14.19 접속단 간의 최소 이격거리

## 연습문제

**14.1** 주교통도로는 설계속도 4차로 80km/시, 연결 도로는 2차로 설계속도 60km/시인 도시부 도로에서 i) 주교통 도로를 over 시켰을 때 ii) 주 교통도로를 under pass 시켰을 때 +자형 단순 입체 교차로를 설계하라.

**14.2** 문제 14.1의 조건에서 T형 단순 입체 교차로를 설계하라.

**14.3** 문제 14.1의 조건에서 크로버형 인터체인지를 설계하라.

**14.4** 문제 14.1의 조건에서 다이아몬드형 인터체인지를 설계하라.

# 부 록

1. 도로의 구조·시설 기준에 관한 규칙
2. 등가단축 하중계수
3. 도로의 계획 및 설계 예(학생작품)
4. 아스팔트 포장설계 예(학생작품)
5. 콘크리트 포장설계 예(학생작품)

# 부록 - 1 도로의 구조·시설 기준에 관한 규칙

국토해양부령 제101호 2009.2.19 전부 개정

**제1조(목적)** 이 규칙은 「도로법」 제37조 및 제61조에 따라 도로를 신설 또는 개량하거나 자동차 전용도로를 지정하는 경우 그 도로의 구조 및 시설에 적용되는 최소한의 기준을 규정함을 목적으로 한다.

**제2조(정의)** 이 규칙에서 사용하는 용어의 뜻은 다음 각 호와 같다.

1. "자동차"란 「도로교통법」 제2조 제17호에 따른 자동차(이륜자동차는 제외한다)를 말한다.
2. "설계기준자동차"란 도로 구조설계의 기준이 되는 자동차를 말한다.
3. "승용자동차"란 「자동차관리법 시행규칙」 제2조에 따른 승용자동차를 말한다.
4. "소형자동차"란 「자동차관리법 시행규칙」 제2조에 따른 승용자동차와 승합자동차·화물자동차·특수자동차 중 경형과 소형을 말한다.
5. "대형자동차"란 「자동차관리법 시행규칙」 제2조에 따른 자동차(이륜자동차는 제외한다) 중 소형자동차와 세미트레일러를 제외한 자동차를 말한다.
6. "세미트레일러"란 앞차축이 없는 피견인차와 견인차의 결합체로서 피견인차와 적재물 중량의 상당한 부분이 견인차에 의하여 지지되도록 연결되어 있는 자동차를 말한다.
7. "고속도로"란 「도로법」 제8조 및 제9조에 따른 고속국도로서 중앙분리대에 의하여 양방향이 분리되고 입체교차를 원칙으로 하며 설계속도가 시속 80킬로미터 이상인 출입이 제한된 도로를 말한다.
8. "일반도로"란 「도로법」에 따른 도로(고속도로는 제외한다)로서 그 기능에 따라 주간선도로, 보조간선도로, 집산도로(集散道路) 및 국지도로(局地道路)로 구분되는 도로를 말한다.
9. "자동차 전용도로"란 간선도로로서 「도로법」 제61조에 따라 지정된 도로를 말한다.

11. "접근관리 설계기법"이란 주도로(主道路)와 부도로(副道路)가 접속하는 지점에서 주행하는 모든 자동차의 안전성과 효율성을 확보하기 위해 주도로에 접속하는 부도로의

접속위치, 간격, 기하구조 설계, 교통제어방식 등을 합리적으로 관리하는 설계기법을 말한다.

12. “도로의 계획목표연도”란 도로를 계획하거나 설계할 때 예측된 교통량에 따라 도로를 건설하여 적절하게 유지·관리하는 경우 적정한 수준 이상의 기능이 유지될 수 있을 것으로 보는 기간(도로의 공용개시계획연도를 시점으로 한다)의 범위를 말한다.

13. “도로의 설계서비스수준”이란 도로를 계획하거나 설계할 때의 기준으로서 도로의 통행속도, 교통량과 교통용량의 비율, 교통밀도와 교통량 등에 따른 도로운행상태의 질을 말한다.

14. “계획교통량”이란 도로의 계획목표연도에 그 도로를 통행할 것으로 예상되는 자동차의 연평균 일일교통량을 말한다.

15. “설계시간교통량”이란 도로의 계획목표연도에 그 도로를 통행할 시간당 자동차의 대수를 말한다.

16. “도시지역”이란 시가지를 형성하고 있는 지역이나 그 지역의 발전 추세로 보아 시가지로 형성될 가능성이 높은 지역을 말한다.

17. “지방지역”이란 도시지역 외의 지역을 말한다.

18. “설계속도”란 도로설계의 기초가 되는 자동차의 속도를 말한다.

19. “차로”란 자동차가 도로의 정해진 부분을 한 줄로 통행할 수 있도록 차선에 의하여 구분되는 차도의 부분을 말한다.

20. “차로수”란 양방향 차로(오르막차로, 회전차로, 변속차로 및 양보차로는 제외한다)의 수를 합한 것을 말한다.

21. “차도”란 자동차의 통행에 사용되며 차로로 구성된 도로의 부분을 말한다.

22. “차선”이란 차로와 차로를 구분하기 위하여 그 경계지점에 표시하는 선을 말한다.

23. “오르막차로”란 오르막 구간에서 저속 자동차를 다른 자동차와 분리하여 통행시키기 위하여 설치하는 차로를 말한다.

24. “회전차로”란 자동차가 우회전, 좌회전 또는 유턴을 할 수 있도록 직진하는 차로와 분리하여 설치하는 차로를 말한다.

25. “변속차로”란 자동차를 가속시키거나 감속시키기 위하여 설치하는 차로를 말한다.

26. “측대”란 운전자의 시선을 유도하고 옆부분의 여유를 확보하기 위하여 중앙분리대 또는 길어깨에 차도와 동일한 횡단경사와 구조로 차도에 접속하여 설치하는 부분을 말한다.

27. “분리대”란 차도를 통행의 방향에 따라 분리하거나 성질이 다른 같은 방향의 교통을 분리하기 위하여 설치하는 도로의 부분이나 시설물을 말한다.
28. “중앙분리대”란 차도를 통행의 방향에 따라 분리하고 옆부분의 여유를 확보하기 위하여 도로의 중앙에 설치하는 분리대와 측대를 말한다.
29. “길어깨”란 도로를 보호하고 비상 시에 이용하기 위하여 차도에 접속하여 설치하는 도로의 부분을 말한다.
30. “주정차대”란 자동차의 주차 또는 정차에 이용하기 위하여 도로에 접속하여 설치하는 부분을 말한다.
31. “노상시설”이란 보도, 자전거도로, 중앙분리대, 길어깨 또는 환경시설대(環境施設帶) 등에 설치하는 표지판 및 방호울타리, 가로등, 가로수 등 도로의 부속물(공동구는 제외한다. 이하 같다)을 말한다.
32. “교통약자”란 「교통약자의 이동편의 증진법」 제2조에 따른 교통약자를 말한다.
33. “이동편의시설”이란 교통약자가 도로를 이용할 때 편리하게 이동할 수 있도록 하기 위한 시설 및 설비를 말한다.
34. “보도의 유효폭”이란 보도폭에서 노상시설 등이 차지하는 폭을 제외한 보행자의 통행에만 이용되는 폭을 말한다.
35. “보행시설물”이란 보행자가 안전하고 편리하게 보행할 수 있도록 하기 위해 설치하는 속도저감시설, 횡단시설, 교통안내시설, 교통신호기 등의 시설물을 말한다.
36. “시설한계”란 자동차나 보행자 등의 교통안전을 확보하기 위하여 일정한 폭과 높이 안쪽에는 시설물을 설치하지 못하게 하는 도로 위의 공간 확보의 한계를 말한다.
37. “완화곡선”이란 직선부와 평면곡선 사이 또는 평면곡선과 평면곡선 사이에서 자동차의 원활한 주행을 위하여 설치하는 곡선으로서 곡선상의 위치에 따라 곡선반지름이 변하는 곡선을 말한다.
38. “횡단경사”란 도로의 진행방향에 직각으로 설치하는 경사로서 도로의 배수를 원활하게 하기 위하여 설치하는 경사와 평면곡선부에 설치하는 편경사를 말한다.
39. “편경사”란 평면곡선부에서 자동차가 원심력에 저항할 수 있도록 하기 위하여 설치하는 횡단경사를 말한다.
40. “종단경사”란 도로의 진행방향 중심선의 길이에 대한 높이의 변화 비율을 말한다.
41. “정지시거(停止視距)”란 운전자가 같은 차로상에 고장차 등의 장애물을 인지하고 안전하게 정지하기 위하여 필요한 거리로서 차로 중심선상 1미터의 높이에서 그 차로의

중심선에 있는 높이 15센티미터의 물체의 맨 윗부분을 볼 수 있는 거리를 그 차로의 중심선에 따라 측정한 길이를 말한다.

42. "앞지르기시거"란 2차로 도로에서 저속 자동차를 안전하게 앞지를 수 있는 거리로서 차로의 중심선상 1미터의 높이에서 반대쪽 차로의 중심선에 있는 높이 1.2미터의 반대쪽 자동차를 인지하고 앞차를 안전하게 앞지를 수 있는 거리를 도로 중심선에 따라 측정한 길이를 말한다.

43. "교통섬"이란 자동차의 안전하고 원활한 교통처리나 보행자도로횡단의 안전을 확보하기 위하여 교차로 또는 차도의 분기점 등에 설치하는 섬 모양의 시설을 말한다.

44. "연결로"란 입체도로에서 서로 교차하는 도로를 연결하거나 서로 높이 차이가 있는 도로를 연결하여 주는 도로를 말한다.

45. "환경시설대"란 도로 주변지역의 환경보전을 위하여 길어깨의 바깥쪽으로 설치하는 녹지대 등의 시설이 설치된 지역을 말한다.

**제3조(도로의 구분)** ① 도로는 고속도로 및 일반도로로 구분한다.

② 고속도로 중 도시지역에 소재하는 고속도로는 도시고속도로로 한다.

③ 일반도로의 기능별 구분에 상응하는 「도로법」 제8조에 따른 도로의 종류는 다음 표와 같다.

| 일반도로 | 도로의 종류 |
|---|---|
| 주간선도로 | 일반국도, 특별시도·광역시도 |
| 보조간선도로 | 일반국도, 특별시도·광역시도, 지방도, 시도 |
| 집산도로 | 지방도, 시도, 군도, 구도 |
| 국지도로 | 군도, 구도 |

**제4조(도로의 출입 등의 기준)** ① 도로에는 자동차 주행의 안전성과 효율성을 확보하기 위하여 접근관리 설계기법을 적용하여야 한다.

② 고속도로와 자동차전용도로는 다음 각 호의 기준에 적합하여야 한다.

1. 특별한 사유가 없으면 교차하는 모든 도로와 입체교차가 될 것
2. 지정된 곳에 한정하여 자동차만 출입이 허용되도록 할 것

**제5조(설계기준자동차)** ① 도로의 구분에 따른 설계기준자동차는 다음 표와 같다. 다만, 우회할 수 있는 도로(해당 도로 기능 이상의 기능을 갖춘 도로만 해당한다)가 있는 경우에는 도로의 구분에 관계없이 대형자동차 또는 승용자동차를 설계기준자동차로 할 수 있다.

| 도로의 구분 | 설계기준자동차 |
|---|---|
| 고속도로 및 주간선도로 | 세미트레일러 |
| 보조간선도로 및 집산도로 | 세미트레일러 또는 대형자동차 |
| 국지도로 | 대형자동차 또는 승용자동차 |

② 제1항에도 불구하고 소형차도로는 도로의 구분에 관계없이 소형자동차를 설계기준자동차로 할 수 있다.

③ 제1항 및 제2항에 따른 설계기준자동차의 종류별 제원(諸元)은 다음 표와 같다.

| 제원(미터) / 자동차 종류 | 폭 | 높이 | 길이 | 축간거리 | 앞 내민 길이 | 뒷 내민 길이 | 최소 회전 반지름 |
|---|---|---|---|---|---|---|---|
| 승용자동차 | 1.7 | 2.0 | 4.7 | 2.7 | 0.8 | 1.2 | 6.0 |
| 소형자동차 | 2.0 | 2.8 | 6.0 | 3.7 | 1.0 | 1.3 | 7.0 |
| 대형자동차 | 2.5 | 4.0 | 13.0 | 6.5 | 2.5 | 4.0 | 12.0 |
| 세미트레일러 | 2.5 | 4.0 | 16.7 | 앞축간거리 4.2<br>뒤축간거리 9.0 | 1.3 | 2.2 | 12.0 |

비고) 1. 축간거리 : 앞바퀴 차축의 중심으로부터 뒷바퀴 차축의 중심까지의 길이를 말한다.
2. 앞내민길이 : 자동차의 앞면으로부터 앞바퀴 차축의 중심까지의 길이를 말한다.
3. 뒷내민길이 : 자동차의 뒷면으로부터 뒷바퀴 차축의 중심까지의 길이를 말한다.

**제6조(도로의 계획목표연도)** ① 도로를 계획하거나 설계할 때 예측된 교통량에 맞추어 도로를 적절하게 유지·관리함으로써 도로의 기능이 원활하게 유지될 수 있도록 하기 위하여 도로의 계획목표연도를 설정하여야 한다.

② 도로의 계획목표연도는 공용개시계획연도를 기준으로 20년 이내로 정하되, 그 기간을 설정할 때에는 도로의 구분, 교통량 예측의 신뢰성, 투자의 효율성, 단계적인 건설의 가능성, 주변여건, 주변지역의 사회·경제계획 및 도시계획 등을 고려하여야 한다.

**제7조(도로의 설계서비스수준)** 도로를 계획하거나 설계할 때 도로의 설계서비스수준이 국토해양부장관이 정하는 기준에 적합하도록 하여야 한다.

**제8조(설계속도)** ① 설계속도는 도로의 기능별 구분에 따라 다음 표의 속도 이상으로 한다. 다만, 지형 상황 및 경제성 등을 고려하여 필요한 경우에는 다음 표의 속도에서 시속 20킬로미터 범위 안의 속도를 뺀 속도를 설계속도로 할 수 있다.

| 도로의 기능별 구분 | | 설계속도(킬로미터/시간) | | |
|---|---|---|---|---|
| | | 지방지역 | | 도시지역 |
| | | 평지 | 산지 | |
| 고속도로 | | 120 | 100 | 100 |
| 일반도로 | 주간선도로 | 80 | 60 | 80 |
| | 보조간선도로 | 70 | 50 | 60 |
| | 집산도로 | 60 | 40 | 50 |
| | 국지도로 | 50 | 40 | 40 |

② 제1항에도 불구하고 자동차의 원활한 소통을 위하여 자동차 전용도로의 설계속도는 시속 80킬로미터 이상으로 한다. 다만, 도시지역이나 소형차도로인 경우에는 시속 60킬로미터 이상으로 할 수 있다.

**제9조(설계구간)** ① 동일한 설계기준이 적용되어야 하는 도로의 설계구간은 주요교차로(인터체인지를 포함한다)나 도로의 주요시설물사이의 구간으로 한다.

② 인접한 설계구간과의 설계속도의 차이는 시속 20킬로미터 이하가 되도록 하여야 한다.

**제10조(차로)** ① 도로의 차로수는 도로의 구분 및 기능, 설계시간교통량, 도로의 계획목표연도의 설계서비스수준, 지형상황, 나누어지거나 합하여지는 도로의 차로수 등을 고려하여 정하여야 한다.

② 도로의 차로수는 교통 특성 및 지역 여건에 따라 홀수 차로로 설치할 수 있다.

③ 차로의 폭은 차선의 중심선에서 인접한 차선의 중심선까지로 하며, 도로의 구분, 설계속도 및 지역에 따라 다음 표의 폭 이상으로 한다. 다만, 설계기준자동차 및 경제성을 고려하여 필요한 경우에는 차로 폭을 3미터 이상으로 할 수 있다.

| 도로의 구분 | | | 차로의 최소 폭(미터) | | |
|---|---|---|---|---|---|
| | | | 지방지역 | 도시 지역 | 소형차도로 |
| 고속도로 | | | 3.50 | 3.50 | 3.25 |
| 일반도로 | 설계속도(킬로미터/시간) | 80 이상 | 3.50 | 3.25 | 3.25 |
| | | 70 이상 | 3.25 | 3.25 | 3.00 |
| | | 60 이상 | 3.25 | 3.00 | 3.00 |
| | | 60 미만 | 3.00 | 3.00 | 3.00 |

④ 제3항에도 불구하고 회전차로의 폭과 설계속도가 시속 40킬로미터 이하인 도시지역 차로의 폭은 2.75미터 이상으로 할 수 있다.

⑤ 도로에는 「도로교통법」 제15조에 따라 자동차의 종류 등에 따른 전용차로를 설치할 수 있으며, 이 경우 간선급행버스체계 전용차로의 차로 폭은 3.25미터 이상으로 한다. 다만, 정류장의 추월차로 등 부득이한 경우에는 3미터 이상으로 할 수 있다.

**제11조(차로의 분리 등)** ① 도로에는 차로를 통행의 방향별로 분리하기 위하여 중앙선을 표시하거나 중앙분리대를 설치하여야 한다. 다만, 4차로 이상의 도로에는 도로기능과 교통 상황에 따라 안전하고 원활한 교통을 확보하기 위하여 필요한 경우 중앙분리대를 설치하여야 한다.

② 중앙분리대 내에는 시설물을 설치할 수 있으며 중앙분리대의 폭은 도로의 구분에 따라 다음 표의 값 이상으로 한다. 다만, 자동차 전용도로의 경우는 2.0미터 이상으로 한다.

| 도로의 구분 | 중앙분리대의 최소 폭(미터) | | |
|---|---|---|---|
| | 지방지역 | 도시지역 | 소형차도로 |
| 고속도로 | 3.0 | 2.0 | 2.0 |
| 일반도로 | 1.5 | 1.0 | 1.0 |

③ 중앙분리대에는 측대를 설치하여야 한다. 이 경우 측대의 폭은 설계속도가 시속 80킬로미터 이상인 경우는 0.5미터 이상으로, 시속 80킬로미터 미만인 경우는 0.25미터 이상으로 한다.

④ 중앙분리대의 분리대에 노상시설을 설치하는 경우 중앙분리대의 폭은 제18조에 따른 시설한계가 확보되도록 정하여야 한다.

⑤ 차로를 왕복방향별로 분리하기 위하여 중앙선을 두 줄로 표시하는 경우 각 중앙선의 중심 간의 간격은 0.5미터 이상으로 한다.

**제12조(길어깨)** ① 도로에는 차도와 접속하여 길어깨를 설치하여야 한다. 다만, 보도 또는 주정차대가 설치되어 있는 경우에는 설치하지 아니할 수 있다.

② 차도의 오른쪽에 설치하는 길어깨의 폭은 도로의 구분과 설계속도에 따라 다음 표의 폭 이상으로 하여야 한다. 다만, 오르막차로 또는 변속차로 등의 차로와 길어깨가 접속되는 구간에서는 0.5미터 이상으로 할 수 있다.

| 도로의 구분 | | | 차도 오른쪽 길어깨의 최소폭(미터) | | |
|---|---|---|---|---|---|
| | | | 지방지역 | 도시지역 | 소형차도로 |
| 고속도로 | | | 3.00 | 2.00 | 2.00 |
| 일반도로 | 설계속도 (킬로미터/시간) | 80 이상 | 2.00 | 1.50 | 1.00 |
| | | 60 이상 80 미만 | 1.50 | 1.00 | 0.75 |
| | | 60 미만 | 1.00 | 0.75 | 0.75 |

③ 일방통행도로 등 분리도로의 차도 왼쪽에 설치하는 길어깨의 폭은 도로의 구분과 설계속도에 따라 다음 표의 폭 이상으로 한다.

| 도로의 구분 | | | 차도 왼쪽 길어깨의 최소폭(미터) | |
|---|---|---|---|---|
| | | | 일반도로 | 소형차도로 |
| 고속도로 | | | 1.00 | 0.75 |
| 일반도로 | 설계속도 (킬로미터/시간) | 80 이상 | 0.75 | 0.75 |
| | | 80 미만 | 0.50 | 0.50 |

④ 제2항 및 제3항에도 불구하고 터널, 교량, 고가도로 또는 지하차도의 길어깨의 폭은 고속도로의 경우에는 1미터 이상으로, 일반도로의 경우에는 0.5미터 이상으로 할 수 있다. 다만, 길이 1천미터 이상의 터널 또는 지하차도에서 오른쪽 길어깨의 폭을 2미터 미만으로 하는 경우에는 최소 750미터의 간격으로 비상주차대를 설치하여야 한다.

⑤ 길어깨에는 측대를 설치하여야 한다. 이 경우 측대의 폭은 설계속도가 시속 80킬로미터 이상인 경우에는 0.5미터 이상으로, 80킬로미터 미만이거나 터널인 경우에는 0.25미터 이상으로 한다.

⑥ 차도에 접속하여 노상시설을 설치하는 경우 노상시설의 폭은 길어깨의 폭에 포함되지 아니한다.

**제13조(적설지역 도로의 중앙분리대 및 길어깨의 폭)** 적설지역에 있는 도로의 중앙분리대 및 길어깨의 폭은 제설작업을 고려하여 정하여야 한다.

**제14조(주정차대)** ① 도시지역의 일반도로에 주정차대를 설치하는 경우에는 그 폭이 2.5미터 이상이 되도록 하여야 한다. 다만, 소형자동차를 대상으로 하는 주정차대의 경우에는 그 폭이 2미터 이상이 되도록 할 수 있다.

② 고속도로와 간선도로에 설치하는 버스정류장은 차도와 분리하여 별도로 설치하여야 한다.

**제15조(자전거도로)** ① 안전하고 원활한 교통의 확보를 위하여 자전거와 자동차 및 보행자의 통행을 분리할 필요가 있는 경우에는 자전거도로를 설치하여야 한다. 다만, 지형상황 등으로 인하여 부득이하다고 인정되는 경우에는 그러하지 아니하다.

② 자전거도로의 구조와 시설기준에 관하여는 「자전거 이용시설의구조·시설기준에 관한 규칙」에서 정하는 바에 따른다.

**제16조(보도)** ① 보행자의 안전과 자동차 등의 원활한 통행을 위하여 필요하다고 인정되는 경우에는 도로에 보도를 설치하여야 한다. 이 경우 보도는 연석이나 방호울타리 등의 시설물을 이용하여 차도와 분리하여야 하고, 필요하다고 인정되는 지역에는 「교통약자의 이동편의 증진법」에 따른 이동편의시설을 설치하여야 한다.

② 제1항에 따라 차도와 보도를 구분하는 경우에는 다음 각 호의 기준에 따른다.

1. 차도에 접하여 연석을 설치하는 경우 그 높이는 25센티미터 이하로 할 것
2. 횡단보도에 접한 구간으로서 필요하다고 인정되는 지역에는 「교통약자의 이동편의 증진법」에 따른 이동편의시설을 설치하여야 하며, 자전거도로에 접한 구간은 자전거의 통행에 불편이 없도록 할 것

③ 보도의 유효폭은 보행자의 통행량과 주변 토지 이용 상황을 고려하여 결정하되, 최소 2미터 이상으로 하여야 한다. 다만, 지방지역의 도로와 도시지역의 국지도로는 지형상 불가능하거나 기존 도로의 증설·개설시 불가피하다고 인정되는 경우에는 1.5미터 이상으로 완화할 수 있다.

④ 보도는 보행자의 통행 경로를 따라 연속성과 일관성이 유지되도록 설치하며, 보도에 가로수 등 노상시설을 설치하는 경우 노상시설 설치에 필요한 폭을 추가로 확보하여야 한다.

**제17조(도로공간기능의 활용)** ① 주민의 삶의 질 향상을 위하여 도로를 보행환경 개선 공간 및 문화정보 교류공간, 대중교통의 수용공간, 환경친화적 녹화공간(綠花空間) 등으로 계획할 수 있다.

② 보행환경 개선이 필요한 지역에는 제2조 제35호에 따른 보행시설물을 설치할 수 있다.

**제18조(시설한계)** ① 차도의 시설한계 높이는 4.5미터 이상으로 한다. 다만, 다음 각 호의 경우에는 시설한계 높이를 축소할 수 있다.

1. 집산도로 또는 국지도로가 지형상황 등으로 인하여 부득이하다고 인정되는 경우 : 4.2미터까지 축소 가능

2. 소형차도로의 경우 : 3미터까지 축소가능
3. 대형자동차의 교통량이 현저히 적고, 그 도로의 부근에 대형자동차가 우회할 수 있는 도로가 있는 경우 : 3미터까지 축소 가능

② 차도, 보도 및 자전거도로의 시설한계는 별표와 같다. 이 경우 도로의 종단경사 및 횡단경사를 고려하여 시설한계를 확보하여야 한다.

**제19조(평면곡선반지름)** 차도의 평면곡선반지름은 설계속도와 편경사에 따라 다음 표의 길이 이상으로 한다.

| 설계속도<br>(킬로미터/시간) | 최소 평면곡선반지름(미터) | | |
|---|---|---|---|
| | 적용 최대 편경사 | | |
| | 6% | 7% | 8% |
| 120 | 710 | 670 | 630 |
| 110 | 600 | 560 | 530 |
| 100 | 460 | 440 | 420 |
| 90 | 380 | 360 | 340 |
| 80 | 280 | 265 | 250 |
| 70 | 200 | 190 | 180 |
| 60 | 140 | 135 | 130 |
| 50 | 90 | 85 | 80 |
| 40 | 60 | 55 | 50 |
| 30 | 30 | 30 | 30 |
| 20 | 15 | 15 | 15 |

**제20조(평면곡선의 길이)** 평면곡선부의 차도 중심선의 길이(완화곡선이 있는 경우에는 그 길이를 포함한다)는 다음 표의 길이 이상으로 한다.

| 설 계 속 도<br>(킬로미터/시간) | 평면곡선의 최소길이(미터) | |
|---|---|---|
| | 도로의 교각이<br>5도 미만인 경우 | 도로의 교각이<br>5도 이상인 경우 |
| 120 | 700 / θ | 140 |
| 110 | 650 / θ | 130 |
| 100 | 550 / θ | 110 |
| 90 | 500 / θ | 100 |
| 80 | 450 / θ | 90 |
| 70 | 400 / θ | 80 |
| 60 | 350 / θ | 70 |
| 50 | 300 / θ | 60 |
| 40 | 250 / θ | 50 |
| 30 | 200 / θ | 40 |
| 20 | 150 / θ | 30 |

비고) θ는 도로 교각의 값(도)이며, 2도 미만인 경우에는 2도로 한다.

**제21조(평면곡선부의 편경사)** ① 차도의 평면곡선부에는 도로가 위치하는 지역, 적설정도, 설계속도, 평면곡선반지름 및 지형상황 등에 따라 다음 표의 비율 이하의 최대 편경사를 두어야 한다.

| 구 분 | | 최대편경사(퍼센트) |
|---|---|---|
| 지방지역 | 적설한랭 지역 | 6 |
| | 기타 지역 | 8 |
| 도 시 지 역 | | 6 |
| 연 결 로 | | 8 |

② 제1항에도 불구하고 다음 각 호의 어느 하나에 해당하는 경우에는 편경사를 두지 아니할 수 있다.

1. 평면곡선반지름을 고려하여 편경사가 필요 없는 경우
2. 설계속도가 시속 60킬로미터 이하인 도시지역의 도로에서 도로주변과의 접근과 다른 도로와의 접속을 위하여 부득이하다고 인정되는 경우

③ 편경사의 회전축으로부터 편경사가 설치되는 차로수가 2개 이하인 경우의 편경사의 접속설치길이는 설계속도에 따라 다음 표의 편경사 최대 접속설치율에 따라 산정된 길이 이상이 되어야 한다.

| 설계속도 (킬로미터/시간) | 편경사최대접속설치율 |
|---|---|
| 120 | 1 / 200 |
| 110 | 1 / 185 |
| 100 | 1 / 175 |
| 90 | 1 / 160 |
| 80 | 1 / 150 |
| 70 | 1 / 135 |
| 60 | 1 / 125 |
| 50 | 1 / 115 |
| 40 | 1 / 105 |
| 30 | 1 / 95 |
| 20 | 1 / 85 |

④ 편경사의 회전축으로부터 편경사가 설치되는 차로수가 2개를 초과하는 경우의 편경사의 접속설치길이는 제3항에 따라 산정된 길이에 다음 표의 보정계수를 곱한 길이 이상이 되어야 하며, 노면의 배수가 충분히 고려되어야 한다.

| 편경사가 설치되는 차로수 | 접속 설치길이의 보정계수 |
|---|---|
| 3 | 1.25 |
| 4 | 1.50 |
| 5 | 1.75 |
| 6 | 2.00 |

**제22조(평면곡선부의 확폭)** ① 차도 평면곡선부의 각 차로는 평면곡선반지름 및 설계기준자동차에 따라 다음 표의 폭 이상을 확보하여야 한다.

| 세미트레일러 | | 대형자동차 | | 소형자동차 | |
|---|---|---|---|---|---|
| 평면곡선 반지름 (미터) | 최소 확폭량 (미터) | 평면곡선 반지름 (미터) | 최소 확폭량 (미터) | 평면곡선 반지름 (미터) | 최소 확폭량 (미터) |
| 150 이상~ 280 미만 | 0.25 | 110 이상~ 200 미만 | 0.25 | 45 이상~ 55 미만 | 0.25 |

| 세미트레일러 | | 대형자동차 | | 소형자동차 | |
|---|---|---|---|---|---|
| 평면곡선 반지름 (미터) | 최소 확폭량 (미터) | 평면곡선 반지름 (미터) | 최소 확폭량 (미터) | 평면곡선 반지름 (미터) | 최소 확폭량 (미터) |
| 90 이상~ 150 미만 | 0.50 | 65 이상~ 110 미만 | 0.50 | | |
| 65 이상~ 90 미만 | 0.75 | 45 이상~ 65 미만 | 0.75 | | |
| 50 이상~ 65 미만 | 1.00 | 35 이상~ 45 미만 | 1.00 | | |
| 40 이상~ 50 미만 | 1.25 | 25 이상~ 35 미만 | 1.25 | 25 이상~ 45 미만 | 0.50 |
| 35 이상~ 40 미만 | 1.50 | 20 이상~ 25 미만 | 1.50 | 15 이상~ 25 미만 | 0.75 |
| 30 이상~ 35 미만 | 1.75 | 18 이상~ 20 미만 | 1.75 | | |
| 20 이상~ 30 미만 | 2.00 | 15 이상~ 18 미만 | 2.00 | | |

② 제1항에도 불구하고 차도 평면곡선부의 각 차로가 다음 각 호의 어느 하나에 해당하는 경우에는 확폭을 하지 아니할 수 있다.

1. 도시지역의 일반도로에서 도시관리계획이나 주변지장물 등으로 인하여 부득이 하다고 인정되는 경우
2. 설계기준자동차가 승용자동차인 경우

**제23조(완화곡선 및 완화구간)** ① 설계속도가 시속 60킬로미터 이상인 도로의 평면곡선부에는 완화곡선을 설치하여야 한다.

② 완화곡선의 길이는 설계속도에 따라 다음 표의 값 이상으로 하여야 한다.

| 설계속도(킬로미터/시간) | 완화곡선의 최소길이(미터) |
|---|---|
| 120 | 70 |
| 110 | 65 |
| 100 | 60 |
| 90 | 55 |
| 80 | 50 |
| 70 | 40 |
| 60 | 35 |

③ 설계속도가 시속 60킬로미터 미만인 도로의 평면곡선부에는 다음 표의 길이 이상의 완화구간을 두고 편경사를 설치하거나 확폭을 하여야 한다.

| 설계속도(킬로미터/시간) | 완화구간의 최소길이(미터) |
|---|---|
| 50 | 30 |
| 40 | 25 |
| 30 | 20 |
| 20 | 15 |

**제24조(시거)** ① 도로에는 그 도로의 설계속도에 따라 다음 표의 길이 이상의 정지시거를 확보하여야 한다.

| 설계속도(킬로미터/시간) | 정지시거(미터) |
|---|---|
| 120 | 215 |
| 110 | 185 |
| 100 | 155 |
| 90 | 130 |
| 80 | 110 |
| 70 | 95 |
| 60 | 75 |
| 50 | 55 |
| 40 | 40 |
| 30 | 30 |
| 20 | 20 |

② 2차로 도로에서 앞지르기를 허용하는 구간에서는 설계속도에 따라 다음 표의 길이 이상의 앞지르기시거를 확보하여야 한다.

| 설계속도(킬로미터/시간) | 앞지르기시거(미터) |
|---|---|
| 80 | 540 |
| 70 | 480 |
| 60 | 400 |
| 50 | 350 |
| 40 | 280 |
| 30 | 200 |
| 20 | 150 |

**제25조(종단경사)** ① 차도의 종단경사는 도로의 구분, 지형상황과 설계속도에 따라 다음 표의 비율 이하로 하여야 한다. 다만, 지형상황, 주변지장물 및 경제성을 고려하여 필요하다고 인정되는 경우에는 다음 표의 비율에 1퍼센트를 더한 값 이하로 할 수 있다.

| 설계속도 (킬로미터/시간) | 최대 종단경사(퍼센트) | | | | | | | |
|---|---|---|---|---|---|---|---|---|
| | 고속도로 | | 간선도로 | | 집산도로 및 연결로 | | 국지도로 | |
| | 평지 | 산지 | 평지 | 산지 | 평지 | 산지 | 평지 | 산지 |
| 120 | 3 | 4 | | | | | | |
| 110 | 3 | 5 | | | | | | |
| 100 | 3 | 5 | 3 | 6 | | | | |
| 90 | 4 | 6 | 4 | 6 | | | | |
| 80 | 4 | 6 | 4 | 7 | 6 | 9 | | |
| 70 | | | 5 | 7 | 7 | 10 | | |
| 60 | | | 5 | 8 | 7 | 10 | 7 | 13 |
| 50 | | | 5 | 8 | 7 | 10 | 7 | 14 |
| 40 | | | 6 | 9 | 7 | 11 | 7 | 15 |
| 30 | | | | | 7 | 12 | 8 | 16 |
| 20 | | | | | | | 8 | 16 |

② 소형차도로의 종단경사는 도로의 구분, 지형상황과 설계속도에 따라 다음 표의 비율 이하로 하여야 한다. 다만, 지형상황, 주변지장물 및 경제성을 고려하여 필요하다고 인정되는 경우에는 다음 표의 비율에 1퍼센트를 더한 값 이하로 할 수 있다.

| 설계속도 (킬로미터/시간) | 최대 종단경사(퍼센트) | | | | | | | |
|---|---|---|---|---|---|---|---|---|
| | 고속도로 | | 간선도로 | | 집산도로 및 연결로 | | 국지도로 | |
| | 평지 | 산지 | 평지 | 산지 | 평지 | 산지 | 평지 | 산지 |
| 120 | 4 | 5 | | | | | | |
| 110 | 4 | 6 | | | | | | |
| 100 | 4 | 6 | 4 | 7 | | | | |
| 90 | 6 | 7 | 6 | 7 | | | | |
| 80 | 6 | 7 | 6 | 8 | 8 | 10 | | |
| 70 | | | 7 | 8 | 9 | 11 | | |
| 60 | | | 7 | 9 | 9 | 11 | 9 | 14 |
| 50 | | | 7 | 9 | 9 | 11 | 9 | 15 |
| 40 | | | 8 | 10 | 9 | 12 | 9 | 16 |
| 30 | | | | | 9 | 13 | 10 | 17 |
| 20 | | | | | | | 10 | 17 |

**제26조(오르막차로)** ① 종단경사가 있는 구간에서 자동차의 오르막능력 등을 검토하여 필요하다고 인정되는 경우에는 오르막차로를 설치하여야 한다. 다만, 설계속도가 시속 40킬로미터 이하인 경우에는 오르막차로를 설치하지 아니할 수 있다.

② 오르막차로의 폭은 본선의 차로폭과 같게 설치하여야 한다.

**제27조(종단곡선)** ① 차도의 종단경사가 변경되는 부분에는 종단곡선을 설치하여야 한다. 이 경우 종단곡선의 길이는 제2항에 따른 종단곡선의 변화비율에 따라 산정한 길이와 제3항에 따른 종단곡선의 길이 중 큰 값의 길이 이상이어야 한다.

② 종단곡선의 변화비율은 설계속도 및 종단곡선의 형태에 따라 다음 표의 비율 이상으로 한다.

| 설계속도 (킬로미터/시간) | 종단곡선의 형태 | 종단곡선 최소 변화비율 (미터/퍼센트) |
|---|---|---|
| 120 | 볼록곡선 | 120 |
| | 오목곡선 | 55 |
| 110 | 볼록곡선 | 90 |
| | 오목곡선 | 45 |
| 100 | 볼록곡선 | 60 |
| | 오목곡선 | 35 |
| 90 | 볼록곡선 | 45 |
| | 오목곡선 | 30 |
| 80 | 볼록곡선 | 30 |
| | 오목곡선 | 25 |
| 70 | 볼록곡선 | 25 |
| | 오목곡선 | 20 |
| 60 | 볼록곡선 | 15 |
| | 오목곡선 | 15 |
| 50 | 볼록곡선 | 8 |
| | 오목곡선 | 10 |
| 40 | 볼록곡선 | 4 |
| | 오목곡선 | 6 |
| 30 | 볼록곡선 | 3 |
| | 오목곡선 | 4 |
| 20 | 볼록곡선 | 1 |
| | 오목곡선 | 2 |

③ 종단곡선의 길이는 설계속도에 따라 다음 표의 길이 이상이어야 한다.

| 설계속도(킬로미터/시간) | 종단곡선 최소 길이(미터) |
|---|---|
| 120 | 100 |
| 110 | 90 |
| 100 | 85 |
| 90 | 75 |
| 80 | 70 |
| 70 | 60 |
| 60 | 50 |
| 50 | 40 |
| 40 | 35 |
| 30 | 25 |
| 20 | 20 |

**제28조(횡단경사)** ① 차도의 횡단경사는 배수를 위하여 노면의 종류에 따라 다음 표의 비율로 하여야 한다. 다만, 편경사가 설치되는 구간은 제21조에 따른다.

| 노면의 종류 | 횡단경사(퍼센트) |
|---|---|
| 아스팔트 및 시멘트 포장도로 | 1.5 이상 2.0 이하 |
| 간이포장도로 | 2.0 이상 4.0 이하 |
| 비포장도로 | 3.0 이상 6.0 이하 |

② 보도 또는 자전거도로의 횡단경사는 2퍼센트 이하로 한다. 다만, 지형상황 및 주변 건축물 등으로 인하여 부득이하다고 인정되는 경우는 4퍼센트까지 할 수 있다.

③ 길어깨의 횡단경사와 차도의 횡단경사의 차이는 시공성, 경제성 및 교통안전을 고려하여 8퍼센트 이하로 하여야 한다. 다만, 측대를 제외한 길어깨 폭이 1.5미터 이하인 도로, 교량 및 터널 등의 구조물 구간에서는 그 차이를 두지 아니할 수 있다.

**제29조(포장)** ① 차도, 측대, 길어깨, 보도 및 자전거도로 등은 안정성 및 시공성등을 고려하여 적절한 두께 및 재질 등의 구조로 포장하여야 한다.

② 차도 및 측대는 교통량, 노상의 상태, 기후조건, 경제성, 시공성 및 유지관리 등을 고려하여 자동차가 안전하고 원활하게 통행할 수 있는 공법으로 포장하여야 한다.

③ 내리막 경사의 평면곡선부 등 도로의 선형 또는 시거로 인하여 짧은 제동거리가 요구되는 구간의 차도는 미끄럼에 대한 저항이 양호한 형태로 포장하거나 미끄럼방지를 위한 포장시설을 설치하여야 한다.

**제30조(배수시설)** ① 도로시설의 보전, 교통안전, 유지보수 등을 위하여 도로에는 측구(側溝), 집수정 및 도수로 등 적절한 배수시설을 설치하여야 한다. 이 경우 배수시설에 공급되는 전기시설은 침수영향을 받지 않도록 설치하여야 한다.

② 배수시설의 규격은 강우의 지속시간 및 강도와 지형상황에 따라 적절하게 결정되어야 한다.

③ 길어깨는 노면배수로로 활용할 수 있으며, 길어깨에 붙여서 측구를 설치하는 경우에는 교통안전을 위하여 윗면이 열린 측구를 설치하여서는 아니 된다.

**제31조(도로의 교차)** 도로의 교차는 특별한 경우를 제외하고는 4갈래 이하로 하여야 한다.

**제32조(평면교차와 그 접속기준)** ① 교차하는 도로의 교차각은 직각에 가깝게 하여야 한다.

② 교차로의 종단경사는 3퍼센트 이하이어야 한다. 다만, 주변지장물과 경제성을 고려하여 필요하다고 인정되는 경우에는 6퍼센트 이하로 할 수 있다.

③ 평면으로 교차하거나 접속하는 구간에서는 필요에 따라 회전차로, 변속차로, 교통섬등의 도류화시설(道流化施設)을 설치하여야 하며, 이에 관하여 필요한 사항은 국토해양부장관이 따로 정한다.

④ 교차로에서 좌회전차로가 필요한 경우에는 직진차로와 분리하여 설치하여야 한다.

**제33조(입체교차)** ① 고속도로나 주간선도로의 기능을 가진 도로가 다른 도로와 교차하는 경우 그 교차로는 입체교차로 하여야 한다. 다만, 교통량 및 지형상황등을 고려하여 부득이하다고 인정되는 경우에는 그러하지 아니하다.

② 고속도로 또는 주간선도로가 아닌 도로가 서로 교차하는 경우로서 교통의 원활한 처리를 위하여 필요하다고 인정되는 경우 그 교차로는 입체교차로 할 수 있다.

③ 입체교차를 계획할 때에는 도로의 기능, 교통량, 도로조건, 주변 지형 여건, 경제성 등을 고려하여야 한다.

**제34조(입체교차의 연결로)** ① 입체교차의 연결로에 대하여는 제8조, 제10조 제3항, 제11조 제2항 및 제12조 제2항·제3항을 적용하지 아니한다.

② 연결로의 설계속도는 접속하는 도로의 설계속도에 따라 다음 표의 속도를 기준으로 한다. 다만, 루프연결로의 경우에는 다음 표의 속도에서 시속 10킬로미터 범위 안의 속도를 뺀 속도를 설계속도로 할 수 있다.

| 하급 도로의 설계속도(킬로미터/시간) \ 상급 도로의 설계속도(킬로미터/시간) | 120 | 110 | 100 | 90 | 80 | 70 | 60 | 50 이하 |
|---|---|---|---|---|---|---|---|---|
| 120 | 80-50 | | | | | | | |
| 110 | 80-50 | 80-50 | | | | | | |
| 100 | 70-50 | 70-50 | 70-50 | | | | | |
| 90 | 70-50 | 70-40 | 70-40 | 70-40 | | | | |
| 80 | 70-40 | 70-40 | 60-40 | 60-40 | 60-40 | | | |
| 70 | 70-40 | 60-40 | 60-40 | 60-40 | 60-40 | 60-40 | | |
| 60 | 60-40 | 60-40 | 60-40 | 60-40 | 60-30 | 50-30 | 50-30 | |
| 50 이하 | 60-40 | 60-40 | 60-40 | 60-40 | 60-30 | 50-30 | 50-30 | 40-30 |

③ 연결로의 차로폭, 길어깨폭 및 중앙분리대의 폭은 다음 표의 폭 이상으로 한다. 다만, 교량 등의 구조물로 인하여 부득이한 경우에는 괄호 안의 폭까지 줄일 수 있다.

| 연결로 기준 \ 횡단면 구성요소 | 최소 차로 폭(미터) | 길어깨의 최소 폭(미터) | | | | | 중앙 분리대 최소 폭(미터) |
|---|---|---|---|---|---|---|---|
| | | 1방향 1차로 | | 1방향 2차로 | 양방향 다차로 | 가감속 차로 | |
| | | 오른쪽 | 왼쪽 | 오른쪽·왼쪽 | 오른쪽 | 오른쪽 | |
| A기준 | 3.50 | 2.50 | 1.50 | 1.50 | 2.50 | 1.50 | 2.50(2.00) |
| B기준 | 3.25 | 1.50 | 0.75 | 0.75 | 0.75 | 1.00 | 2.00(1.50) |
| C기준 | 3.25 | 1.00 | 0.75 | 0.50 | 0.50 | 1.00 | 1.50(1.00) |
| D기준 | 3.25 | 1.25 | 0.50 | 0.50 | 0.50 | 1.00 | 1.50(1.00) |
| E기준 | 3.00 | 0.75 | 0.50 | 0.50 | 0.50 | 0.75 | 1.50(1.00) |

비고)
1. 각 기준의 정의
   가. A기준: 길어깨에 대형자동차가 정차한 경우 세미트레일러가 통과할 수 있는 기준
   나. B기준: 길어깨에 소형자동차가 정차한 경우 세미트레일러가 통과할 수 있는 기준
   다. C기준: 길어깨에 정차한 자동차가 없는 경우 세미트레일러가 통과할 수 있는 기준
   라. D기준: 길어깨에 소형자동차가 정차한 경우 소형자동차가 통과할 수 있는 기준
   마. E기준: 길어깨에 정차한 자동차가 없는 경우 소형자동차가 통과할 수 있는 기준
2. 도로등급별 적용기준

| 상급도로의 도로등급 | | 적용되는 연결로의 기준 |
|---|---|---|
| 고속도로 | 지방지역 | A기준 또는 B기준 |
| | 도시지역 | B기준 또는 C기준 |
| 일 반 도 로 | | B기준 또는 C기준 |
| 소 형 차 도 로 | | D기준 또는 E기준 |

④ 연결로의 형식은 오른쪽 진출입을 원칙으로 한다. 이 경우 진출입의 연속성 및 일관성이 유지되도록 하여야 한다.

**제35조(입체교차 변속차로의 길이)** ① 변속차로 중 감속차로의 길이는 다음 표의 길이 이상으로 하여야 한다. 다만, 연결로가 2차로인 경우 감속차로의 길이는 다음 표의 길이의 1.2배 이상으로 하여야 한다.

| 본선 설계속도 (킬로미터/시간) | | | 120 | 110 | 100 | 90 | 80 | 70 | 60 |
|---|---|---|---|---|---|---|---|---|---|
| 연결로 설계속도 (킬로미터/시간) | 80 | 변이구간을 제외한 감속차로의 최소길이 (미터) | 120 | 105 | 85 | 60 | – | – | – |
| | 70 | | 140 | 120 | 100 | 75 | 55 | – | – |
| | 60 | | 155 | 140 | 120 | 100 | 80 | 55 | – |
| | 50 | | 170 | 150 | 135 | 110 | 90 | 70 | 55 |
| | 40 | | 175 | 160 | 145 | 120 | 100 | 85 | 65 |
| | 30 | | 185 | 170 | 155 | 135 | 115 | 95 | 80 |

② 본선의 종단경사의 크기에 따른 감속차로의 길이보정률은 다음 표의 비율로 하여야 한다.

| 본 선 의 종단경사(퍼센트) | 내 리 막 경 사 | | | | |
|---|---|---|---|---|---|
| | 0~2 미만 | 2 이상~3 미만 | 3 이상~4 미만 | 4 이상~5 미만 | 5 이상 |
| 감속차로의 길이보정률 | 1.00 | 1.10 | 1.20 | 1.30 | 1.35 |

③ 변속차로중 가속차로의 길이는 다음 표의 길이 이상으로 하여야 한다. 다만, 연결로가 2차로인 경우 가속차로의 길이는 다음 표의 길이의 1.2배 이상으로 하여야 한다.

| 본선 설계속도 (킬로미터/시간) | | | 120 | 110 | 100 | 90 | 80 | 70 | 60 |
|---|---|---|---|---|---|---|---|---|---|
| 연결로 설계속도 (킬로미터/시간) | 80 | 변이구간을 제외한 가속차로의 최소길이 (미터) | 245 | 120 | 55 | – | – | – | – |
| | 70 | | 335 | 210 | 145 | 50 | – | – | – |
| | 60 | | 400 | 285 | 220 | 130 | 55 | – | – |
| | 50 | | 445 | 330 | 265 | 175 | 100 | 50 | – |
| | 40 | | 470 | 360 | 300 | 210 | 135 | 85 | – |
| | 30 | | 500 | 390 | 330 | 240 | 165 | 110 | 70 |

④ 본선의 종단경사의 크기에 따른 가속차로의 길이보정률은 다음 표의 비율로 한다.

| 본 선 의 종단경사(퍼센트) | 오 르 막 경 사 | | | | |
|---|---|---|---|---|---|
| | 0~2미만 | 2이상~3미만 | 3이상~4미만 | 4이상~5미만 | 5이상 |
| 가속차로의 길이보정률 | 1.00 | 1.20 | 1.30 | 1.40 | 1.50 |

⑤ 변속차로의 변이구간의 길이는 다음 표의 길이 이상으로 하여야 한다.

| 본선 설계속도 (킬로미터/시간) | 120 | 110 | 100 | 90 | 80 | 60 | 50 | 40 |
|---|---|---|---|---|---|---|---|---|
| 변이구간의 최소 길이(미터) | 90 | 80 | 70 | 70 | 60 | 60 | 60 | 60 |

**제36조(철도와의 교차)** ① 도로와 철도의 교차는 입체교차를 원칙으로 한다. 다만, 주변지장물이나 기존의 교차형식 등으로 인하여 부득이하다고 인정되는 경우에는 그러하지 아니하다.

② 제1항 단서에 따라 도로와 철도가 평면교차하는 경우 그 도로의 구조는 다음 각 호의 기준에 따른다.

1. 철도와의 교차각을 45도 이상으로 할 것
2. 건널목의 양측에서 각각 30미터 이내의 구간(건널목 부분을 포함한다)은 직선으로 하고 그 구간 도로의 종단경사는 3퍼센트 이하로 할 것. 다만, 주변지장물과 기존 도로의 현황을 고려하여 부득이하다고 인정되는 경우에는 그러하지 아니하다.
3. 건널목 앞쪽 5미터 지점의 도로중심선상 1미터의 높이에서 가장 멀리 떨어진 선로의 중심선을 볼 수 있는 곳까지의 거리를 선로방향으로 측정한 길이(이하 "가시구간의 길이"라 한다)는 철도차량의 최고속도에 따라 다음 표의 길이 이상으로 할 것. 다만, 건널목차단기와 그 밖의 보안설비가 설치되는 구간의 경우에는 그러하지 아니하다.

| 건널목에서의 철도차량의 최고속도(킬로미터/시간) | 가시구간의 최소길이(미터) |
|---|---|
| 50 미만 | 110 |
| 50 이상 70 미만 | 160 |
| 70 이상 80 미만 | 200 |
| 80 이상 90 미만 | 230 |
| 90 이상 100 미만 | 260 |
| 100 이상 110 미만 | 300 |
| 110 이상 | 350 |

③ 철도를 횡단하여 교량을 가설하는 경우에는 철도의 확장 및 보수와 제설 등을 위한 충분한 경간장을 확보하여야 하며, 교량의 난간부에 방호울타리 등을 설치하여야 한다.

**제37조(양보차로)** ① 2차로 도로에서 앞지르기시거가 확보되지 아니하는 구간으로서 교통용량 및 안전성 등을 검토하여 필요하다고 인정되는 경우에는 저속자동차가 다른 자동차에게 통행을 양보할 수 있는 차로( 이하 "양보차로"라 한다)를 설치하여야 한다.

② 양보차로를 설치하는 구간에는 운전자가 양보차로에 진입하기 전에 이를 충분히 인식할 수 있도록 노면표시 및 표지판 등을 설치하여야 한다.

③ 양보차로는 교통용량 및 안전성 등을 검토하여 적절한 길이 및 간격이 유지되도록 하여야 한다.

**제38조(도로안전시설 등)** ① 교통사고를 방지하기 위하여 필요하다고 인정되는 경우에는 시선유도시설, 방호울타리, 충격흡수시설, 조명시설, 과속방지시설, 도로반사경, 미끄럼방지시설, 노면요철포장, 긴급제동시설, 안개지역 안전시설, 횡단보도육교(지하횡단보도를 포함한다) 등의 도로안전시설을 설치하여야 한다.

② 도로의 부속물을 설치하는 경우에는 교통약자의 통행편의를 고려하여야 하며, 필요하다고 인정되는 경우에는 교통약자를 위한 별도의 시설을 설치하여야 한다.

**제39조(교통관리시설 등)** ① 교통의 원활한 소통과 안전을 도모하고 교통사고를 방지하기 위하여 필요하다고 인정되는 경우에는 신호기 및 안전표지 등의 교통안전시설, 도로표지, 도로명판 등을 설치하여야 하며, 긴급연락시설, 도로교통정보 안내시설, 과적차량검문소, 차량검지체계 등의 교통관리시설을 설치할 수 있다.

② 교통체계의 효율성과 안전성을 위하여 도로교통상황을 파악하고 관리할 수 있는 지능형 교통관리체계를 설치할 수 있다.

**제40조(주차장 등)** ① 원활한 교통의 확보, 통행의 안전 또는 공중의 편의를 위하여 필요하다고 인정되는 경우에는 도로에 주차장, 버스정류시설, 비상주차대, 휴게시설과 그 밖에 이와 유사한 시설을 설치하여야 한다.

② 제1항에 따른 시설을 설치하는 경우 본선 교통의 원활한 소통을 위하여 본선의 설계속도에 따라 적절한 변속차로 등을 설치하여야 한다.

**제41조(방호시설, 방풍시설 및 제설시설)** 낙석, 붕괴, 파랑(波浪), 바람 또는 적설 등으로 인하여 교통소통에 지장을 주거나 도로의 구조에 손상을 입힐 가능성이 있는 부분에는 울타리, 옹벽, 방호시설, 방풍시설 또는 제설시설을 설치하여야 한다.

**제42조(터널의 환기시설 등)** ① 터널에는 안전하고 원활한 교통소통을 위하여 필요하다고 인정되는 경우에는 도로의 설계속도, 교통 조건, 환경 여건, 터널의 제원 등을 고려하여 환기시설 및 조명시설을 설치하여야 한다.

② 화재나 그 밖의 사고로 인하여 교통에 위험한 상황이 발생될 우려가 있는 터널에는 소화설비, 경보설비, 피난설비, 소화활동설비, 비상전원설비 등의 방재시설을 설치하여야 한다.

③ 터널 안의 일산화탄소 및 질소산화물의 농도는 다음 표의 농도 이하가 되도록 하여야 하며, 환기 시의 터널 안 풍속이 초속 10미터를 초과하지 아니하도록 환기시설을 설치하여야 한다.

| 구분 | 농도 |
|---|---|
| 일산화탄소 | 100ppm |
| 질소산화물 | 25ppm |

**제43조(환경시설 등)** ① 도로건설로 인한 주변 환경피해를 최소화하기 위하여 필요한 경우에는 생태통로(生態通路) 등의 환경영향저감시설을 설치하여야 한다.

② 교통량이 많은 도로 주변의 주거지역, 정숙을 요하는 시설이나 공공시설 등이 위치한 지역과 환경보존을 위하여 필요한 지역에는 도로의 바깥쪽에 환경시설대나 방음시설을 설치하여야 한다.

**제44조(교량 등)** ① 교량 등의 도로구조물은 하중조건 및 내진성(耐震性), 내풍안전성(耐風安全性), 수해내구성(水害耐久性) 등을 고려하여 설치하여야 하며, 그 기준에 관하여 필요한 사항은 국토해양부장관이 정한다.

② 교량에는 그 유지·관리를 위하여 필요한 교량점검로 및 계측시설등의 부대시설을 설치하여야 한다.

**제45조(일시적으로 설치하는 도로에 대한 적용의 특례)** 도로나 그 밖의 시설에 관한 공사에 부대하여 일시적으로 사용할 목적으로 설치하는 도로에는 이 규칙을 적용하지 아니하거나 이 규칙에서 정하는 기준을 완화하여 적용할 수 있다.

**제46조(사실상의 도로에 대한 적용의 특례)** 「도로법」에 따른 도로 외의 도로로서 2차로 이상의 도로에 대하여는 그 도로의 설치목적 및 기능 등을 고려하여 이 규칙에서 정하는 기준을 적용할 수 있다.

**제47조(기존의 도로에 대한 적용의 특례)** 확장하거나 개·보수공사 등을 하는 기존의 도로에 있어서 이 규칙에서 정하는 기준과 맞지 아니하는 부분이 있는 경우로서 실험에 의하거나 이론적으로 문제가 없다고 인정되는 경우에는 이 규칙에서 정하는 관련 기준을 적용하지 아니할 수 있다.

**제48조(도로의 구조 등에 관한 세부적인 기준)** 이 규칙에서 정한 사항 외에 도로의 구조 및 시설의 기준에 관한 세부적인 사항은 국토해양부장관이 정하는 바에 따른다.

**부칙**

**제1조(시행일)** 이 규칙은 공포한 날부터 시행한다.

**제2조(경과조치)** 이 규칙은 시행당시 신설 또는 개량공사를 시행 중이거나 시행계획이 확정되어 그 실시설계가 시행 중인 도로에 있어서 이 규칙의 규정에 적합하지 아니한 부분이 있는 경우에는 해당부분에 대하여는 종전의 규정을 적용한다.

## [별표] 차도 및 보도 등의 시설한계(제18조 제2항 관련)

### 1. 차도의 시설한계

| 차도에 접속하여 길어깨가 설치되어 있는 도로 | | 차도에 접속하여 길어깨가 설치되어 있지 않은 도로 | 차도 또는 중앙분리대안에 분리대 또는 교통섬이 있는 도로 |
|---|---|---|---|
| 터널 및 100미터 이상인 교량을 제외한 도로의 차도 | 터널 및 100미터 이상인 교량의 차도 | | |

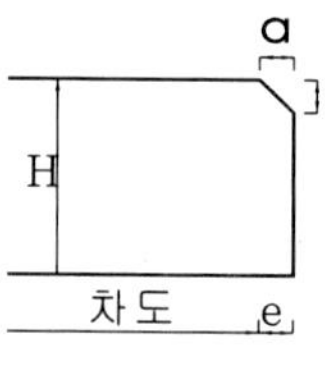


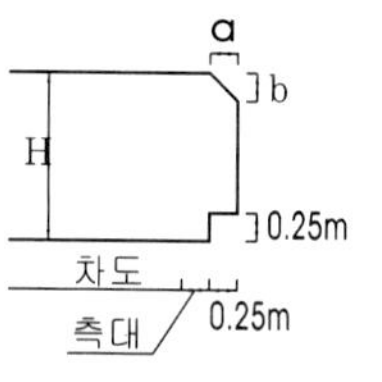


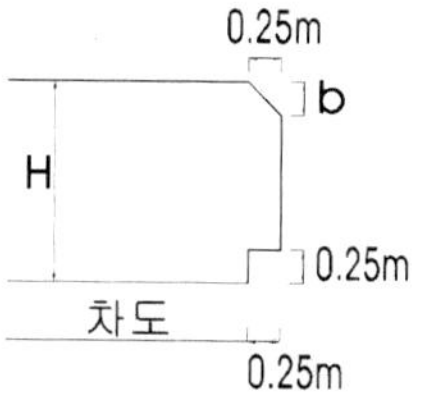


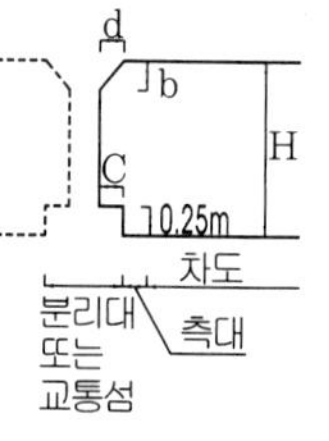


a 및 e : 차도에 접속하는 길어깨의 폭. 다만, a가 1미터를 초과하는 경우에는 1미터로 한다.

b : H(4미터 미만인 경우에는 4미터)에서 4미터를 뺀 값. 다만, 소형차도로는 H(2.8미터 미만인 경우에는 2.8미터)에서 2.8미터를 뺀 값.

c 및 d : 분리대와 관계가 있는 것이면 도로의 구분에 따라 각각 다음 표에서 정하는 값으로 하고, 교통섬과 관계가 있는 것이면 c는 0.25미터, d는 0.5미터로 한다.

(단위 : 미터)

| 구 분 | c | d |
|---|---|---|
| 고 속 도 로 | 0.25 이상 0.5 이하 | 0.75 이상 1.00 이하 |
| 도시고속도로 | 0.25 | 0.75 |
| 일 반 도 로 | 0.25 | 0.5 |

H : 시설한계높이

### 2. 보도 및 자전거도로의 시설한계

| 노상시설을 설치하지 않은 보도 및 자전거도로 | 노상시설을 설치하는 보도 및 자전거도로 |
|---|---|

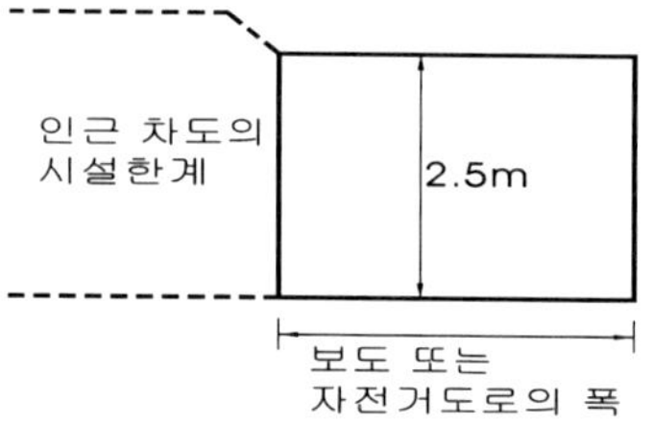


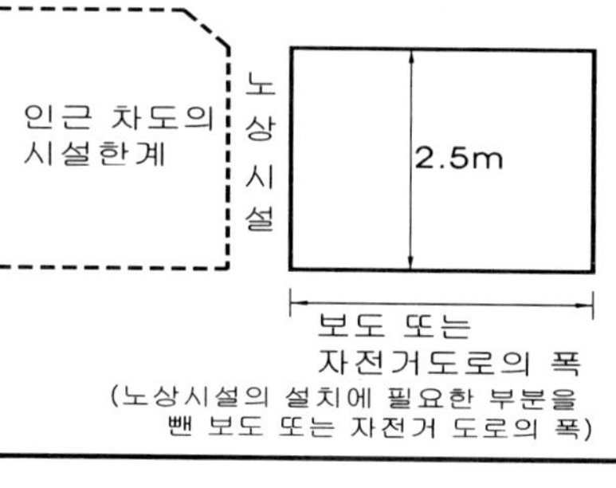

# 부록 - 2 등가단축 하중계수

## (1) 차종 분류

| 번호 | 차종별 | 차축형태 | 차축구조 | 번호 | 차종별 | 차축형태 | 차축구조 |
|---|---|---|---|---|---|---|---|
| 1 | 승용차 | 2A4T | 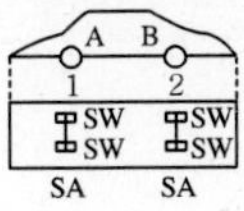 | 8 | 세미 트레일러 | 4A 이하 | 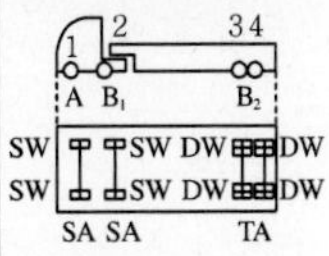 |
| 2 | 버스·소형<br>(16인승 이하) | 2A4T | 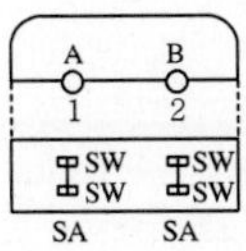 | 9 | 세미 트레일러 | 5A | 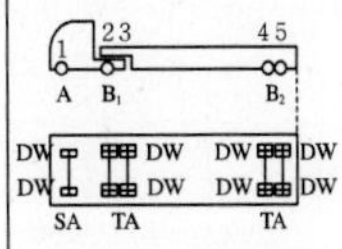 |
| 3 | 버스·소형<br>(16인승 이하) | 2A6T | 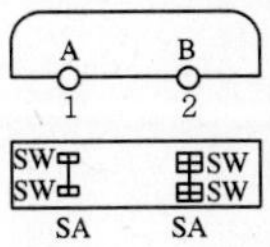 | 10 | 세미 트레일러 | 6A 이상 | 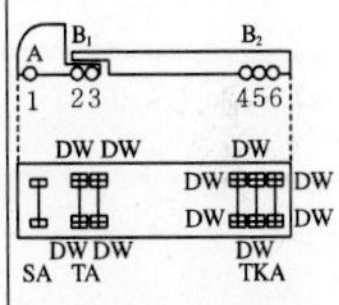 |
| 4 | 버스·보통<br>(17인승 이상) | 2A4T | 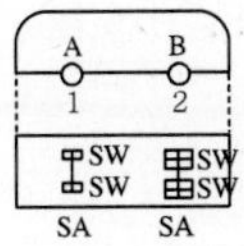 | 11 | 트럭 트레일러 | 5A | 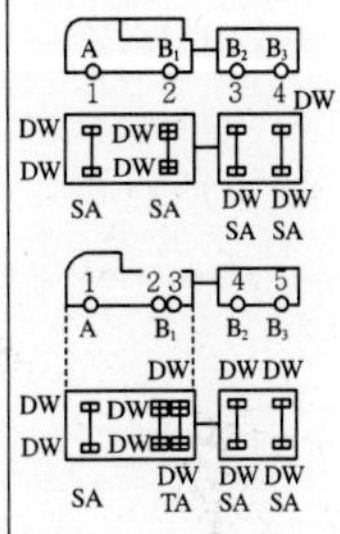 |
| 5 | 트럭·소형 | 2A4T | 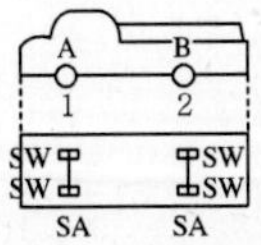 | 12 | 트럭 트레일러 | 6A | 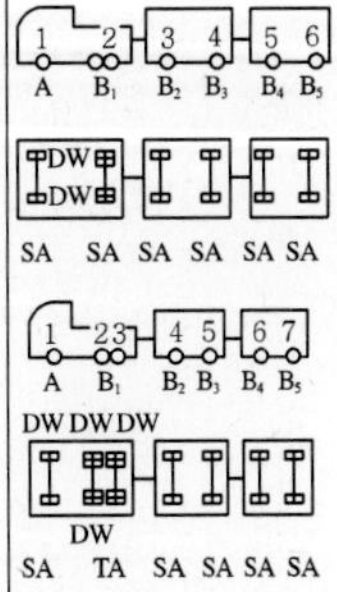 |
| 6 | 트럭·보통 | 2A6T | 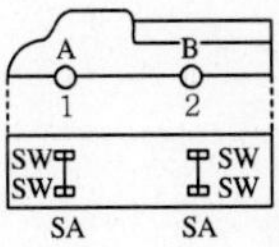 | | | | |
| 7 | 트럭·대형 | 3A10T | 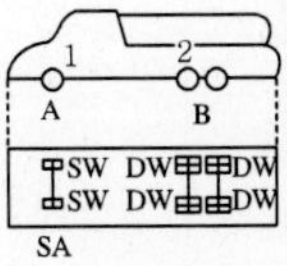 | | | | |

## (2) 가요성 포장에 대한 차종별 8.2t 등가단축하중계수

| 차종 | | P1 | SN | | | | | | 평균 |
|---|---|---|---|---|---|---|---|---|---|
| | | | 1 | 2 | 3 | 4 | 5 | 6 | |
| 승용차 | | 2.0 | 0.000 | 0.000 | 0.000 | 0.000 | 0.000 | 0.000 | 0.000 |
| | | 2.5 | 0.000 | 0.000 | 0.000 | 0.000 | 0.000 | 0.000 | 0.000 |
| | | 3.0 | 0.001 | 0.001 | 0.000 | 0.000 | 0.000 | 0.000 | 0.000 |
| 버스 | 소형2A4T | 2.0 | 0.001 | 0.001 | 0.001 | 0.000 | 0.000 | 0.000 | 0.000 |
| | | 2.5 | 0.001 | 0.001 | 0.001 | 0.001 | 0.001 | 0.000 | 0.001 |
| | | 3.0 | 0.002 | 0.002 | 0.001 | 0.001 | 0.000 | 0.000 | 0.001 |
| | 소형2A6T | 2.0 | 0.001 | 0.001 | 0.001 | 0.000 | 0.000 | 0.000 | 0.000 |
| | | 2.5 | 0.001 | 0.001 | 0.001 | 0.001 | 0.000 | 0.000 | 0.001 |
| | | 3.0 | 0.002 | 0.002 | 0.001 | 0.001 | 0.001 | 0.000 | 0.001 |
| | 보통2A4T | 2.0 | 0.834 | 0.834 | 0.846 | 0.839 | 0.834 | 0.832 | 0.838 |
| | | 2.5 | 0.837 | 0.860 | 0.872 | 0.852 | 0.836 | 0.833 | 0.849 |
| | | 3.0 | 0.841 | 0.891 | 0.921 | 0.879 | 0.846 | 0.835 | 0.869 |
| 트럭 | 소형2A4T | 2.0 | 0.005 | 0.005 | 0.004 | 0.004 | 0.004 | 0.004 | 0.004 |
| | | 2.5 | 0.005 | 0.005 | 0.005 | 0.004 | 0.004 | 0.004 | 0.004 |
| | | 3.0 | 0.006 | 0.007 | 0.005 | 0.004 | 0.004 | 0.004 | 0.005 |
| | 보통2A6T | 2.0 | 0.642 | 0.643 | 0.629 | 0.614 | 0.616 | 0.624 | 0.629 |
| | | 2.5 | 0.647 | 0.634 | 0.614 | 0.584 | 0.584 | 0.601 | 0.612 |
| | | 3.0 | 0.648 | 0.647 | 0.608 | 0.556 | 0.551 | 0.573 | 0.597 |
| | 대형3A10T | 2.0 | 2.208 | 2.187 | 2.123 | 2.073 | 2.081 | 2.116 | 2.131 |
| | | 2.5 | 2.205 | 2.161 | 2.034 | 1.932 | 1.946 | 2.012 | 2.048 |
| | | 3.0 | 2.201 | 2.135 | 1.950 | 1.792 | 1.802 | 1.802 | 1.963 |
| 트랙터 + 세미트레일러 | 4A 이하 | 2.0 | 1.715 | 1.719 | 1.702 | 1.681 | 1.682 | 1.692 | 1.699 |
| | | 2.5 | 1.718 | 1.733 | 1.703 | 1.651 | 1.648 | 1.668 | 1.687 |
| | | 3.0 | 1.723 | 1.764 | 1.736 | 1.632 | 1.611 | 1.638 | 1.684 |
| | 소형2A4T | 2.0 | 1.832 | 1.840 | 1.827 | 1.801 | 1.796 | 1.804 | 1.817 |
| | | 2.5 | 1.836 | 1.861 | 1.842 | 1.781 | 1.763 | 1.777 | 1.810 |
| | | 3.0 | 1.842 | 1.903 | 1.898 | 1.782 | 1.733 | 1.733 | 1.817 |
| | 6A 이상 | 2.0 | 0.765 | 0.779 | 0.827 | 0.812 | 0.788 | 0.773 | 0.794 |
| | | 2.5 | 0.775 | 0.860 | 0.933 | 0.891 | 0.830 | 0.794 | 0.847 |
| | | 3.0 | 0.789 | 0.960 | 1.115 | 1.106 | 0.892 | 0.824 | 0.933 |
| 트럭트레일러 | 5A 이하 | 2.0 | 3.359 | 3.353 | 3.321 | 3.321 | 3.291 | 3.319 | 3.323 |
| | | 2.5 | 3.359 | 3.351 | 3.289 | 3.289 | 3.222 | 3.273 | 3.288 |
| | | 3.0 | 3.360 | 3.358 | 3.358 | 3.278 | 3.156 | 3.216 | 3.254 |

### (3) 강성 포장에 대한 차종별 8.2t 등가단축하중계수

| 차종 | | P1 | D(cm) | | | | | | | | | 평균 |
|---|---|---|---|---|---|---|---|---|---|---|---|---|
| | | | 15.0 | 18.5 | 20.0 | 22.5 | 25.0 | 27.5 | 30.0 | 32.5 | 35.0 | |
| 승용차 | | 2.0 | 0.000 | 0.000 | 0.000 | 0.000 | 0.000 | 0.000 | 0.000 | 0.000 | 0.000 | 0.000 |
| | | 2.5 | 0.000 | 0.000 | 0.000 | 0.000 | 0.000 | 0.000 | 0.000 | 0.000 | 0.000 | 0.000 |
| | | 3.0 | 0.000 | 0.000 | 0.000 | 0.000 | 0.000 | 0.000 | 0.000 | 0.000 | 0.000 | 0.000 |
| 버스 | 소형2A4T | 2.0 | 0.001 | 0.001 | 0.001 | 0.001 | 0.001 | 0.001 | 0.001 | 0.001 | 0.001 | 0.001 |
| | | 2.5 | 0.001 | 0.001 | 0.001 | 0.001 | 0.001 | 0.001 | 0.001 | 0.001 | 0.001 | 0.001 |
| | | 3.0 | 0.001 | 0.001 | 0.001 | 0.001 | 0.001 | 0.000 | 0.001 | 0.001 | 0.001 | 0.001 |
| | 소형2A6T | 2.0 | 0.001 | 0.001 | 0.001 | 0.001 | 0.000 | 0.000 | 0.000 | 0.000 | 0.000 | 0.001 |
| | | 2.5 | 0.001 | 0.001 | 0.001 | 0.001 | 0.000 | 0.000 | 0.000 | 0.000 | 0.000 | 0.001 |
| | | 3.0 | 0.001 | 0.001 | 0.001 | 0.001 | 0.001 | 0.001 | 0.000 | 0.000 | 0.000 | 0.001 |
| | 보통2A4T | 2.0 | 0.843 | 0.838 | 0.837 | 0.836 | 0.837 | 0.837 | 0.837 | 0.837 | 0.837 | 0.838 |
| | | 2.5 | 0.852 | 0.841 | 0.836 | 0.836 | 0.837 | 0.836 | 0.837 | 0.837 | 0.837 | 0.839 |
| | | 3.0 | 0.865 | 0.844 | 0.837 | 0.836 | 0.836 | 0.836 | 0.837 | 0.837 | 0.837 | 0.841 |
| 트럭 | 소형2A4T | 2.0 | 0.004 | 0.004 | 0.004 | 0.004 | 0.004 | 0.004 | 0.004 | 0.004 | 0.004 | 0.004 |
| | | 2.5 | 0.004 | 0.004 | 0.004 | 0.004 | 0.004 | 0.004 | 0.004 | 0.004 | 0.004 | 0.004 |
| | | 3.0 | 0.004 | 0.004 | 0.004 | 0.004 | 0.004 | 0.004 | 0.004 | 0.004 | 0.004 | 0.004 |
| | 보통2A6T | 2.0 | 0.621 | 0.615 | 0.617 | 0.622 | 0.627 | 0.629 | 0.631 | 0.632 | 0.632 | 0.625 |
| | | 2.5 | 0.609 | 0.595 | 0.599 | 0.610 | 0.619 | 0.625 | 0.628 | 0.630 | 0.631 | 0.616 |
| | | 3.0 | 0.597 | 0.572 | 0.579 | 0.596 | 0.610 | 0.619 | 0.625 | 0.628 | 0.630 | 0.606 |
| | 대형 3A10T | 2.0 | 3.531 | 3.450 | 3.462 | 3.523 | 3.585 | 3.632 | 3.665 | 3.687 | 3.700 | 3.582 |
| | | 2.5 | 3.316 | 3.152 | 3.177 | 3.301 | 3.430 | 3.530 | 3.599 | 3.645 | 3.674 | 3.425 |
| | | 3.0 | 3.066 | 2.815 | 2.855 | 3.047 | 3.249 | 3.407 | 3.520 | 3.594 | 3.642 | 3.244 |
| 트랙터 + 세미트레일러 | 4A 이하 | 2.0 | 2.342 | 2.312 | 2.328 | 2.359 | 2.384 | 2.399 | 2.407 | 2.411 | 2.413 | 2.373 |
| | | 2.5 | 2.260 | 2.196 | 2.227 | 2.293 | 2.346 | 2.378 | 2.396 | 2.405 | 2.410 | 2.323 |
| | | 3.0 | 2.166 | 2.062 | 2.109 | 2.212 | 2.299 | 2.352 | 2.381 | 2.397 | 2.405 | 2.265 |
| | 5A | 2.0 | 3.114 | 4.068 | 3.091 | 3.139 | 3.179 | 3.205 | 3.221 | 3.229 | 3.234 | 3.164 |
| | | 2.5 | 2.971 | 2.874 | 2.921 | 3.021 | 3.106 | 3.162 | 3.196 | 3.215 | 3.226 | 3.077 |
| | | 3.0 | 2.806 | 2.652 | 2.723 | 2.881 | 3.107 | 3.109 | 3.165 | 3.197 | 3.215 | 2.974 |
| | 6A 이상 | 2.0 | 1.540 | 1.527 | 1.532 | 1.541 | 1.547 | 1.550 | 1.551 | 1.552 | 1.553 | 1.544 |
| | | 2.5 | 1.527 | 1.498 | 1.508 | 1.527 | 1.539 | 1.546 | 1.549 | 1.551 | 1.552 | 1.533 |
| | | 3.0 | 1.518 | 1.465 | 1.479 | 1.509 | 1.530 | 1.541 | 1.547 | 1.550 | 1.551 | 1.521 |
| 트럭트레일러 | 5A 이하 | 2.0 | 4.514 | 4.458 | 4.487 | 4.549 | 4.599 | 4.629 | 4.645 | 4.653 | 4.657 | 4.577 |
| | | 2.5 | 4.346 | 4.229 | 4.288 | 4.416 | 4.522 | 4.587 | 4.622 | 4.641 | 4.650 | 4.478 |
| | | 3.0 | 4.153 | 3.967 | 4.055 | 4.256 | 4.427 | 4.534 | 4.593 | 4.624 | 4.641 | 4.361 |

# 부록 - 3 도로의 계획 및 설계예(학생작품)

**문제**

1) 교통량 조사성과

199×년 5월 20일 수요일 주간 12시간 측정 교통량은 다음과 같음.

| 승용차 | 버스 | | 트럭 | | | TOTAL |
|---|---|---|---|---|---|---|
| | 소형 | 대형 | 소형 | 중형 | 대형 | |
| 3,400 | 850 | 1,000 | 1,100 | 1,800 | 900 | 9,050 |

2) 도로의 기능

i) 지방지역 주간선도로

ii) 지방지역 보조간선도로

3) 필요한 내용값은 가정할 것

**해설**

1. 교통수요예측

| 구분 | 승용차 | 버스 | | 트럭 | | | TOTAL |
|---|---|---|---|---|---|---|---|
| | | 소형 | 대형 | 소형 | 중형 | 대형 | |
| 1996 | 3,671 | 918 | 1,080 | 1,188 | 1,943 | 971 | 9,771 |
| 1997 | 3,862 | 966 | 1,136 | 1,250 | 2,044 | 1,021 | 10,279 |
| 2002 | 4,976 | 1,244 | 1,464 | 1,610 | 2,634 | 1,316 | 13,244 |
| 2007 | 6,411 | 1,603 | 1,886 | 2,075 | 3,393 | 1,696 | 17,064 |
| 2012 | 8,261 | 2,066 | 2,430 | 2,673 | 4,732 | 2,185 | 21,987 |
| 2017 | 10,644 | 2,662 | 3,132 | 3,445 | 5,634 | 2,815 | 28,332 |

## 2. 소요 차로수 산정

1) 횡단구성

-제1안

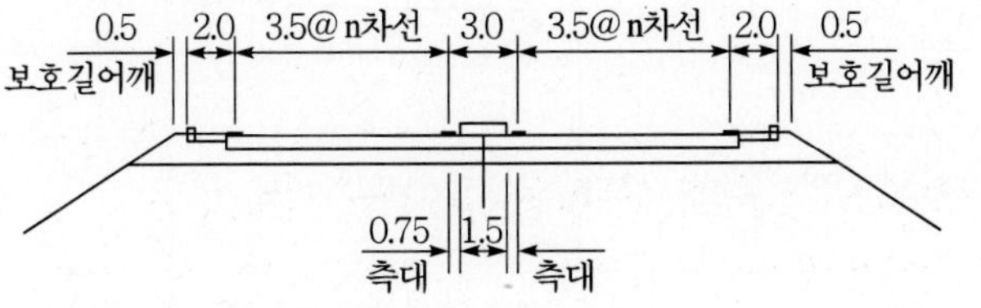


-제2안

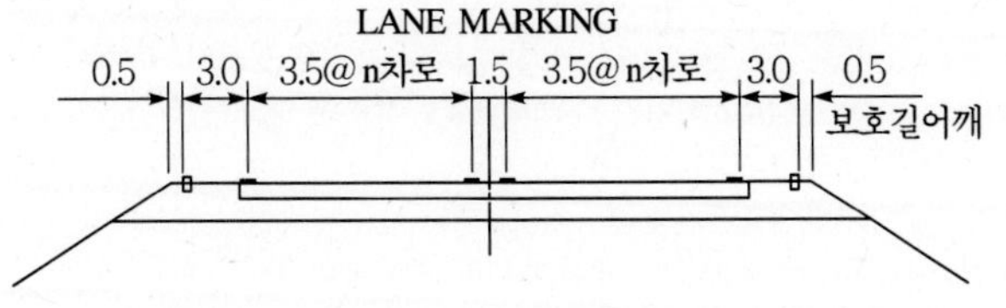


2) 설계기준

-도로의 구분 : 주간선 도로(지방지역)

-지형조건 : 평지

-설계속도 : 80km/시

-교통용량 : 다차로도로의 교통용량 산정법 적용

3) 소요차로수 산정

$$N = \frac{PSF}{2{,}200 \times (V/C)_D} = \frac{9{,}524}{1{,}760} = 5.4\text{차로}$$

따라서, 방향별 6차로 또는 양방향 12차로가 필요하다.

5) 횡단구성 검토

- 최종 횡단면도

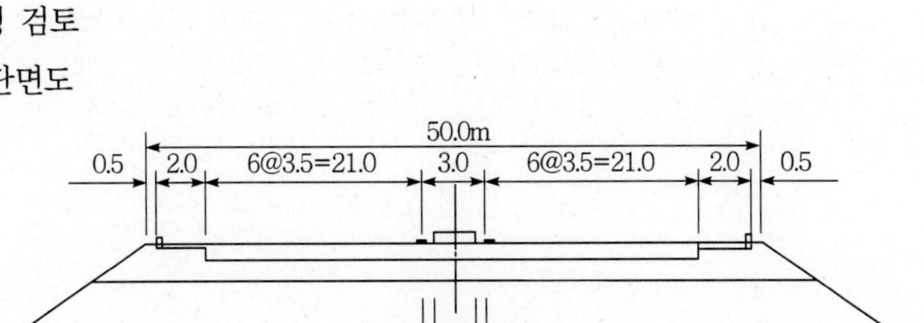

노선 비교안

| 구분 | | 제1안 | 제2안 | 제3안 |
|---|---|---|---|---|
| 노선개요 | | • 기존 도로 일부 이용<br>• 선형 불량구간 선형개량 | • 기존 도로 완전 우회하는 노선 신설 | • 기존 도로를 이용한 선형 확장 |
| 연장 | | $6.^{65}$km | $5.^{9}$km | $9.^{6}$km |
| 종단 선형 | 0≤k≤4% | 4,900m/4개소 | 5,900m/5개소 | 9,000m/6개소 |
| | 4<k≤6% | 1,750m/2개소 | - | - |
| 평면 선형 | R≤280 | - | - | - |
| | 280≤R | 6,650m/3개소 | 5,900m/3개소 | 8,500m/5개소 |
| 경제적 측면 | | • 노선단축 및 기존도로 일부이용 확장으로 공사비 비교적 저렴<br>• 기존 도로에 비하여 노선이 단축(L=2.35km)되므로 주행비 절감 | • 터널(L=903m) 및 노선신설에 따른 공사비 매우 고가<br>• 노선 단축(L=3.1km)으로 주행비 절감 효과 큼 | • 기존 도로 확장에 따른 공사비 매우 저렴<br>• 노선 연장이 길므로 주행비 과다 |
| 기술적 측면 | | • 대절토 구간의 발새을 인한 사면안정 대책 검토 필요<br>• 절취구간 토량의 확장부 유용으로 토량 균형 양호<br>• 평면선형 양호(최소 R=900)<br>• 종단선형 비교적 불량(최대 S=4.9%, 기준 4%)<br>• 전구간 토량처리로 시공성 양호 | • 터널신설로 인한 지속적인 유지관리 필요<br>• 평면선형 비교적 양호(최소 R=450)<br>• 종단 선형 양호(최대 S=4%)<br>• 고성토구간의 성토사면 보호공 필요<br>• 터널구간 정밀시공 요함 | • 편절구간(STA.2+500~4+500) 발생으로 절토사면 보호공 필요<br>• 기존 도로 확장으로 공사시 교통소통 장야 예상<br>• 평면선형 불량(최소 R=200)주행성능 저하<br>• 종단선형 양호(최대 S=2.4%) |
| 환경적 측면 | | • 기존도로 확장구간 농경지잠식 피해<br>• 곰고개 구간 대절취 통과로 자연생태계 및 식생불균형 유발<br>• 기존 주거지 우회로 소음피해 및 교통사고 발생 예방 | • 전구간 노선신설로 기존 생태계 파괴 및 자연환경 훼손<br>• 터널 발파시 주위 가옥 소음 피해 예상 | • 공사중 기존도로 우측 하천 수질 오염 예상<br>• 도로변 농경지 침해 과다<br>• 기존도로 소음피해 및 교통사고 피해 예상 |

※검토의견

본 과업 노선을 검토한 결과 기존도로를 일부 선형변경하여 노선을 단축할 수 있고 비교적 선형이 양호하며 공사비 측면에서 유리한 제1안이 타당하다고 사료됨.

-노선 검토도(S=1:25,000)

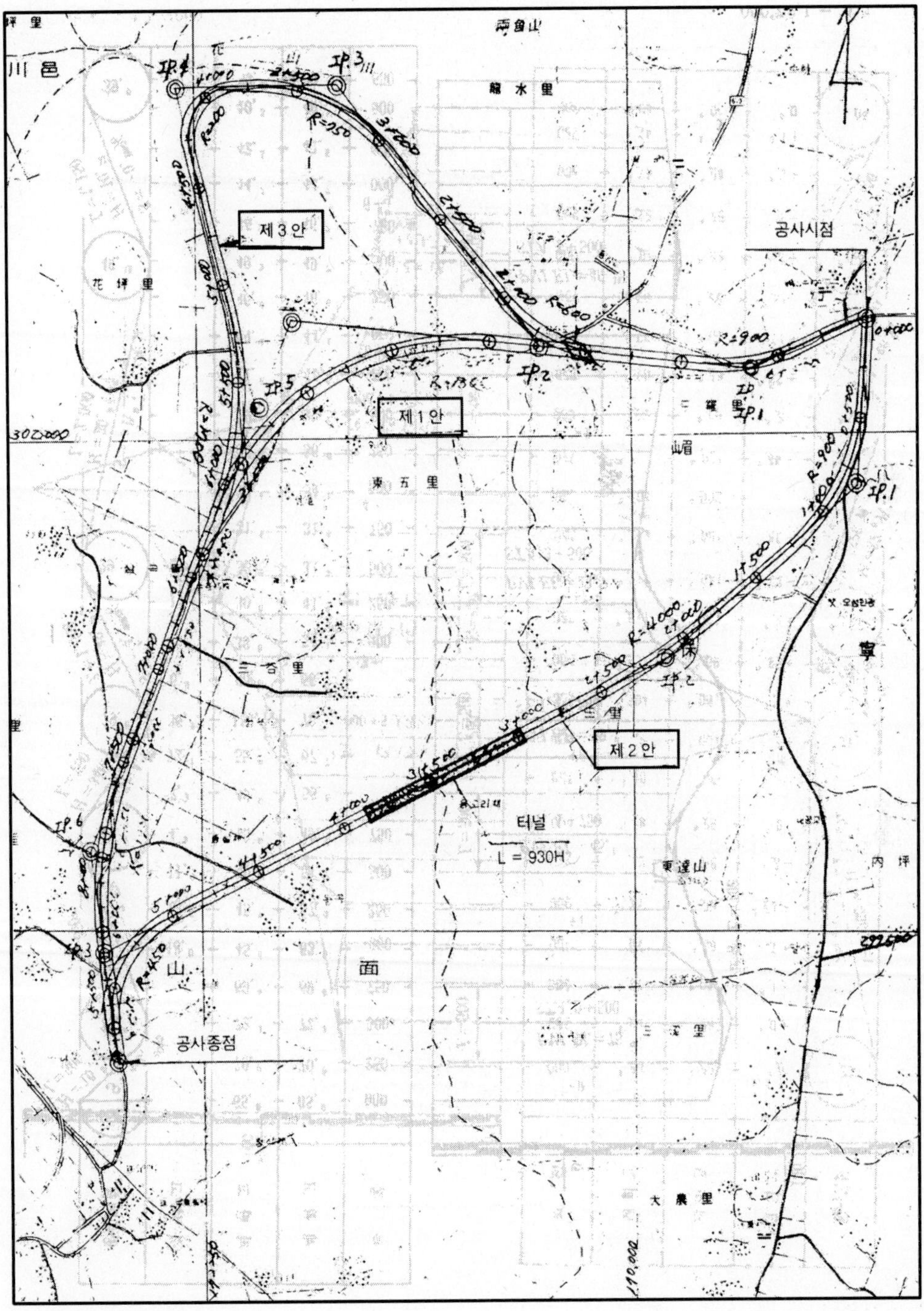


종단면도(제1안)

SCALE H=1:30,000
V=1:2,000

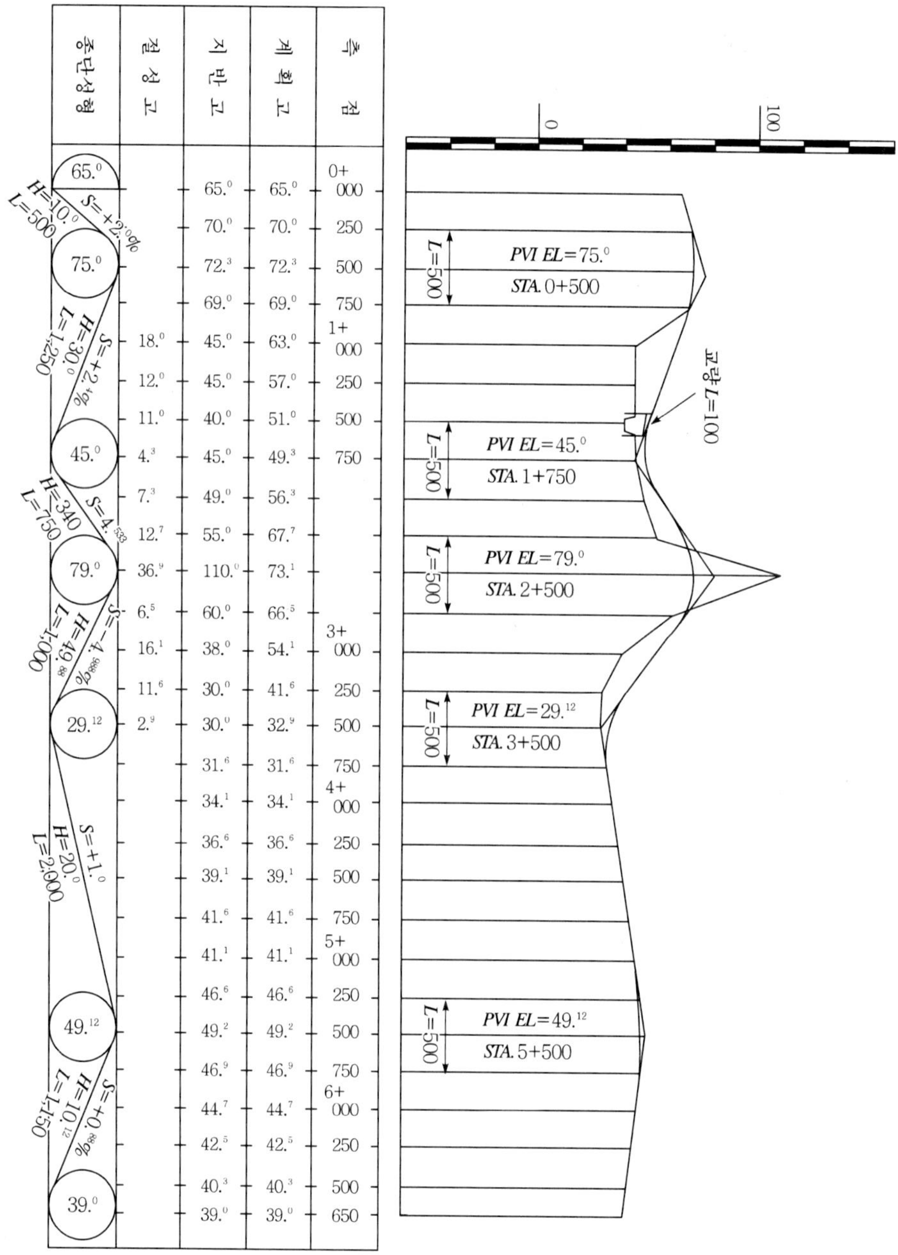


종단면도(제2안)

SCALE H=1:30,000
V=1:2,000

| 측점 | 계획고 | 지반고 | 절성고 | 종단선형 |
|---|---|---|---|---|
| 0+000 | 65.0 | 65.0 | 0.0 | 65.0 |
| 250 | 68.4 | 68.0 | +0.4 | S=+1.35% l=2,000 M H=27.0 M |
| 500 | 71.8 | 70.3 | +1.8 | |
| 750 | 75.1 | 68.0 | +7.1 | |
| 1+000 | 78.5 | 65.0 | +13.5 | |
| 250 | 81.9 | 90.0 | −8.1 | |
| 500 | 85.3 | 95.0 | −9.7 | |
| 750 | 88.6 | 90.0 | −1.4 | |
| 2+000 | 93.7 | 100.0 | −6.3 | 92.0 |
| 250 | 102.0 | 100.0 | +2.0 | S=+4% L=750 H=30 |
| 500 | 112.0 | 90.0 | +22.0 | |
| 750 | 118.3 | 110.0 | +8.3 | 122.0 |
| 3+000 | 117.0 | 140.0 | −23.0 | S=−2% L=1,250 M H=25.0 M |
| 250 | 112.0 | 150.0 | −38.0 | |
| 500 | 107.0 | 200.0 | | |
| 750 | | 150.0 | −48.0 | |
| 4+000 | 95.8 | 90.0 | +5.8 | 97.0 |
| 250 | 87.0 | 65.0 | +22.0 | S=−4% L=1,000 H H=40.0 M |
| 500 | 77.0 | 60.0 | +17.0 | |
| 750 | 67.0 | 55.0 | 12.0 | |
| 5+000 | 58.3 | 55.0 | +3.3 | 57.0 |
| 250 | 52.3 | 35.0 | −2.7 | S=−1.88% l=900 H=17 |
| 500 | 47.6 | 45.0 | +2.6 | |
| 750 | 42.8 | 41.0 | +1.8 | |
| 900 | 40.0 | 40.0 | 0.0 | 40.0 |

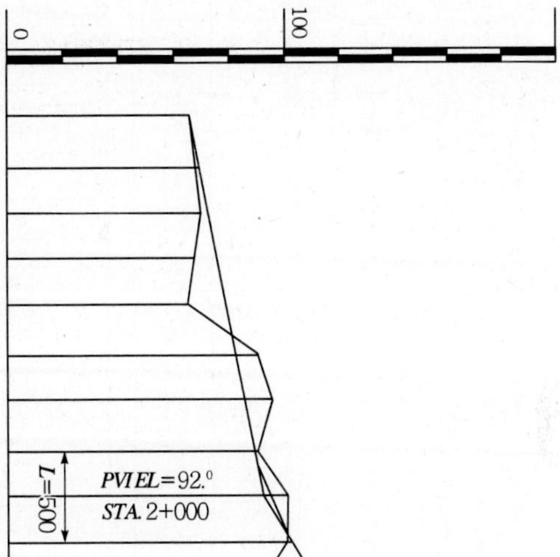


종단면도(제3안)

SCALE H=1:30,000
V=1:2,000

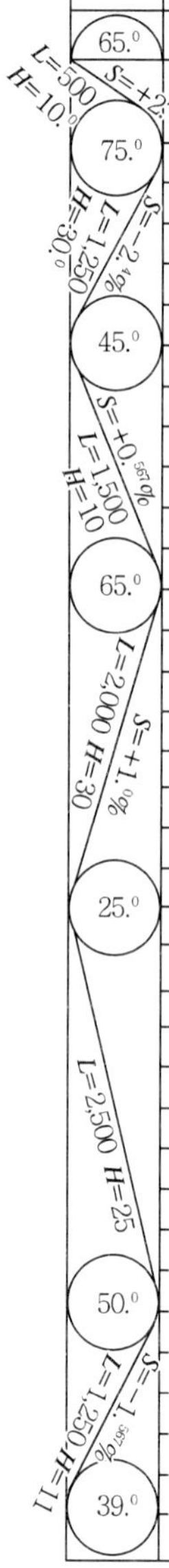


| 절성고 | 지반고 | 계획고 | 측점 |
|---|---|---|---|
| | 65.0 | 65.0 | 0+000 |
| | 70.0 | 70.0 | 250 |
| | 72.3 | 72.3 | 500 |
| 24.0 | 69.0 | 69.0 | 750 |
| 18.0 | 45.0 | 63.0 | 1+000 |
| 12.0 | 45.0 | 57.0 | 250 |
| 11.0 | 40.0 | 51.0 | 500 |
| 1.0 | 45.0 | 46.0 | 750 |
| | 46.7 | 46.7 | 2+000 |
| | 48.3 | 48.3 | 250 |
| | 50.0 | 50.0 | 500 |
| | 50.7 | 50.7 | 750 |
| | 53.3 | 53.3 | 3+000 |
| | 53.6 | 53.6 | 250 |
| | 51.3 | 51.3 | 500 |
| | 47.5 | 47.5 | 750 |
| | 43.0 | 43.0 | 4+000 |
| | 40.0 | 40.0 | 250 |
| | 36.3 | 36.3 | 500 |
| | 32.5 | 32.5 | 750 |
| | 28.8 | 28.8 | 5+000 |
| | 26.6 | 26.6 | 250 |
| | 27.5 | 27.5 | 500 |
| | 30.0 | 30.0 | 750 |
| 3.5 | 29.0 | 32.5 | 6+000 |
| 4.0 | 31.0 | 35.0 | 250 |
| | 37.5 | 37.5 | 500 |
| | 40.0 | 40.0 | 750 |
| | 42.5 | 42.5 | 7+000 |
| | 45.0 | 45.0 | 250 |
| | 47.5 | 47.5 | 500 |
| | 48.5 | 48.5 | 750 |
| 2.2 | 50.0 | 50.0 | 8+000 |
| | 45.6 | 45.6 | 250 |
| | 43.4 | 43.4 | 500 |
| | 41.2 | 41.2 | 750 |
| | 39.0 | 39.0 | 9+000 |

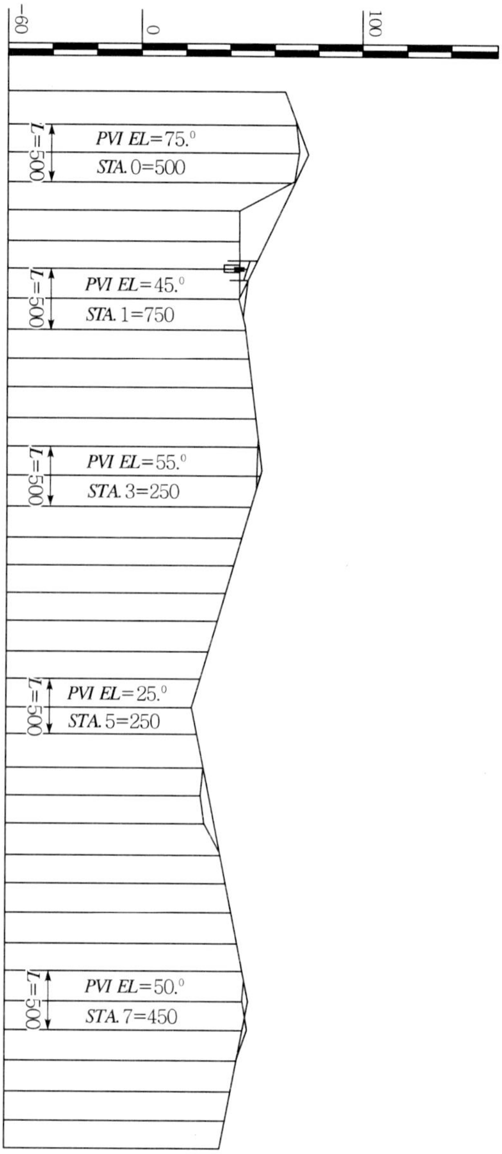


종단계산서(제1안)

| 측점 | E · L(M) | 거리(M) | 높이차(H) | 구배(%) |
|---|---|---|---|---|
| 0+100 | $65.^{0}$ | | | |
| 0+500 | $75.^{0}$ | $500.^{0}$ | $10.^{0}$ | $+2.^{0}$ |
| 1+750 | $45.^{0}$ | $1{,}250.^{0}$ | $-30.^{0}$ | $-2.^{4}$ |
| 2+500 | $79.^{0}$ | $750.^{0}$ | $34.^{0}$ | $+4.^{533}$ |
| 3+500 | $29.^{12}$ | $1{,}000.^{0}$ | $-49.^{88}$ | $-4.^{988}$ |
| 5+500 | $49.^{12}$ | $2{,}000.^{0}$ | $20.^{0}$ | $+1.^{00}$ |
| 6+650 | $39.^{0}$ | $1{,}150.^{0}$ | $-10.^{12}$ | $-0.^{88}$ |

| 측점 | 산 식 | E L |
|---|---|---|
| 0+000 | | $65.^{0}$ |
| 250 | $2.^{0} \div 100 \times 250 + 65.^{0}$ | $70.^{0}$ |
| 500 | $75 - \frac{2+2.4}{200\times500} \times 250^{2}$ | $72.^{25}$ |
| 750 | $2.^{4}\% \div 100 \times 250 - 75.^{0}$ | $69.^{0}$ |
| 1+000 | $2.^{4}\% \div 100 \times 250 - 69.^{0}$ | $69.^{0}$ |
| 250 | $2.^{4}\% \div 100 \times 250 - 63.^{0}$ | $57.^{0}$ |
| 500 | $2.^{4}\% \div 100 \times 250 - 57.^{0}$ | $51.^{0}$ |
| 750 | $45 + \frac{-2.4-4.533}{200\times500} \times 250^{2}$ | $49.^{33}$ |
| 2+000 | $45.^{0} + 4.^{533}\% \div 100 \times 250$ | $56.^{33}$ |
| 250 | $56.^{33} + 4.^{533}\% \div 100 \times 250$ | $67.^{67}$ |
| 500 | $79 - \frac{4.533+4.988}{200\times500} \times 250^{2}$ | $73.^{05}$ |
| 750 | $79.^{0} - 4.^{988} \div 100 \times 250$ | $66.^{53}$ |
| 3+000 | $66.^{53} - 4.^{988} \div 100 \times 250$ | $54.^{06}$ |
| 250 | $54.^{06} - 4.^{988} \times 100 \times 250$ | $41.^{59}$ |
| 500 | $29.^{12} + \frac{4.988-1.0}{200\times500} \times 250^{2}$ | $32.^{86}$ |
| 750 | $29.^{12} + 1.^{0}\% \div 100 \times 250$ | $31.^{62}$ |
| 4+000 | $31.^{62} + 1.^{0}\% \div 100 \times 250$ | $34.^{12}$ |
| 250 | $34.^{12} + 1.^{0}\% \div 100 \times 250$ | $36.^{62}$ |
| 500 | $36.^{62} + 1.^{0}\% \div 100 \times 250$ | $39.^{12}$ |
| 750 | $39.^{12} + 1.^{0}\% \div 100 \times 250$ | $41.^{62}$ |
| 5+000 | $41.^{62} + 1.^{0}\% \div 100 \times 250$ | $44.^{12}$ |
| 250 | $44.^{12} + 1.^{0}\% \div 100 \times 250$ | $46.^{62}$ |
| 500 | $49.^{12} - \frac{1.0+0.28}{200\times500} \times 250^{2}$ | $47.^{95}$ |
| 750 | $49.^{12} - 0.^{88} \div 100 \times 250$ | $46.^{92}$ |
| 6+000 | $46.^{92} - 0.^{88} \div 100 \times 250$ | $44.^{72}$ |
| 250 | $44.^{72} - 0.^{88} \div 100 \times 250$ | $42.^{52}$ |
| 500 | $42.^{52} - 0.^{88} \div 100 \times 250$ | $40.^{32}$ |
| 650 | $42.^{32} - 0.^{88} \div 100 \times 250$ | $39.^{00}$ |

평면계산서(제1안)

| IP.NO | X | Y | R | 비고 |
|---|---|---|---|---|
| BP. | $302,525.^{000}$ | $168750.^{000}$ | | |
| IP.1 | $302,325.^{000}$ | $169375.^{000}$ | 900 | |
| IP.2 | $302,590.^{000}$ | $171750.^{000}$ | 1,300 | |
| IP.3 | $299,900.^{000}$ | $172850.^{000}$ | 1,700 | |
| EP | $298,916.^{386}$ | $172709.^{484}$ | | |

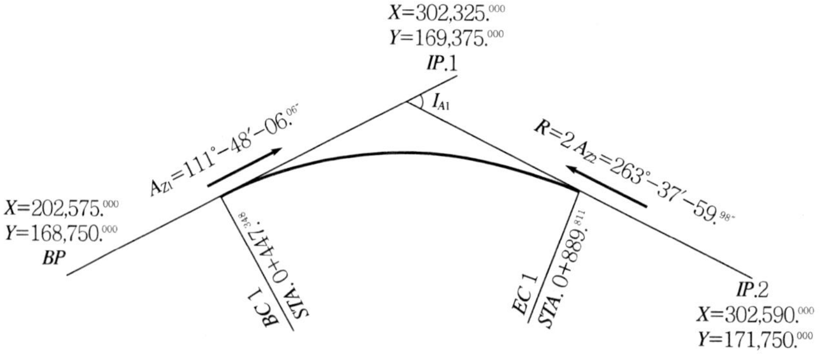


1) BP~IP.1

$$L_1 = \sqrt{X^2 + Y^2} = \sqrt{(302,325.0 - 302,575)^2 + (169,375 - 168,750)^2} = 673.146\text{m}$$

$$\text{방위각}(A_{z1}) = \tan^{-1}\frac{\Delta y}{\Delta x} = \tan^{-1}\frac{(169,375 - 168,750)}{(302,325 - 302,575)} + 180^o = 111^o - 48' - 5.07''$$

2) IP.1~IP.2

$$L_2 = \sqrt{X^2 + Y^2} = \sqrt{(302,325.0 - 302,590)^2 + (169,375 - 171,750)^2} = 2,389.738\text{m}$$

$$\text{방위각}(A_{z2}) = \tan^{-1}\frac{\Delta y}{\Delta x} = \tan^{-1}\frac{(169,375 - 171,750)}{(302,325 - 302,590)} + 180^o = 263^o - 37' - 59.98''$$

$$I_{A1} = (263^o - 37' - 59.98'') - (111^o - 48' - 5.07'') - 180 = 28^o - 10' - 5.08''$$

$$TL_1 = R \cdot \tan\frac{I}{2} = 900 \times \tan\frac{28^o - 10' - 5.08''}{2} = 225.798\text{m}$$

$$BC_1 = 673.146 - 225.798 = 447.348\text{m}\ (\text{STA.}0 + 447.348)$$

$$CL_1 = \frac{\pi}{180}RI = \frac{\pi}{180} \times 900 \times (28^o - 10' - 5.08'') = 442.463$$

$$EC_1 = 447.348\text{m} + 442.463 = 889.811\ (\text{STA.}0 + 889.811)$$

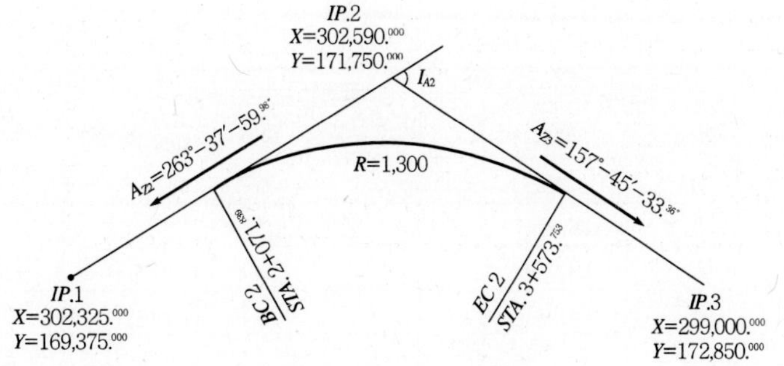


3) 같은 방법으로 IP.2~IP.3, IP.3~IP 에 대해 계산한다.

횡단면도(1) S = 1 : 500

| | 지반고(m) | 계획고(m) | 성토($m^2$) |
|---|---|---|---|
| sta.2 + 250 | 55.0 | 67.7 | 796.29 |
| sta.2 + 500 | 110.0 | 73.1 | 3206.61 |
| sta.2 + 250 | 60.0 | 60.5 | 367.25 |
| sta.2 + 250 | 38.0 | 54.1 | 1064.21 |
| sta.2 + 250 | 30.0 | 41.6 | 714.56 |
| : | : | : | : |

같은 방법으로 다음 sta에 대해서도 검토한다.

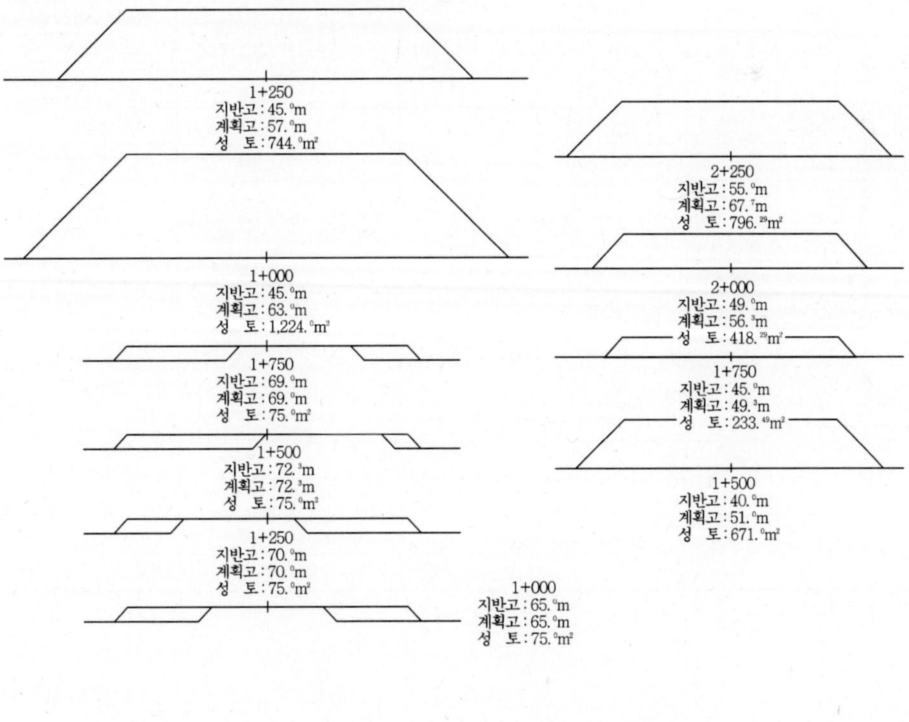

토적표(1) 토량환산계수 : 0.9

| 측점 | 거리 | 성토 | | 절토 | | 차인토량 | 누가토량 | 비고 |
|---|---|---|---|---|---|---|---|---|
| | | 면적 | 체적 | 면적 | 체적 | | | |
| | | $m^2$ | $m^3$ | $m^2$ | $m^3$ | | | |
| 0+000 | 0 | 75.0 | 18,750 | | | | | |
| 250 | 250 | 75.0 | 18,750 | | | −18,750 | −18,750 | |
| 500 | 250 | 75.0 | 18,750 | | | −18,750 | −37,500 | |
| 750 | 250 | 75.0 | 162,375 | | | −18,750 | −56,250 | |
| 1+000 | 250 | 1224.0 | 246,000 | | | −162,375 | −218,625 | |
| 250 | 250 | 744.0 | 176,875 | | | −246,000 | −464,625 | |
| 500 | 250 | 671.0 | 113,061 | | | −176,875 | −641,500 | |
| 750 | 250 | 233.40 | 814,73 | | | −113,061 | −754,561 | |
| 2+000 | 250 | 418.29 | 151,823 | | | −81,473 | −836,034 | |
| 250 | 250 | 796.29 | 99,536 | | | −261,208 | −987,857 | |
| 500 | 250 | | 45,906 | 3,206.61 | 360,744 | −314,838 | −726,649 | |
| 750 | 250 | 367.25 | 178,933 | | 360,744 | −178,933 | −411,811 | |
| 3+000 | 250 | 1064.21 | 222,346 | | | −222,346 | −590,744 | |
| 250 | 250 | 714.56 | 108,496 | | | −108,496 | −813,090 | |
| 500 | 250 | 153.41 | 19,176 | | | −13,551 | −921,586 | |
| 750 | 250 | | 9,375 | 50.0 | 5,625 | −3,750 | −935,137 | |
| 4+000 | 250 | 75.0 | 18,750 | | 5,625 | −18,750 | −938,887 | |
| 250 | 250 | 75.0 | 18,750 | | | −18,750 | −957,637 | |
| 500 | 250 | 75.0 | 18,750 | | | −18,750 | −976,387 | |
| 750 | 250 | 75.0 | 18,750 | | | −18,750 | −995,137 | |
| 5+000 | 250 | 75.0 | 18,750 | | | −18,750 | −1,013,887 | |
| 250 | 250 | 75.0 | 9,375 | | | −1,695 | −1,032,637 | |
| 500 | 250 | | 9,375 | 61.44 | 7,680 | −1,695 | −1,034,332 | |
| 750 | 250 | 75.0 | 18,750 | | 7,680 | −18,750 | −1,036,027 | |
| 6+000 | 250 | 75.0 | 18,750 | | | −18,750 | −1,054,777 | |
| 250 | 250 | 75.0 | 18,750 | | | −18,750 | −1,073,527 | |
| 500 | 250 | 75.0 | 18,750 | | | −18,750 | −1,092,277 | |
| 650 | 250 | 75.0 | 18,750 | | | −18,750 | −1,111,027 | |
| | | | | | | | | |
| | | | | | | | | |
| 계 | | | 1,859,125 | | 748,098 | | | |
| | | | | Δ1,111,027 | | | | |

Mass Curve

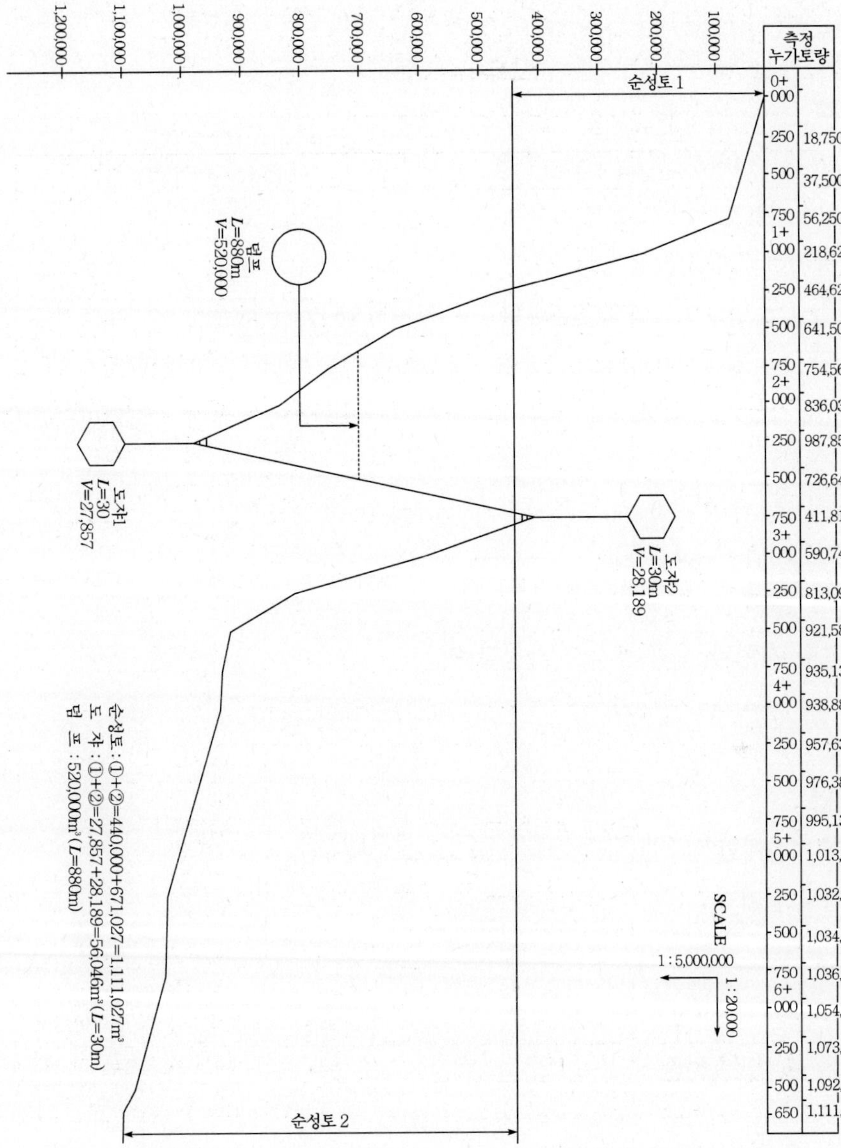
측정
누가토량
순성토 1
순성토 2
덤프
L=880m
V=520,000
토사1
L=30
V=27,857
토사2
L=30m
V=28,189
순성토 : ①+②=440,000+671,027=1,111,027m³
도 자 : ①+②=27,857+28,189=56,046m³ (L=30m)
덤 프 : 520,000m³ (L=880m)
SCALE
1 : 5,000,000
1 : 20,000

# 부록 – 4 아스팔트포장 설계예(학생작품)

**문제**

1. 설계기준

–아스팔트포장 : 4차로 도로(국도 이상)

–설계 CBR : 8%

① 승용차 : 7,682대/일

② 버스 : 소형 : 1,746대/일, 중형 : 1,382대/일

③ 트럭 : 소형 : 2,050대/일, 중형 : 2,790대/일, 대형 : 2,982대/일

–교통량 증가율 : 5~15%에서 각자 선정하되 소수점 2째자리까지 가정하고 XX.00은 선정치말것.

–수정동결지수 : 800℃ days

–분석기간 : 20년

–공용기간 : 10년

–기타 필요한 사항과 수치는 각자 가정할 것.

2. 설계방법

–TA 설계법

–AASHTO81 설계법

–AASHTO86 설계법

**설계**

1. 18kips 등가단축하중

18kips(8.2ton) 등가단축하중 환산계수(가요성)

| 구분 | 승용차 | 버스 | | 화물차 | | | 특수차량 |
|---|---|---|---|---|---|---|---|
| | | 소형 | 대형 | 소형 | 중형 | 대형 | |
| 가용성포장 | 0.0001 | 0.001 | 0.749 | 0.001 | 0.570 | 2.253 | 3.709 |

※서비스 지수 : $P_t$=2.5, 포장두께지수 : SN=5

## 년평균 일교통량 및 18kips 등가단축하중 환산교통량

| 년도 | 년평균일교통량(A,A,D,T) |  |  |  |  |  |  |  | 18kips 등가단축하중 환산교통량 |  |  |  |  |  |  |  | 년도별 환산 교통량 (×10⁶) | 누계 환산 교통량 (×10⁶) | 설계차선 환산 교통량 (×10⁶) |
|---|---|---|---|---|---|---|---|---|---|---|---|---|---|---|---|---|---|---|---|
|  | 승용차 | 버스 |  | 트럭 |  |  | 특수차량 | 계 | 승용차 | 버스 |  | 트럭 |  |  | 특수차량 | 계 |  |  |  |
|  |  | 소형 | 중형 | 소형 | 중형 | 대형 |  |  |  | 소형 | 중형 | 소형 | 중형 | 대형 |  |  |  |  |  |
|  |  |  |  |  |  |  |  |  | 0.0001 | 0.001 | 0.749 | 0.001 | 0.570 | 2.253 | 3.709 |  |  |  |  |
| 1996 | 7,682 | 1,746 | 1,382 | 2,050 | 2,790 | 2,982 | 1,028 | 19,660 | 0.7 | 1.7 | 1,035 | 2.1 | 1,590 | 6,718 | 3812 | 13,159.5 | 4.803 | 4.803 |  |
| 1997 | 8,316 | 1,879 | 1,482 | 2,192 | 3,012 | 3,109 | 1,068 | 21,058 | 0.8 | 1.8 | 1,110 | 2.2 | 1,716 | 7,004 | 3961 | 13,795.8 | 5.035 | 9.838 |  |
| 1998 | 9,002 | 2,022 | 1,589 | 2,343 | 3,252 | 3,241 | 1,110 | 22,559 | 0.9 | 2.0 | 1,190 | 2.3 | 1,853 | 7,302 | 4117 | 14,467.2 | 5.281 | 15.119 |  |
| 1999 | 9,745 | 2,176 | 1,704 | 2,505 | 3,511 | 3,379 | 1,153 | 24,173 | 1.0 | 2.0 | 1,276 | 2.5 | 2,001 | 7,612 | 4276 | 15,170.7 | 5.537 | 20656 |  |
| 2000 | 10,548 | 2,342 | 1,827 | 2,678 | 3,791 | 3,523 | 1,198 | 25,907 | 1.1 | 2.3 | 1,368 | 2.6 | 2,161 | 7,937 | 4443 | 15,915.0 | 5.809 | 26.465 |  |
| 2001 | 11,418 | 2,520 | 1,959 | 2,863 | 4,094 | 3,673 | 1,245 | 27,772 | 1.1 | 2.5 | 1,467 | 2.9 | 2,333 | 8,275 | 4617 | 16,698.5 | 6.095 | 32.560 |  |
| 2002 | 12,359 | 2,712 | 2,100 | 2,061 | 4,420 | 3,830 | 1,293 | 29,775 | 1.2 | 2.7 | 1,573 | 3.1 | 2,519 | 8,628 | 4795 | 17,522.0 | 6.395 | 38.955 |  |
| 2003 | 14,483 | 2,919 | 2,252 | 3,272 | 4,772 | 3,993 | 1,343 | 31,930 | 1.3 | 2.9 | 1,687 | 3.3 | 2,720 | 8,996 | 4981 | 18,391.5 | 6.713 | 45.668 |  |
| 2004 | 15,678 | 3,142 | 2,414 | 3,498 | 5,152 | 4,163 | 1,395 | 32,247 | 1.4 | 3.1 | 1,808 | 3.5 | 2,936 | 9,379 | 5174 | 19,305.0 | 7.046 | 52.714 |  |
| 2005 | 16,971 | 3,382 | 2,588 | 3,740 | 5,563 | 4,340 | 1,449 | 36,740 | 1.5 | 3.4 | 1,938 | 3.7 | 3,170 | 9,778 | 5374 | 20,268.6 | 7.398 | 60.112 |  |
| 2006 | 18,031 | 3,640 | 2,774 | 3,998 | 6,007 | 4,524 | 1,505 | 39,419 | 1.7 | 3.6 | 2,077 | 4.0 | 3,423 | 10,192 | 5582 | 21,283.3 | 7.768 | 67.880 |  |
| 2007 | 19,157 | 3,821 | 3,986 | 4,181 | 6,256 | 4,665 | 1,548 | 42,488 | 1.8 | 3.8 | 2,986 | 4.2 | 3,565 | 10,510 | 5741 | 22,811.8 | 8.326 | 76.206 |  |
| 2008 | 20,354 | 4,011 | 4,158 | 4,372 | 6,515 | 4,810 | 1,591 | 44,614 | 1.9 | 4.0 | 3,114 | 4.4 | 3,713 | 10,836 | 5901 | 23,574.3 | 8.605 | 84.811 |  |
| 2009 | 21,626 | 4,210 | 4,338 | 4,572 | 6,785 | 4,960 | 1,636 | 46,855 | 2.0 | 4.2 | 3,249 | 4.6 | 3,867 | 11,174 | 6067 | 24,367.8 | 8.894 | 93.705 |  |
| 2010 | 22,978 | 4,419 | 4,525 | 4,781 | 7,065 | 5,114 | 1,682 | 49,212 | 2.2 | 4.4 | 3,389 | 4.8 | 4,017 | 11,521 | 6238 | 25,186.4 | 9.193 | 102.898 |  |
| 2011 | 24,414 | 4,638 | 4,720 | 5,000 | 7,357 | 5,273 | 1,730 | 51,696 | 2.3 | 4.6 | 3,535 | 5.0 | 4,193 | 11,880 | 6416 | 26,035.9 | 9.503 | 112.401 |  |
| 2012 | 25,940 | 4,868 | 4,924 | 5,229 | 7,661 | 5,437 | 1,779 | 54,312 | 2.4 | 4.8 | 3,688 | 5.2 | 4,367 | 12,249 | 6598 | 26,914.4 | 9.824 | 122.225 |  |
| 2013 | 27,561 | 5,110 | 5,137 | 5,468 | 7,978 | 5,606 | 1,829 | 57,068 | 2.6 | 5.1 | 3,847 | 5.4 | 4,547 | 12,630 | 6783 | 27,820.1 | 10.154 | 132.379 |  |
| 2014 | 29,283 | 5,364 | 5,359 | 5,718 | 8,308 | 5,780 | 1,881 | 59,971 | 2.7 | 5.4 | 4,013 | 5.7 | 4,735 | 13,022 | 6976 | 28,759.8 | 10.497 | 142.876 |  |
| 2015 | 31,113 | 5,631 | 5,591 | 5,980 | 8,651 | 5,959 | 1,934 | 63,029 | 2.9 | 5.6 | 4,187 | 5.9 | 4,931 | 13,425 | 7143 | 29,730.4 | 10.851 | 153.727 |  |
| 2016 | 29,283 | 5,911 | 5,833 | 6,254 | 7,009 | 6,144 | 1,989 | 66,253 | 3.1 | 5.9 | 4,368 | 6.3 | 5,135 | 13,842 | 7377 | 30,737.3 | 11.219 | 164.946 |  |

## 2. 설계 CBR 및 노상지지력 계수

-설계 C.B.R = 8.0%

-노상지지력 = 4.7

-보조기층 = 7.8(CBR〉50기준)

## 3. 동결심도 계산

-수정동결지수 : 800℃-day

℃ day 를 °F day로 환산

$$F = (\frac{9}{5} \times 800) + 32 = 1{,}472°\mathrm{F\,day}$$

-소요치환 비동상 재료층의 두께 : (70″)178cm

## 4. $T_A$ 설계법

1) 교통량 분석

설계기간 10년, 5년 후 교통량 적용

| ※교통량 : | | | |
|---|---|---|---|
| 버스(중형) | : | 1,959대/일 | 양방향 |
| 트럭(소형) | : | 2,863대/일 | |
| (중형) | : | 4,094대/일 | |
| (대형) | : | 3,673대/일 | |
| 특수차량 | : | 1,245대/일 | |

2) 설계교통량 : 13,834 × 0.5 × 0.9 = 6,225대

-중방향 비율 0.5

-차로당 배분계수 0.9

3) 적용 교통량의 구분 : 1일 1방향 대형차 교통량이 6,225대이므로 D교통 적용

4) $T_A$와 포장 총두께의 목표치

본 설계에서는 C.B.R값을 8.0%이므로 설계 C.B.R = 8.0% 적용

5) 목표 $T_A$ = 34

목표 H = 45

6) 표층, 기층의 최소두께 검토 : 교통량 *D*에서 표층 + 중간층최소두께 20cm, 역청안정처리 기층시 15cm

7) 동결 심도 계산

–동결깊이 : 178cm ≒ 180cm

–역청재료층(P) : 10cm(표층)+20cm(기층)=30cm

– $C=a-p$=180cm−30cm=150cm(59.05″)

–비동상 재료층 : $b$=39.4″(100cm)

–전체 포장 두께 : $b+p$=100cm+30cm=130cm

8) 포장두께 산정($D$교통)

표층(가열아스팔트 혼합물) : 10cm

기층(역청 안정 처리) : 20cm

보조기층(부순돌) : 40cm

계 : 70cm

$T_A$=10cm×1.0+20cm×0.8+40cm×0.25=36〉34 ∴ O.K

H=70cm〉46 ∴ O.K

• 계산결과 $T_A$의 목표치의 총두께 H는 만족

• 동결심도를 고려한 전체 포장두께는 130cm이나 D교통일 때 포장두께 H=70cm이므로 동상방지층을 60cm로 설계

–동결에 대비한 포장두께

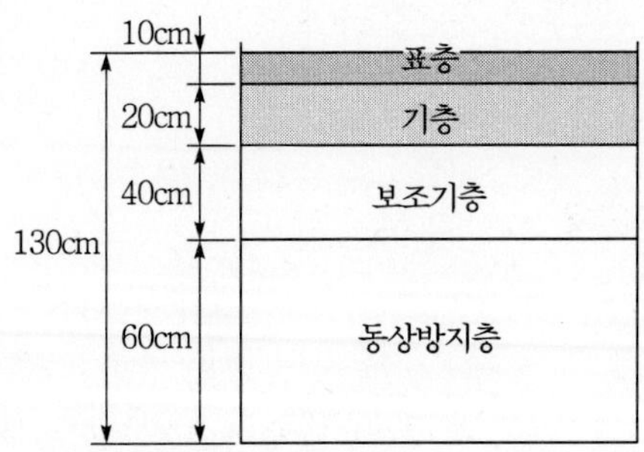


## 5. '72 AASHTO 잠정지침

1)서비스 지수(Terminal Serviceability Index : $P_t$) : $P_t$ = 2.5

2)지역계수(Reginal Factor) : 2.0 적용

3)소요 SN치의 산정

–설계년도에 대한 단축하중 누가 교통량(18kips)

| 설계년도 | 누가교통량(18kips) | 설계차선 교통하중 | 비고 |
|---|---|---|---|
| 2006년 | $67.880 \times 10^6$ | $30.546 \times 10^6$ | 개통 10년 |

-계획년도 요구 SN치 및 설계 SN치

| 년도 | 설계차선 교통하중 | SN2(표층+기층) | | SN3(표층+기층+보조기층) | |
|---|---|---|---|---|---|
| | | 요구 SN | 설계 SN | 요구 SN | 설계 SN |
| 2006년 | $30.546 \times 10^6$ | 4.13 | 4.20 | 6.16 | 6.24 |

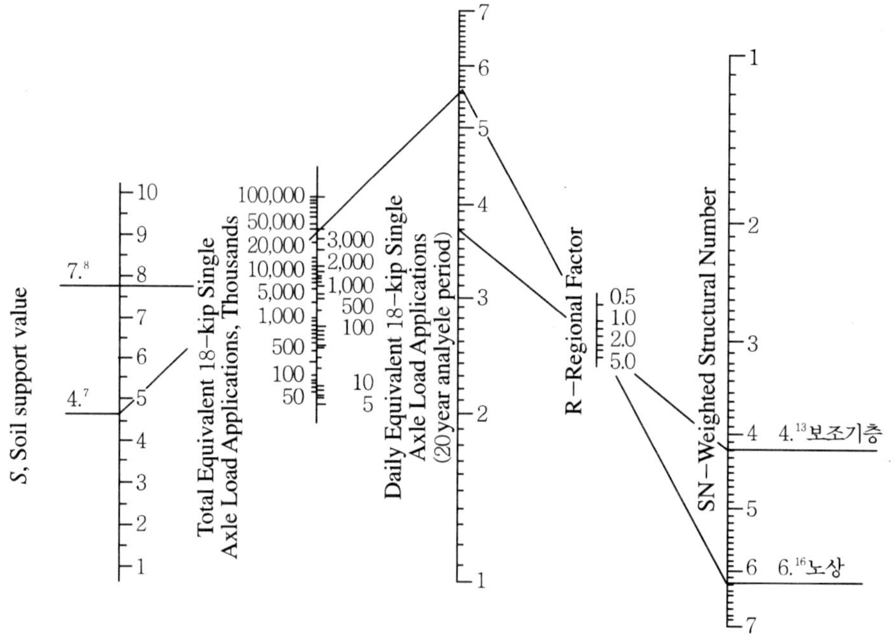


4) 포장단면의 설계

공용기간 10년에 대하여 소요 SN치에 대응하는 설계 SN치를 계산하면 다음과 같다.

-공용기간 10년

| 층별 | SN | 상대강도 계수 | 소요 SN | 포장단면의 계산 | 층두께 (cm) | 설계 SN치 |
|---|---|---|---|---|---|---|
| 표층<br>기층 | $SN_1$<br>$SN_2$ | 0.145<br>0.110 | | 10cm×0.145<br>25cm×0.110<br>(SN1+D1×0.11≥4.13<br>D2≥24.36cm) | 10<br>25 | 1.45<br>2.75 |
| 소계 | $SN_1+SN_2$ | | 4.13 | | 35 | 4.20 |
| 보조<br>기층 | SN3 | 0.051 | | 40cm×0.051=2.04<br>($SN_1+SN_2$+D3×0.051≥<br>6.16, D3≥38.43cm | 40 | 2.04 |
| 계 | $SN_1+SN_2$+SN3 | | 6.16 | | 75 | 6.24 |

–동결심도를 고려한 포장두께

- 동결심도의 전체깊이 : $a$=180cm(동결심도 계산 참조)
- 역청재료의 두께 : $P$=35cm
- $C=a-p$=180cm−35cm=145cm(57.08″)
- 비동상 재료층 : $b$=38″(96cm ≒ 95cm)(비동상 소요치환 산정도 참조)
- 동결심도를 고려한 포장두께 : $b+p$=95cm+35cm=130cm

–동결에 대비한 포장단면

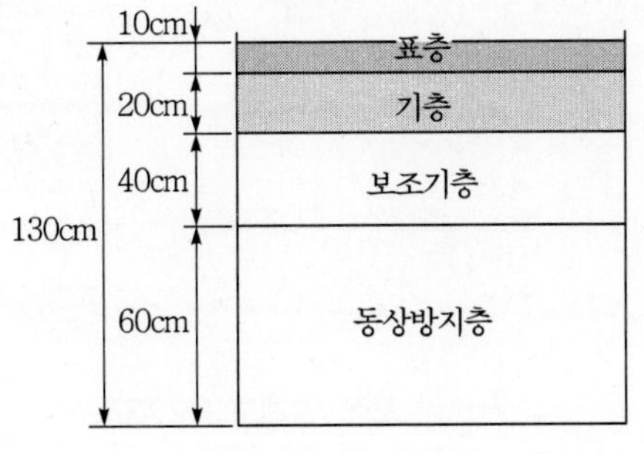


## 6. ‘86 AASHTO 설계법

1) 유효 동탄성 계수($M_B$)

본 계산에서는 토질지지력 계수와의 관계식을 적용하였다.

- 노상지지력(S) = 4.7(CBR 8.0)

$$309+(\frac{443-309}{1}\times 0.7)=402.8\text{kgf/cm}^2$$

- 보조기층 지지력(S) = 7.8(CBR〉50)

$$914+(\frac{1,336-914}{1}\times 0.8)=1,251\text{kgf/cm}^2$$

2) 서비스 지수 손실도(PSI)

• $\Delta\Psi = \Delta PSI_{TR} - \Delta PSISW._{FH} = 4.2 - 2.5 = 1.7$

3) 신뢰도 k = 85%

4) 표준편차 $S_0$ = 0.35

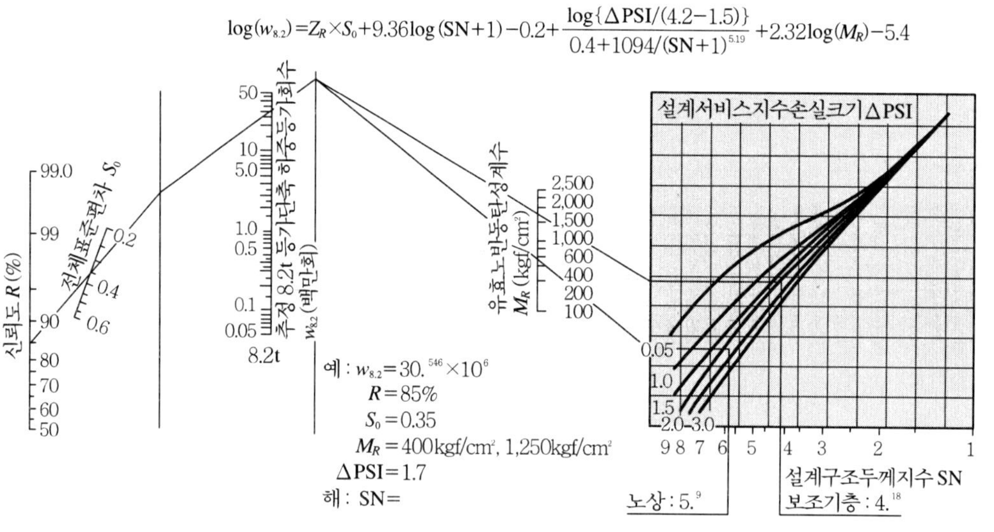


가요성 포장 설계도표(2007)

5) 소요 SN치의 산정

| 년도 | 설계차선 교통하중 | SN2(표층+기층) | | SN3(표층+기층+보조기층) | |
|---|---|---|---|---|---|
| | | 요구 SN | 설계 SN | 요구 SN | 설계 SN |
| 2006년 | 30.546 | 4.18 | 4.20 | 5.90 | 5.985 |

6) 포장단면의 설계

공용기간 10년에 대하여 소요 SN치에 대응하는 설계 SN치를 계산하면 다음과 같다.

–공용기간 10년

| 층별 | SN | 상대강도 계수 | 소요 SN | 포장단면의 계산 | 층두께 (cm) | 설계 SN치 |
|---|---|---|---|---|---|---|
| 표층<br>기층 | $SN_1$<br>$SN_2$ | 0.145<br>0.110 | | 110cm×0.145=1.45<br>25cm×0.110=2.75<br>($SN_1$+D1×0.11×$m_2$≥4.18<br>D2≥24.82cm) | 10<br>25 | 1.45<br>2.75 |
| 소계 | $SN_1$+$SN_2$ | | 4.18 | | 35 | 4.20 |
| 보조기층 | $SN_3$ | 0.051 | | 35cm×0.051=1.785<br>($SN_1$+$SN_2$+D3×0.051×$m^3$≥<br>5.90, D2≥33.33cm) | 35 | 1.785 |
| 계 | $SN_1$+$SN_2$+$SN_3$ | | 5.90 | | 60 | 5.985 |

7)동결심도를 고려한 포장두께

- 동결심도의 전체깊이 : $a$=180cm(동결심도 계산 참조)
- 역청재료의 두께 : $P$=35cm
- $C=a-p$=180cm−35cm=145cm
- 비동상 재료층 두께 : $b$ =38″(96cm≒59cm적용)(비동상 소요치환 산정도 참조)
- 동결심도를 고려한 포장두께 : 두께 $b+p$=95cm+35cm=130cm

−동결에 대비한 포장단면

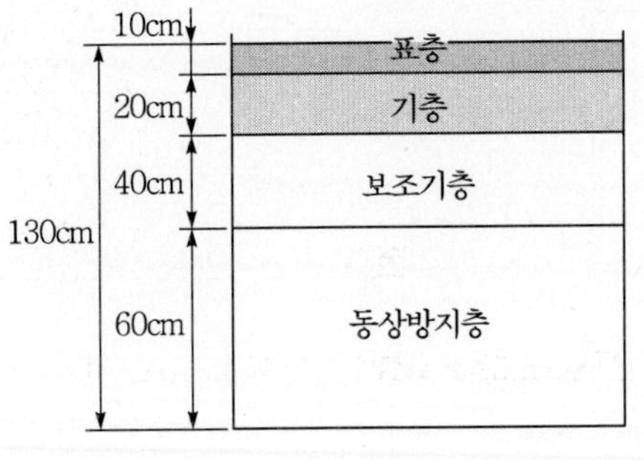

# 부록 – 5 콘크리트포장설계예(학생작품)

**문제**

1. 설계기준

–콘크리트포장 : 4차선 도로(국도 이상)

–현재교통량, 교통량 증가율, 수정동결 지수, 분석기간, 공용기간은 부록 – 4의 아스팔트포장과 동일

–강성기초의 깊이 1.5m

–도로 계수 $M_R = 1,000 kgf/cm^2$

–노반 반력 계수 $K_{30} = 15 kgf/cm^2$

–보조기층 탄성계수 $E_{SB} = 2,000 kgf/cm^2$

–콘크리트 설계 기준 휨강도 $f_b = 45 kgf/cm^2$

–기타 필요한 사항과 수치는 각자 가정할 것

2. 설계방법

–AASHTO86 설계법

–AASHTO81 설계법

–포장요강 설계법

**해설**

**1. 18kips 등가단축하중 환산교통량**

–일반국도 및 지방도의 강성 포장에 대한 환산계수 적용

18kips(8.2t) 등가단축하중 환산계수(강성)

| 구분 | 승용차 | 버스 | | 화물차 | | | 특수차량 |
|---|---|---|---|---|---|---|---|
| | | 소형 | 중형 | 소형 | 중형 | 대형 | |
| 강성포장 | 0.0001 | 0.0007 | 1.043 | 0.015 | 0.796 | 5.520 | 2.479 |

※서비스 지수 : $P_t$=2.5, $D$=30cm

## 년평균 일교통량 및 18kips 등가단축하중 환산교통량

| 년도 | 년평균 일교통량(A.A.D.T) | | | | | | | | 18kips 등가단축하중 환산교통량 | | | | | | | | 년도별 환산 교통량 (×106) | 누계 환산 교통량 (×106) | 설계 차선 환산 교통량 (×106) |
|---|---|---|---|---|---|---|---|---|---|---|---|---|---|---|---|---|---|---|---|
| | 승용차 | 버스 | | 트럭 | | | 특수 차량 | 계 | 승용차 | 버스 | | 트럭 | | | 특수 차량 | 계 | | | |
| | | 소형 | 중형 | 소형 | 중형 | 대형 | | | | 소형 | 중형 | 소형 | 중형 | 대형 | | | | | |
| | | | | | | | | | 0.0001 | 0.0007 | 1.043 | 0.015 | 0.796 | 2.520 | 2.479 | | | | |
| 1996 | 7,682 | 1,746 | 1,382 | 2,050 | 2,790 | 2,982 | 1,028 | 19,660 | 0.7 | 1.2 | 1,441 | 30.7 | 2,220 | 7,514 | 2,548 | 13,755.6 | 5.020 | | |
| 1997 | 8,316 | 1,879 | 1,482 | 2,192 | 3,012 | 3,109 | 1,068 | 21,058 | 0.8 | 1.3 | 1,545 | 32.9 | 2,397 | 7,834 | 2,647 | 14,458.0 | 5.277 | 10.297 | |
| 1998 | 9,002 | 2,022 | 1,589 | 2,343 | 3,252 | 3,241 | 1,110 | 22,559 | 0.9 | 1.4 | 1,657 | 35.1 | 2,588 | 8,167 | 2,751 | 15,200.4 | 5.548 | 15.845 | |
| 1999 | 9,745 | 2,176 | 1,704 | 2,505 | 3,511 | 3,379 | 1,153 | 24,173 | 1.0 | 1.5 | 1,777 | 37.6 | 2,794 | 8,515 | 2,858 | 15,984.1 | 5.834 | 21.679 | |
| 2000 | 10,548 | 2,342 | 1,827 | 2,678 | 3,791 | 3,523 | 1,198 | 25,907 | 1.1 | 1.6 | 1,905 | 40.2 | 3,017 | 8,877 | 2,969 | 16,810.9 | 6.136 | 27.815 | |
| 2001 | 11,418 | 2,520 | 1,959 | 2,863 | 4,094 | 3,673 | 1,245 | 27,772 | 1.1 | 1.7 | 2,043 | 42.9 | 3,258 | 9,255 | 3,086 | 17,687.7 | 6.456 | 34.271 | |
| 2002 | 12,359 | 2,712 | 2,100 | 2,061 | 4,420 | 3,830 | 1,293 | 29,775 | 1.2 | 1.8 | 2,190 | 45.9 | 3,518 | 9,651 | 3,205 | 18,612.9 | 6.793 | 41.064 | |
| 2003 | 14,483 | 2,919 | 2,252 | 3,272 | 4,772 | 3,993 | 1,343 | 31,930 | 1.3 | 2.0 | 2,348 | 49.0 | 3,798 | 10,162 | 3,329 | 19,589.3 | 7.150 | 48.214 | |
| 2004 | 15,678 | 3,142 | 2,414 | 3,498 | 5,152 | 4,163 | 1,395 | 32,247 | 1.4 | 2.2 | 2,517 | 52.5 | 4,100 | 10,490 | 3,458 | 20,621.1 | 7.526 | 55.740 | |
| 2005 | 16,971 | 3,382 | 2,588 | 3,740 | 5,563 | 4,340 | 1,449 | 36,740 | 1.5 | 2.3 | 2,699 | 56.1 | 4,428 | 10,936 | 3,592 | 21,714.9 | 7.926 | 63.666 | |
| 2006 | 18,031 | 3,640 | 2,774 | 3,998 | 6,007 | 4,524 | 1,505 | 39,419 | 1.7 | 2.5 | 2,893 | 59.9 | 4,781 | 11,400 | 3,730 | 22,868.1 | 8.347 | 72.013 | |
| 2007 | 19,157 | 3,821 | 3,986 | 4,181 | 6,256 | 4,665 | 1,548 | 42,488 | 1.8 | 2.6 | 4,157 | 62.7 | 4,979 | 11,755 | 3,837 | 20,958.1 | 7.650 | 79.663 | |
| 2008 | 20,354 | 4,011 | 4,158 | 4,372 | 6,515 | 4,810 | 1,591 | 44,614 | 1.9 | 2.8 | 4,336 | 65.5 | 5,185 | 12,121 | 3,944 | 25,656.2 | 9.365 | 89.028 | |
| 2009 | 21,626 | 4,210 | 4,338 | 4,572 | 6,785 | 4,960 | 1,636 | 46,855 | 2.0 | 2.9 | 4,524 | 68.6 | 5,400 | 12,499 | 4,055 | 26,551.5 | 9.691 | 98.719 | |
| 2010 | 22,978 | 4,419 | 4,525 | 4,781 | 7,065 | 5,114 | 1,682 | 49,212 | 2.2 | 3.1 | 4,719 | 71.7 | 5,623 | 12,887 | 4,169 | 27,475.0 | 10.028 | 108.747 | |
| 2011 | 24,414 | 4,638 | 4,720 | 5,000 | 7,357 | 5,273 | 1,730 | 51,696 | 2.3 | 3.2 | 4,922 | 75.0 | 5,856 | 13,287 | 4,288 | 28,433.5 | 10.378 | 119.125 | |
| 2012 | 25,940 | 4,868 | 4,924 | 5,229 | 7,661 | 5,437 | 1,779 | 54,312 | 2.4 | 3.4 | 5,135 | 78.4 | 6,098 | 13,701 | 4,410 | 29,428.2 | 10741 | 129.866 | |
| 2013 | 27,561 | 5,110 | 5,137 | 5,468 | 7,978 | 5,606 | 1,829 | 57,068 | 2.6 | 3.5 | 5,357 | 82.0 | 6,350 | 14,127 | 4,534 | 30,456.1 | 11.116 | 140.982 | |
| 2014 | 29,283 | 5,364 | 5,359 | 5,718 | 8,308 | 5,780 | 1,881 | 59,971 | 2.7 | 3.8 | 5,589 | 85.8 | 6,613 | 14,565 | 1,662 | 31,521.3 | 11.505 | 152.487 | |
| 2015 | 31,113 | 5,631 | 5,591 | 5,980 | 8,651 | 5,959 | 1,934 | 63,029 | 2.9 | 3.9 | 5,831 | 89.7 | 6,886 | 15,016 | 4,794 | 32,623.5 | 11.908 | 164.395 | |
| 2016 | 29,283 | 5,911 | 5,833 | 6,254 | 7,009 | 6,144 | 1,989 | 66,253 | 3.1 | 4.1 | 6,083 | 93.8 | 7,171 | 15,482 | 4,930 | 33,767.0 | 12.325 | 176.720 | |

## 2. 동결심도 계산

-수정동결지수 : 800℃-day

℃-day를 °Fday로 환산

$$F=(\frac{9}{5}\times 800)+32=1,472°\text{Fday}$$

-소요치환 비동상 재료층의 두께 : 70″(178cm)

## 3. '86 AASHTO 설계법

1) 신뢰도($R$) 및 표준편차($S_0$)

$R$ = 75 ~ 95(85 적용)

$S_0$ = 0.25

2) 설계 서비스 능력 손식(ΔPSI)

ΔPSI = $P_0 - P_t$ = 4.5 − 2.5 = 2.0

3) 유효노상 반력계수($K$)

-강성기초 깊이 : 1.5m

-노반계수 : $M_R$ = 1,000kgf/cm²

-노반반력계수 : $K_{30}$ = 15kgf/cm³ → $K_{75} = \frac{15}{2.2}$ = 6.82kgf/cm³

-보조기층 탄력계수 : $E_{SB}$ = 2,000kgf/cm²

-보조기층 두께 : 30cm(가정)

| 노반계수 ($M_R$) | 보조기층탄성계수 ($E_{SB}$) | 합성($K_{00}$) | 강성기초를 고려한 K값 | 상대손상 | 비고 |
|---|---|---|---|---|---|
| 1,000 | 2,000 | 22.1 | 38.5 | 1.10 | |

본 설계에서는 설계조건에 노반반력 계수를 제시하였으므로 설계노상반력 계수 $K$ =0.72kgf/cm³을 구하였다.

4) 콘크리트 탄성계수($E_c$)

콘크리트 압축강도를 시방규정에 의거 $f_{28}$=350kgf/cm²을 적용할 경우 콘크리트 탄성계수 $E_c$=15,000×350$^{0.5}$= 2.8×10$^5$kgf/cm²값을 구하여 적용

5) 콘크리트 휨강도($f_b$)

콘크리트 휨강도는 [도로포장설계·시공지침]의 설계기준 휨강도인 45kgf/cm²으로 적용

### 강성 포장 설계도표

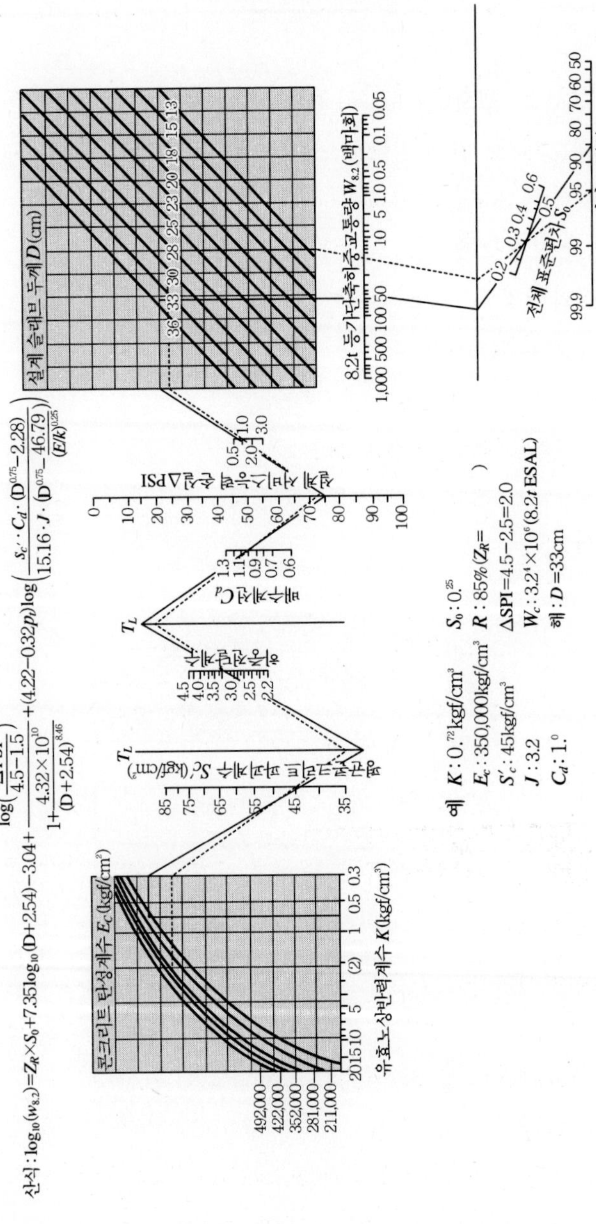


6) 설계차로 교통하중

| 설계년도 | 누가교통량(18kips) | 설계차선 교통하중 | 비고 |
|---|---|---|---|
| 2006년 | 72,013 | 32,405 | |

7) 포장단면

본 설계에서는 보조기층을 입상재료($E = 1,000 \sim 3,100 kgf/cm^2$, $L_S = 1.0 \sim 3.0$)를 사용하여 $t = 30cm$로 가정, 유효 노상 반력계수와 필요한 입력자료를 이용 강성포장 설계도표에서 콘크리트 슬래브 두께 $t = 33cm$를 구하였다.

8) 동결심도를 고려한 포장두께

- 동결심도의 전체깊이 : $a = 180cm$
- 역청재료의 두께 : $P = 33cm$
- $C = a - p = 180cm - 30cm = 147cm(57.87'')$
- 비동상 재료층 : $b = 38.0''(96.5cm ≒ 97cm)$
- 동결심도를 고려한 포장두께 : $b + p = 97cm + 33cm = 130cm$

–동결에 대비한 포장단면

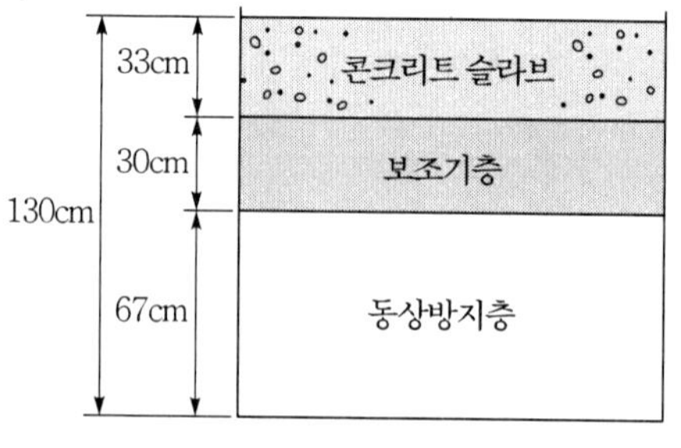


## 4. '81 AASHTO 잠정지침

1) 노상 반력계수($K_{30}$)

본 설계에서는 $K_{30} = 15kgf/cm^2$을 제시하였으므로 $K_{75}$로 환산

$$K_{75} = \frac{1}{2.2} K_{30} = \frac{15}{2.2} = 6.82kgf/cm^2$$

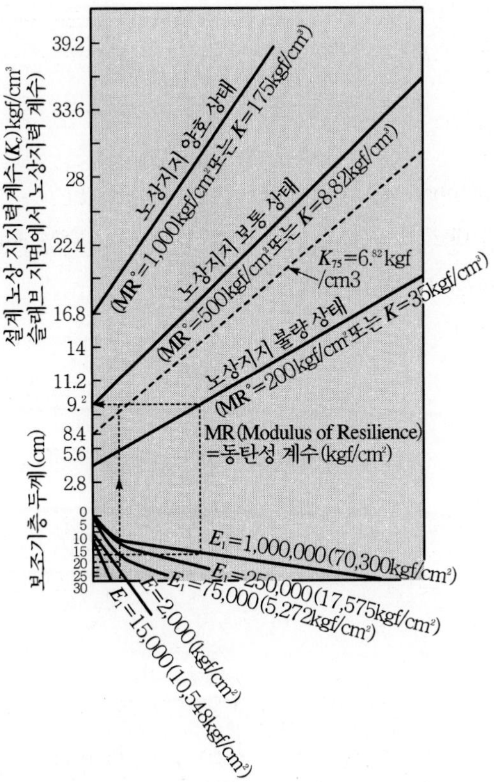


2) 콘크리트의 허용응력($f_t$)

콘크리트의 허용응력($f_t$)은 콘크리트 파괴계수($S_c$)에 안전율($C$)을 고려하여 결정한다.

$(f_t)=S_c/C$

$(f_t)=0.75\times45=34\text{kgf/cm}^2$ 적용

3) 설계차선 교통하중

| 설계년도 | 누가교통량(18kips) | 설계차선 교통하중 | 비고 |
|---|---|---|---|
| 2006년 | 72,013 | 32,405 | |

4) 포장두께

콘크리트 슬래브 두께는 도표 산정결과 개통 10년의 콘크리트 두께가 29cm로 산정되었으나 경제성 및 시공성을 고려 30cm로 채택하였다.

콘크리트 포장 슬래브 두께 설계도표

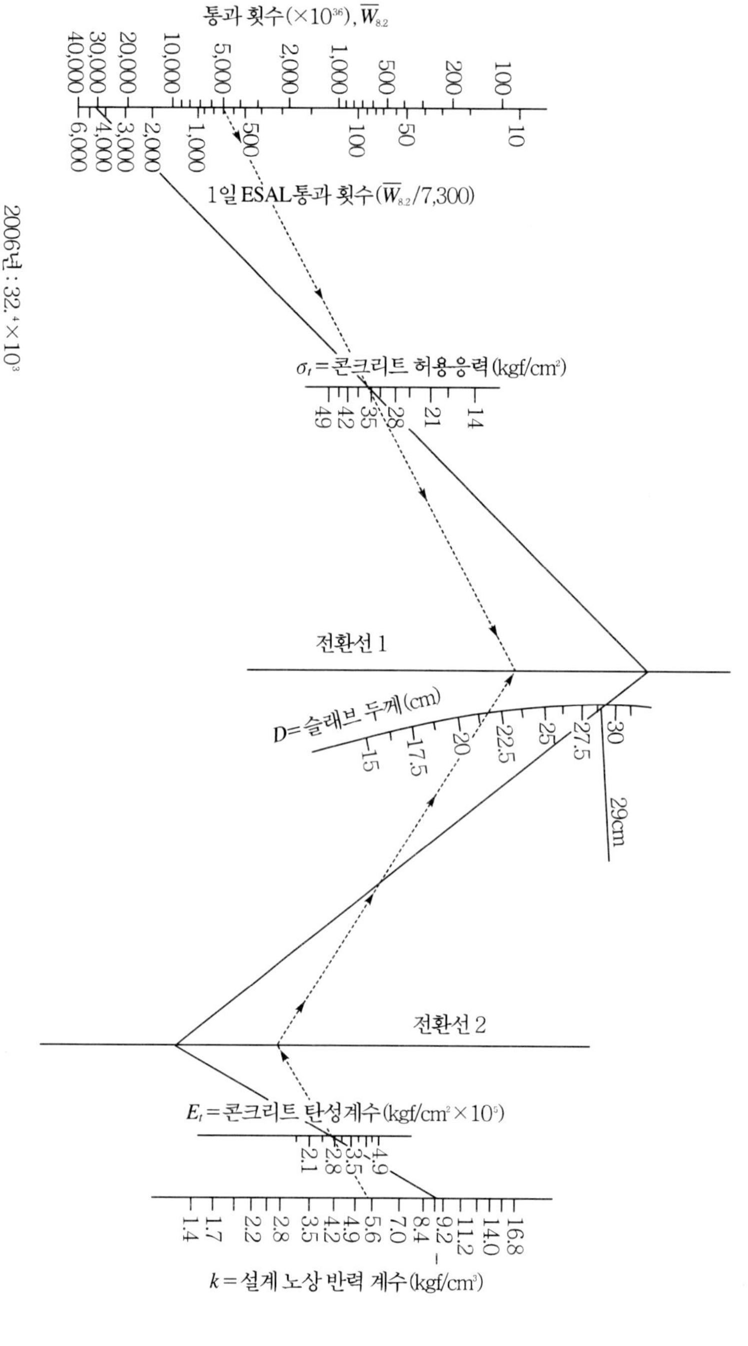

5) 동결심도를 고려한 포장 두께

- 동결심도의 전체깊이 : $a$=180cm
- 역청재료의 두께 : $P$=30cm
- $C=a-p$=180cm−30cm=150cm(59.05″)
- 비동상 재료층 : $b$ = 39.4″(100cm)
- 동결심도를 고려한 포장두께 : $b+p$=100cm+30cm=130cm

– 동결에 대비한 포장두께

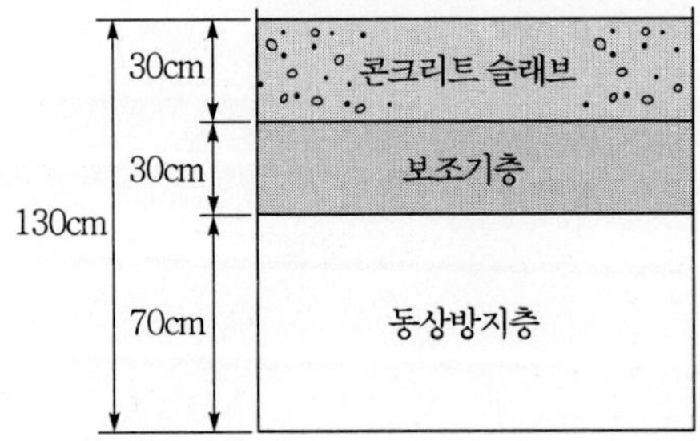

# 참고문헌


1. 노관섭, 길·안전·환경, 2000.9, 양서각.
2. 제4차 국토종합계획 수정계획, 2005, 대한민국정부.
3. 「도로의 구조·시설 기준에 관한 규칙」 해설 및 지침, 2008, 국토해양부.
4. 도로업무편람, 2009, 국토해양부.
5. 유복모, 지형공간정보론, 1998, 동명사.
6. 도철웅, 교통공학원론(상), (하), 1991, 청문각.
7. 2008년도 국도건설공사 설계실무 요령, 2008. 9, 국토해양부.
8. 강재수, 도로계획과 설계, 1998, 도서출판, 엔지니어스.
9. 건설기술용역 타당성조사기법, 엔지니어링교재, 1989. 4, 한국기술용역협회.
10. 권호진 외, 최신도로공학, 2007, 기문당.
11. 남영국 외, 최신 도로공학 총론, 2007, 청문각.
12. 김철수, 단지계획, 1998, 기문당
13. 단지계획·설계 실무편람, 1994, 한국토지개발공사.
14. 도로기술지도서, 고속도로의 계획가 설계편, 1981, 한국도로공사.
15. 도로설계요령 2001, 한국도로공사.
16. 도시계획도로의 계획 및 설계기준 제1권, 제2권, 1988, 건설부.
17. 원제무, 도로공학 이해, 1998, 보성각.
18. 유복모, 경관공학, 1996, 동명사.
19. 남영국, 도로포장공학, 2006, 구미서관.
20. 천병식 외, 도로공학, 1994, 도서출판 새론.
21. 武部建一, 道路の計劃と設計, 1986, (社)交通工學硏究會.
22. 吉岡昭雄, 市街地道路の計劃と設計, 1986, (社)交通工學硏究會.
23. 鈴木道雄, 新體系土木工學 62, 道路(II), 計劃と幾何設計, 1979, 日本土木學會.
24. 土質調査計劃, 1988, 土質工學會
25. Adolf. D. May, Traffic Flow Fundamentals, 1990, Prentice Hall
26. C. S. Papacotas, P. D. Prevedouros, Transportation Engineering and Planning, Prentice-Hall International. Inc.
27. Robert E. Schmidt 外, Highway Traffic Estimation, The ENO Foundation for Highway Traffic Control.
28. Dumitri P. Vertsekas, Linear Network Optimization : Algorithms and Codes, MIT
29. Norman Kennedy 外, Fundamentals of Traffic Engineering, 7th Edition, University of California.
30. Transportation System Management, Special Report 172, TRB.
31. 武部建一, 道路の計劃と設計, (社)交通工學硏究會

32. 吉岡昭雄, 市街地道路の計劃と設計, (社)交通工學研究會
33. 鈴木道雄, 新體系土木工學 62, 道路(II), 計劃と幾何設計, 日本土木學會
34. 木倉正美, 新體系土木工學 64, 道路(IV), 付屬施設, 日本土木學會
35. A Policy on Geometric Design of Highways and Streets, AASHTO.
36. Clarkson H. Oglesby 外, Highway Engineering, 4th Edition, John Wiley & Sons.
37. Manual on Uniform Traffic Control Devices [MUTCD]-Proposed Changes to the MUTCD Millenium Edition, 2006, AASHTO.
38. 도로토공, 배수공지침, 1991, 건설도서
39. 도로포장설계시공지침, 1991, 건설부
40. セメント コンクリート鋪裝要綱, (社)日本道路協會
41. AASHTO Guide for Designing of Pavement Structures, 1993, AASHTO
42. AASHTO Guide for Design of Pavement Structures, 1986, AASHTO
43. E. J. Yoder 外, Principles of Pavement Design, 2nd Edition, John Wiley & Sons, Inc.
44. 국토해양부 홈페이지 http://www.molit.go.kr
45. 한국도로공사 홈페이지 http://www.ex.co.kr
46. 스마트하이웨이 홈페이지 http://www.smarthighway.or.kr
47. 국가지리정보유통망 홈페이지 http://www.ngic.go.kr
48. 통계청 홈페이지 http://www.kostat.go.kr
49. 기획재정부 홈페이지 http://www.mosf.go.kr
50. 환경부 홈페이지 http://www.me.go.kr

# 찾아보기

## ㄱ

가·감속 차로 236
가각부 236, 237
가경식 믹서 172
가로 수축줄눈 218
가로 팽창줄눈 218
가속차로 236, 256, 281
가시구간의 길이 282
가열플랜트 혼합 163
가요성포장 156
간접효과 63, 64
감소노상 강도법 152
감속 길이 235
감속차로 236, 256, 281
강성포장 156, 202
강우강도-지속시간-빈도곡선 139, 140
강우 도달시간 139
강제교통류 49
강제 믹서 172
거친 면 마무리 173
경사구간 보정 257
경제·사회 환경 26, 69
경화지연제 173
계절변동 39
계측시설 284
계획교통량 37, 38, 264
계획목표연도 43, 264, 267
고속도로 9, 263
고정비 65
곡률 89
곡선반경 88, 91
골재 노출 173
공간기능 1, 11, 63
공간평균속도 32
공용조건 181
과속방지시설 283
과적차량검문소 283
관련계획 27
광로 10
교량점검로 284
교차 224
교차로의 시계 230
교차로 통과 대기시간 239
교차시설 223
교통 26
교통관리시설 283
교통관제 226
교통기능 1, 11, 63
교통량 36, 47
교통량도 19
교통밀도 36, 47
교통사고 감소편익 65
교통사고조사 23
교통섬 225, 231, 266
교통수단 1, 31
교통수단 분담분석 22, 43
교통시설 1, 31
교통신호기 226
교통안전시설 283
교통약자 265
교통용량 47, 48
교통조건 48, 50
교통통제 조건 48
구간속도 32
구속상태 47
국지도로 13
군도 9
군지수(Group Index) 125, 191
굽음응력 199
균열의 간격 201
균열의 폭 201
기본 동선 결합 245
기본 차로수 256
기본설계 59
기상조사 28
기층 159
기회비용(Opportunity Cost of Capital) 64
긴급연락시설 283

긴급제동시설 283
길어깨 76, 265, 269
길어깨 배수 143
길이보정률 281, 282

### ㄴ

내부수익율법 67
내부진동기 170
내진 284
내풍안전성 284
네갈래 교차 228, 242
노면 배수 138, 143
노면 안정성 158
노면요철포장 283
노상 117, 123
노상 동결 관입 허용법 152
노상반력계수 215
노상시설 265, 270
노상지지력 계수 128
노상지지력치(Soil-support Value, S값) 191
노상토의 지지력 125
노상혼합 161, 163
노선계획 60
노선배정 43, 46
노즈(Nose) 232, 258
노체 117, 123

### ㄷ

다우웰바 171, 201, 219
다이아몬드형 250
다이크 143
다짐 곡선 122
다짐도 122
단순입체교차 223, 241
단열공법 151
답사 24
대기 27
대로 10
대안 61
대형자동차 263
도로공간기능 271
도로 교각 93
도로교통정보 안내시설 283
도로명판 283
도로반사경 283
도로배수시설 137
도로안전시설 283
도로용량편람 48
도로조건 48, 50
도로표지 283
도로현황 17
도류로 233
도류화 225, 279
도시지역 264
동결심도 148
동결지수 148
동상 147
동상방지층 153, 155, 209
동적 삼축압축 시험 126
동탄성 계수($M_R$) 125, 126, 183, 191, 203
등가단축하중계수 183, 287
등반차로 109
등치환산계수 195, 196

### ㄹ

로타리형 252
루프 246
루프연결로 279

ㅁ

마대처리 173
마무리 다짐 167
마샬안정도 시험 164
마찰계수(F) 209, 211
마케덤(Maccadam) 공법 164
막양생 173
맞댄 줄눈 218, 219
맴브레인 165
맹(盲)줄눈 218, 219
메틸렌블동결 심도계 148
모래다짐 마케덤 164
무근콘크리트포장 156, 200, 201
물가조사 28
물다짐 마케덤 164
물빼기 보링공 119
물자 유동조사 22
미끄럼 92, 158, 283
민감도 분석 67

ㅂ

반폭 길어깨 77
방음시설 82
방풍시설 284
방향분배계수 182
방호시설 284
방호울타리 283
배수계수 181, 187, 207
배수관 143
배수구조물조사 28
배수시설 279
배합강도 207
백분위 속도 32
백업재 174
벌개제근 120
변동비 65
변속차로 73, 256, 264, 281, 282
변형 크로바형 248
병목현상 250
보강철근 209
보도 81, 237, 265, 271
보링 25
보정계수 273
보정률 257
보정조사 19
보조간선도로 13
보조기층 159
보조기층의 강성률 215
보행시설물 265, 271
보행자 교통량 238
보호 길어깨 77
복합 $K_c$치 215
볼록곡선 105
봉진동기 170
부가차로 256
부러쉬에 의한 방법 173
분류조사 22
분리대 265
분리막 169, 171, 201
분석기간 181
불안정교통류 49
불안정접근 교통류 49
불완전 입체교차 245, 250
불완전 출입제한 12
불완전크로바형 251
블록 포장 10
비상주차대 270
비용 64
비탈 끝 118
비탈끝배수 143
비탈면 118
비탈면 배수 138, 143
비탈면 보호공 128, 129
비탈어깨 118

## ㅅ

사고기록 239
사업타당성 조사 59
사운딩 25
사이드폼(Side Form) 공법 168
사이드 피더 169, 172
산마루측구 143
삼각지붕 양생 173
삼축압축시험 125
상대강도 181, 194, 203
상부노상 124
상시조사 19
상온혼합식 163
상충 현상 224
생활환경 26, 62, 69
서비스 교통용량 51
서비스 능력 손실 184
서비스 수준 48, 49, 50
서비스 용량 50
서비스 지수 178, 179
서비스지수(PSI)의 손실 182
석회안정처리 공법 159, 162
선단 232
설계강우강도 139, 140
설계구간 33, 268
설계기준 자동차 34, 95, 263, 266
설계기준 자전거 35
설계빈도 140
설계 서비스 교통량 54
설계서비스수준 264, 267
설계속도 32, 33, 229, 264, 267
설계시간 교통량 38, 264
설계 CBR 126
설계온도강하(DT) 211
설계통수량 142
설계포장 두께지수 185, 192
성장인자 모형 45
성토 117, 121
성토 비탈면 118
세로줄눈 219
세미트레일러 263
셋백(Set Back) 232
소단 118
소단배수 143
소득 26
소로 3, 10
소성변형 158
소음 27
소형자동차 263
속도 32, 47
속도-경사도 109
속도조사 23
쇄석도 10
수송분담 43, 45
수정 CBR 126
수정유효노상반력계수 203
수축줄눈 218
수침 CBR 124
수해 내구성 284
순간 교통량 37
순현재 가치법 66
스마트 하이웨이 9
스크리드 170
스프레더 169, 172
슬래브길이 209
슬립 폼(Slip Form) 공법 168, 171
슬립폼 페이버 172
승용자동차 263
승용차 환산계수 52, 53
시간교통량 37
시간편익 65
시간평균속도 32
시거 111, 230, 275
시거 삼각형 230
시공기계 133
시공줄눈 218, 220
시멘트 안정처리공법 159, 162
시멘트 콘크리트 포장도 10

시선유도시설 283
시설한계 83, 265, 269, 271, 286
시험굴(Test Pit) 조사 25
식수대 82
신뢰도 185
신호기 283
신호등 238
신호연동 239
신호주기 238
실런트 174
실시설계 60
쐐기돌 마케덤 164

## ㅇ

아스팔트 안정처리공법 159
아스팔트포장 155, 156, 157
안개지역 안전시설 283
안전표지 283
안정류 49
안정처리공법 151, 160
안정처리노상 124
압밀 25
앞지르기시거 111, 112, 266, 275
양보차로 73, 283
양보표지 226
양생 173
어린이 보호구역 239
여행시간비(소요시간비) 46
역로 3
역청 안정처리 공법 163
역청포장도 10
연결로 253, 266, 279
연결로 결합 246
연결로 접속부 258
연교통량 37
연속식 플랜트 166
연속철근콘크리트포장 156, 200, 201
연약지반 120
연와(煉瓦)포장 2
연평균 일교통량 19, 37, 42
연화 148
염화나트륨 164
염화칼슘 164
예비 타당성 조사 59
오거보링조사 25
오르막차로 73, 109, 264, 276
오목곡선 105
온도응력 199
옵셋 232
완전방지법 152
완전입체교차 245
완전 출입제한 12
완화곡선 87, 265, 274
완화곡선길이 96
완화구간 96, 274
외선 길이 88
요일계수 40
요일변동 40
우수유출량 138, 139, 142
우측 길어깨 77
우회전 차로 235
원곡선 87, 88
월계수 39
월 변동 39
위빙교통량 227
위상 113
위험도 분석 67
유공관 147
유도선 172
유속 142
유역면적 141
유용토사 121
유출계수 139
유출입부 243
유출입부의 접속 길이 243
유출테이퍼 233
유효노상 반력계수 203

유효 폭 81
이동기능 11, 31
이동편의시설 265
이음부 다짐 167
이정량 97
인구 26
인터체인지 223, 241, 243
일계수 40
일 변동 40
일반국도 9
일시정지 표지 226
임계속도 32
입도조정공법 159, 160
입체교차 223, 279


## ㅈ


자갈도 10
자동 차량 위치 시스템 8
자동 차량 인식 시스템 8
자동제어도로 8
자동차 기종점 조사 20
자동차 전용도로 13, 263
자료조사 24
자연환경 26, 62, 69
자원 26
자유교통류 49
자유속도 32
자유주행 47
자전거 전용도로 79
자전거・보행자 겸용도로 79
자전거・자동차 겸용도로 79
자전거도로 79, 271
장비선정 133
장애 폭 81
적설지역 78
전국 동결지수선도 149
전단 25
전역조사(단기조사) 19
전폭 길어깨 77
전환곡선법 45, 46
전환율 46
절성토부 도수로 143
절토 117
절토 비탈면 118
접근관리 12, 263
접근기능 11, 31
접근로 테이퍼 233, 234
접선 길이 88
접속단 결합 247
접속설치율 273
정지시거 111, 265, 275
제설시설 284
제한 길이 88, 107
조도계수($n$) 142
조명시설 283
존재율 112
종단경사 105, 107, 265, 276
종단곡선 105, 106, 110, 277
종단곡선 변화비율 110, 277
종단곡선의 길이 277
종단선형 105
종방향 철근 201
좌측 길어깨 77
좌회전 차로 233, 234
좌회전 차로의 폭 234
주간선도로 13
주교통류 241
주야율 41
주입줄눈재 219
주정차대 79, 265, 270
주차장 283
주행 편익 65
주행비 65
주행속도 32
준직결연결로 246
준직결형 251
줄눈 174, 201, 218

줄눈판 219
중량 또는 축하중조사 22
중량/마력비 107, 109
중력모형 45
중로 10
중(重)방향 교통량 42
중방향 계수 42
중앙분리대 74, 75, 265, 269
중앙분리대 배수 143
중앙선 269
지능형 교통관리체계 283
지방도 9
지방지역 264
지역계수 192
지점속도 32
지지력 손실계수 203
지체 상태 47
지하배수 138, 144, 145
지하배수구 119, 147
지하횡단보도 283
직결연결로 246
직결형 248
직접식 257
직접편익 62
직접효과 63, 64
직진차로 73
진동 27
집산도로 13
집수관 147
집수정 143


## ㅊ


차단공법 151
차도 73, 264
차량검지체계 283
차로 228, 264, 268
차로계수 42, 182
차로 테이퍼 233, 234
차로 폭 73
차로수 54, 73, 264
차로수 균형 228, 242, 256
차로 분리 269
차선 264
철근비 210
철근의 열팽창계수($\alpha_s$) 211
철근의 작용응력 209
철근의 허용응력($\sigma_s$) 211
철근콘크리트포장 156, 200, 201
철망 209
철망삽입기 209
첨두계수 41
초기다짐 167
초기서비스지수($P_o$) 184
초기양생 173
초년도 수익율법 67
초벌 마무리 173
최대 동결지수 149
최대 서비스 교통용량 51
최대 시간교통량 48
최대 종단경사 107, 276
최대 철근비 211
최대 통수량 142
최대 편경사 97, 98
최소 이격거리 259
최소 종단경사 107
최소 철근비 211
최소 평면곡선반경 92
최적노선 63
최종서비스지수($P_t$) 179, 184, 215
추월시거 112
축차응력 127
출입 자유 12
출입제한 12
충격흡수시설 283
측대 74, 75, 76, 77, 78, 264, 269, 270
측도 83, 242

측량조사 24
측방여유폭 77
치환공법 151, 162
침투식 공법 165
트래피커빌리티 120
트럼펫형 249, 251
특별시도 9
특수포장 156

ㅋ

커터줄눈 218
콘 지수 134
콘크리트 믹서트럭 169
콘크리트 탄성계수 216
콘크리트의 열팽창계수($\alpha_c$) 210
콘크리트 28일 건조수축 계수(Z) 210
콘크리트 28일 인장강도(ft) 210
콘크리트포장 155, 157, 199
크로바형 247
클로소이드 87, 89

ㅌ

타설줄눈 218
타이바 201, 214
탄성 계수($E_c$) 187, 206
터널의 환기시설 284
토량계산서 131
토량 배분 129, 130
토량변화율 129
토사도 10
토적도 130, 133
토질조사 24
토취장 25, 121
통수단면 146
통학로 239
통행발생 43, 44
통행배분 43, 45
투수시험 25

ㅍ

파괴계수($S_c'$) 206
팽창줄눈 218
편각 88
편경사 97, 265, 273, 275, 278
편경사 설치구간 72
편경사 설치길이 101
편경사 접속설치율 100
편익 64
편익비용비법 66
평균 상대손상 203
평균휨강도 216
평면곡선 반경 91, 272
평면곡선 길이 93, 272
평면곡선 최소길이 93
평면교차 223, 279
평면교차로 224
평면교차로의 형상 228
평면선형 87
평탄 마무리 173
평판재하 시험 128
평행식 257
폐쇄선 44
포장 117
포장두께지수(SN : Structural Number) 178, 179, 180,181, 185
포장의 공용 능력 178
포장층 해석 190
표면 마무리 173
표면배수 138, 143
표준관입시험 25
표준구간 72

표준구배 122
표준편차 185
표준폭 71, 72
프루프롤링 124
플랜트 혼합 161, 162, 163
피니셔 170
피로저항 199
피주시거 111
필터 147

## ㅎ

하도홍수 추적 138
하부노상 124
하중응력 199
하중전달계수 207, 216
한계 교환율법 65
한계 임금법 65
할인율 64
합류 224
합리식 138, 139
합성노상반력계수(수식k) 203
합성단위도 방법 138
합성 응력 199
허용휨응력 216
현의 길이 88
현장 혼합 162
협폭 길어깨 77
호의 길이 88
확폭 94, 95, 254, 274, 275
환경시설 82, 266, 284
환경영향평가 68
회귀분석 44
회전차로 73, 264
횡단경사 72, 265, 278
횡단 구성 72
횡단 배수 138
횡단보도 237
횡단보도육교 283
횡방향 그루빙 173
후기양생 173
흙 분류 25

## 숫자

1차 조사 24
2중트럼펫형 249
2차다짐 167
2차 조사 25
5t 윤하중 195
7×9 6
8.2t 등가단축하중계수 288, 289
8.2t 등가단축하중교통량 182, 215
9×7 5

## 영문

A규격 연결로 253
AASHTO Road Test 177
AASHTO72 설계법 177, 191
AASHTO81 설계법 214
AASHTO86 설계법 177, 180, 202
Approach Slab 201
APTS 8
ATCS 8
ATIS 8
ATMS 8
AVCS 8
B규격 연결로 253
B/C 66
Batch식 플랜트 166
C규격 연결로 253
CBR 125, 177, 187, 191
Chipping 173
CRCP 201

CVO 8
D값 38
D규격과 E규격 연결로 254
DRGS 8
Fratar Model 45
FTMS 8
Fuller의 입도 곡선 160
FYRR 67
Grooving 173
IRR 67
ITS 7
JCP 201
JRCP 201
Junction 241
$K$값 203
K치 38, 125, 128, 187
L형 측구 143
L+ΔL법 65
McAcadam 공법 2
NPV 66
OD조사 20
OD표 21
Overpass 242
PCU(Passenger Car Unit) 48
Peak 특성 38
Person Trip 조사 22
PIS 8
Prime Coat 167
Proof Rolling 125
R치 125, 191
$T_A$설계법 194, 195
T형 224, 242
Tack Coat 167
TDM 8
Telford 공법 2
TIS 8
Trafficability 134
Trésaguet 공법 2
U형 측구 143
Underpass 242
UTMS 8
Y형 224, 228, 242
Zoning 44

**도로공학원론** 정가 17,000원

저자 : 민 원

발행인 : 임해진
발행처 : 도서출판 구미서관

발행 : 2011년 1월 20일 초판 1쇄
2017년 2월 20일 초판 4쇄

등록 : 1979년 6월 29일 No.9-6호

주소 : 서울시 마포구 신촌로 2길 5-15 구미빌딩
전화 : 02-333-1101
팩스 : 02-335-2201
http://www.goomibook.com

ISBN 978-89-8225-803-9 (93530)